建筑快题考研高分攻略

手绘表现案例解析

杜 健 何 婧 邱士博 编著

广西师范大学出版社
·桂林·

图书在版编目(CIP)数据

建筑快题考研高分攻略：手绘表现案例解析 / 杜健，何婧，邱士博编著 .—桂林：广西师范大学出版社，2023.7

ISBN 978-7-5598-3738-7

Ⅰ . ①建… Ⅱ . ①杜… ②何… ③邱… Ⅲ . ①建筑画 - 绘画技法 - 研究生 - 入学考试 - 自学参考资料 Ⅳ . ① TU204.11

中国国家版本馆 CIP 数据核字 (2023) 第 094964 号

建筑快题考研高分攻略：手绘表现案例解析

JIANZHU KUAITI KAOYAN GAOFEN GONGLUE: SHOUHUI BIAOXIAN ANLI JIEXI

出 品 人：刘广汉

策划编辑：高　巍

责任编辑：季　慧

助理编辑：马竹音

装帧设计：六　元

广西师范大学出版社出版发行

(广西桂林市五里店路 9 号　　邮政编码：541004

网址：http://www.bbtpress.com)

出版人：黄轩庄

全国新华书店经销

销售热线：021-65200318　021-31260822-898

恒美印务（广州）印刷有限公司印刷

（广州市南沙区环市大道南路 334 号　邮政编码：511458）

开本：889 mm × 1 194 mm　1/16

印张：14.75　　字数：152 千

2023 年 7 月第 1 版　　2023 年 7 月第 1 次印刷

定价：78.00 元

前言

本书并不是一本关于建筑设计操作手法与设计语汇的图书，而是更多地关注建筑快题考试的基础性知识，以及建筑学专业的学生图面表达的基本素养。

建筑学专业的学生以及建筑行业的从业者都不可避免地需要接触快题设计。与常规的项目设计和课程设计不同，快题设计和快题考试有很鲜明的特点，图面表达、完成度、表现力往往会成为影响设计成果的第一印象。只有具备规范、鲜明、有力地表达图面的能力并准确掌握基础性知识，才能在快题考试中取得好成绩。

因此，本书将基础性知识和以手绘为主导的图面表达作为切入点，尽可能涵盖快题学习者所需的基础内容，辅以部分基本设计原理，以及优秀作业示范和点评，帮助读者建立起快题设计的知识框架，实现“建筑学专业的学生在考试中不丢失基本的分数，建筑业的从业者能掌握合适的表达深度及方法”的目标。

这本书也许并不能帮助读者创造出设计作品，学会眼花缭乱的操作手法，但它能解决设计表达学习中的基础性问题。希望读者能通过正确、合理的方式进行方案表达，并加深对设计的理解，从而得到更好的设计成果。

坚持努力，成功将至，祝大家学有所成！

卓越建筑考研教研组

目　录

1

认识建筑快题

1.1 建筑快题考试的考查方式及特点

建筑快题，即建筑快速设计考试，考查的是设计人员的建筑学基本素养与短时间内的方案设计表达能力。建筑快题通常分为 3 小时快题与 6 小时快题（表 1-1、表 1-2）。

表 1-1　建筑快题

时间	3 小时	6 小时
表达方式	墨线 + 马克笔	铅笔，墨线 + 马克笔
要求	1. 充分利用场地自然条件，妥善处理建筑与环境的关系 2. 充分考虑建筑的性质与特点，合理组织建筑功能空间 3. 满足规范与设计标准的要求 4. 适当满足建筑美学要求和设计的合理性	

表 1-2　建筑快题常考建筑类型

序号	类型	备注
1	展览类建筑	最常考查的建筑类型之一
2	活动中心类建筑	主要考查多功能复合处理能力
3	餐饮类建筑	功能较为简单
4	办公类建筑	注重在原有办公功能基础上的某一特色功能空间的延伸与应用
5	旅宿类建筑	重点是如何满足人短期居住的需求以及旅宿类建筑的规范
6	居住建筑	侧重于居住小区的总图规划设计
7	公共交通建筑	考查交通流线设计，以及对建筑与周边场地的处理能力
8	加改建类建筑	结合以上建筑类型出题，是近年的考查重点
9	乡村建筑	关注乡村环境与功能的独特性，是近年的考查重点

建筑快题总分通常为 150 分，一般来说，从内容角度具体划分如下：平面图（总平面图）约 40 分；透视效果图约 40 分；立面图约 30 分；剖面图约 20 分；分析图约 10 分；排版与文字（技术指标）说明约 10 分。

在评分过程中，阅卷老师会在第一时间将所有的卷纸进行分档，然后再确定具体分数。分档主要依据画面的整体效果，因此，在建筑快题中，卷面的整体效果至关重要，如果只是某一方面处理得很好，是很难得到高分的。具体分档标准及评分点如表 1-3 所示。

表 1-3 分档标准及评分点

评分点	分数值			
	130—150 分（A 档）	110—129 分（B 档）	90—109 分（C 档）	90 分以下（D 档）
题意	完美切合题意	符合题意	基本符合题意	偏离题意
效果	完整性强	效果完整	效果基本完整	琐碎凌乱
布局	合理新颖	合理规范	基本合理	布局散乱
造型	实用，美观，突出主题	结构完整，符合题意	形体基本准确	结构混乱
细节	细节丰富、精彩	画面整洁	表达主次分明	混乱、模糊

注：此表是根据多年的教学经验总结出来的，不能作为绝对标准，具体得分取决于学校要求和阅卷老师的要求。

近年来，由于国家推行全方位的高等院校扩招政策，研究生报考学生水准浮动较大，因此，研究生入学快题考试总体来说呈现出以下趋势。

考查专业化，更加注重考查建筑设计基本功。

思维灵活化，更加关注空间操作能力，反“套路”、反押题。

综合全面化，对考生的要求更高，要求考生能积极应对考题的难点，提出合适的应对策略等，注重综合考查。

趋向实际化，注重结构设计、构造设计，趋向于解决实际问题。

1.2 建筑快题考试中的时间分配

6 小时建筑快题考试及练习中的时间分配参考表 1-4。

表 1-4 建筑快题考试时间分配

时间进程	作答内容		作答时间
0 分—10 分	审题	任务书阅读、场地重绘、功能分区	解题 +A3 草图 50 分钟 （50 分—1 小时 20 分）
10 分—25 分	解题（整体策略）	各部分面积预估、大致体块布局	
25 分—50 分	解题（平面细化）	交通结构梳理、墙体关系确定、初步场地设计	
50 分—1 小时 10 分	一层平面铅笔稿	只有墙体位置	铅笔稿 2 小时 50 分钟 （2 小时 20 分—2 小时 50 分）
1 小时 10 分—1 小时 30 分	其他层平面铅笔稿	—	
1 小时 30 分—3 小时	透视、轴测效果图铅笔稿	方案调整	
3 小时—3 小时 40 分	其他小图铅笔稿	总平面图、立面图、剖面图	
3 小时 40 分—5 小时 10 分	墨线	—	墨线 1 小时 30 分钟 （1 小时 30 分—2 小时）

时间进程	作答内容		作答时间
5 小时 10 分—5 小时 40 分	文字信息、标注、分析图	—	上色与标注 50 分钟（30 分—1 小时）
5 小时 40 分—6 小时	上色	—	

在平时的快题练习中，可能无法很快做到在 6 小时内完成，所以通常可以从初学的 12 小时逐步压缩至 10 小时、8 小时……各阶段所需的时间也可以按照练习规定时长成比例地进行调整。

1.3 表达深度参考

表达深度可参照图 1-1~ 图 1-10。

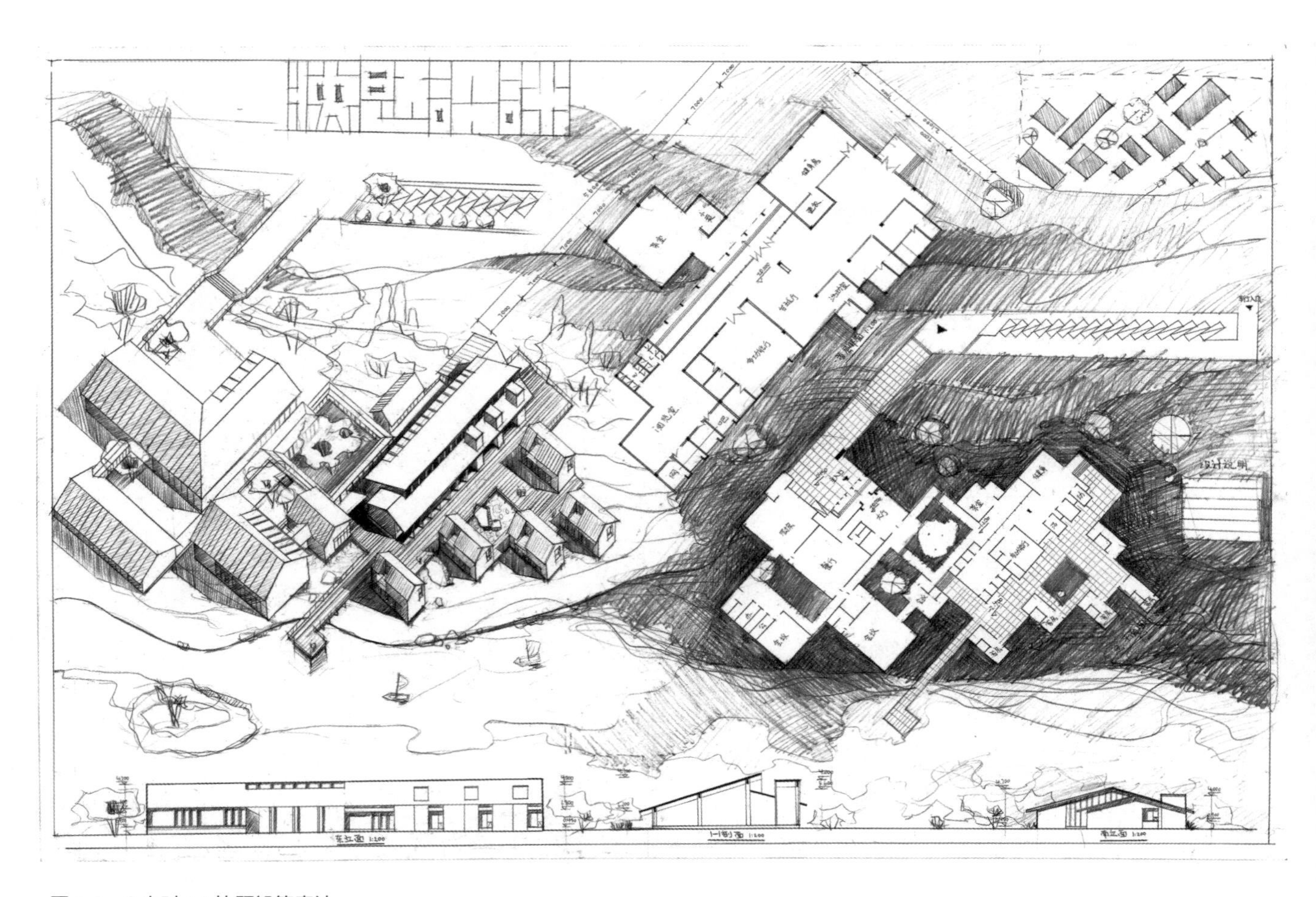

图 1-1　6 小时 A1 快题铅笔表达

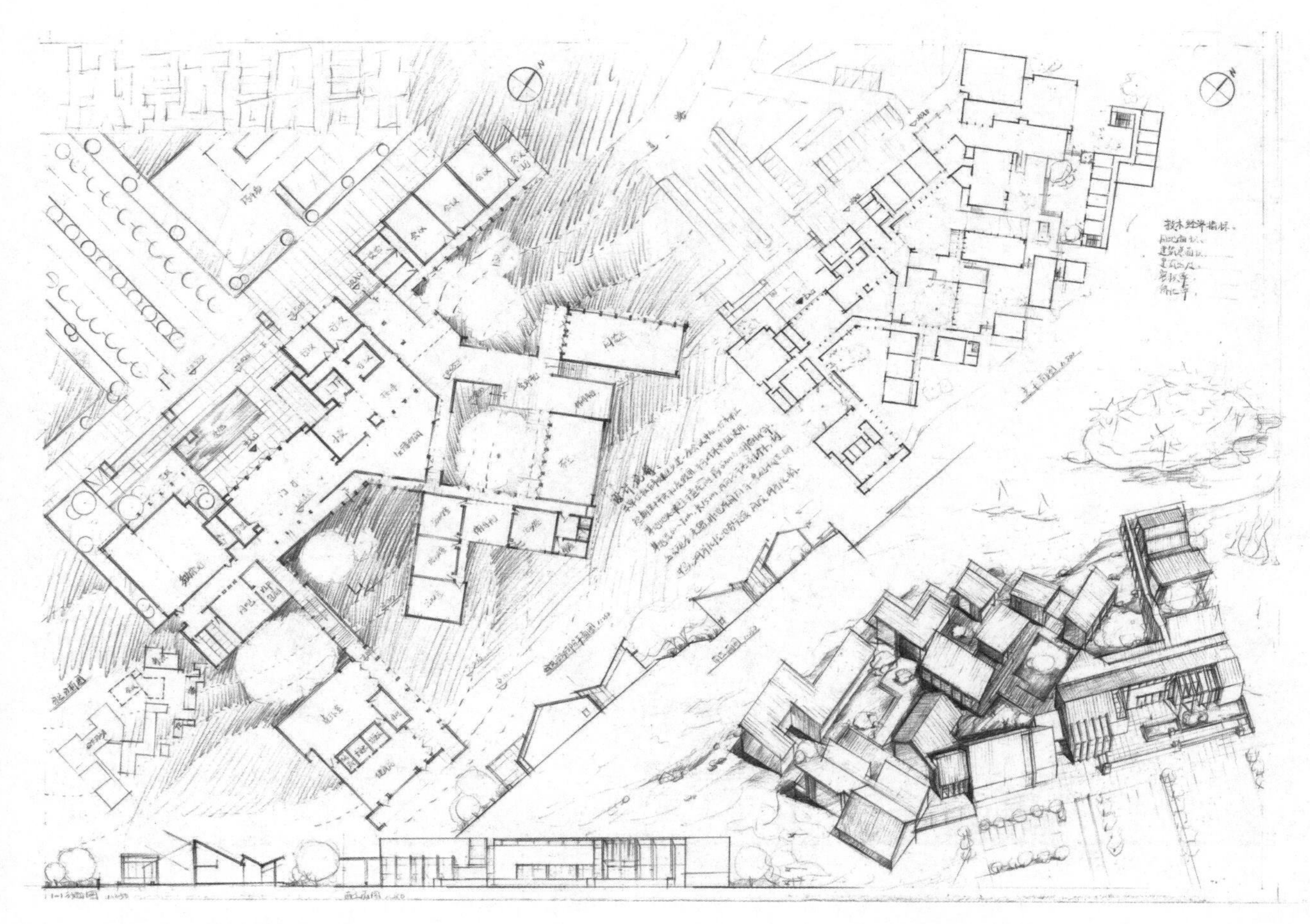

图 1-2　6 小时 A1 快题单色表达 1

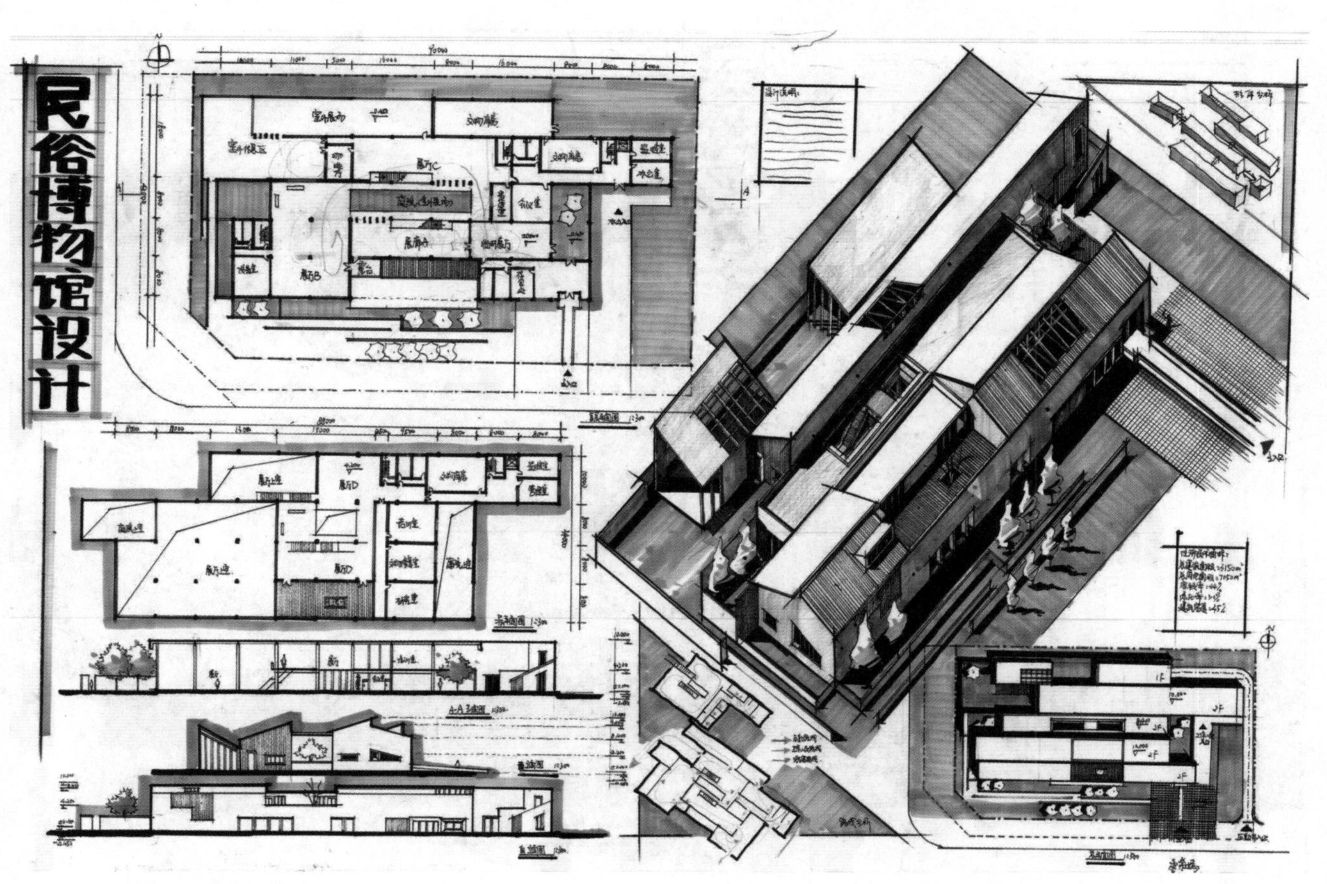

图 1-3　6 小时 A1 快题单色表达 2

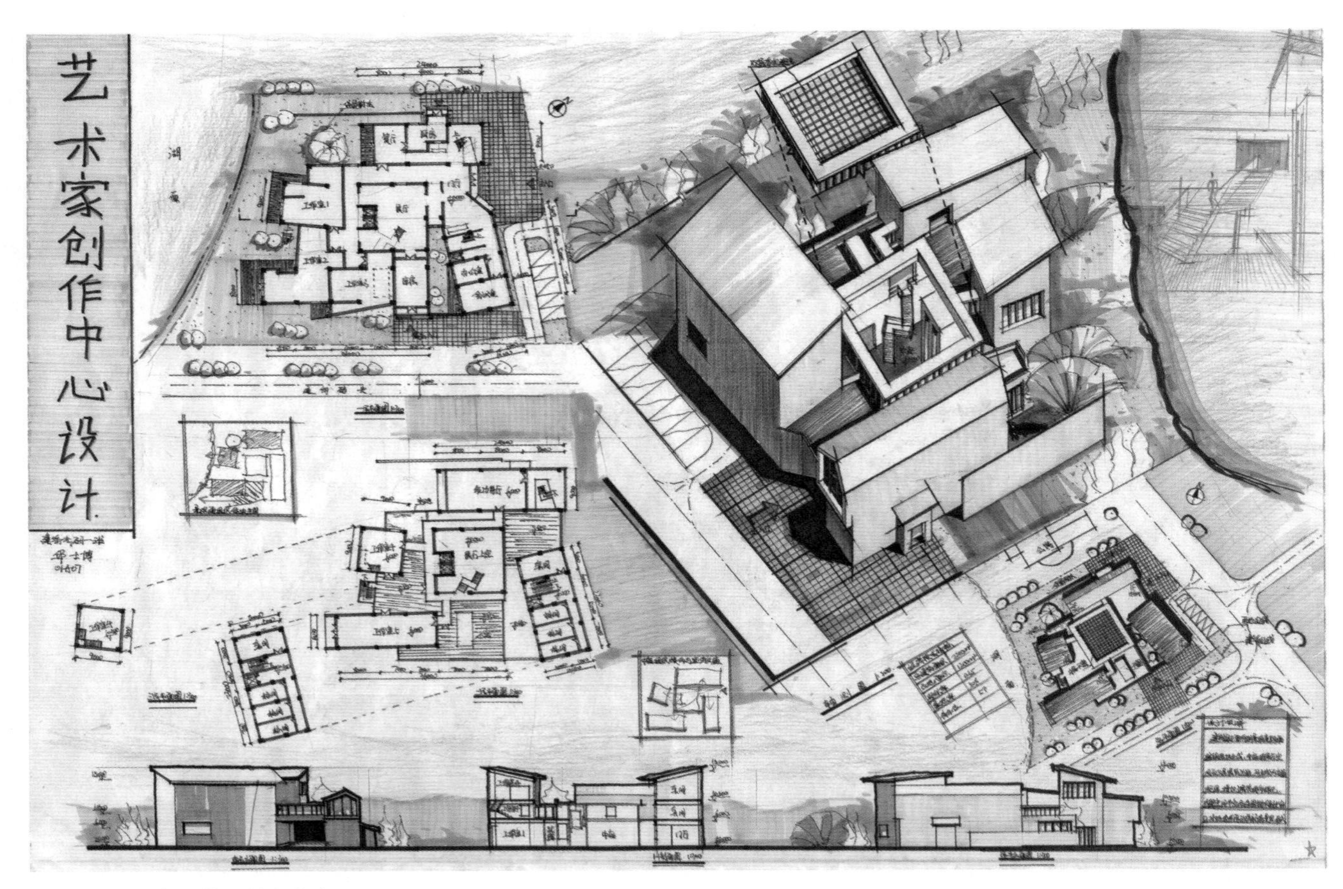

图 1-4　6 小时 A1 快题单色表达 3

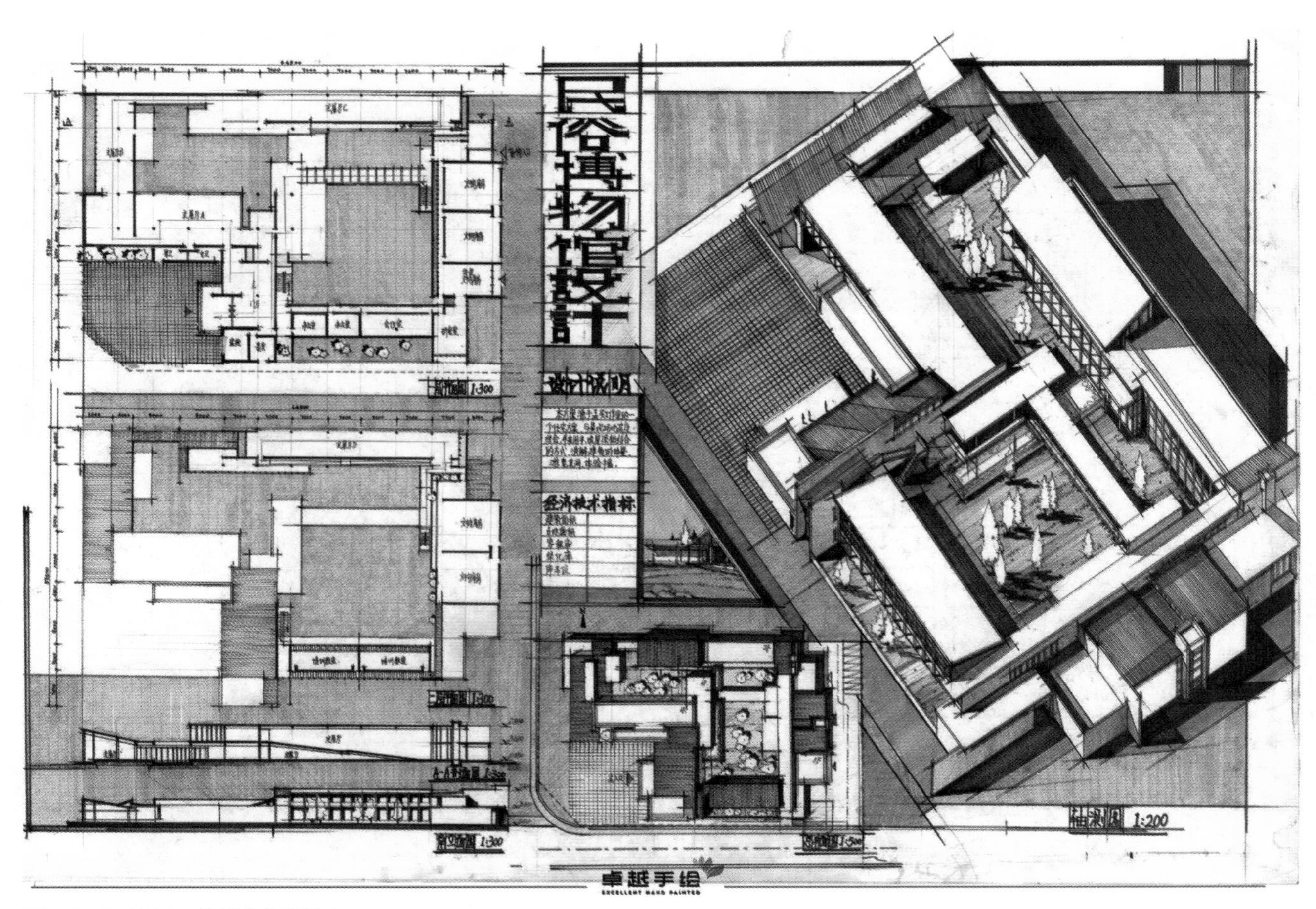

图 1-5　6 小时 A1 快题多色表达 1

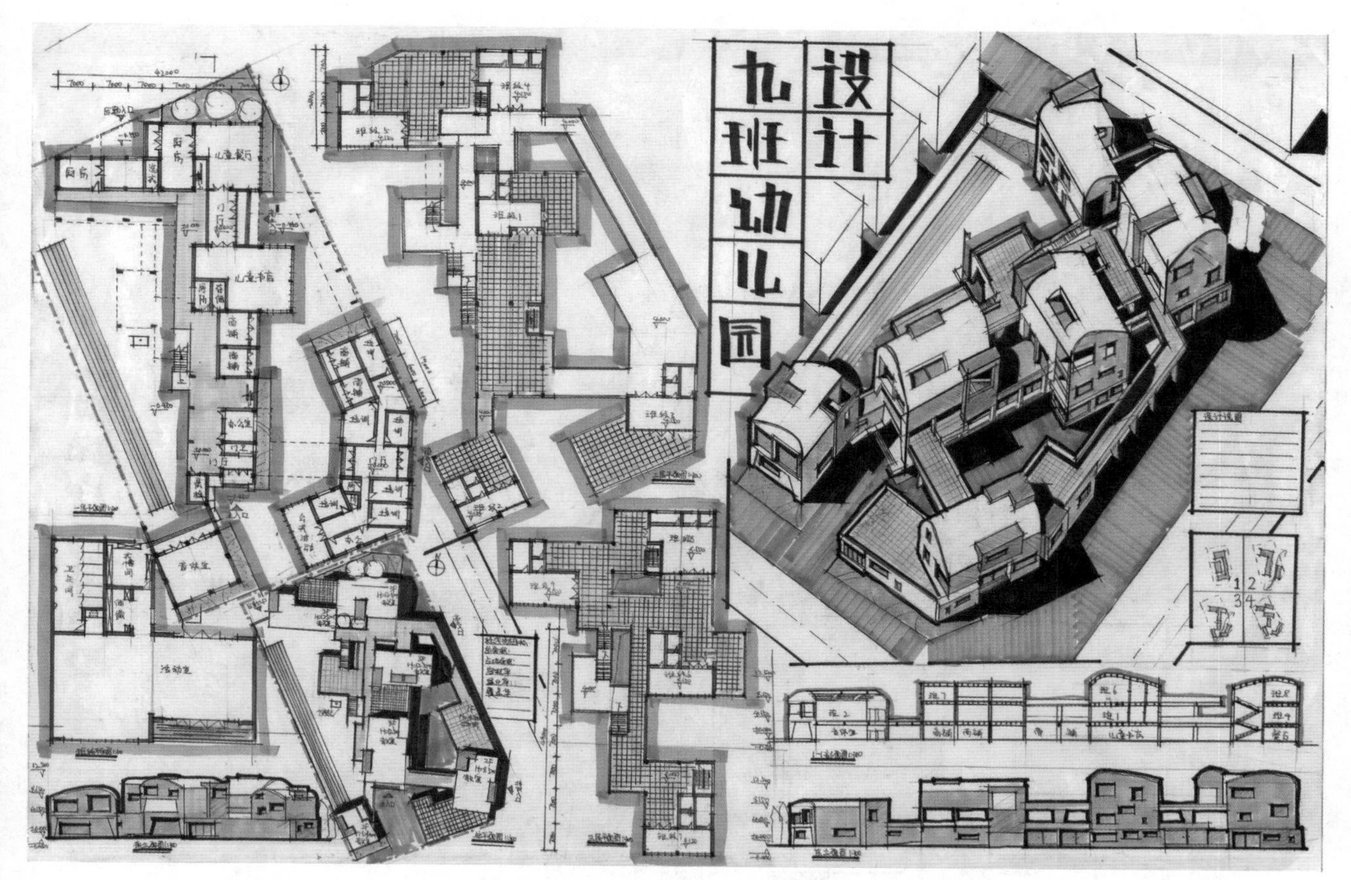

图 1-6　6 小时 A1 快题多色表达 2

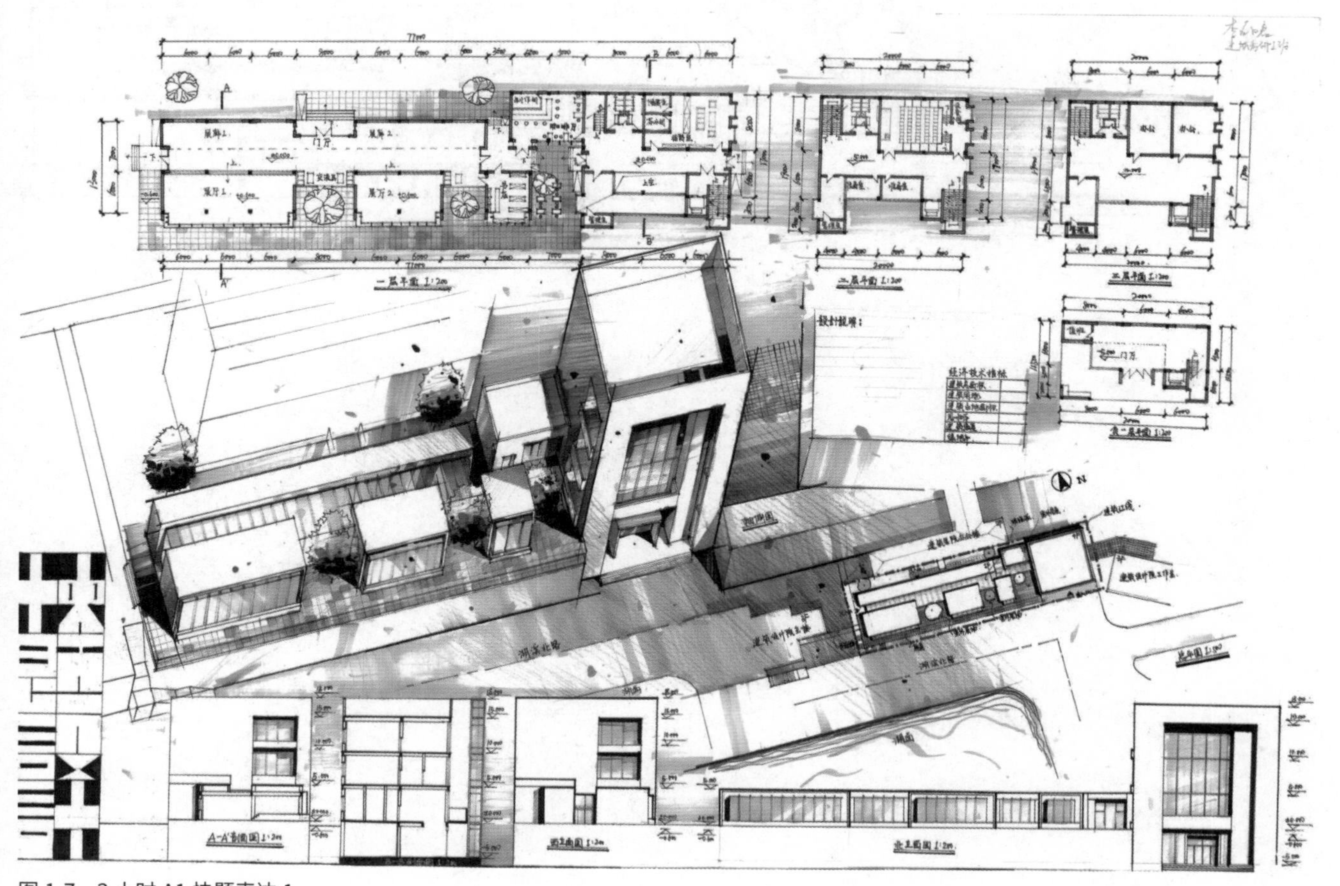

图 1-7　3 小时 A1 快题表达 1

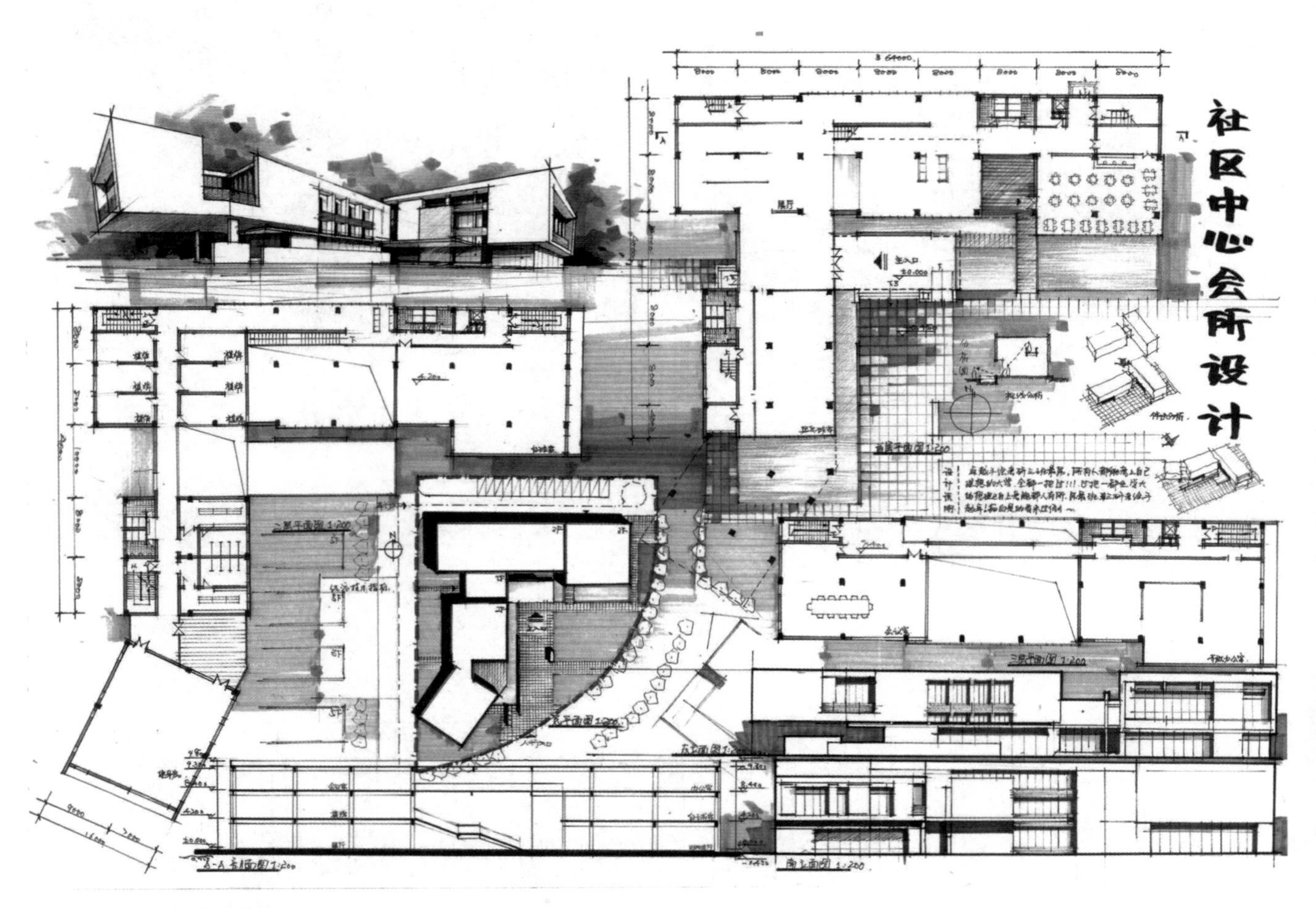

图 1-8　3 小时 A1 快题表达 2

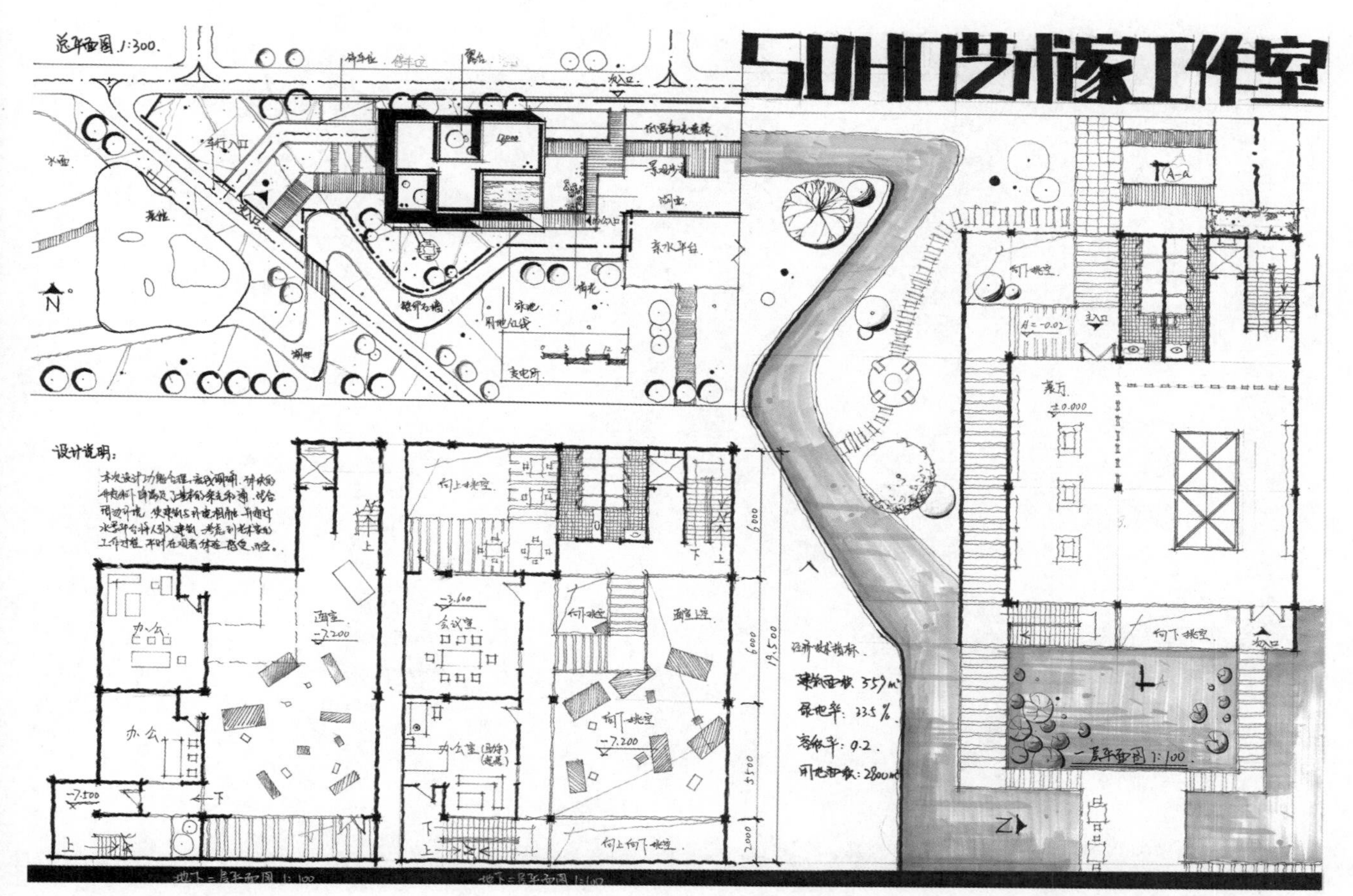

图 1-9　6 小时 A2 快题表达 1

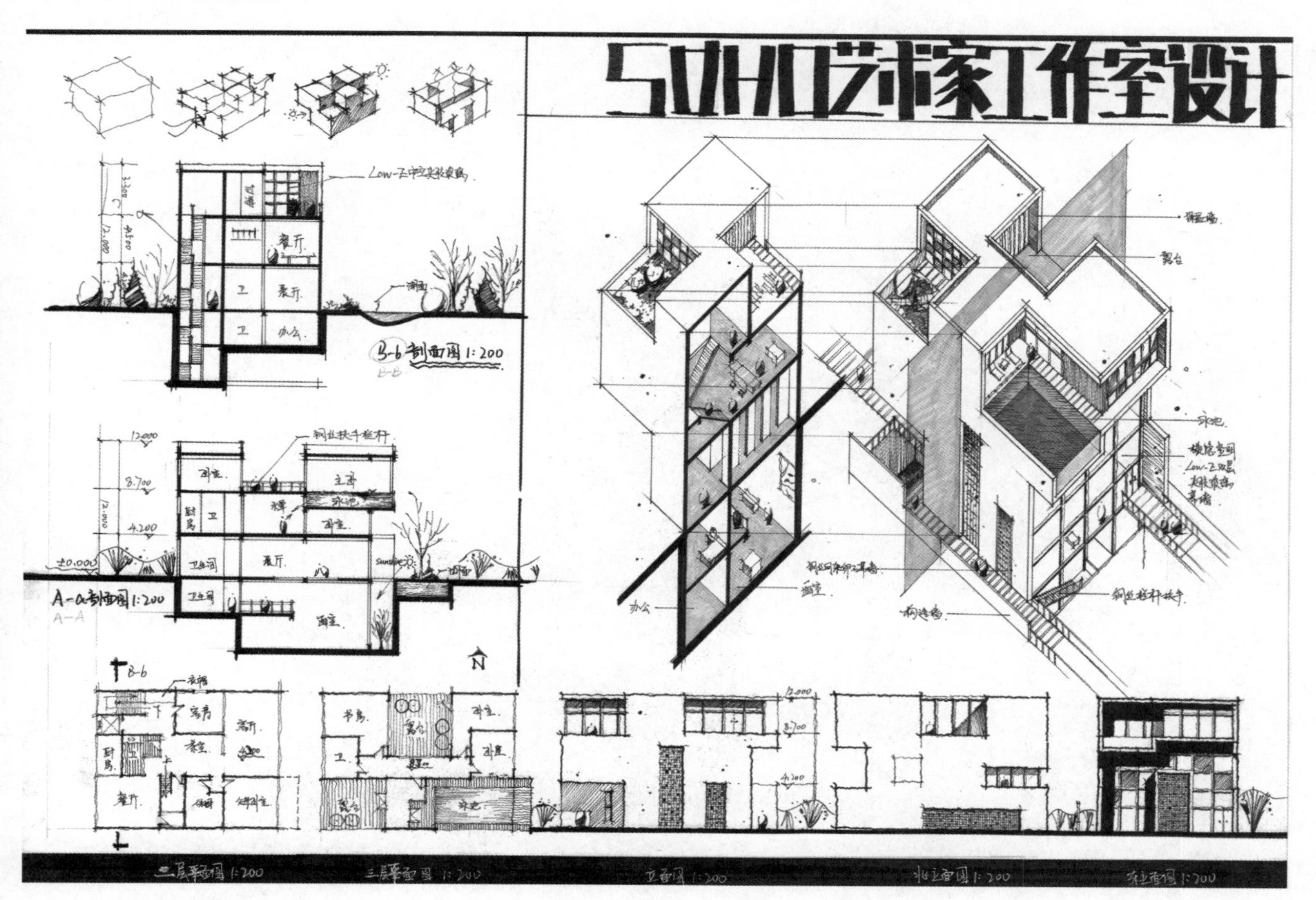

图 1-10　6 小时 A2 快题表达 2

2

制图方法

2.1 平面、立面、剖面和轴测图的制图方法与顺序

2.2 建筑快题排版与版式设计

2.3 阴影透视原理

2.4 色彩原理及配色原则

2.5 材质表达

2.1 平面、立面、剖面和轴测图的制图方法与顺序

2.1.1 总平面图

总平面图体现设计的策略，指用水平投影法和相应的图例，在画有等高线或加上坐标方格网的地形图上，画出新建、拟建、原有和要拆除的建筑物、构筑物的图样。

（1）制图步骤

① 铅笔稿

铅笔稿宜清淡，注意铅笔稿阶段一定要在文字标注部位做好标记，以免遗忘。

② 建筑墨线

建筑墨线宜选用中等粗细的绘图笔绘制，力求准确、清晰，注意尺度感。一般建筑轮廓线会加粗。

③ 环境墨线

环境墨线宜选用最细的绘图笔绘制，底图主要起衬托的作用，注意不要和标注混淆，应该突出标注和建筑。

④ 阴影

正确的阴影表达可以很好地表现图底关系，建筑和植物都要上阴影，注意统一阴影方向，颜色用黑色马克笔或者整幅图中明度最低的颜色。

⑤ 标注及文字

标注包括场地外部和场地内部。场地外部包括周边环境、建筑及其名称、场地外道路及其名称等。场地内部包括图名及比例、建筑红线（红色粗虚线，无用地红线时用粗点划线表示）、用地红线（红色点划线）、指北针（指北方向偏转不宜大于 45°）、场地各个入口、建筑定位尺寸（单位为 m）、经济技术指标、场地内绿化等。

建筑主体及其相关内容包括建筑首层轮廓线或屋顶轮廓线（加粗）、建筑女儿墙或坡屋顶屋脊线、建筑物首层看线（台阶、道路等）、建筑层数、建筑功能、建筑主次入口、楼层标注等。

车流组织包括场地内道路及中心线、停车位、道路转弯半径、道路宽度等。

⑥ 上色

总图的配色应该稳重，避免用纯度太高的颜色，新建建筑一般来说以留白的方式体现，机动车道和停车位不上色，而周围环境以平涂的方式满布，以突出新建建筑（图 2-1）。

（2）注意事项

第一，用地红线用红色点划线表达，建筑红线用红色粗虚线表达。

第二，场地标高精确到小数点后 2 位，一般选择在建筑出入口位置进行标注。

第三，最好将任务书上的图全部拓下来，保留场地地形和等高线，尽可能多地表达场地周边环境。

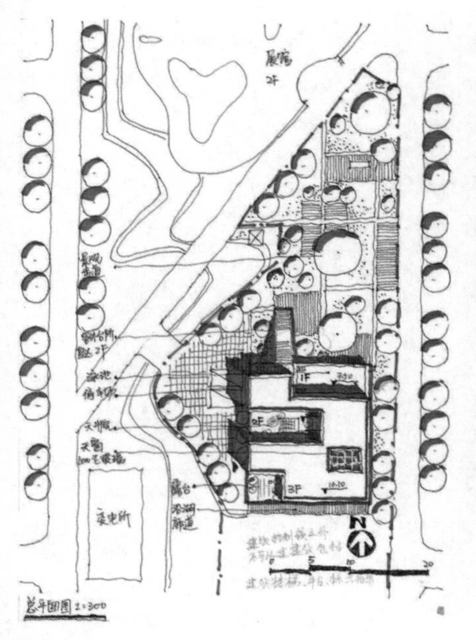

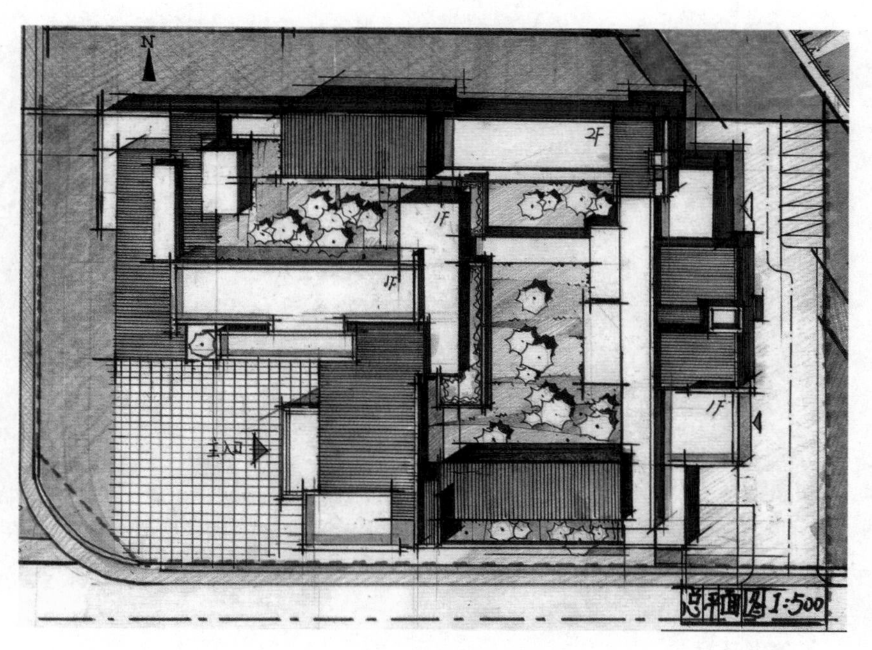

图 2-1

第四，技术经济指标包括用地面积、总建筑面积、占地面积、建筑密度、容积率、绿地率、建筑层数、停车位（技术经济指标放在总平面图旁）。

第五，设计说明是指表达设计思路的文字，50 字即可。

2.1.2 平面图

建筑平面图体现设计的布局，假想用一个水平剖切平面，在某门窗洞口（距离地面高度为 1.2—1.5m）的范围内，将建筑物水平剖切开，对剖切平面以下部分所作的水平正投影图即为平面图。

（1）制图步骤

① 铅笔稿（草图）

画轴线：首先将一个方向的轴线打完，然后将另一个方向的轴线完善，再将一些较小的隔墙的轴线标示出来（图 2-2~ 图 2-4）。

画墙体、门和窗：先用铅笔沿着轴网的定位将墙体描黑，留出门和窗的位置（门和窗可以用打圈的方式突出，方便绘制）。

② 马克笔（正图）

画墙体：用深色马克笔表示出墙体，直接以之前绘制的铅笔稿轴线为中线进行绘制，遇到门窗标注的位置则跳过，完成墙体的填充绘制。

图 2-2

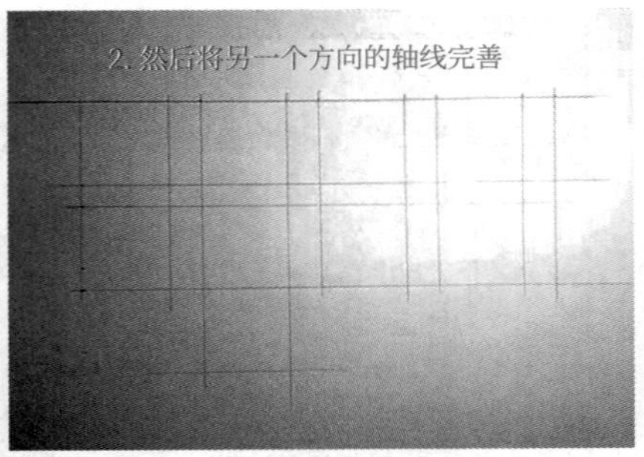

图 2-3

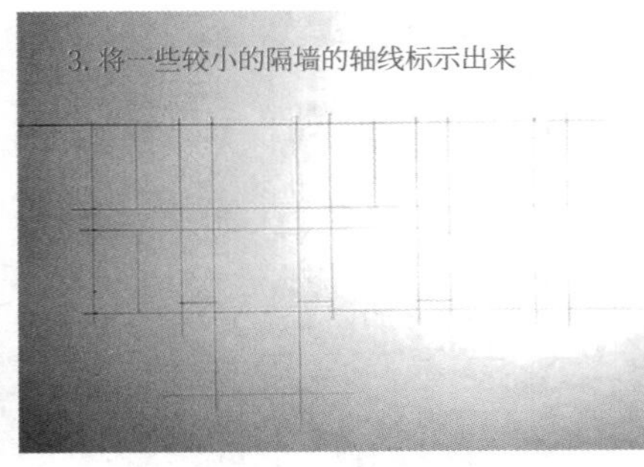

3. 将一些较小的隔墙的轴线标示出来

图 2-4

③ 绘图笔（正图）

用绘图笔墨线把刚才完成的填充墙的墙线补上，完成墙体的收边工作，并在门窗标注的部位将门窗细节补上，注意门的开启方向和宽度。

④ 其他细节标注

平面图最主要的还是突出建筑主体，此步骤都用最细的绘图笔绘制，如建筑周边环境、铺装、各个标注，以及箭头、楼梯间、厕所等（图 2-5）。

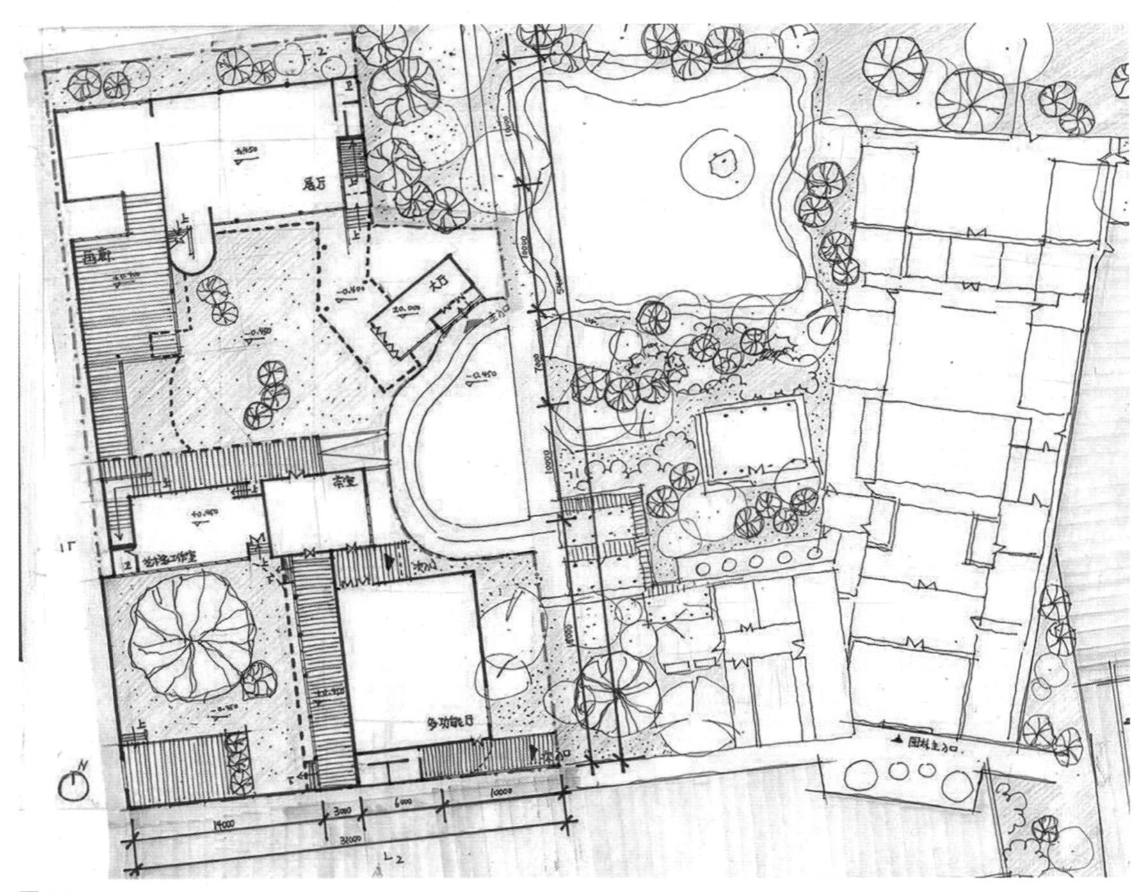
图 2-5

(2) 注意事项

① 墙

墙线一般分为表示承重墙的墙线、表示非承重墙的墙线以及表示玻璃幕墙的墙线（图 2-6~图 2-10）。

② 柱

一般以方柱为主，多层建筑柱截面尺寸一般为 400 mm×400 mm。

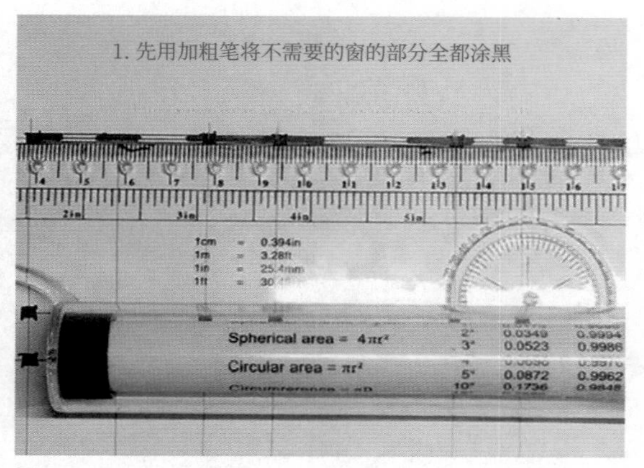

1. 先用加粗笔将不需要的窗的部分全都涂黑
Spherical area = 4πr²
Circular area = πr²

图 2-6

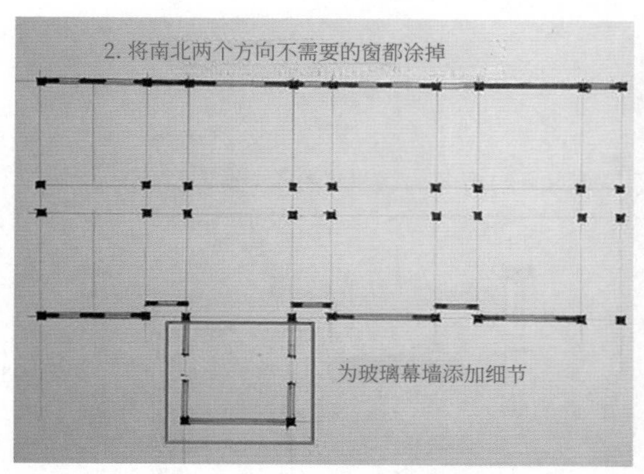

图 2-7

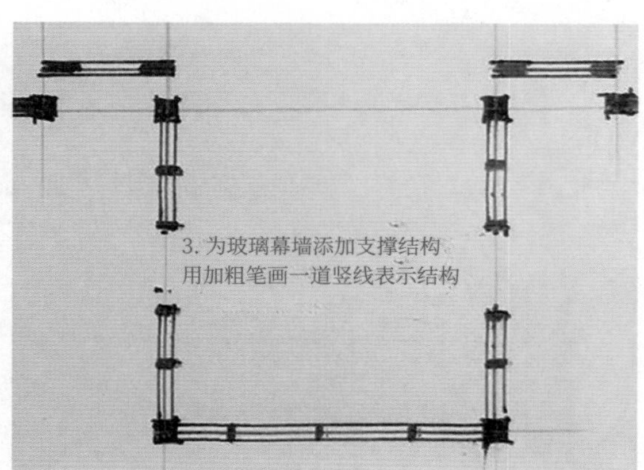

3. 为玻璃幕墙添加支撑结构
用加粗笔画一道竖线表示结构

图 2-8

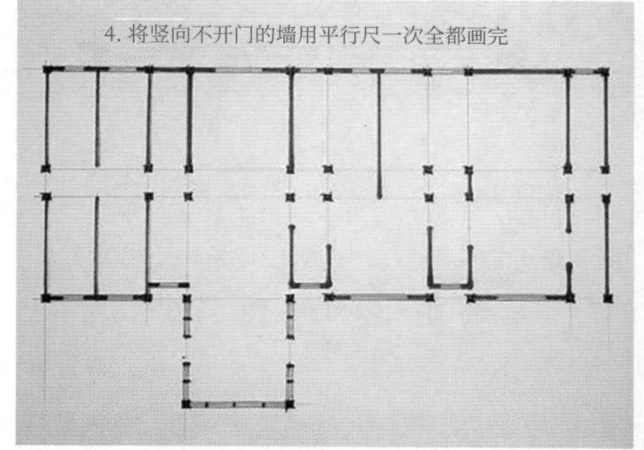

4. 将竖向不开门的墙用平行尺一次全都画完

图 2-9

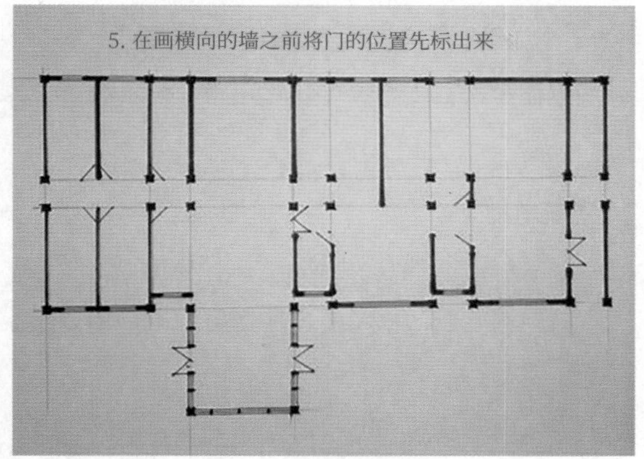

5. 在画横向的墙之前将门的位置先标出来

图 2-10

③ 门

单扇门（最常用的）宽度为 900 mm，卫生间、设备间的门为 800 mm，双扇门为 1500 mm，入口处的门为 1800 mm。在墙上布置门时注意预留起码的门垛宽度以方便安装，门垛宽度不小于墙厚（图 2-11）。

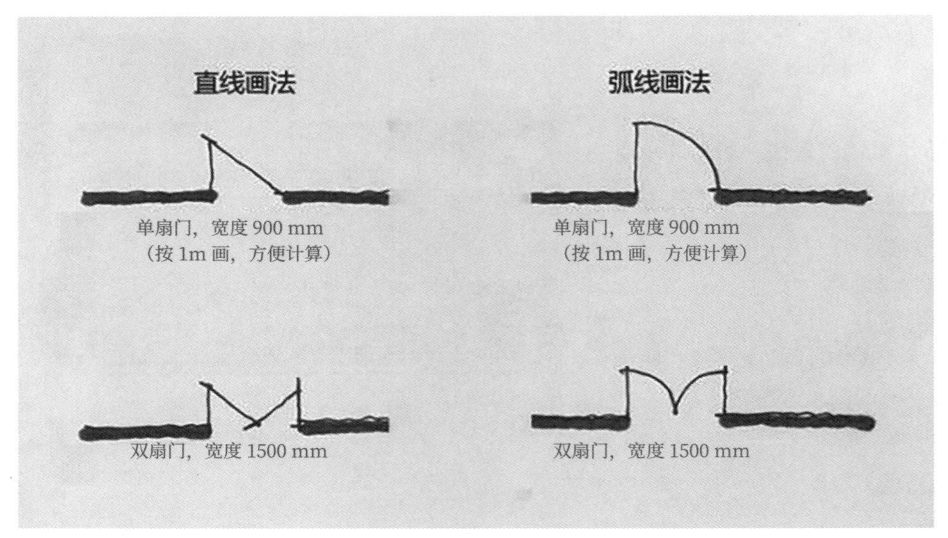

图 2-11

④ 窗

中等线型双线（高窗外侧两条剖到墙的线是实线，而内侧两条剖到窗的线是虚线）（图 2-12、图 2-13）。

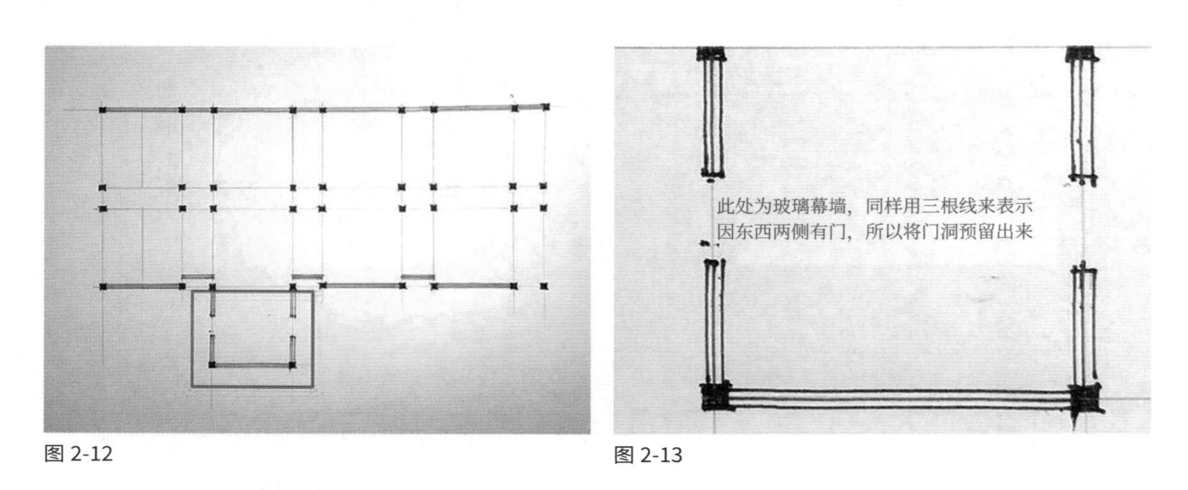

此处为玻璃幕墙，同样用三根线来表示
因东西两侧有门，所以将门洞预留出来

图 2-12

图 2-13

⑤ 楼梯电梯

注意首层楼梯、中间层楼梯、顶层楼梯的画法要有区别，且要有箭头标识。注意踏步数量与层高的关系，注意踏步宽度要依据所设计的宽度。电梯需要绘制轿厢、平衡块、门（图 2-14~ 图 2-19）。

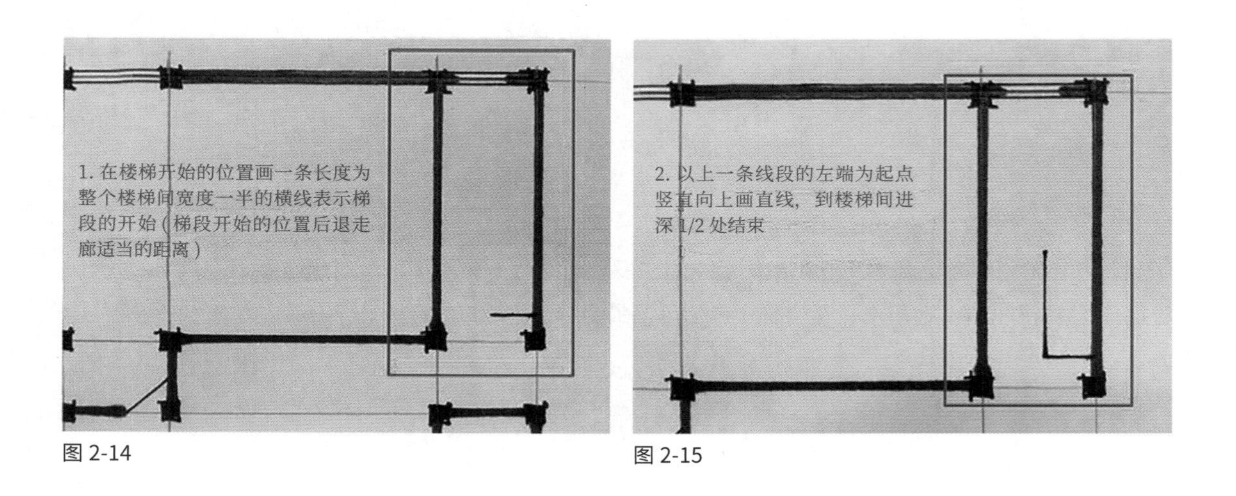

1. 在楼梯开始的位置画一条长度为整个楼梯间宽度一半的横线表示梯段的开始（梯段开始的位置后退走廊适当的距离）
2. 以上一条线段的左端为起点竖直向上画直线，到楼梯间进深 1/2 处结束

图 2-14

图 2-15

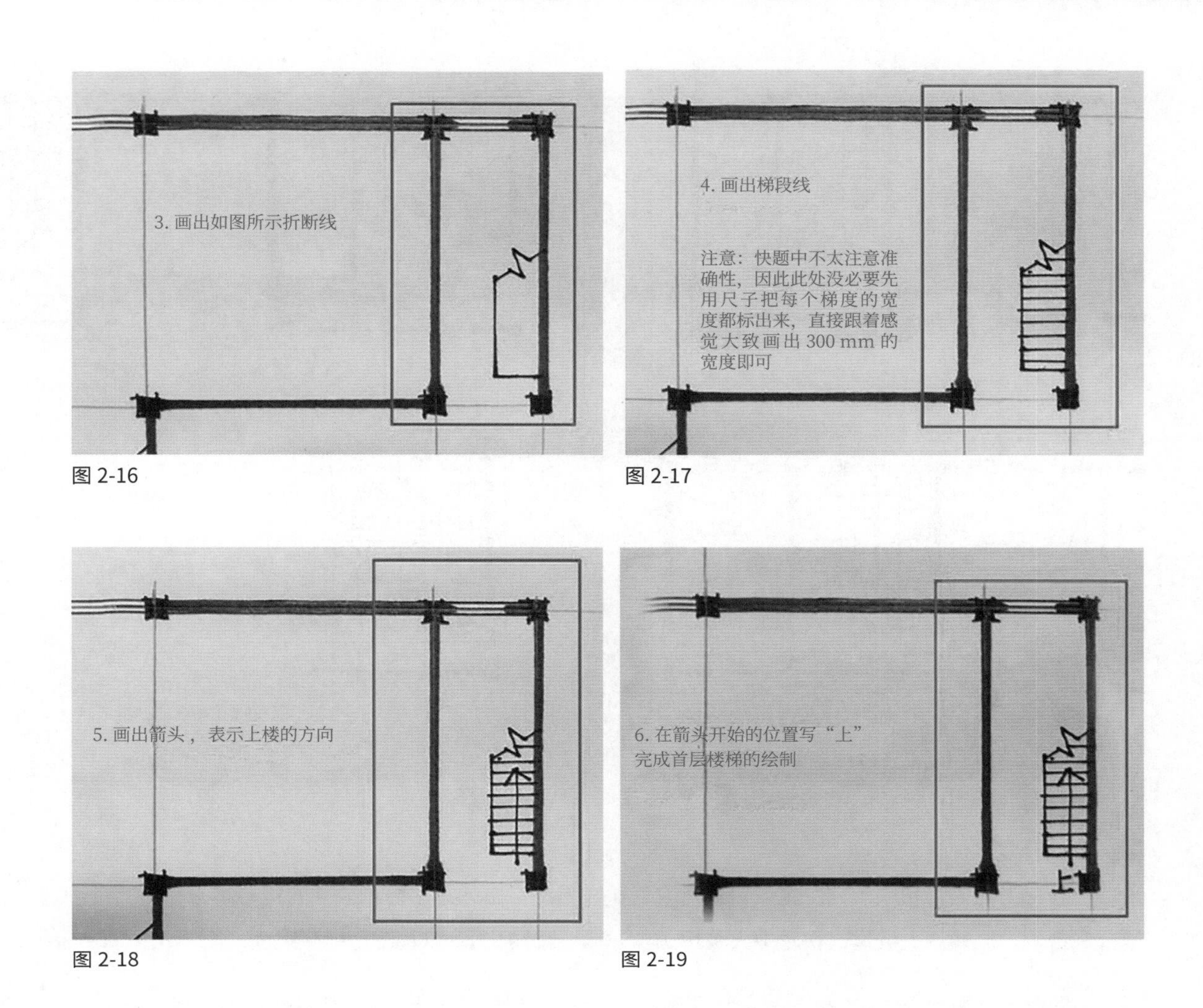

图 2-16

图 2-17

图 2-18

图 2-19

⑥ 卫生间

绘制蹲位、小便池、洗手台、分水线等（图 2-20~ 图 2-30）。

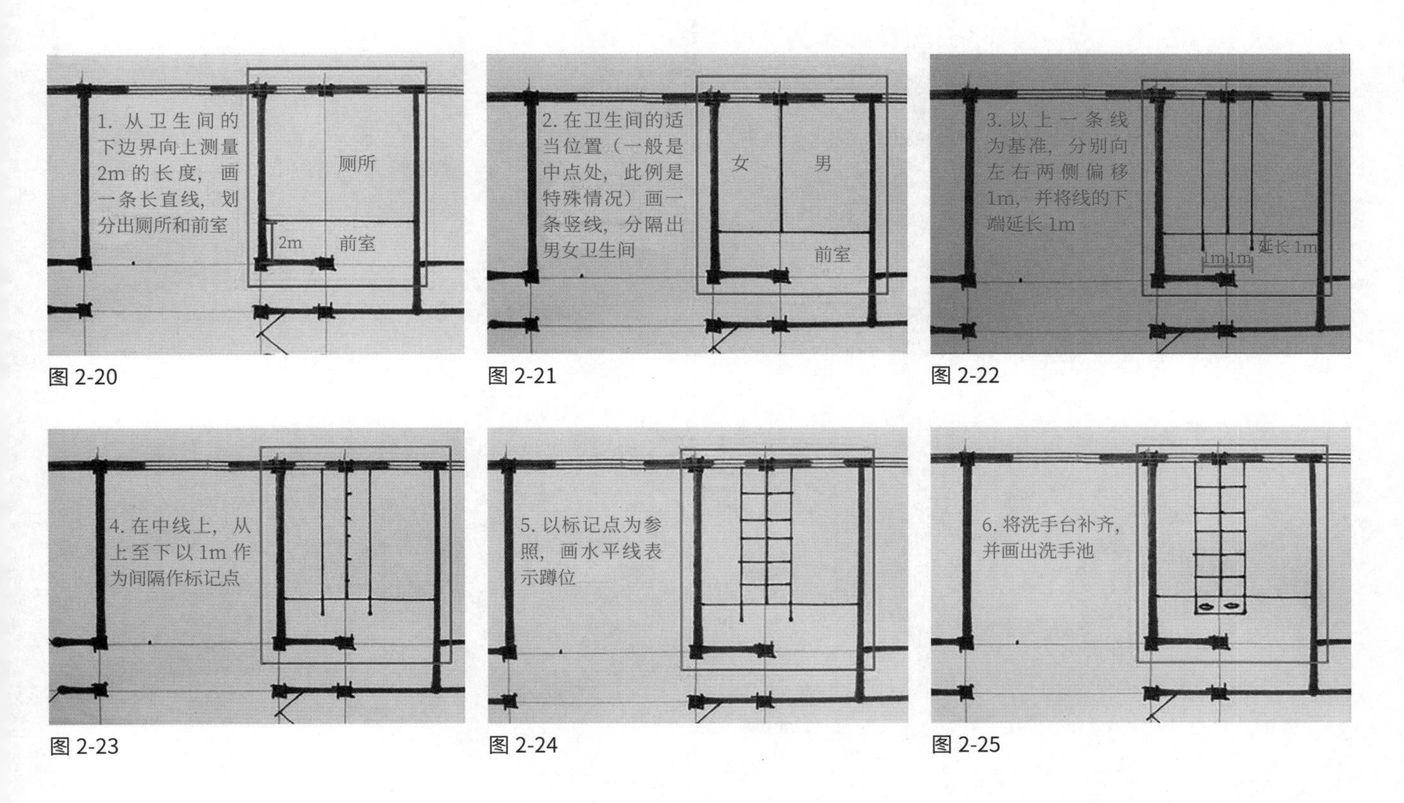

图 2-20

图 2-21

图 2-22

图 2-23

图 2-24

图 2-25

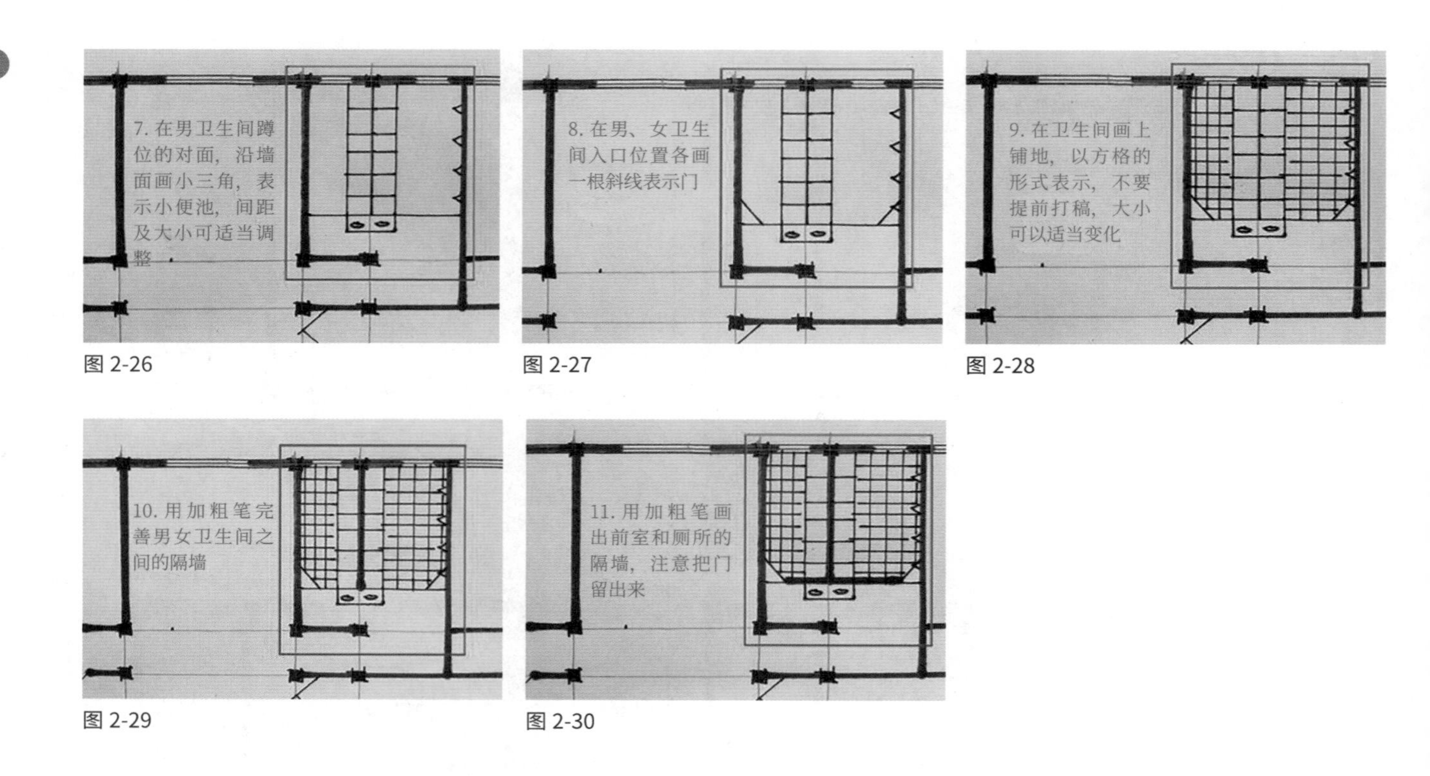

图 2-26
图 2-27
图 2-28
图 2-29
图 2-30

⑦ **入口与环境**

入口一般分为主入口和次入口，主入口相对来说比较重要，由休息平台（公共建筑不小于 1500 mm）、台阶（一般是 3 级台阶）、残疾人坡道（快题中大致按 10% 的坡度计算），以及符号标注组成（图 2-31~ 图 2-36）。

平面中的铺地一般分为两种：软质铺地和硬质铺地。其中，软质铺地一般为木质铺地，硬质铺地一般为广场砖铺地（图 2-37~ 图 2-41）。

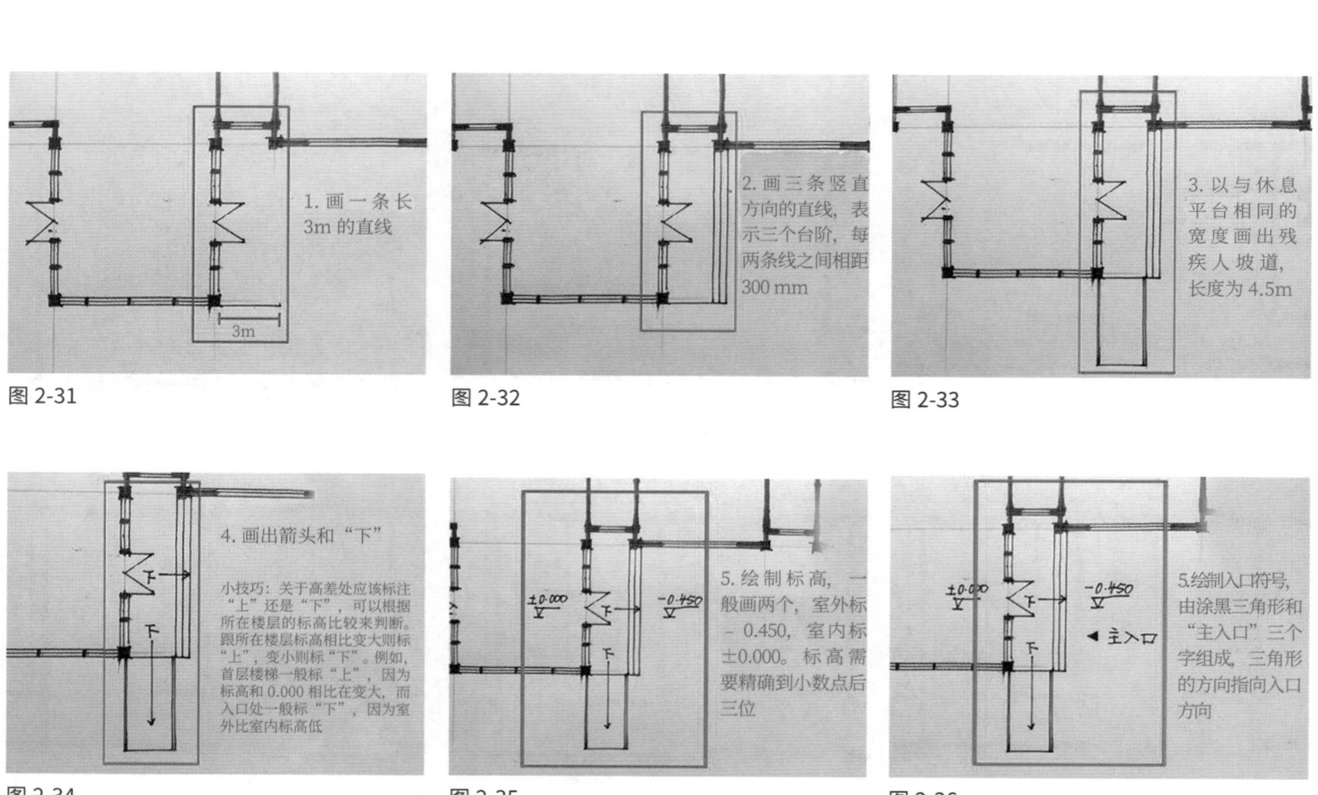

图 2-31
图 2-32
图 2-33
图 2-34
图 2-35
图 2-36

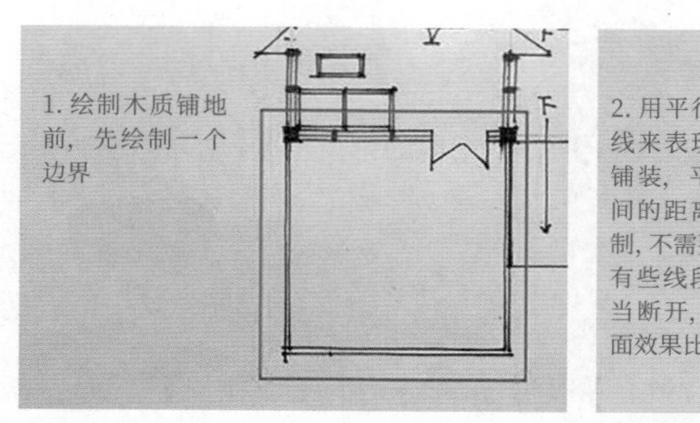

图 2-37

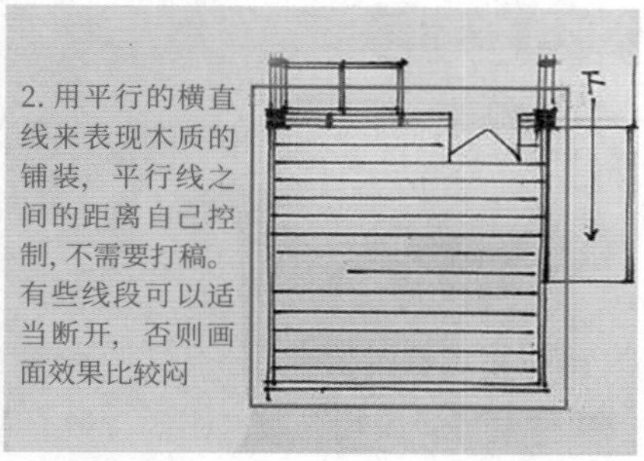

图 2-38

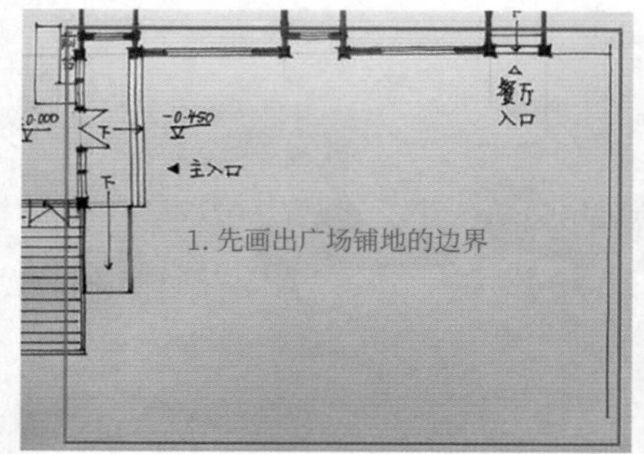

图 2-39

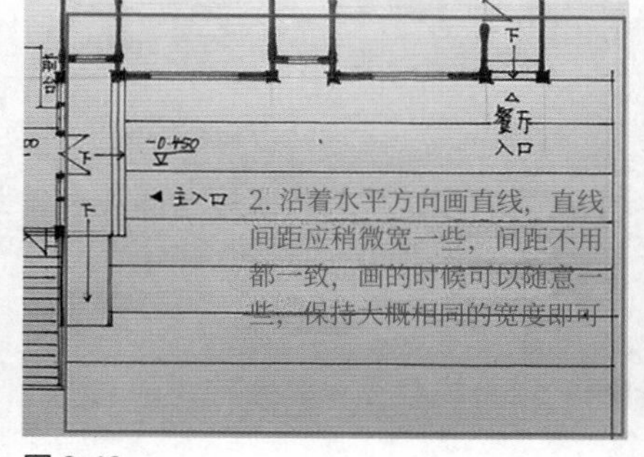

图 2-40

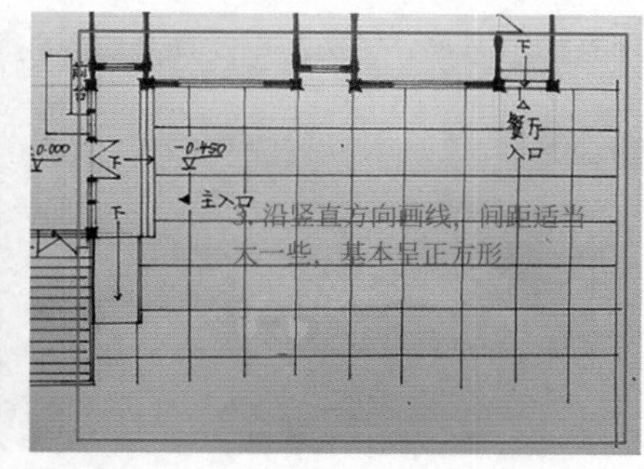

图 2-41

⑧ 线性尺寸

线性尺寸指长度尺寸，单位为 mm，它由尺寸界线、尺寸线、起止符号和尺寸数字 4 部分组成，如图 2-42。

⑨ 比例尺与图名

图名的标注形式为粗实线在上，图名写于粗实线上，比例紧跟其后，如图 2-43。

⑩ 制图线型

粗：承重墙——1.0 mm

中：小 2 号，看线——0.5 mm

细：玻璃、标注、纹理等——0.1 mm/0.2 mm

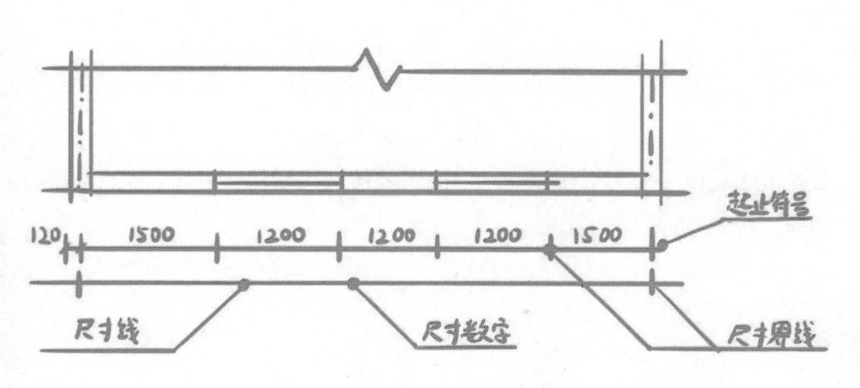

图 2-42

图 2-43

2.1.3 立面图

立面图是在与房屋立面平行的投影面上所作的房屋的正投影图。

（1）制图步骤

① 用铅笔定基本轮廓

画出建筑外轮廓和各层楼板的位置，并以此为基础标注门窗、洞口等。

② 用墨线完成基本图形绘制

注意加粗建筑外轮廓，以及标高的标注。加粗室外地坪，另外注意图名标注和比例。

③ 上色

上色主要是为了区别材质和光影，建议单色平涂背景，以衬托主体（图 2-44、图 2-45）。

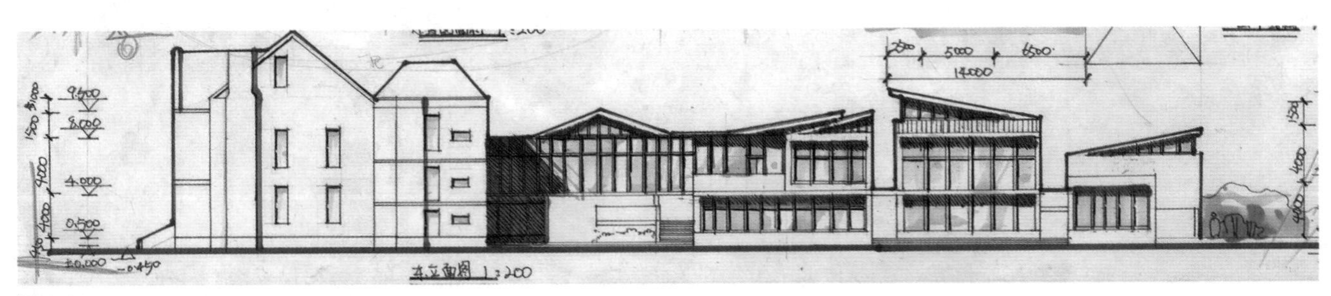

图 2-44

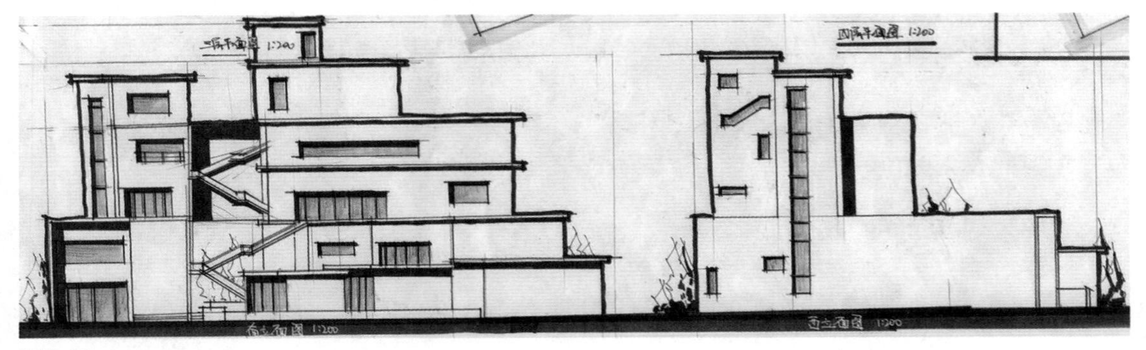

图 2-45

（2）注意事项

虽然立面图表达的只是透视图里的一个面，但要求还是和透视图很相似的。立面图要体现出建筑一个面上的凸起和内凹，必须通过阴影来完成。同时，需要注意材质的表达。

2.1.4 剖面图

剖面图是假想用一个剖切平面将物体剖开，移去介于观察者和剖切平面之间的部分，对剩余的部分向投影面所作的正投影图。

（1）制图步骤

① 柱网

确定各楼面标高，以及各柱跨的具体位置。

② 剖切到的面

绘制各楼面被剖切的承重构件，如梁、板，先绘制被剖切的建筑构件，有助于减少疑惑，明确绘制主体。

③ 补充看线（没有剖到，但是看得见的）

用墨线补齐各看线以及标注，完善梁、板、柱；剖到的墙体、女儿墙、栏杆双线绘制；完善看到的墙体、女儿墙、栏杆；完善楼梯、坡道、台阶。

④ 标注

标注房间名称、剖面标高系统、配景（图 2-46）。

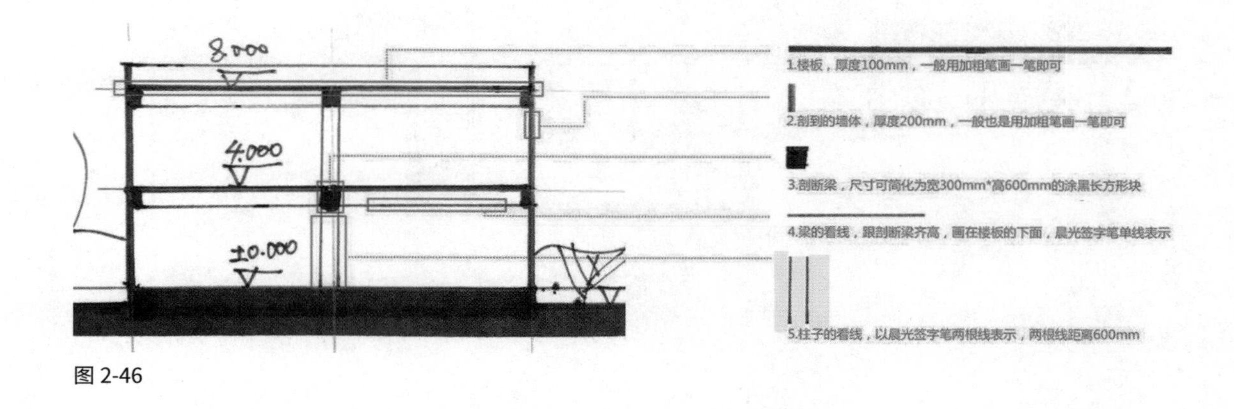

图 2-46

（2）注意事项

① 标高

应该标注被剖切到的外墙门窗口的标高，室外地坪的标高，檐口、女儿墙顶的标高，以及各层楼地面的标高。

② 大跨度

井字楼板为混凝土梁板结构，井字楼盖的梁等高，间距在 3—4m，常用井字梁截面高度为跨度的 1/20—1/15。

在网架结构中，网架金属杆件宽 100 mm，网架金属屋面板厚 100 mm，平板网架的网格尺寸取决于网架的跨度。

③ 楼梯

楼梯剖到处涂黑，看得到的楼梯画线不涂黑；楼梯栏杆一般高 1.2m，注意楼梯处要表达梁（平台梁、梯口梁）、板、柱的关系。

④ 其他

楼板宽 100 mm，梁高 800 mm 左右，梁宽 350 mm 左右，承重墙体厚 200—300 mm，轻质隔墙厚 50—100 mm，栏杆宽 50—100 mm，玻璃幕墙厚 20—50 mm。地坪楼板全部涂黑，剖到的梁涂黑。

另外，注意入口处建筑与室外平台的高度差。剖到的承重部位涂黑，非承重部位不涂黑（图 2-47）。

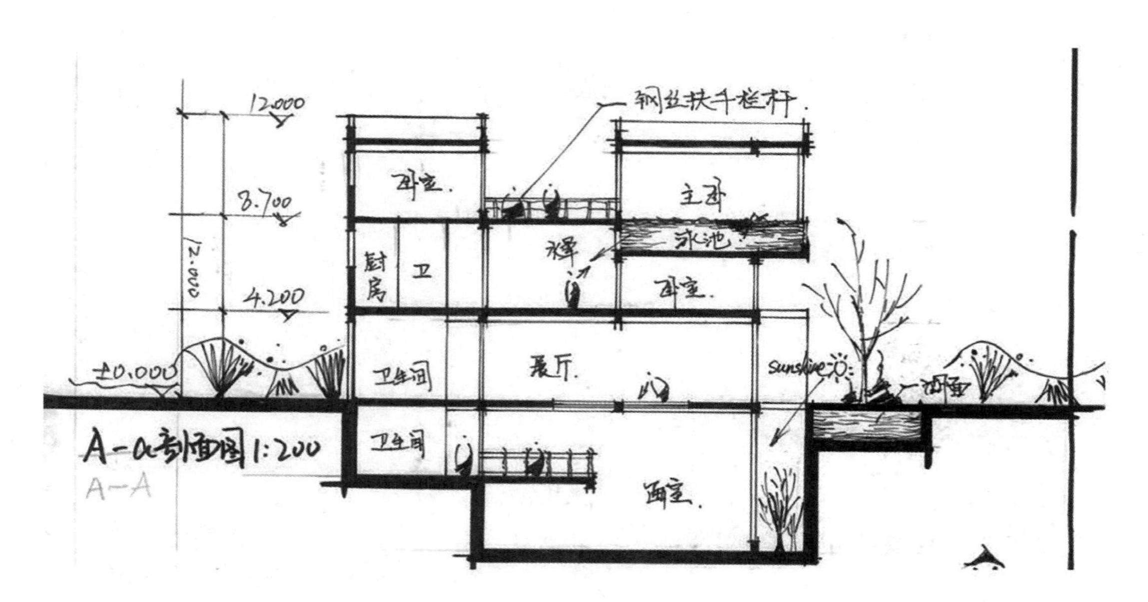

图 2-47

2.1.5 效果图

效果图是设计的直观表达，表现方式多种多样，可以分为透视图、鸟瞰图、轴测图三大类型。

透视图具有绘制简便、气氛强烈的优点，一般分为一点透视图和两点透视图。在绘制透视图之前，需要绘制大致的轴测图进行参考（图 2-48~ 图 2-50）。

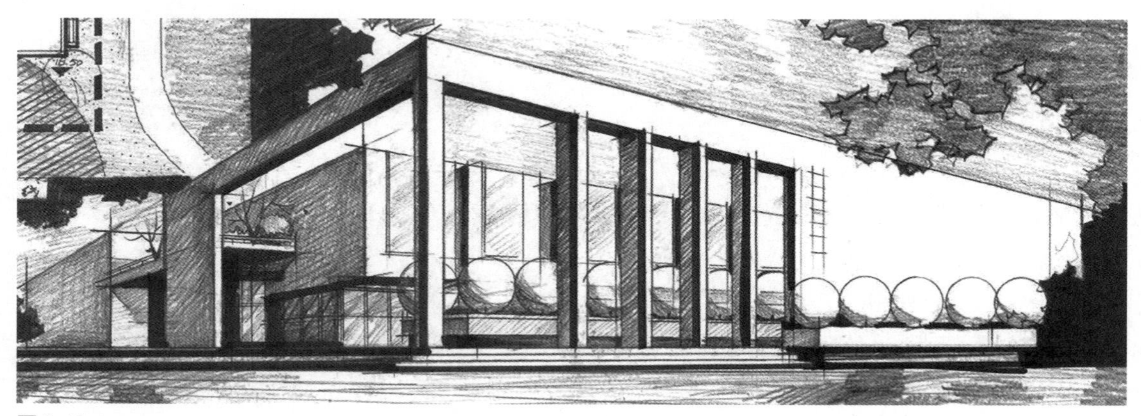

图 2-48

图 2-49

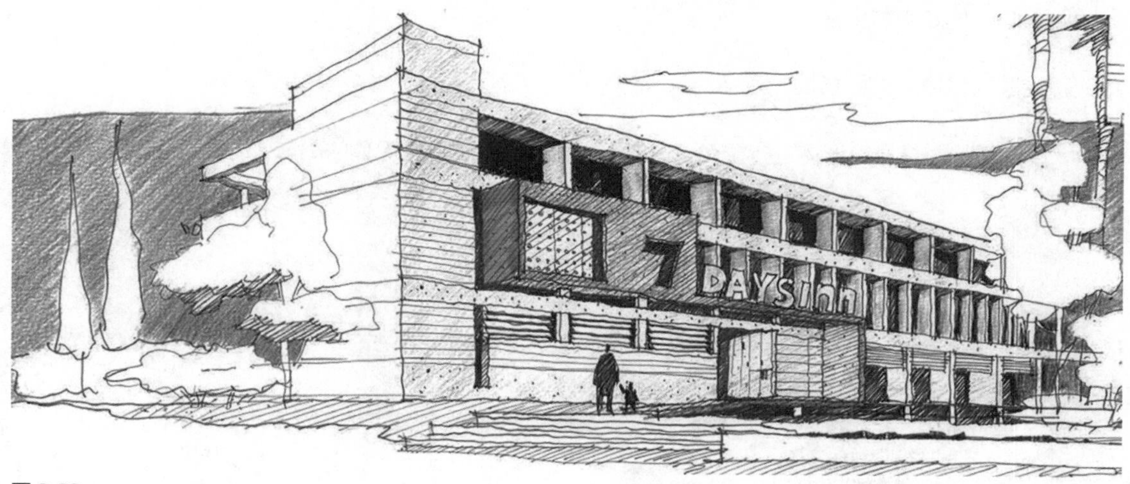

图 2-50

鸟瞰图是根据透视原理，用高视点透视法从高处某一点俯视地面起伏绘制成的立体图，也就是所谓的三点透视图。鸟瞰图最大的优势在于气势宏大，而且可以很好地展现建筑的第五立面——屋顶。在绘制鸟瞰图之前，需要绘制大致的轴测图来确定尺度，再进行透视（图 2-51）。

用平行投影法将物体连同确定该物体的直角坐标系一起，沿不平行于任一坐标平面的方向投射到一个投影面上，所得到的图形，称作轴测图。

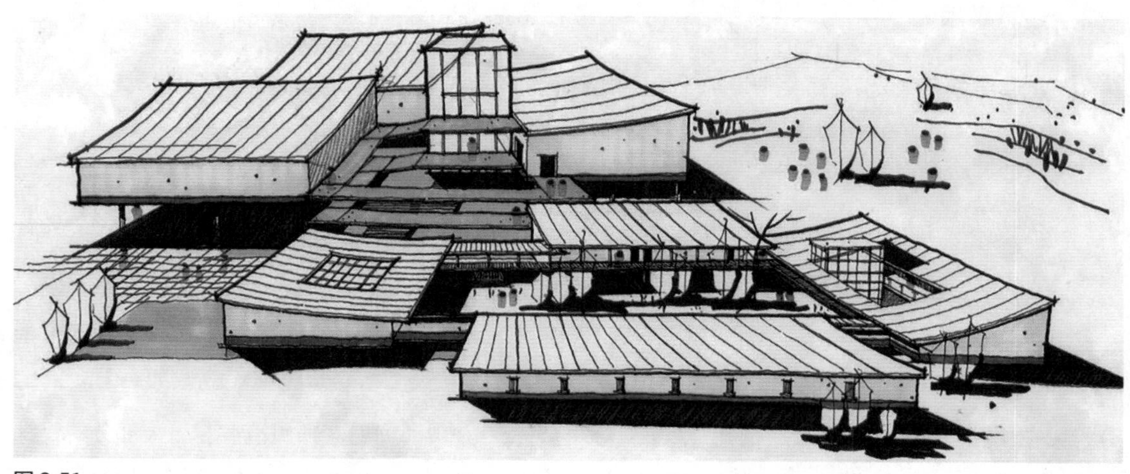

图 2-51

（1）制图步骤（图 2-52）

第一，将方案平面图沿轮廓大致画出来，将其旋转一定角度，使其建筑长边或主要界面与水平线成30°夹角。

第二，用比例尺将其拔高至相应楼层高度，使其建筑形体初具雏形，注意此步骤中所有长、宽、高及角度均没有发生改变。

第三，用加法和减法在相应位置上将具体建筑造型塑造出来，这一步是后续所有步骤的基础。

第四，深入刻画建筑的不同材质，如玻璃、平台、百叶窗、铺装、坡屋顶等，并通过材质的肌理区分明暗关系，使之更加丰富。

第五，绘制周边环境，如场地、道路、景观等，区别于建筑主体，丰富整体表达。

第六，按照明暗面对建筑形体进行上色，选择投影方向，绘制建筑形体的阴影，加深建筑形体外轮廓。

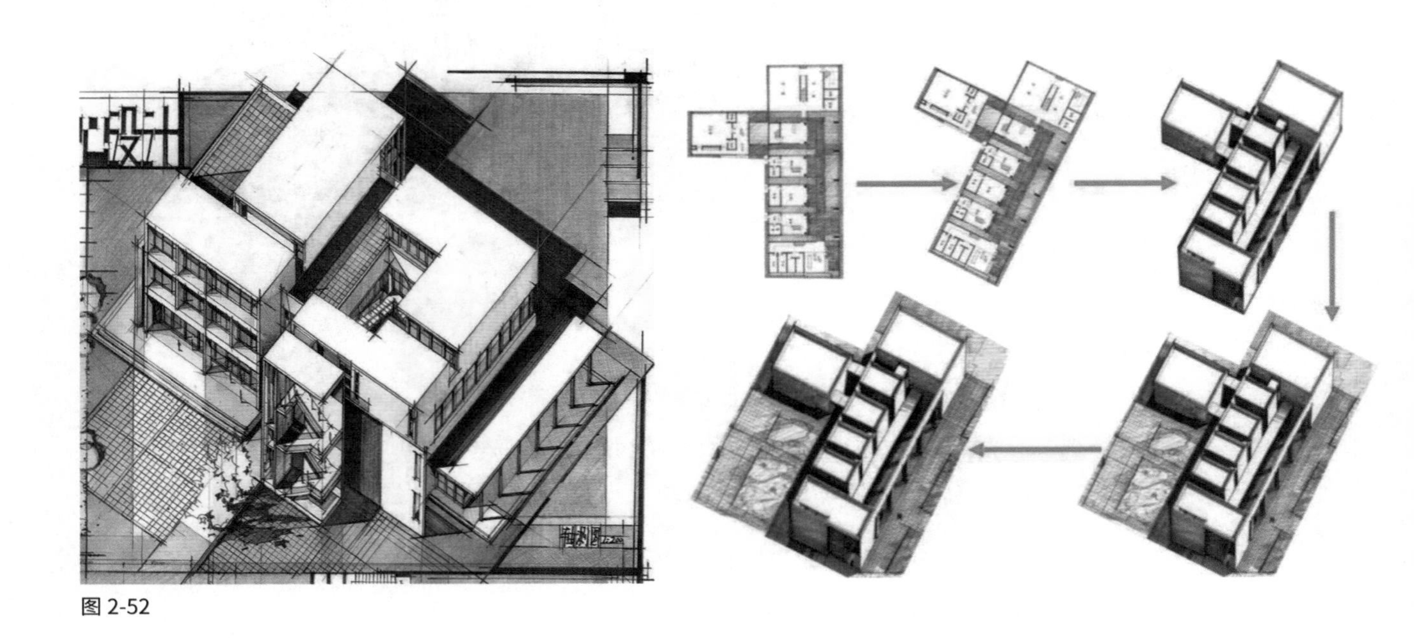

图 2-52

（2）注意事项

第一，上色时注意区分明暗面，阴影不一定要用纯黑色，是整幅图中明度最低的颜色即可。

第二，需要加深建筑轮廓线。

第三，周边环境用最细的绘图笔绘制，区别于建筑主体，丰富效果图，处理好场地设计（图 2-53、图 2-54）。

2.1.6 分析图

分析图在快题当中越来越重要，它可以突出方案的亮点，并帮助阅卷老师厘清逻辑。大部分的设计都是基于场地进行的，因此，在分析现状问题及提出解决策略时可以进行分析图绘制。想要画出一

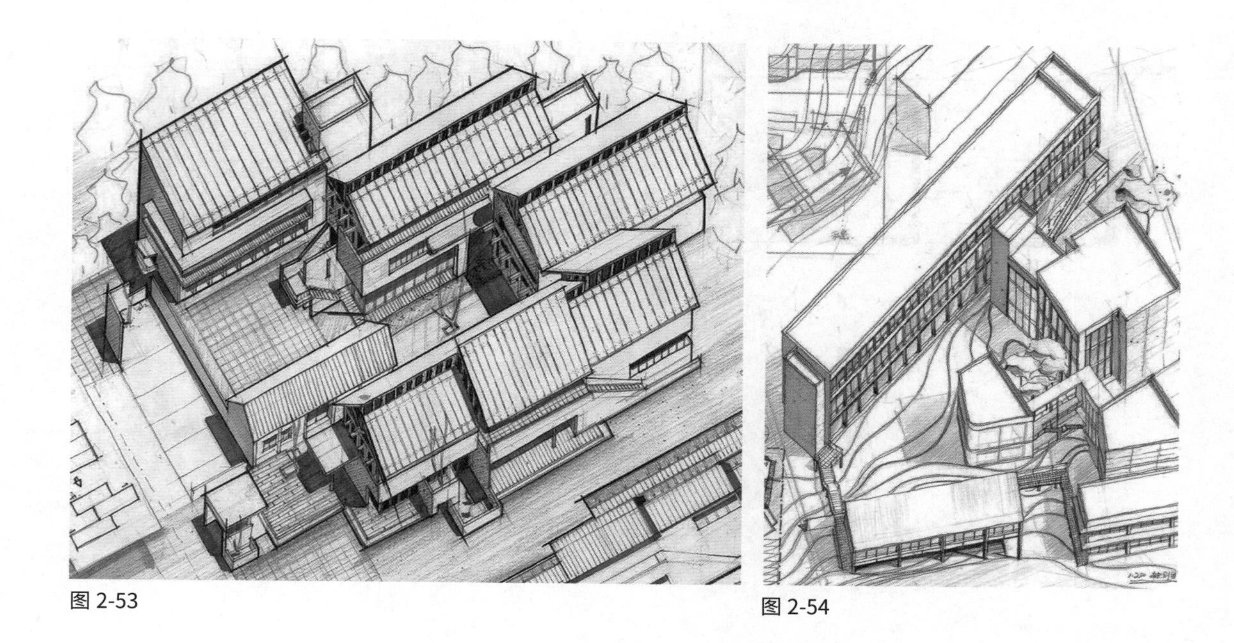

图 2-53

图 2-54

张表达清晰的分析图应注意以下几个方面。

（1）注意逻辑性

好的分析图不在于漂亮的图面，而是要清晰地阐明方案“是什么”“为什么”“怎么做”。

（2）表达清晰

分析图的表现用色一般比较鲜艳，但也不要喧宾夺主，信息要素主要通过色块、线型、文字等进行区分。

（3）明确的表达性

分析图要做到“一图一事，重点突出”。

常见的分析图有形象应对策略与概念形成图、功能分析图、剖面分析图、剖透视分析图、轴测场景分析图、爆炸轴测（结构分析）图等。

① 形象应对策略与概念形成图

形象应对策略与概念形成图包括设计思路分析图、场地分析图等。设计思路分析图可以从如何回应周边场地、建筑造型推敲过程等方面进行绘制（图 2-55、图 2-56）。

在快题中，场地分析图常见的考查内容为场地高差处理、景观分析、轴线关系分析（图 2-57~ 图 2-59）。

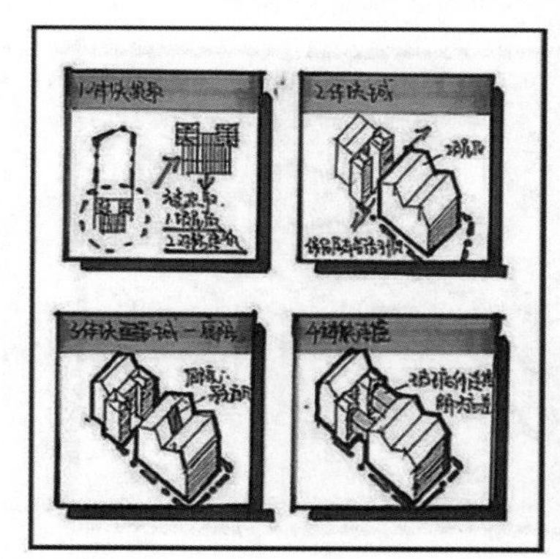

图 2-55

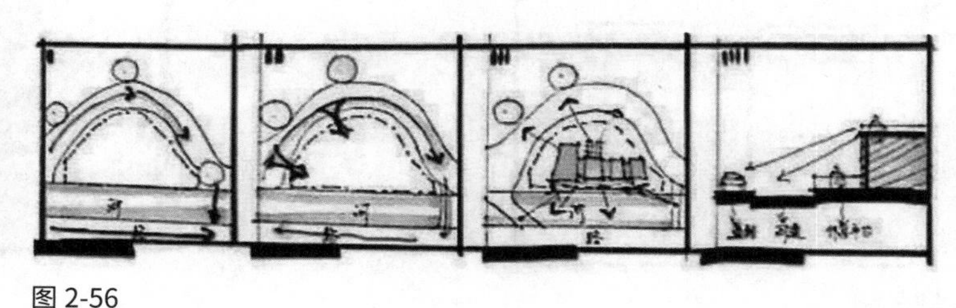

图 2-56

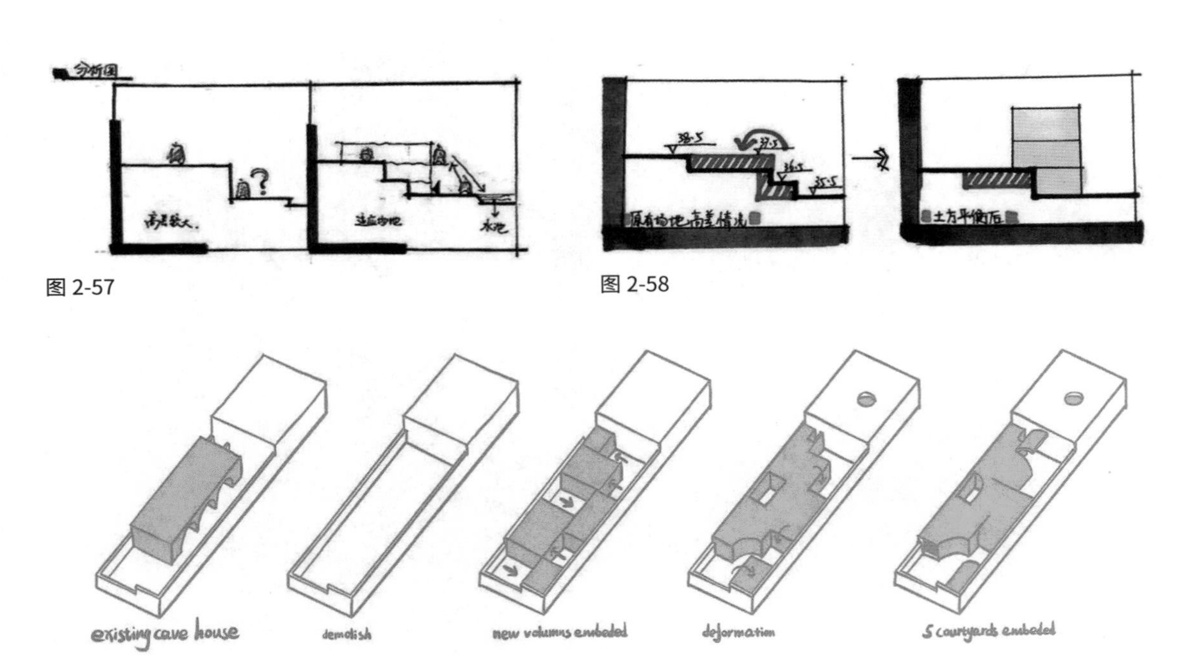

图 2-57

图 2-58

图 2-59

② 功能分析图

可在时间不充足的时候使用。功能分析图主要表达建筑不同的功能分区、动静分区等。一般用平面表示，不用色块或者透视体块表示（图 2-60、图 2-61）。

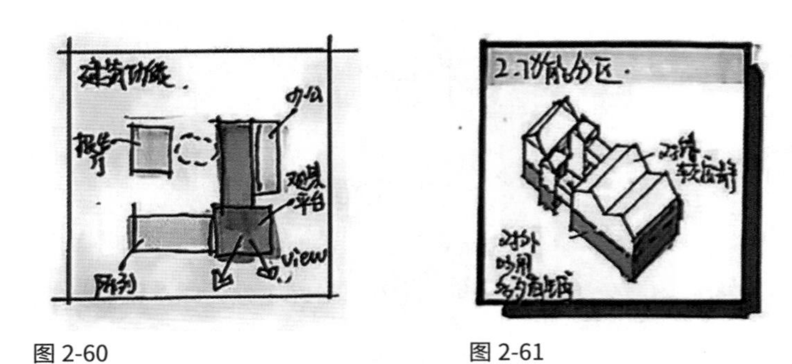

图 2-60

图 2-61

流线分析图主要用于表达人流的流线关系，如公共建筑内的办公人员与外来人员的两种不同流线关系（图 2-62、图 2-63）。

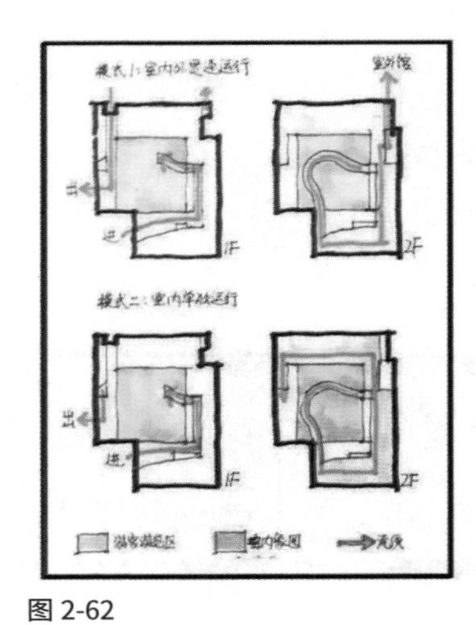

图 2-62

图 2-63

③ 剖面分析图

常见于坡地建筑，可以分析采光、景观视线、通风等。采光分析如图 2-64，景观视线分析如图 2-65、图 2-66。

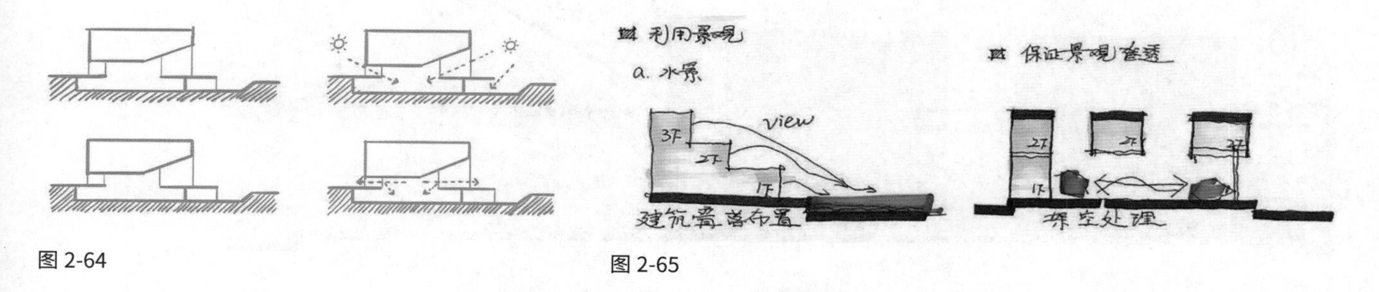

图 2-64

图 2-65

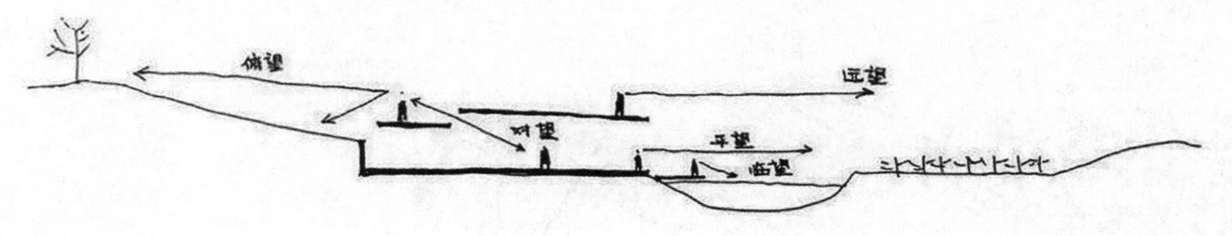

图 2-66

④ 剖透视分析图

剖透视分析图建立在完美的制图基础之上，有利于形成真实的想象，增强作品的表现力（图 2-67、图 2-68）。

⑤ 轴测场景分析图

一般用于改造类题目，重点表达内部空间（图 2-69）。

⑥ 爆炸轴测图

一般用于改造类题目，重点表达屋顶构造与内部空间。丰富的空间形式如果在“平、立、剖”中不能完全地展现，可以利用爆炸轴测图单独展示结构（图 2-70）。

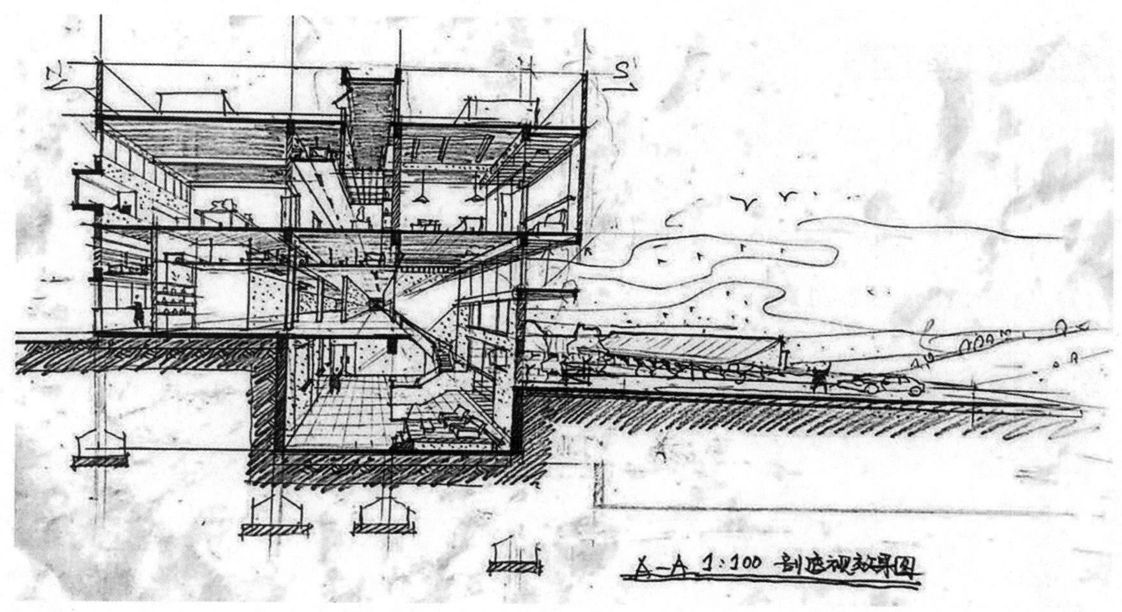

图 2-67

图 2-68

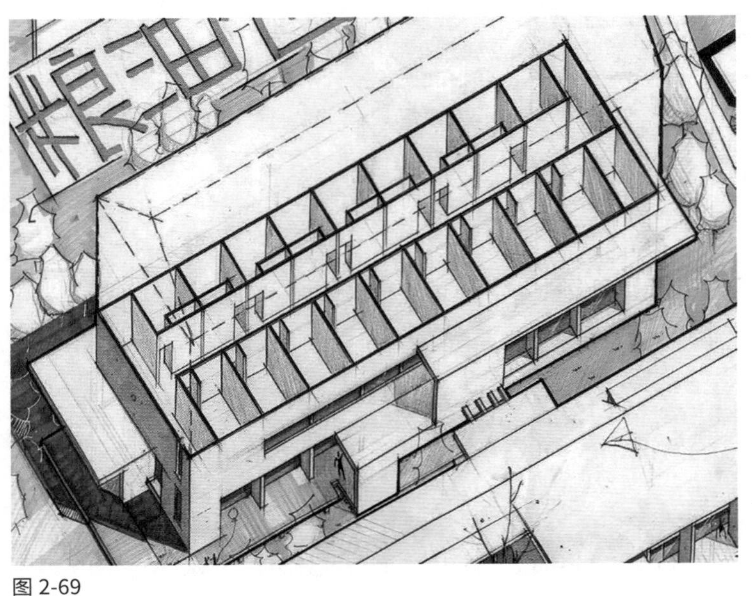

图 2-69

图 2-70

2.1.7 制图线型选择

在总平面图、平面图、立面图、剖面图等技术图纸的制图过程中，不同类型的信息往往需要通过线型的选择来进行区分，以达到制图清晰、表达充分的效果。这几种类型的图纸所需的线型可以按照表达信息进行如下区分。

（1）总平面图（图 2-71）

建筑形体：0.5 mm 针管笔；建筑外轮廓：0.8 mm 针管笔；场地环境：0.3 mm 针管笔；文字、尺寸标注：0.5 mm 针管笔。

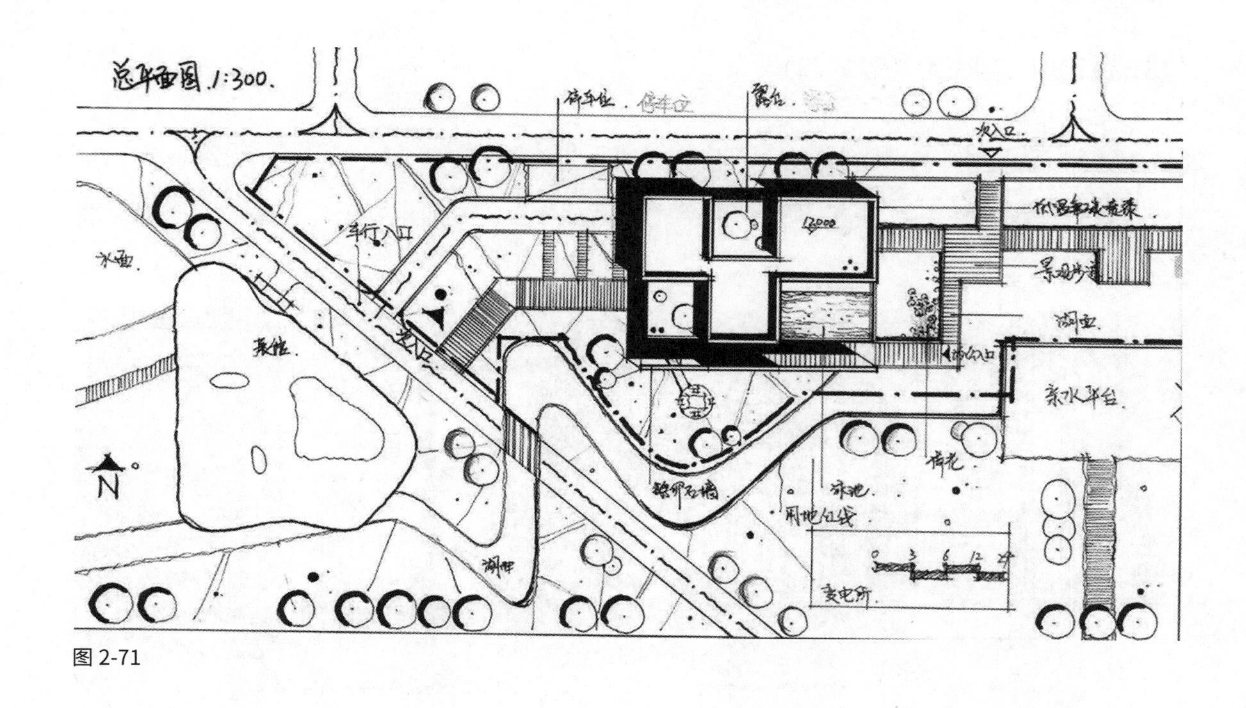

图 2-71

（2）平面图（图 2-72）

墙体：1.0 mm 及以上针管笔；门窗：0.5 mm 针管笔；场地环境：0.3 mm 针管笔；文字、尺寸标注：0.5 mm 针管笔；家具：0.3 mm 针管笔或铅笔。

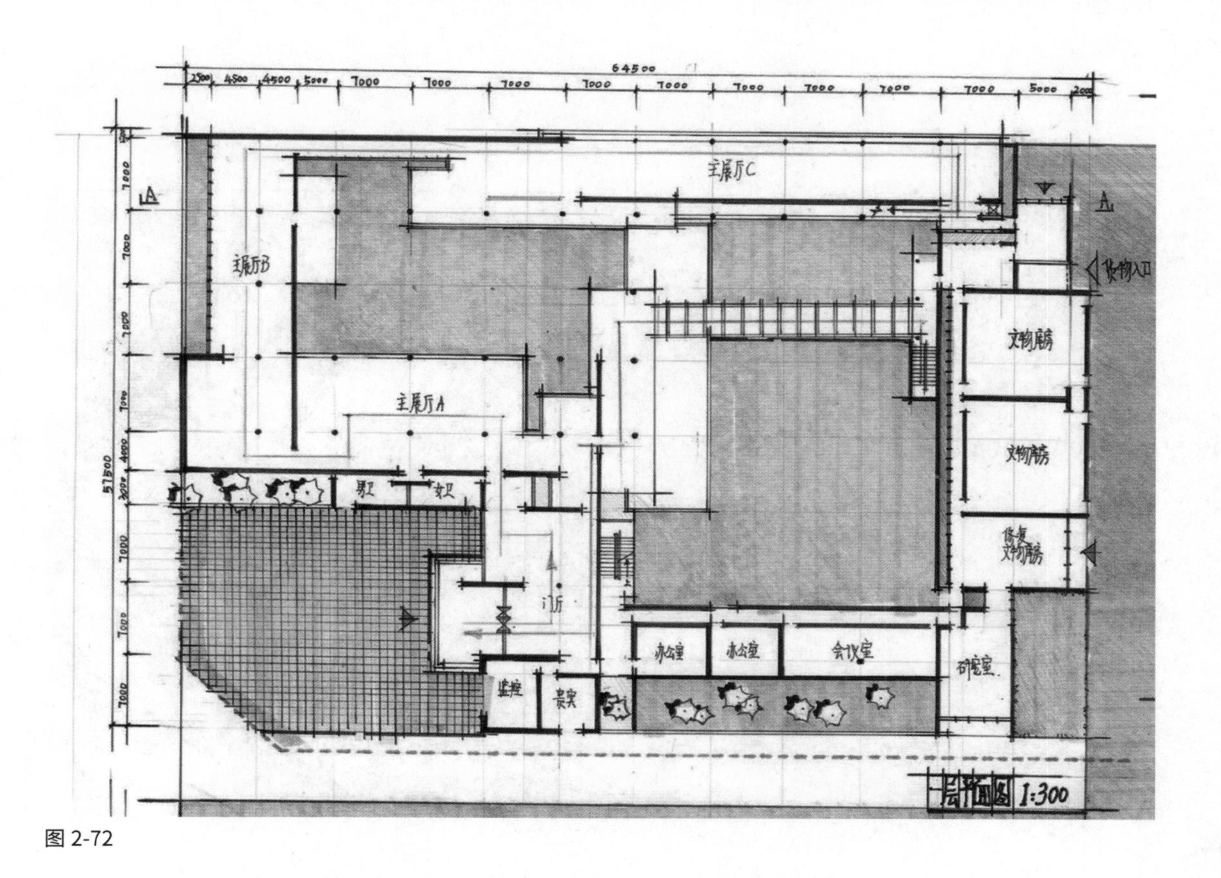

图 2-72

（3）立面图、剖面图（图 2-73）

看线：0.5 mm 针管笔；梁、板截面：1.0 mm 及以上针管笔；周边配景：0.3 mm 针管笔；文字、尺寸标注：0.5 mm 针管笔；立面外轮廓：0.8 mm 针管笔。

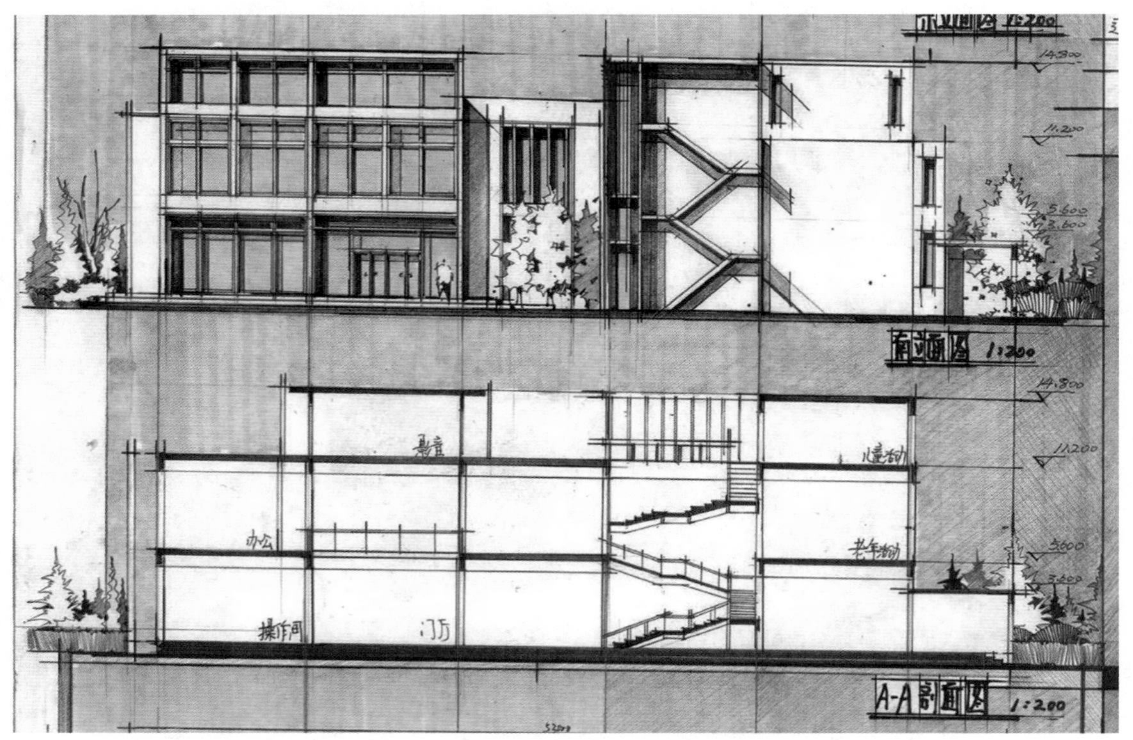

图 2-73

（4）效果图（图 2-74）

建筑形体：0.5 mm 针管笔；周边配景：0.3 mm、0.5 mm 针管笔；材质纹理：0.2 mm 针管笔或彩铅；建筑外轮廓：0.8 mm 针管笔。

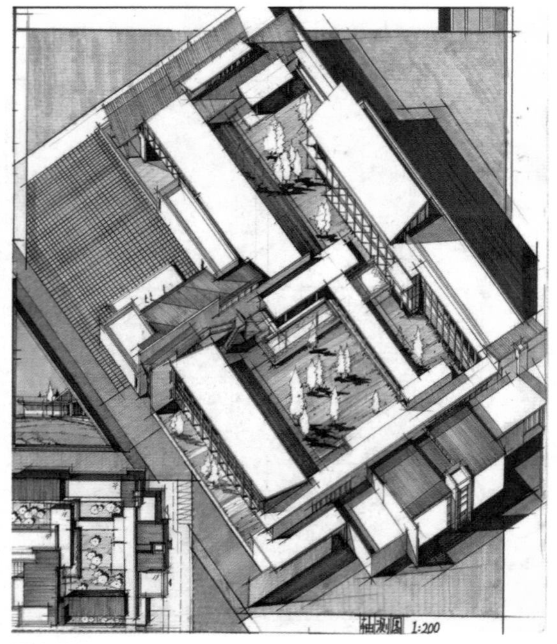

图 2-74

2.2 建筑快题排版与版式设计

2.2.1 版式设计原则

快题的版式设计原则主要包括以下几条。

（1）风格明确

单色、双色、多色表现，切忌用色混乱，风格不定。

（2）排版均衡

注意上色密度高的图纸部分不要都挤到一边。

（3）灵活调整

根据建筑形状调整排版。

（4）胆大心细

注意图名等标注不要缺失。

简单来说，在一套合格的快题作品中，总平面图体现设计的策略，平面图体现设计的布局，效果图是设计的直观表达，立面图要对竖向进行整理，分析图要表达场地的逻辑思维，设计说明是辅助图纸的文字表达，要逻辑清晰，传达中心思想。

快题设计中最重要的三张图是总平面图、首层平面图和效果图。这三类图纸的表达及位置将直接决定整张图纸的直观表现力，是快题设计中必须要画完的图项。

2.2.2 排版原则

快题排版及各张图纸的位置应该在上板绘制正图前考虑清楚，可以通过铅笔大致确定各张图纸的大小、范围、位置，避免到了墨线阶段才发现图纸过大或过小。同时，在进行快题排版时应充分考虑以下两个原则。

（1）对位

为了提高绘图速度，在排版时可以利用上下、左右的对位进行排版，比如对于用草图纸绘图的同学来说，首层平面图和二层平面图往往在两张纸上面，利用草图纸的透明性进行描图，而立面图、剖面图往往会放在平面图的下面，直接作延长线绘制，既方便阅卷老师阅读，又方便自己绘制。

（2）符合视觉习惯

快题中通常使用的是 A1 和 A2 两种图幅，无论哪种图幅，在排版的时候都要注意人的视觉习惯。这里需要注意的是，横向构图和竖向构图的视觉习惯略有不同。一般将比较有表现力的图置于视觉中心的位置，这些图包括效果图 / 轴测图、总平面图、首层平面图，而表现力较弱的二层平面图、剖面图、立面图可以置于两张重点图纸中间，或直接置于图纸底部，使整个图面均衡、稳重。

同时，A1 图幅在绝大多数情况下均为横向排版，面对横向的大图，一般人的视觉重点区域可以视作一个直角三角形的区域，并且人习惯上最先关注的是整张图的右半部分，因此在这个直角三角形区域内要放置最重要的效果图、总平面图、首层平面图，而且效果图的大小至少要占到整个图幅的三分之一（图 2-75）。

A2 图幅的排版相对比较简单，受图幅限制，每张 A2 纸能容纳的图量有限，通常在第一张 A2 纸中展示出最重要的图纸，如效果图、总平面图和首层平面图（图 2-76~ 图 2-80）。在第二张或第三张 A2 纸中则放置其余的平面图、立面图、剖面图等。

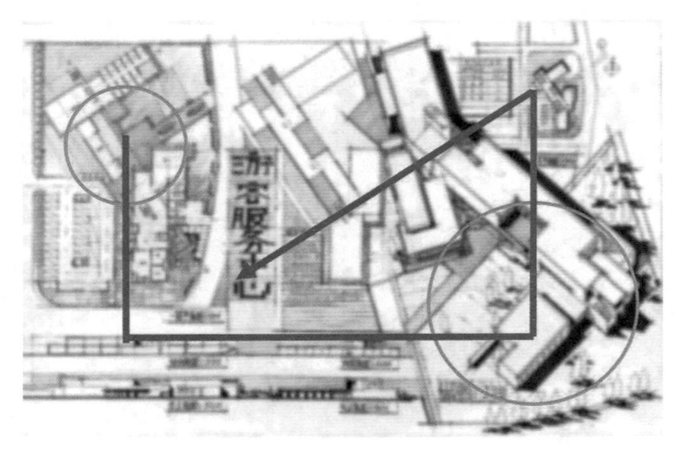

图 2-75

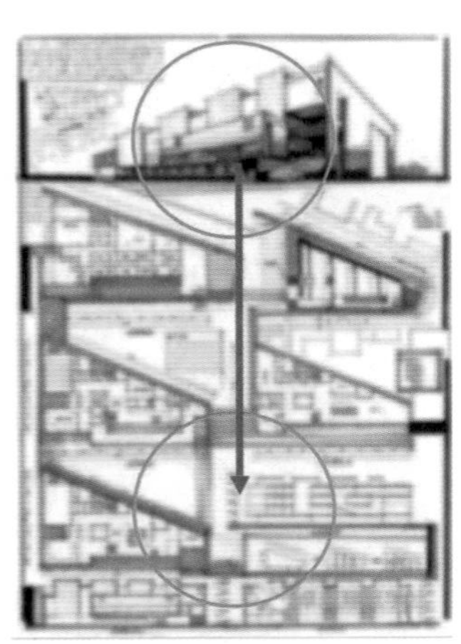

图 2-76

首层平面图
总平面图
标题
效果图

图 2-77

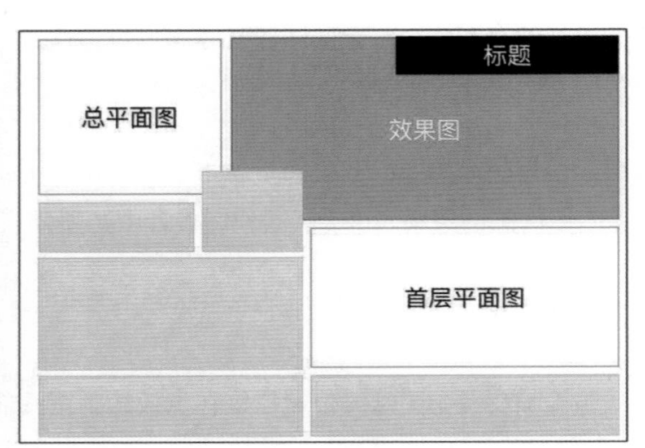

图 2-78

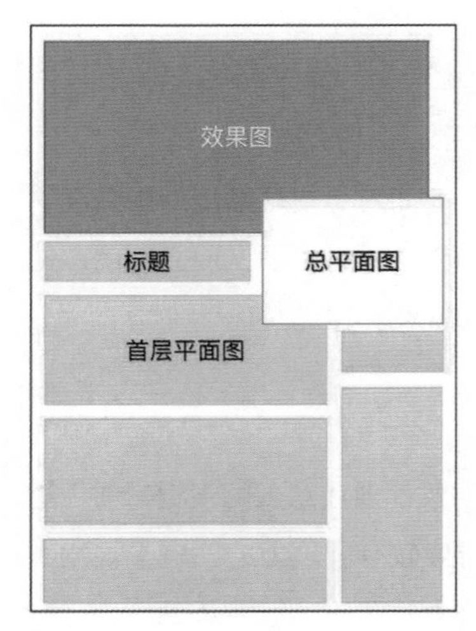

图 2-79

图 2-80

2.2.3 标题与文字说明

建议不要提前确定文字说明（经济技术指标与设计说明等）和标题的位置。一般在其他图纸铅笔稿完成后，再根据图面排版的实际情况，对图纸上明显的空余部分或多张图纸交接混乱的地方，利用标题或文字说明的图框进行填充或分割，使图纸排版清晰明确。

标题最好不要直接写“快题设计”，而是写任务书的题目，如“民俗博物馆设计”“社区活动中心设计”等，标题的字体采用工程字，或把笔画拆分为横竖（图 2-81、图 2-82）。

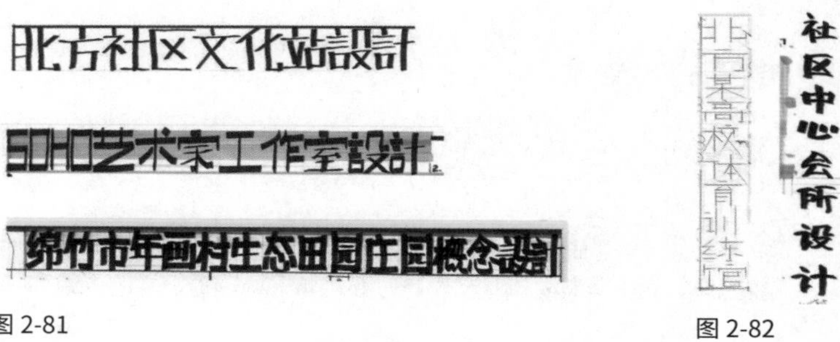

图 2-81　　图 2-82

2.3 阴影透视原理

建筑形体阴影是图面表达的重要内容，直接影响最终图面的表现力，可以帮助绘图者及读图者看出建筑形体及空间组合的关系，大大增强图形的立体感与真实感。这种效果对于轴测图、鸟瞰图和立面图来说尤为明显。

2.3.1 阴影的形成

在现实空间里，光线总是自光源沿着直线方向发射出去。物体在光线的照射下，其表面上直接受光的部分显得明亮，称为物体的明面；另一部分表面因为背光，则比较阴暗，称为物体的阴面。阳面与阴面的分界线称为阴线。由于物体通常是不透明的，所以照射在阳面上的光线受到阻挡，导致物体另一侧的部分空间因为光线不能直接射入而形成了一个幽暗的影区。如果该物体自身或其他物体上原来迎光的阳面处于影区内，则会因得不到光线的直射而出现阴暗部分，成为该物体在这些阳面上的落影。落影的轮廓线被称作影线。落影所在的阳面，被称作承影面（图 2-83）。

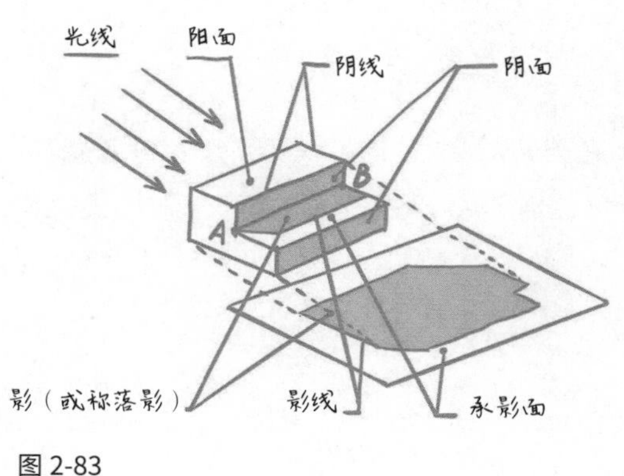

图 2-83

在快题表达中，对于效果图中的阴影，承影面一般为水平平面，即大地。在阴影绘制中要进行的步骤如下。

第一，根据指北针方向确定建筑形体所处方向。

第二，根据尽可能保证阴阳面同时呈现的原则确定光线方向，一般为正 45°面光源。

第三，根据确定的光线方向确定建筑形体中的阴面、阳面。

第四，根据阳面、阴面寻找阴线。

第五，根据阴线确定影区范围，影区范围内即为落影。

第六，加重落影范围内的色彩，与建筑形体做出区分。

需要注意的是，快题中的效果图的投影，通常只绘制落在地面的部分，而不绘制落在立面或其他投影上的部分，以避免图面色彩混杂，重色过多。在具体绘制过程中，非地面部分的投影是否绘制视具体情况而定。

2.3.2 光线

在现实环境中，光线基本上可以分成三类：平行光线、辐射光线和漫射光线。在投影图中绘制阴影，一般采用平行光线。

平行光线的方向可以任意选定，但在阴影绘制中为了作图和度量上的方便，通常采用一种特定方向。这种光线在空间中的方向与正立方体的一条体对角线的方向是一致的，这种光线在三面的正投影均与水平线成 45°角（图 2-84）。

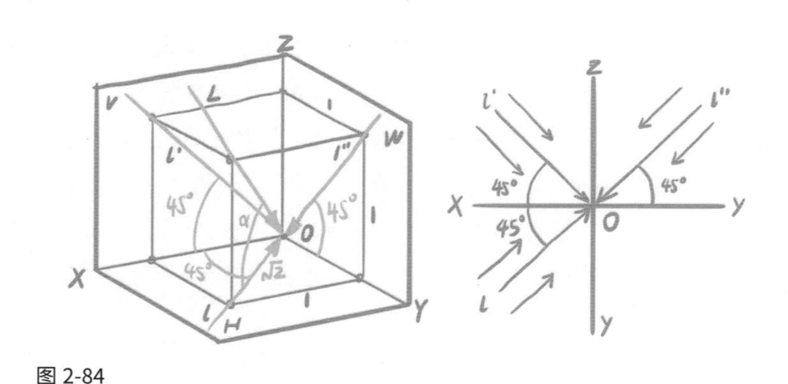

图 2-84

在快题的效果图阴影绘制中，在满足光线大方向可以使建筑形体中的阳面、阴面明显区分的情况下，可直接与正交方向作 45°辅助线，确定光线阴影范围的第一条边界线（图 2-85）。

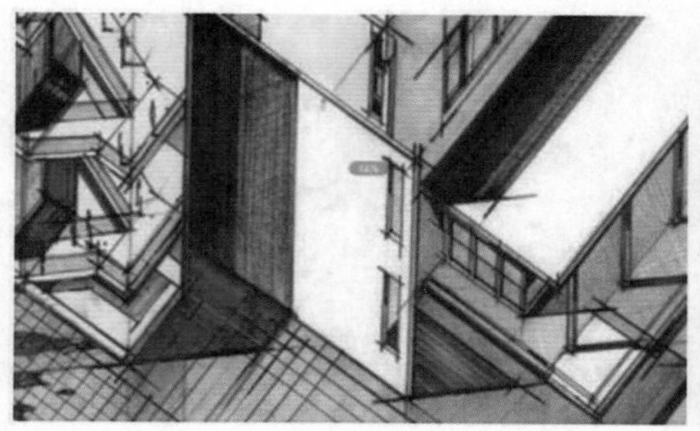

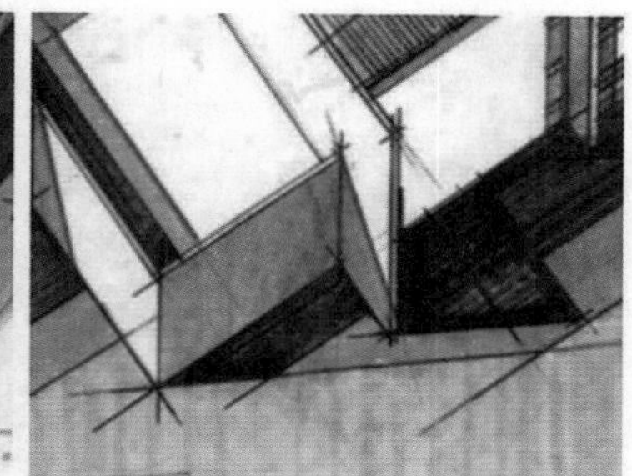

图 2-85

2.3.3 点、线、面、体的投影

（1）点的投影

空间中一点在任何承影面上的落影仍然是一个点（图 2-86）。

点在某投影面上的落影，与该投影之间的水平距离和垂直距离，都正好等于点与该投影面的距离。点在任何投影面上的落影都遵循这一规律（图 2-87）。

（2）线的投影

一般情况下，直线在某承影面上的落影被看作经过该直线上各点的光线所形成的光平面经延伸后与承影面的交线（图 2-88）。

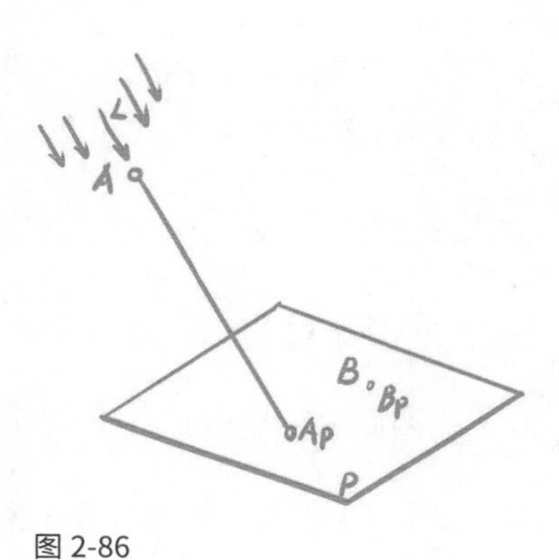

图 2-86

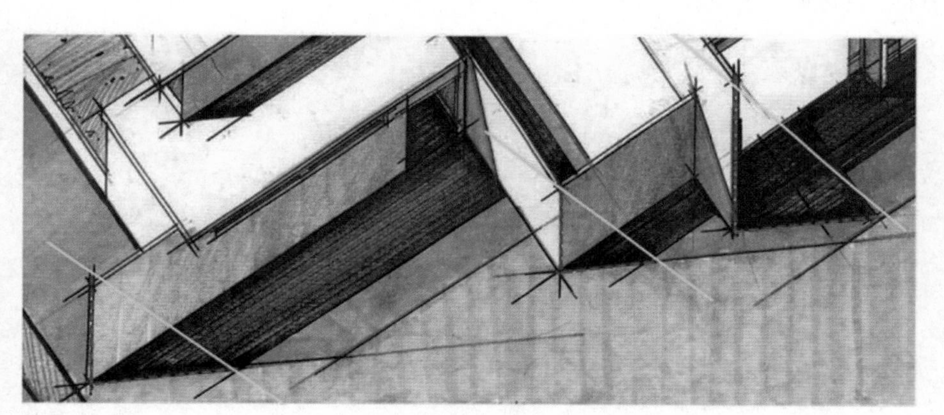

图 2-87

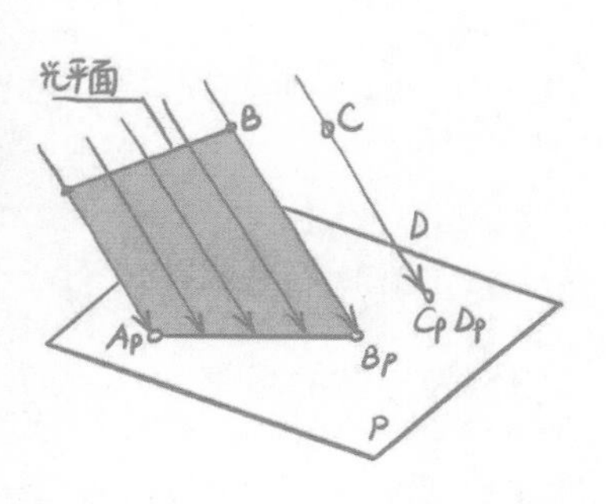

图 2-88

当承影面为平面时，直线在其上的落影一般仍然是一条直线。如果直线平行于光线的方向，则其落影成为一点。

求作直线线段在一个承影面上的落影，只需要画出线段上两端点的落影，连成直线即可（图 2-89）。

图 2-89

在快题的效果图阴影绘制中，需要根据找出的阴线求出这些线在承影面的投影，将这些投影线连接起来即得到阴影范围。

在求出一条边的投影之后，可以根据以下规律快速推导出其他相关直线的落影。

第一，直线平行于承影面，则直线的落影与该直线平行且等长。

第二，两直线互相平行，它们在同一承影面上的落影仍表现平行。

第三，一条直线在互相平行的各承影面上的落影互相平行。

第四，两条相交直线在同一承影面上的落影必然相交，落影的交点就是两条直线交点的落影。

第五，一条直线在两个相交承影面上的两段落影必然相交。

第六，某投影面垂直线垂直于承影面上的落影，在该投影面上的投影是与光线投影方向一致的 45°直线。

第七，两条相交直线若均平行于承影面，其投影线的夹角角度等于其自身夹角角度。

（3）面与体的投影

平面多边形的落影轮廓线——影线，就是多边形各边线落影的集合。平面多边形如果平行于某投影面，则其在该投影面上的落影与投影的形状完全相同，均反映该多边形的实形（图 2-90）。

体的投影既可按照本书“2.3.1 阴影的形成”中的步骤作出，也可以根据下列常见的投影形式进行排列组合（图 2-91~ 图 2-97）。

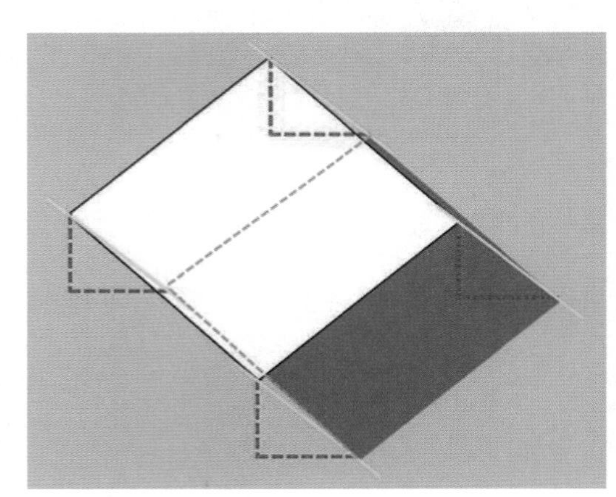

图 2-90

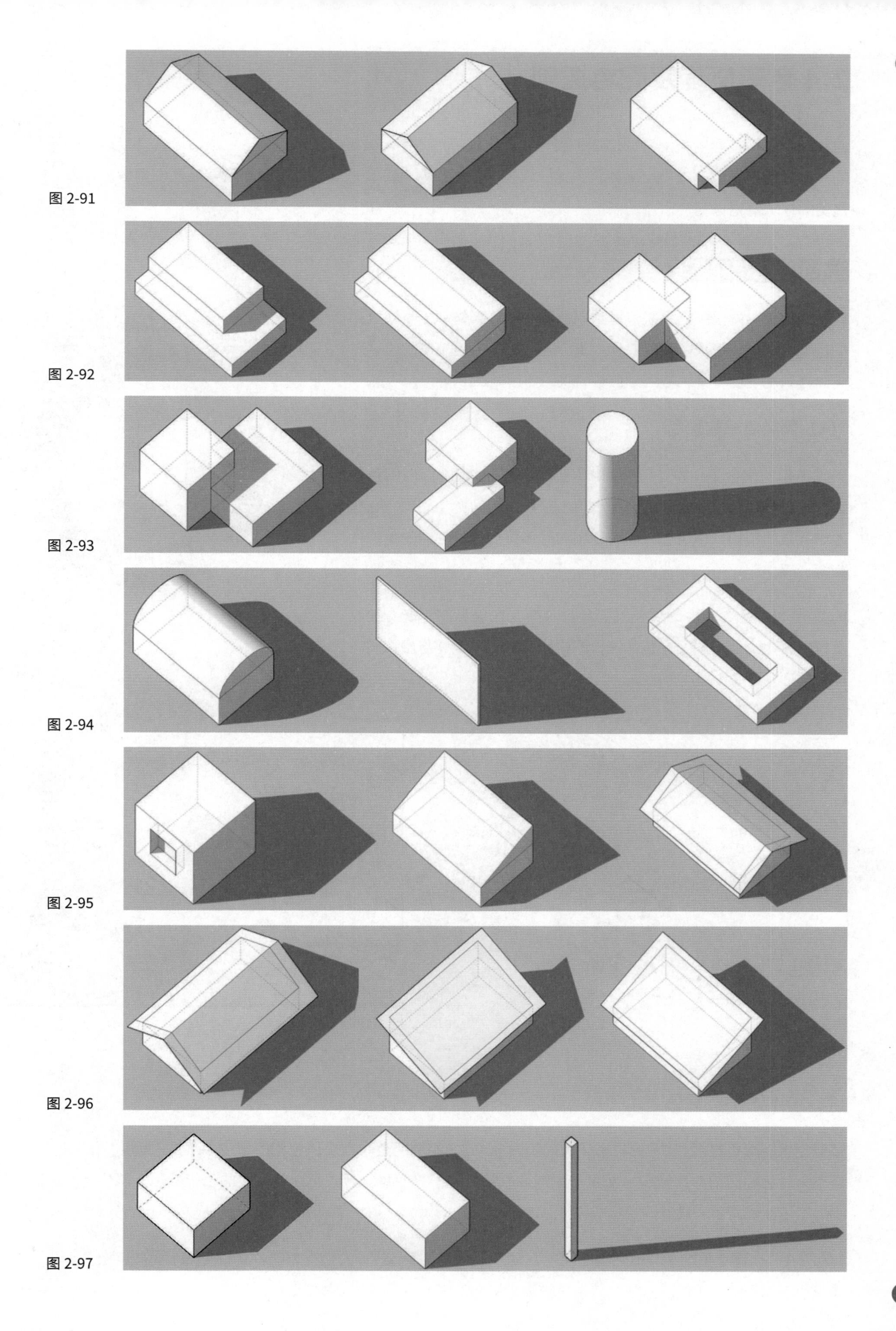

图 2-91

图 2-92

图 2-93

图 2-94

图 2-95

图 2-96

图 2-97

2.4 色彩原理及配色原则

在快题中利用色彩的搭配可创造适于表达设计主题特点的艺术效果与图底效果。色彩的语言是丰富的，遵循色彩构成的均衡、韵律、强调、反复等法则，对色彩合理地进行组织搭配就能产生和谐、优美的视觉效果。

2.4.1 色相搭配原理

色相是指色彩所呈现的面貌，通常以色彩的名称来体现。不同色相的搭配组合可以形成色彩的对比效果，不同类型的色相搭配可以对画面起到决定色彩基调与区分色彩面貌的作用（图 2-98）。

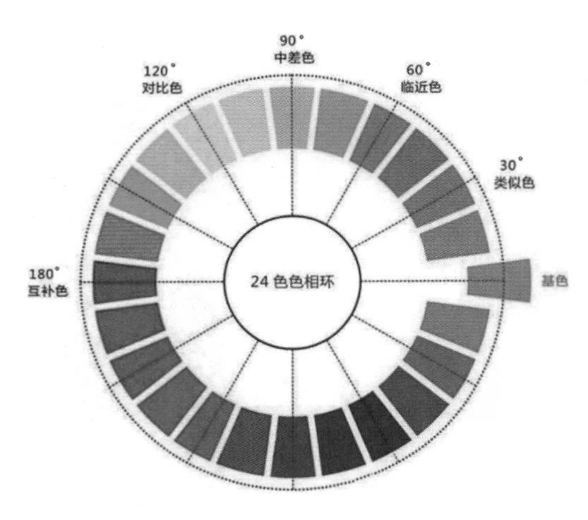

图 2-98

（1）同类色相的配色

同类色相的配色是指在 24 色色相环上间隔为 15°范围以内的色相搭配，这种色相搭配逐渐趋向于单色，呈现极弱的微差变化，在快题中就是所谓的“单色”。同类色相的配色可以保持画面的单纯性与统一感。

图 2-99 以红色为主，为避免画面显得单调，在色彩的明度与纯度上做了变化，使得画面在整体统一的格局下具有节奏感与层次感。蓝色同理（图 2-100）。

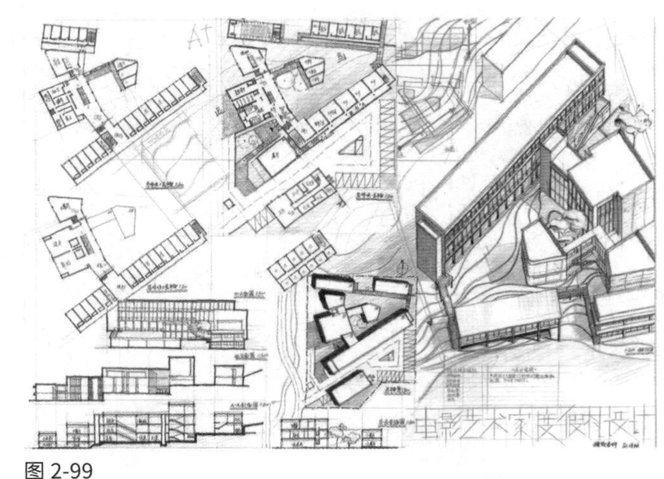

图 2-99

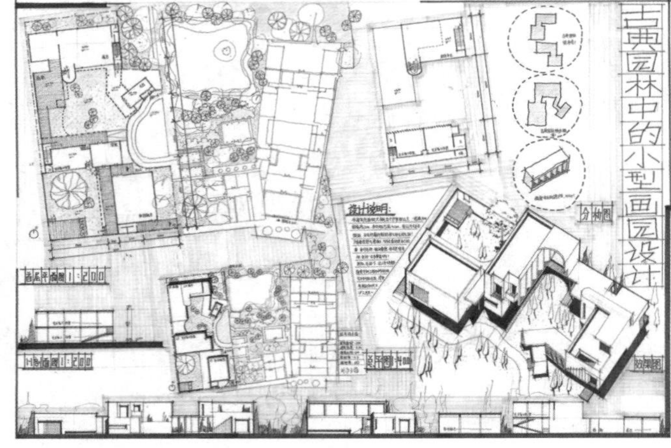

图 2-100

（2）类似色相的配色

类似色相的配色是指在 24 色色相环上间隔为 30°的色相的配色。在类似色相的配色中，由于色相区别不大，色相间的对比较弱，所以产生的效果常常趋于平面化，但正是这种微妙的色相变化，能使画面产生比较清新、雅致的视觉效果。

如图 2-101、图 2-102 中类似色相的配色方案，令画面在整体统一的情况下同时具有变化，类似色相的配色因色相的差距较小，视觉效果虽较为平缓，但又具有微妙的层次感。

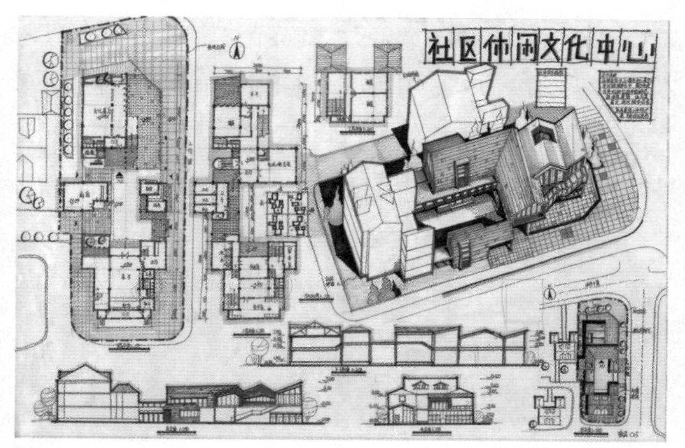

图 2-101

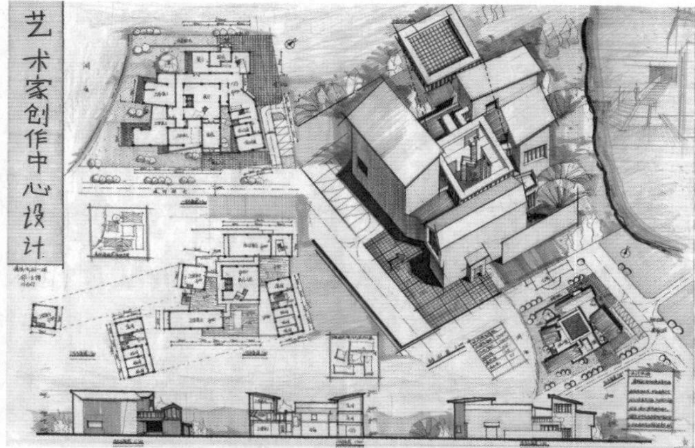

图 2-102

（3）邻近色相的配色

邻近色相的配色是指用邻近色相进行色彩搭配的方式。在 24 色色相环中间隔为 60°的色相都属于邻近关系。邻近色相的配色既能保持色调的亲近性，又能凸显色彩的差异性，使得效果比较丰富。

如图 2-103 中用绿色作为背景色，选用色相差别较小的黄棕色来突出主体建筑，令画面既能保持和谐又能充满活力，既统一又具有表现力，画面效果非常丰富。

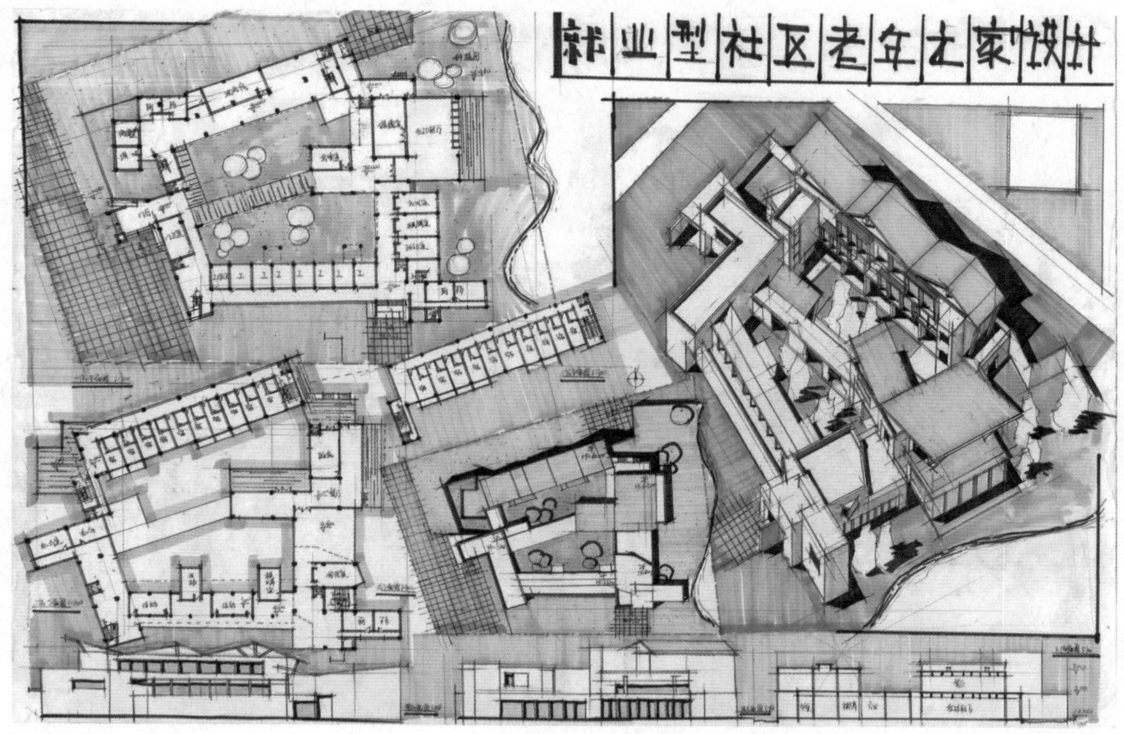

图 2-103

（4）对比色相配色

对比色相的配色是指 24 色色相环上间隔为 120°的色相的搭配组合。对比色相的配色是采用色彩冲突性比较强的色相进行搭配，从而使视觉效果更加鲜明、强烈、饱满，给人兴奋的感觉。

如图 2-104 中利用绿色与蓝色的对比使得画面色彩更加丰富、跳跃，强烈的对比效果更突出了画面中的造型，蓝色的大屋顶在绿色背景的烘托下更为醒目，对比色相的配色方案令主题在表现上更加跳跃、强烈。红蓝同理（图 2-105）。

（5）互补色相的配色

互补色相的配色是指在 24 色色相环上直径两端互成 180°的色相的搭配组合。互补色相的搭配产生的色彩对比是最为强烈的，具有感官刺激性，是产生视觉平衡的最好的组合方式。

如图 2-106、图 2-107 中多个互补色相的配色方案令画面呈现了丰富、饱满的视觉效果，令画面在视觉上更具震撼力。

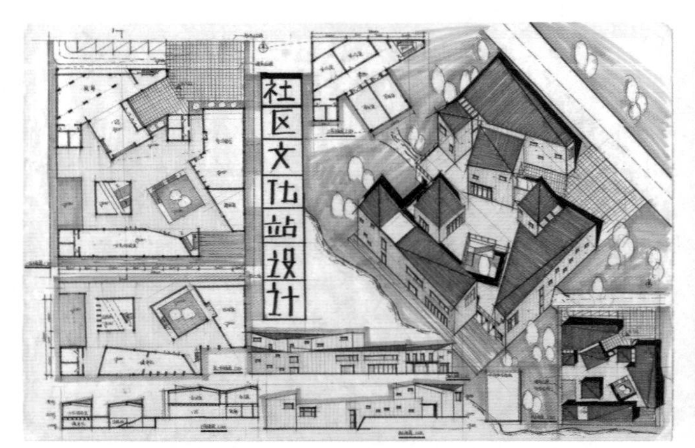

图 2-104

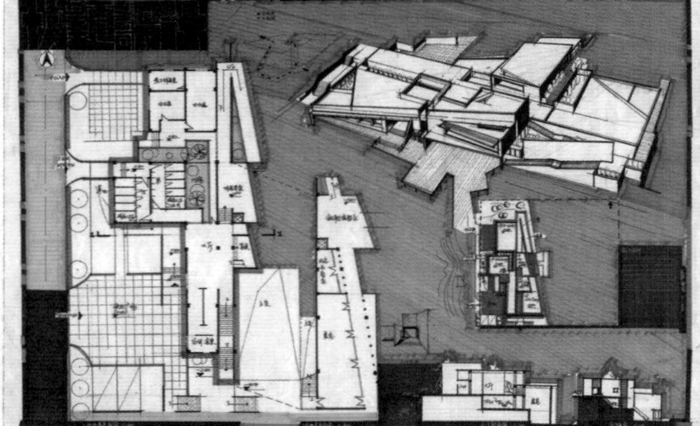

图 2-105

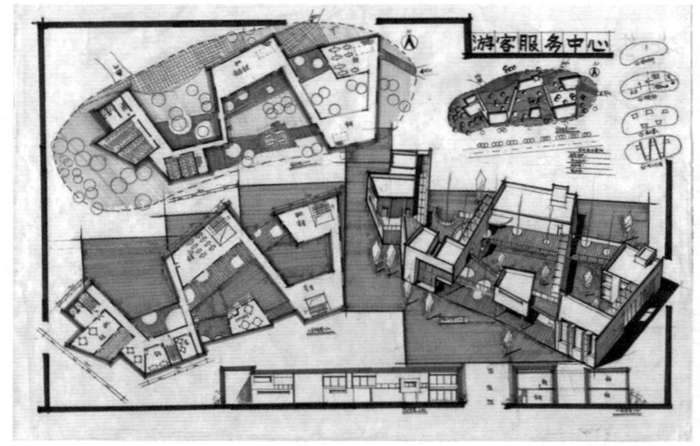

图 2-106

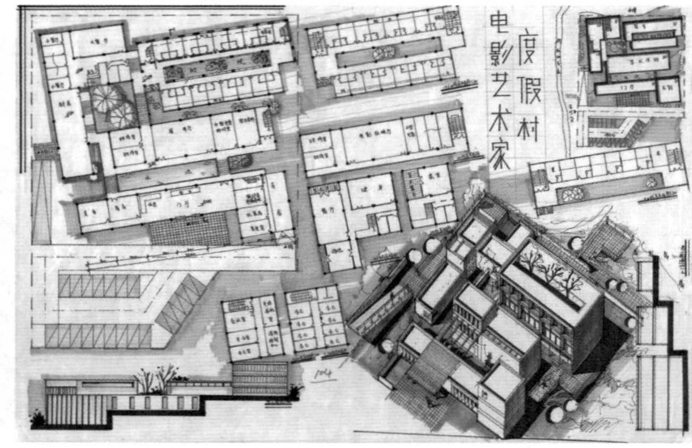

图 2-107

2.4.2 明度搭配原理

明度是指色彩的明暗程度，可以理解为将彩图变成黑白图，越黑则明度越低。明度可以体现色彩的层次感与空间感。在无彩色中，白色的明度最高，黑色的明度最低；在有彩色中，黄色的明度最高，紫色的明度最低（图 2-108）。

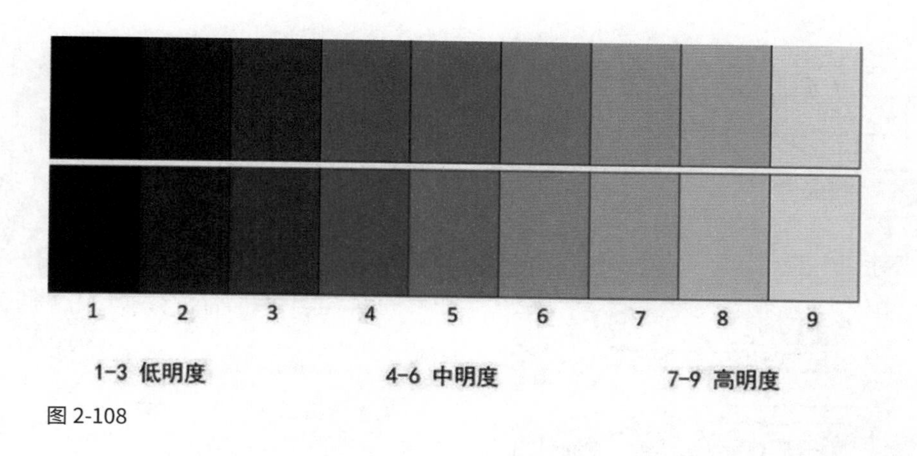

图 2-108

（1）同一明度的配色

在同一明度的配色中，色彩呈现的明度差异比较小，缺乏变化，视觉效果比较平面化。为了令同一明度的配色显得没那么单调，需要不同的色相进行搭配（色相对比度越大越好）。

如图 2-109、图 2-110 中的色彩为同一明度，色彩的明暗变化很微弱，从而令视觉效果比较平面化，明度相同、色相不同的搭配令画面效果既保持融洽、和谐，又鲜艳丰富。

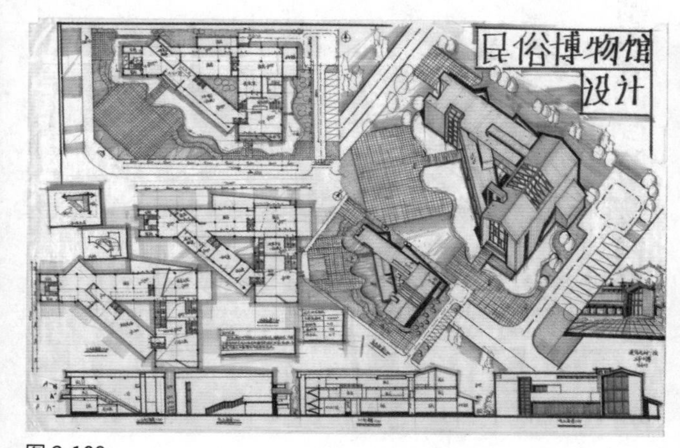

图 2-109

图 2-110

（2）中差明度配色

中差明度配色是指范围在 3—5 度之内的色相搭配。中差明度的配色相比于同一明度的配色效果更为强烈，中差明度的配色可以更凸显画面的空间感，并且增强视觉冲击力。

如图 2-111 中以绿色为主色调，明度配色的画面产生的明暗对比更强烈，制造出的画面层次更为丰富；以红色和灰色为主色调（图 2-112）产生的明度变化比较明显，视觉效果更为强烈，同色相的变化使画面更加融洽。

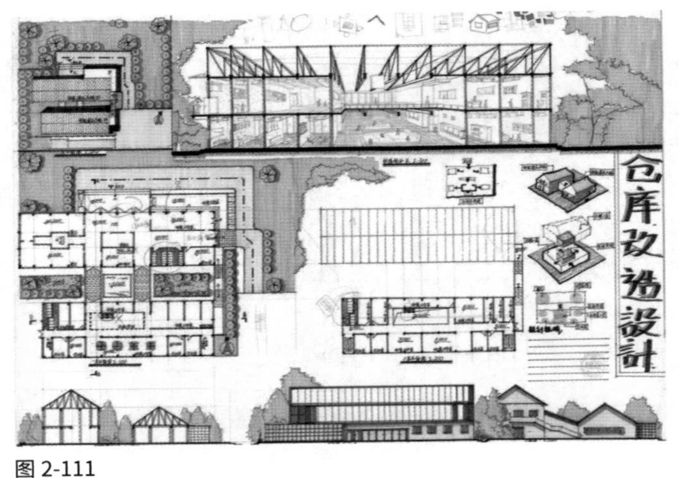

图 2-111

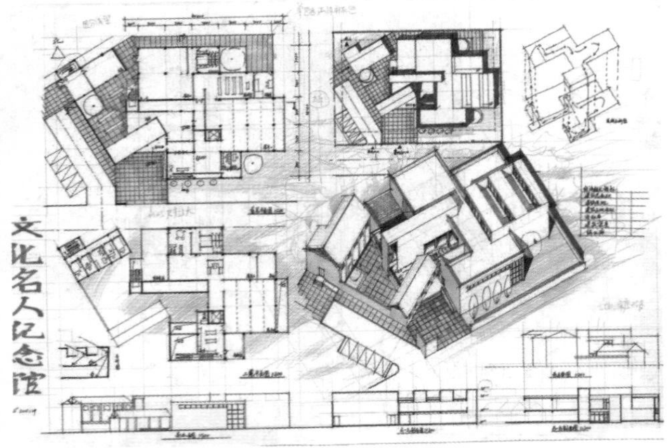

图 2-112

（3）对比明度的配色

对比明度的配色是指范围在 5 度以上的色彩搭配，其明度差是最大的，产生的色彩对比效果也是最强烈的，给人刺激、明快的视觉感受。

如图 2-113、图 2-114 中对比明度的配色加强了画面的空间感，产生了强烈的视觉差异。色彩的明暗面积比例均衡，由暗到明的均匀过渡使得画面的立体空间感更真实与强烈，画面的色调更统一和谐，单色也不会显得单调。

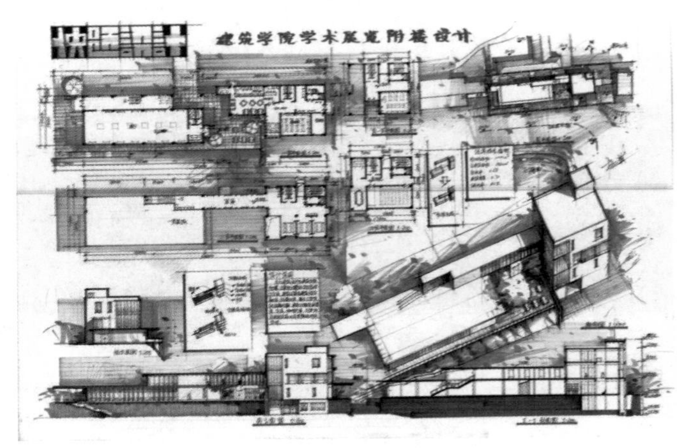

图 2-113

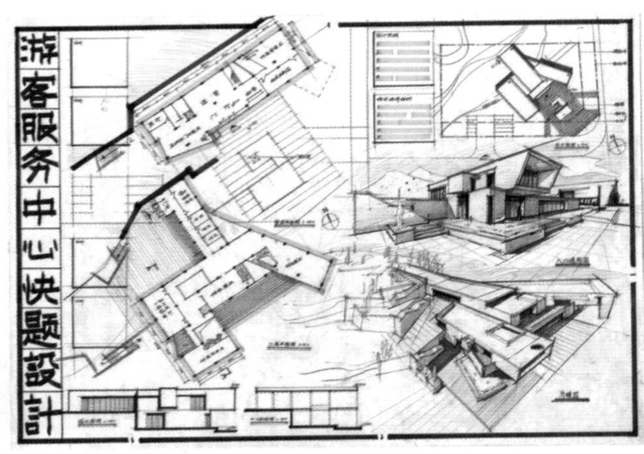

图 2-114

2.4.3 纯度搭配原理

纯度是指色彩的饱和程度与鲜浊程度。人类的视觉能辨别出来的颜色都是有一定的纯度的，如当一种颜色表现为最纯粹、最鲜艳的状态时，即处于最高纯度。不同的色相具有不同的纯度，不同纯度的变化使色彩更加丰富（图 2-115）。

纯度降低

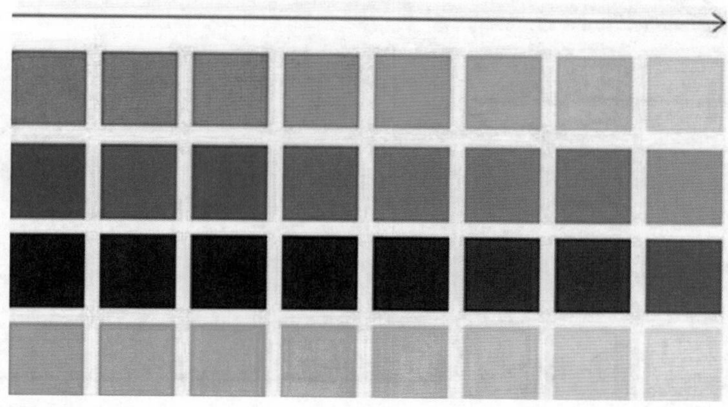

图 2-115

（1）低纯度的配色

低纯度的色彩搭配通常令画面比较和谐。由于色相纯度相差不大，所以一般画面都是通过明度的对比来体现的。

如图 2-116、图 2-117 中采用低纯度的色彩搭配，产生了和谐的效果，整体的灰色调使画面视觉效果较为平缓，给人一种静谧、平和的感觉。在背景色彩中加入不同程度的灰色，减小了色彩的视觉冲击力，使画面的主题在低纯度色彩的衬托下更为凸显。

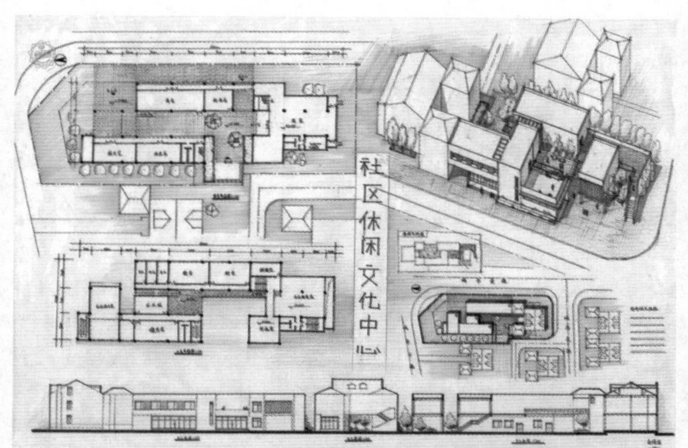

图 2-116

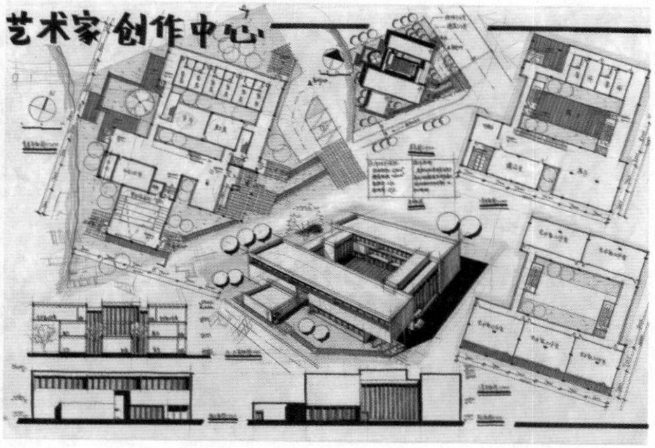

艺术家创作中心

图 2-117

（2）中纯度的配色

所谓中纯度色彩，是指介于高、低纯度色彩间，相对稳定的一种色彩表现，会给人们带来舒适、缓和的视觉体验。利用中纯度色彩进行配色，对于强调作品的柔和及温馨氛围有着重要的作用。

如图 2-118、图 2-119 中，中纯度色彩的搭配降低了画面中色相的对比效果，令视觉上更为舒适。

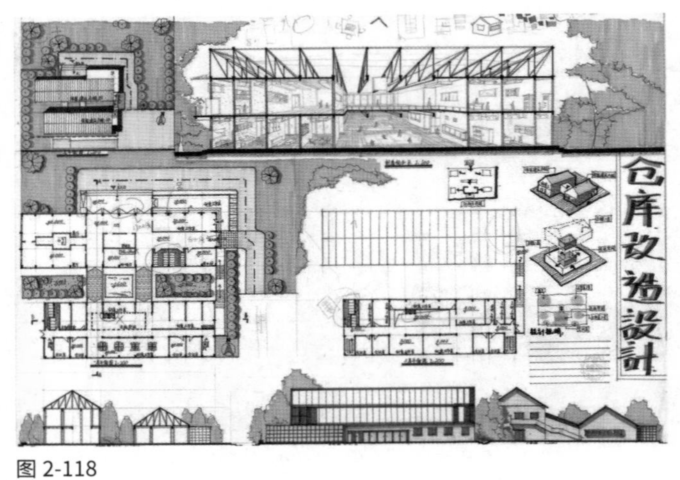

图 2-118

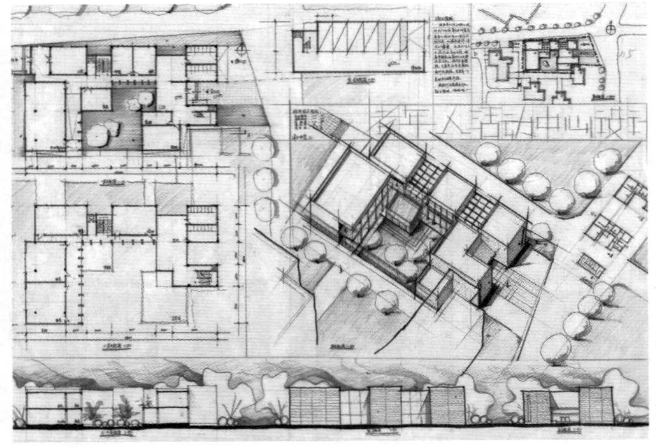

图 2-119

（3）高纯度的配色

高纯度的配色可以产生强烈的视觉反差，从而使色相的明度产生变化，令原本鲜艳的色彩更加鲜艳。高纯度的配色可使色彩效果更加饱满，画面更具视觉冲击力，更精彩。

如图 2-120、图 2-121 中，高纯度的色彩具有张力与视觉震撼力，鲜艳的色彩搭配令画面产生膨胀感。

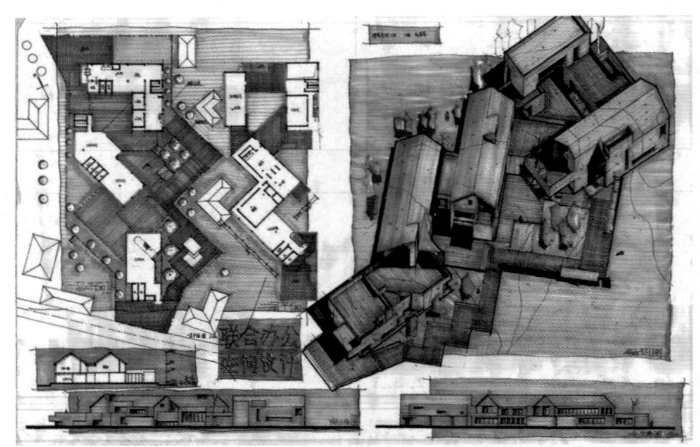

图 2-120

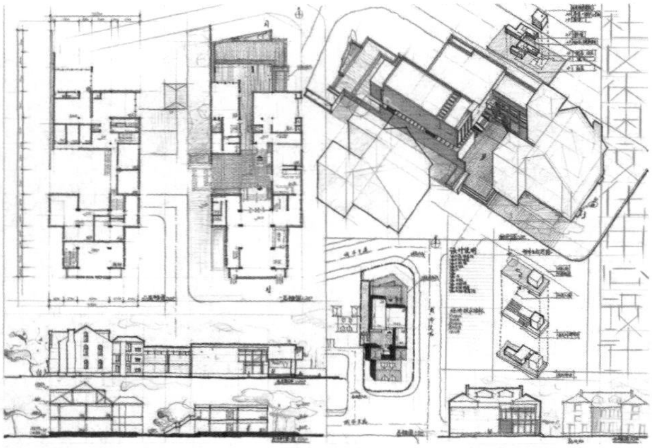

图 2-121

2.5 材质表达

2.5.1 总平面图

如图 2-122~ 图 2-127 所示。

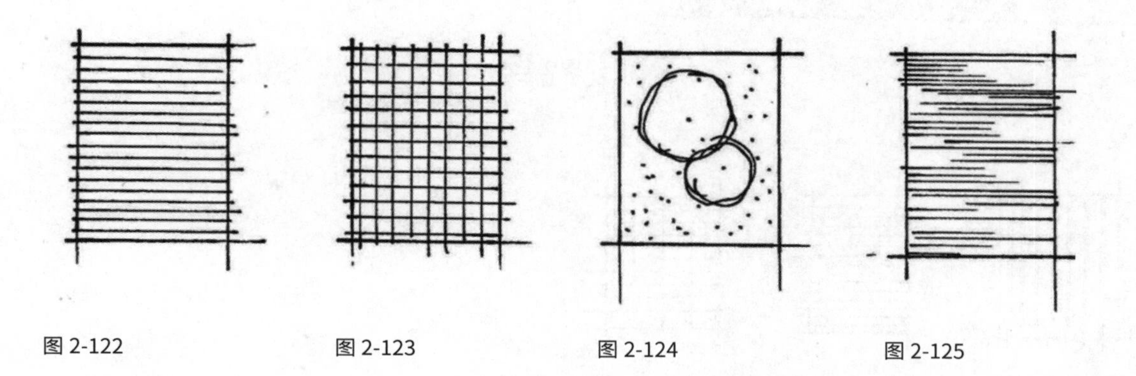

图 2-122　图 2-123　图 2-124　图 2-125

图 2-126　图 2-127

2.5.2 平面图

如图 2-128~ 图 2-132 所示。

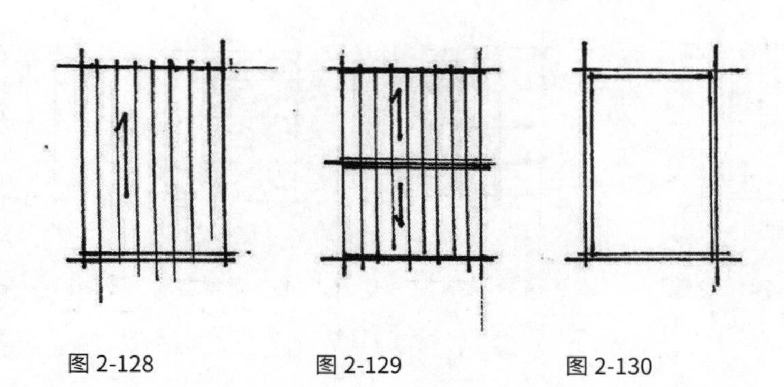

图 2-128　图 2-129　图 2-130

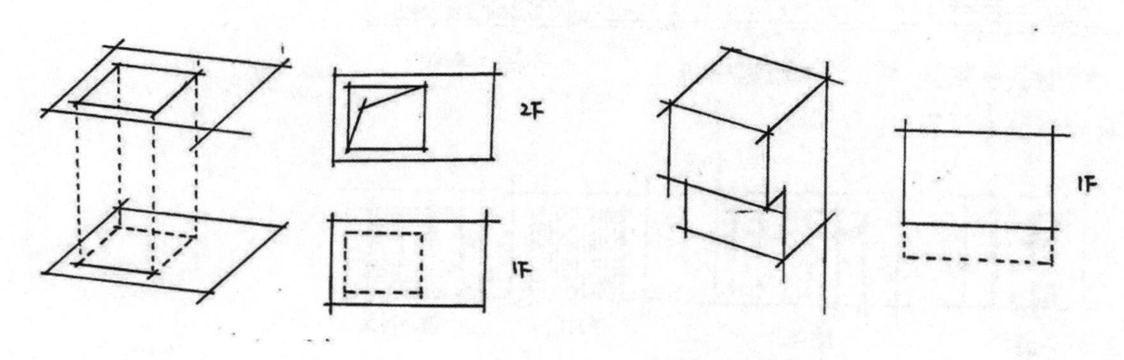

图 2-131　图 2-132

2.5.3 立面图

如图 2-133~ 图 2-147 所示。

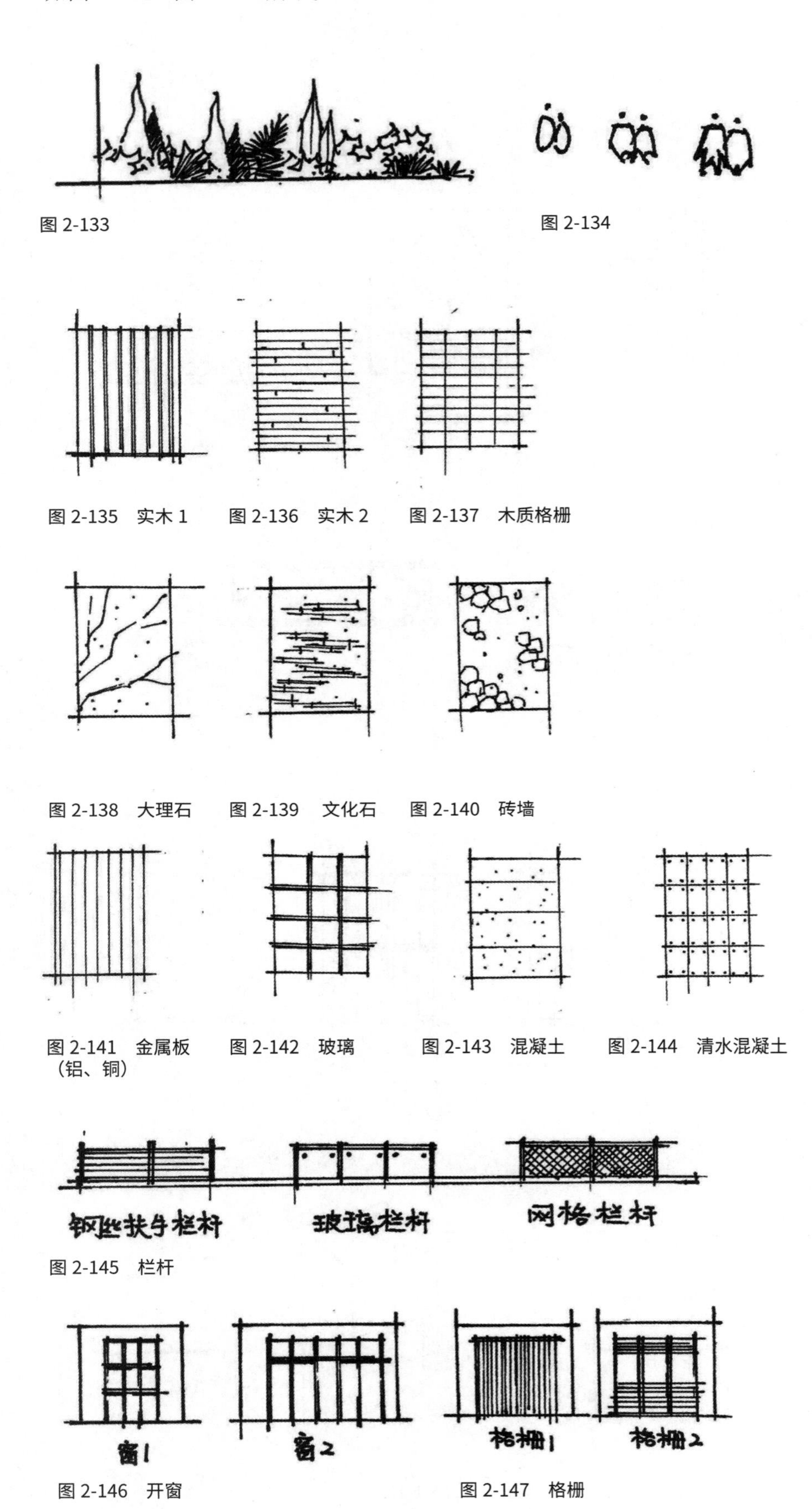

图 2-133

图 2-134

图 2-135 实木 1

图 2-136 实木 2

图 2-137 木质格栅

图 2-138 大理石

图 2-139 文化石

图 2-140 砖墙

图 2-141 金属板（铝、铜）

图 2-142 玻璃

图 2-143 混凝土

图 2-144 清水混凝土

图 2-145 栏杆

图 2-146 开窗

图 2-147 格栅

2.5.4 色彩

如图 2-148 所示。

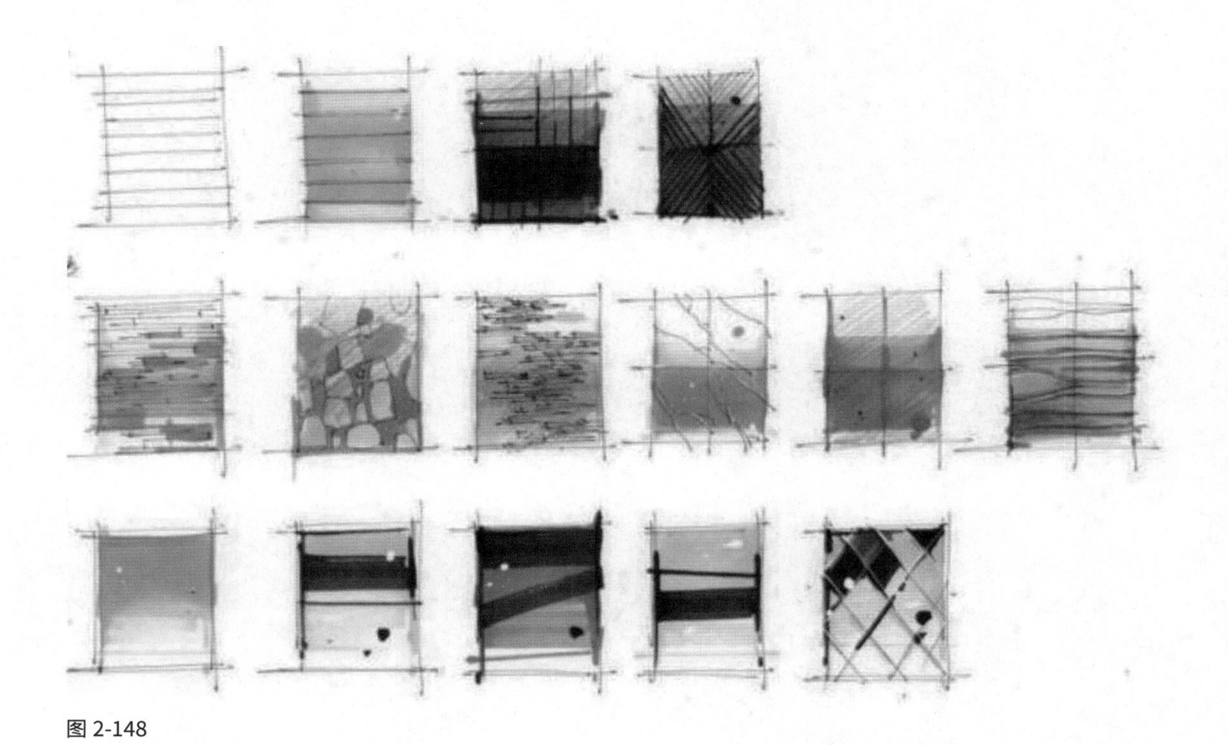

图 2-148

2.5.5 效果图

如图 2-149~ 图 2-153 所示。

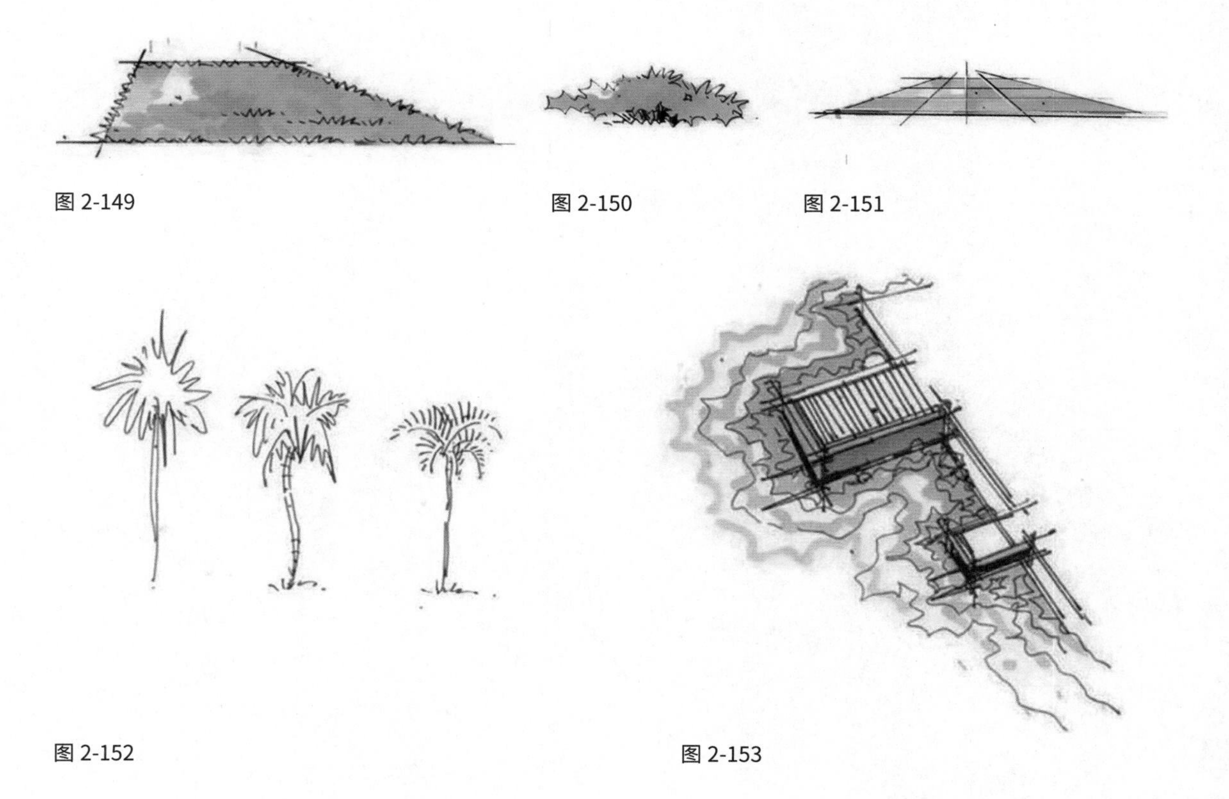

图 2-149

图 2-150

图 2-151

图 2-152

图 2-153

3

规范与图例

3.1 建筑快题设计常用规范

3.1.1 总平面设计常用规范

（1）场地退界

根据周围城市道路的等级状况，城市主干路宽度为 30—40m，城市次干路宽度为 20—24m，城市支路宽度为 14—18m，以道路红线为准进行退让得到建筑控制线。主干路退 12m，次干路退 9m，支路退 6m。主干路与主干路相交处退 11m，主干路与次干路相交处退 8m，次干路与支路相交处退 5m（图 3-1）。

日照方面，多层建筑按 1.1H 退日照，50m 以下高层按 22+0.2H 退日照，50m 以上按 27+0.1H 退日照（图 3-2）。

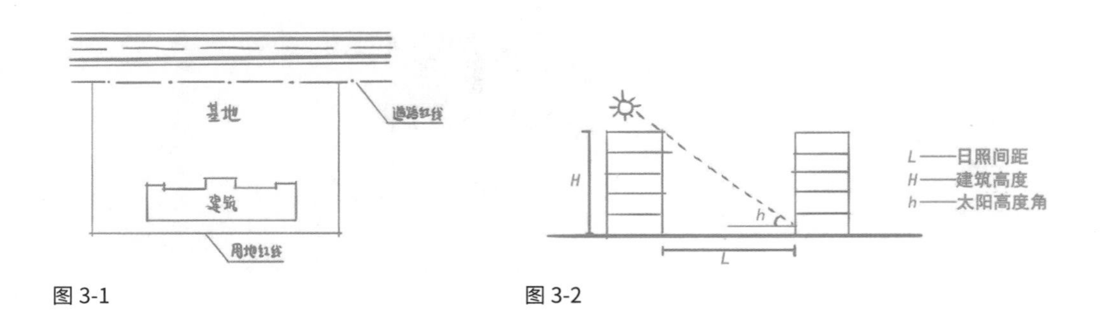

图 3-1

图 3-2

对于规划河河道（蓝线），两侧新建建筑至少退蓝线 10m。对于山川（绿线），多层建筑的主要朝向至少退 3m，次要朝向至少退 2m。

（2）场地开口

规范规定主干路与主干路相交时，车行出入口要退交叉口 70m。若不是主干路与主干路相交，在交叉口也应该尽量退让一定距离，以免对城市交通造成压迫。车行出入口距离地铁出入口、公共交通站台边缘不应小于 70m（图 3-3），距离公园、学校、儿童及残疾人使用建筑的出入口不应小于 20m，与人行横道、人行天桥的边缘线距离不应小于 5m。

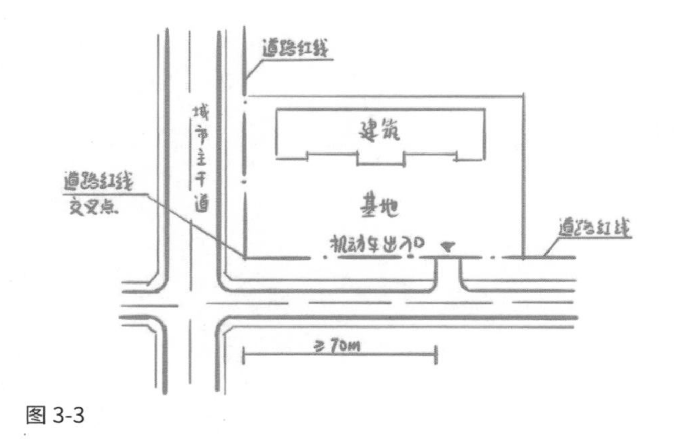

图 3-3

城市快速路禁止开口，城市主干路一般情况下不开口，城市次干路与城市支路常常作为车行出入口的选择。

车行出入口的宽度应该大于双车道宽度，即≥ 7m。单车道宽度不小于 4m，双车道宽度不小于 7m，人行道宽度不小于 1.5m。

（3）防火间距

民用建筑之间的防火间距如图 3-4 所示。

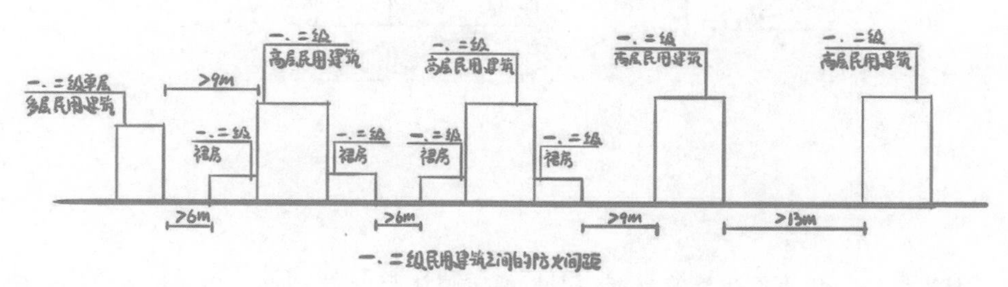

图 3-4

（4）停车设计

停车位数量≤ 50 个时，宜只开一个 7m 宽的双车道入口。停车位数量＞ 50 个时，需要开两个 7m 宽的双车道入口（表 3-1、图 3-5）。

表 3-1 分档标准及评分点

高层民用建筑	裙房和其他民用建筑		
一、二级（m）	一、二级（m）	三级（m）	四级（m）
13	9	11	14
9	6	7	9
11	7	8	10
14	9	10	12

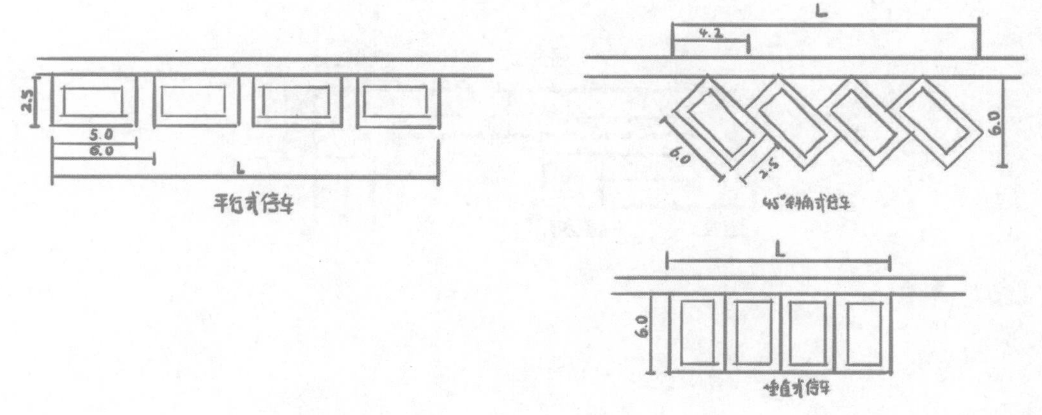

图 3-5

对于残疾人停车位，车位两旁应扩大1.2m，尾部扩大1.5m，方便残障人士上下车及取物（图3-6）。

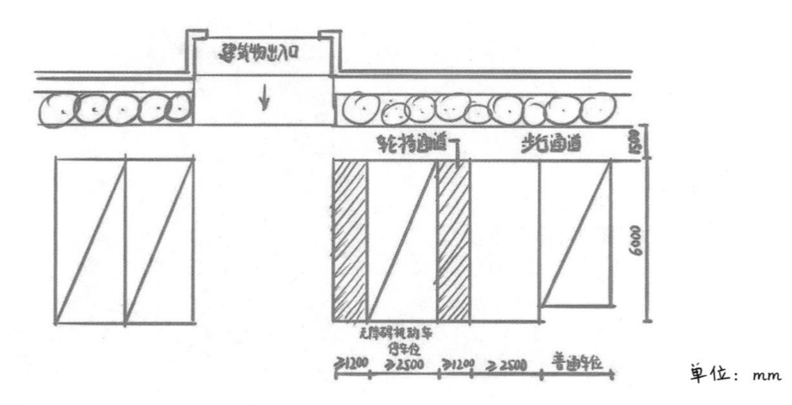

图 3-6

停车位最好不要压红线，也不要压建筑外墙线。一般宜退让至少 1—2m，以保证安全。

停车场宜做生态停车位，以提高绿地率。

尽端式车行道长度超过 35m 就需要设置回车场，而且车行道长度不宜大于 120m，应设不小于 12m×12m 的回车场，供大型消防车使用的回车场面积不应小于 15m×15m。

3.1.2 平面设计常用规范

（1）无障碍设计

快题设计中常用的坡度为 1/12、1/10、1/8，其中 1/12 常用于室外，1/10 和 1/8 常用于室内，而 1/8 是室内正常人常用坡度，残疾人室内坡度常选用 1/10。室内坡道水平投影长度超过 15m 时（也就是每上升 1.5m），就必须设一个休息平台，平台进深不小于 1.5m。在坡道两侧 0.9m 处设置扶手。

（2）出入口平台

安全出口平台和疏散楼梯间平台进深不小于 1.5m，人流量大的平台进深不小于 3m（图 3-7、图 3-8）。

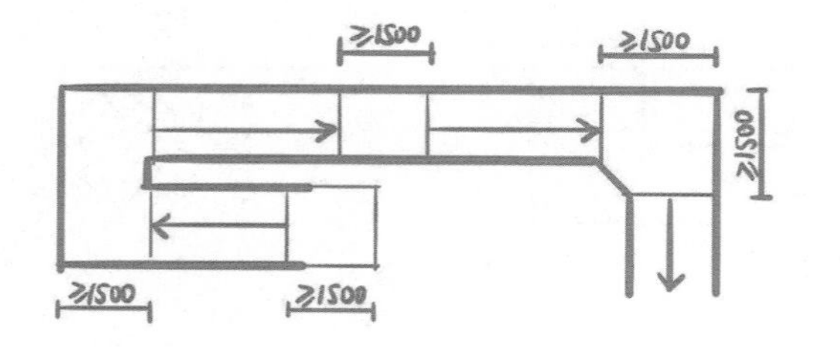

图 3-7

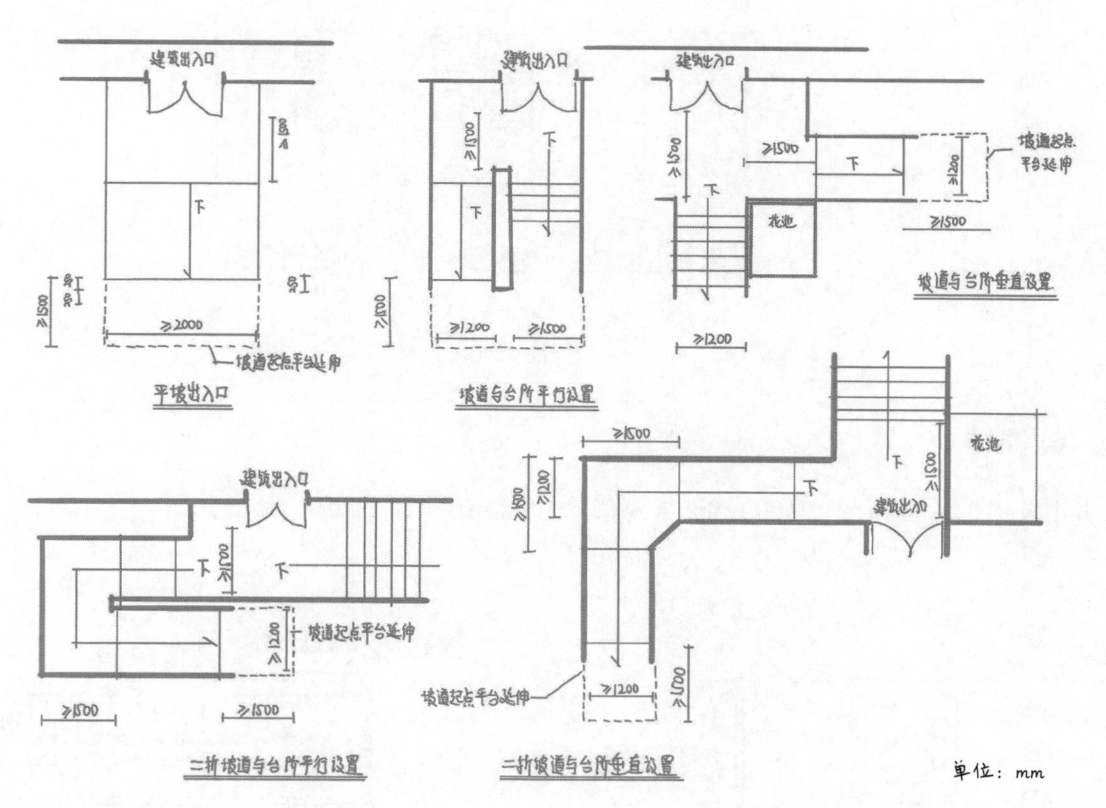

图 3-8

（3）台阶踏步

室内外台阶踏步宽度不宜小于 0.3m，踏步高度不宜大于 0.15m 且不宜小于 0.1m，台阶踏步不宜小于 2 级，高度不足 2 级时，用坡道处理。

（4）走道

人流量大的走道宽度为 2m，人流量小的为 1.5m，展廊为 3—4m。

（5）楼梯

单跑楼梯不超过 18 级踏步，不少于 3 级踏步。踏步高 150 mm，宽 300 mm，梯段宽不小于楼梯单跑宽度。楼梯间的数量要满足疏散和防火要求。

疏散楼梯间应有天然采光和自然通风，并宜靠外墙设置。在靠外墙设置时，楼梯间、前室及合用前室外墙上的窗口与两侧门、窗、洞口最近边缘的水平距离不应小于 1.0m。

封闭楼梯间用建筑构件分隔，能防止烟和热气进入楼梯间（图 3-9）。

防烟楼梯间是在楼梯入口处设置防烟前室或专供排烟用的阳台、凹廊等，且通向前室和楼梯间的门均为乙级防火门的楼梯间。

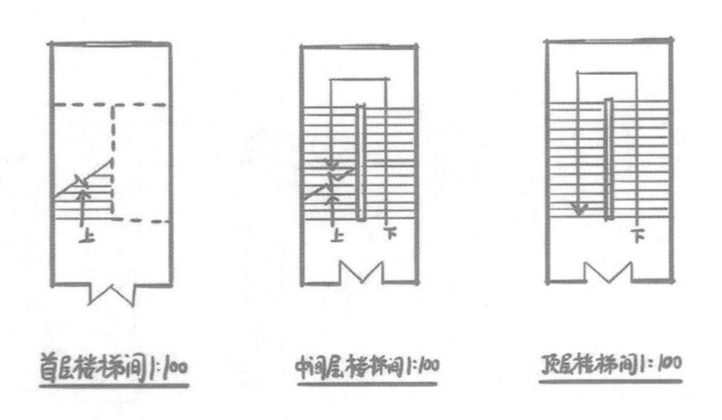

图 3-9

（6）电梯

井道尺寸为 2100 mm×2100 mm，电梯门宽 1000 mm（图 3-10）。

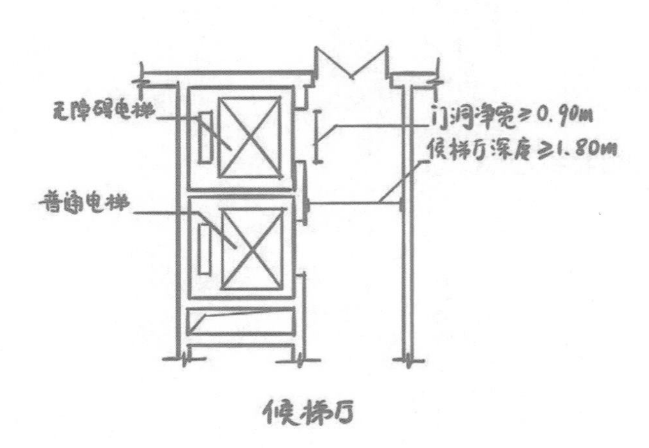

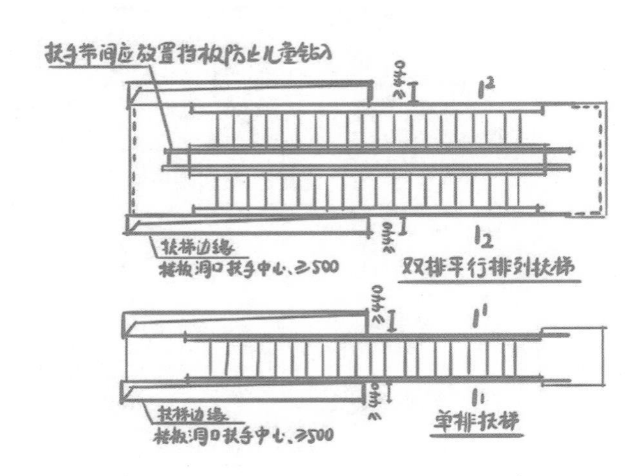

图 3-10

（7）厕所

厕所满足自然通风、采光，注意设置无障碍残疾人卫生间，卫生间室内外要画分水线，对外使用厕所男女蹲位至少各 4 个，办公人员厕所男女蹲位至少各 2 个（图 3-11）。

（8）防火分区

如表 3-2 所示。

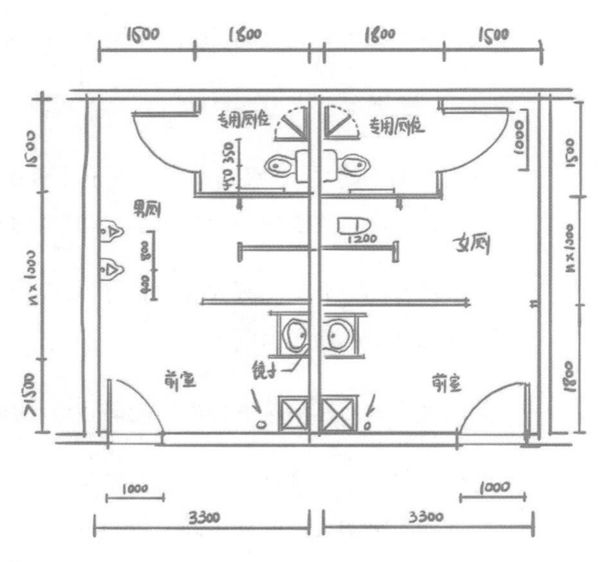

图 3-11

表 3-2　不同耐火等级建筑的允许建筑高度或层数、防火分区最大允许建筑面积

名称	耐火等级	允许建筑高度或层数	防火分区最大允许建筑面积（m^2）	备注
高层民用建筑	一、二级	按《建筑设计防火规范》GB500016-2014 第 5.1.1 条确定	1500	对于体育馆、剧场的观众厅，防火分区最大允许建筑面积可适当增加
单、多层民用建筑	一、二级	按《建筑设计防火规范》GB500016-2014 第 5.1.1 条确定	2500	
	三级	5 层	1200	—
	四级	2 层	600	—
地下或半地下建筑（室）	一级	—	500	设备用房的防火分区最大允许建筑面积不应大于 1000 m^2

（9）安全疏散

建筑内的安全出口和疏散门应分散布置，且建筑内每个防火分区或一个防火分区的每个楼层、每个住宅单元每层相邻的两个安全出口，以及每个房间相邻的两个疏散门最近边缘之间的水平距离应大于 5m（图 3-12）。

自动扶梯和电梯不应计作安全疏散设施。公共建筑内每个防火分区或一个防火分区的每个楼层的安全出口数量应经计算确定，且不应少于 2 个。符合下列条件之一的公共建筑，可设置 1 个安全出口或 1 部疏散楼梯：除托儿所、幼儿园外，建筑面积不大于 200 m^2 且人数不超过 50 人的单层公共建筑或多层公共建筑的首层；除医疗建筑，老年人建筑，托儿所、幼儿园的儿童用房，儿童游乐厅等儿童活动场所和歌舞娱乐、放映游艺场所等外，符合表 3-3 规定的公共建筑（图 3-13~ 图 3-16）。

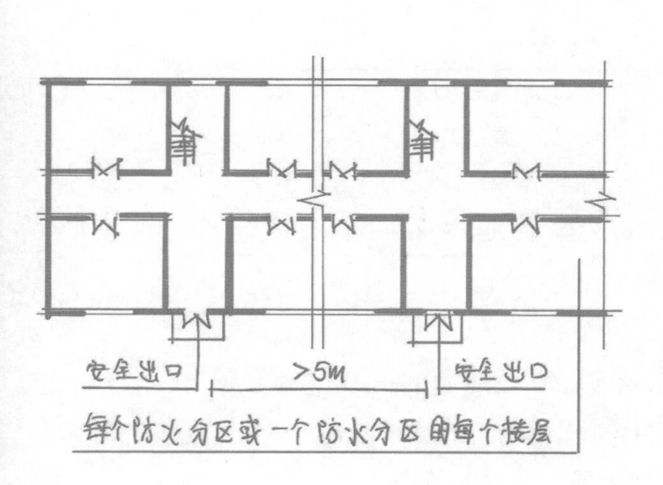

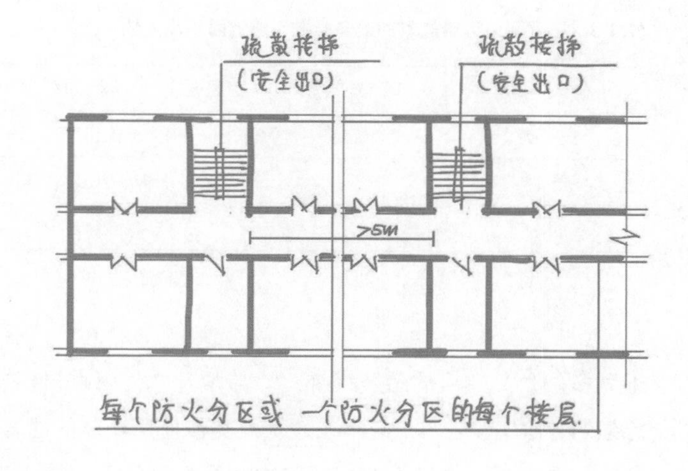

图 3-12

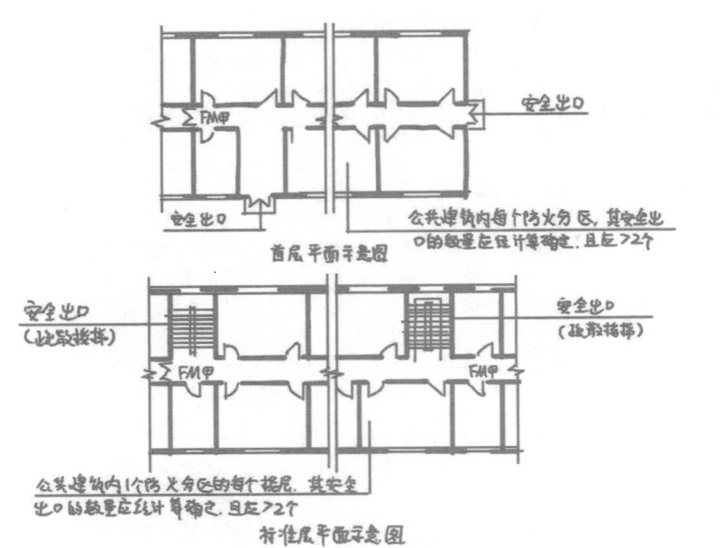

图 3-13

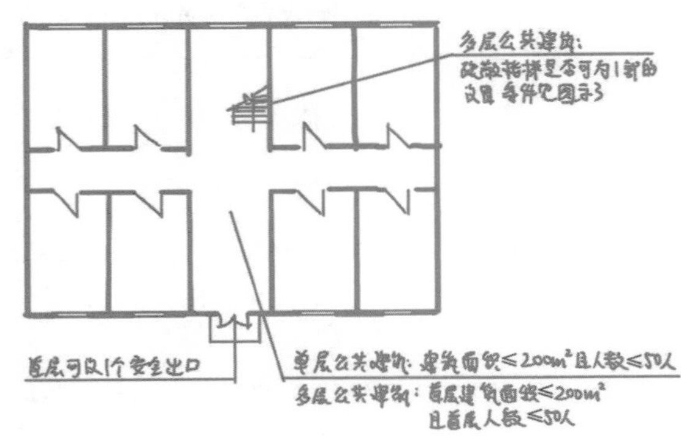

图 3-14

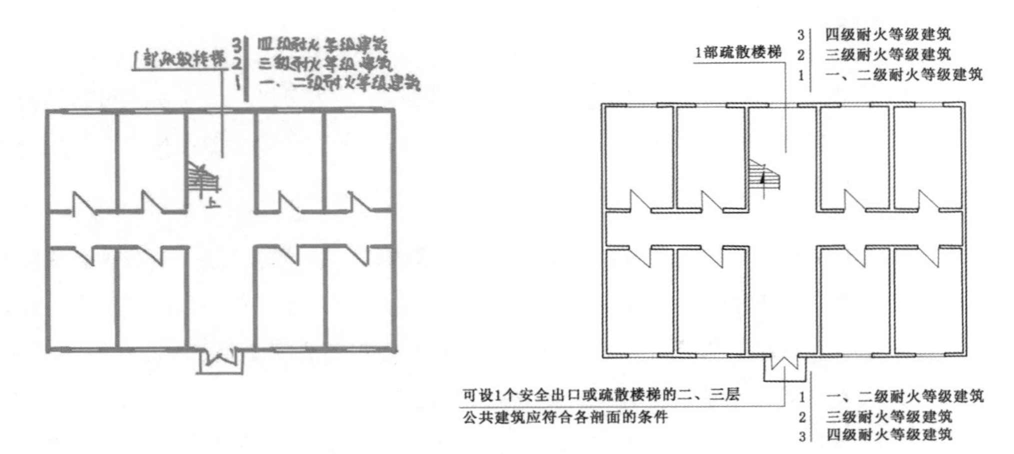

除医疗建筑，老年人建筑，托儿所、幼儿园的儿童用房，
儿童游乐厅等儿童活动场所和歌舞娱乐、放映游艺场所等外的公共建筑

图 3-15

图 3-16

表 3-3　不同耐火等级建筑的最多层数、建筑面积及人数

耐火等级	最多层数	每层最大建筑面积（m^2）	人数
一、二级	3 层	200	第二、三层的人数之和不超过 50 人
三级	3 层	200	第二、三层的人数之和不超过 25 人
四级	2 层	200	第二层人数不超过 15 人

下列多层公共建筑的疏散楼梯，除与敞开式外廊直接相连的楼梯间外，均应采用封闭楼梯间：医疗建筑、旅馆、公寓、老年人建筑及类似使用功能的建筑；设置歌舞娱乐、放映游艺场所的建筑；商店、图书馆、展览建筑、会议中心及类似使用功能的建筑；6 层及以上的其他建筑。

直通疏散走道的房间疏散门至最近安全出口的直线距离不应大于表 3-4 的规定（图 3-17）。

表 3-4　直通疏散走道的房间疏散门至最近安全出口的直线距离

建筑类型			位于两个安全出口之间的疏散门（m）			位于袋形走道两侧或尽端的疏散门（m）		
			一、二级	三级	四级	一、二级	三级	四级
托儿所、幼儿园、老年人建筑			25	20	15	20	15	10
歌舞娱乐、放映、游艺场所			25	20	15	9	—	—
医疗建筑	单、多层		35	30	25	20	15	10
	高层	病房部分	24	—	—	12	—	—
		其他部分	30	—	—	15	—	—
教学建筑	单、多层		35	30	25	22	20	10
	高层		30	—	—	15	—	—
高层旅馆、公寓、展览建筑			30	—	—	15	—	—
其他建筑	单、多层		40	35	25	22	20	15
	高层		40	—	—	20	—	—

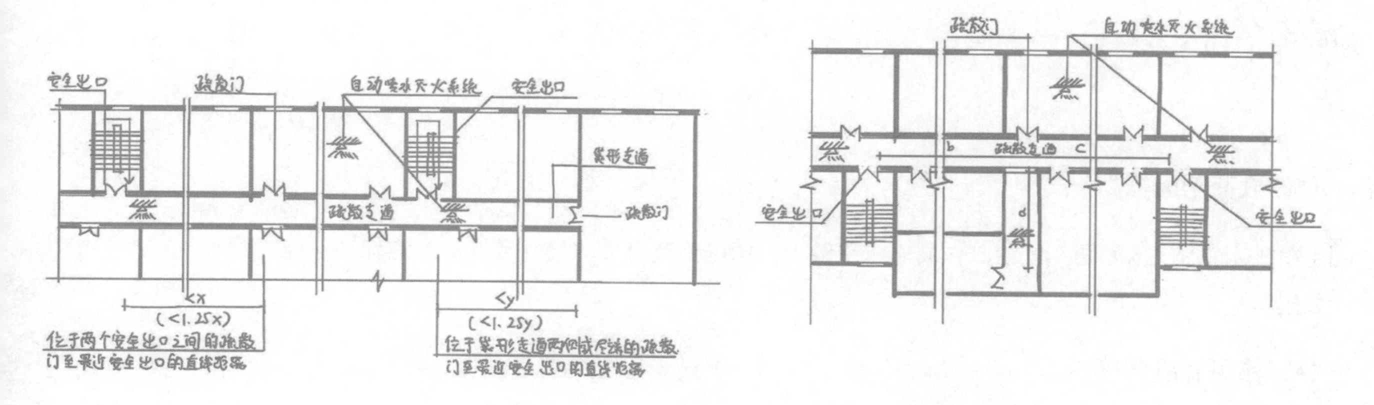

图 3-17

3.1.3 竖向设计常用规范

（1）房间层高

住宅层高为 2.8—3.3m，地下车库净高≥ 2.5m，公共建筑层高≥ 4.5m，餐饮建筑净高≥ 3m，旅馆客房净高≥ 2.6m，办公楼办公室净高≥ 2.6m，办公楼走道净高≥ 2.1m，底层商铺层高 5.4—6m，非底层商铺层高 4.5—5.4m。在图书馆建筑中，书库、阅览室藏书区净高不得低于 2.4m，当有梁或管线时，梁或管线底面净高不得低于 2.2m。采用积层书架的藏书空间净高不得低于 4.6m，采用多层书架的藏书空间净高不得超过 6.9m（图 3-18）。

（2）地坪高度

洗手间需要降低 20 mm，这就是俗称的分水线。室内外地坪一般有一定的高差，高差由室内外的台阶数量决定，即高差 = 台阶数（N）×100 mm。注意门口的缓冲平台与首层地坪之间一般也有 20 mm 高的分水线，中庭、阳台等直接与室外连通的区域，有汇水可能的，也要局部降低地坪，降低高度≥ 20 mm（图 3-19）。

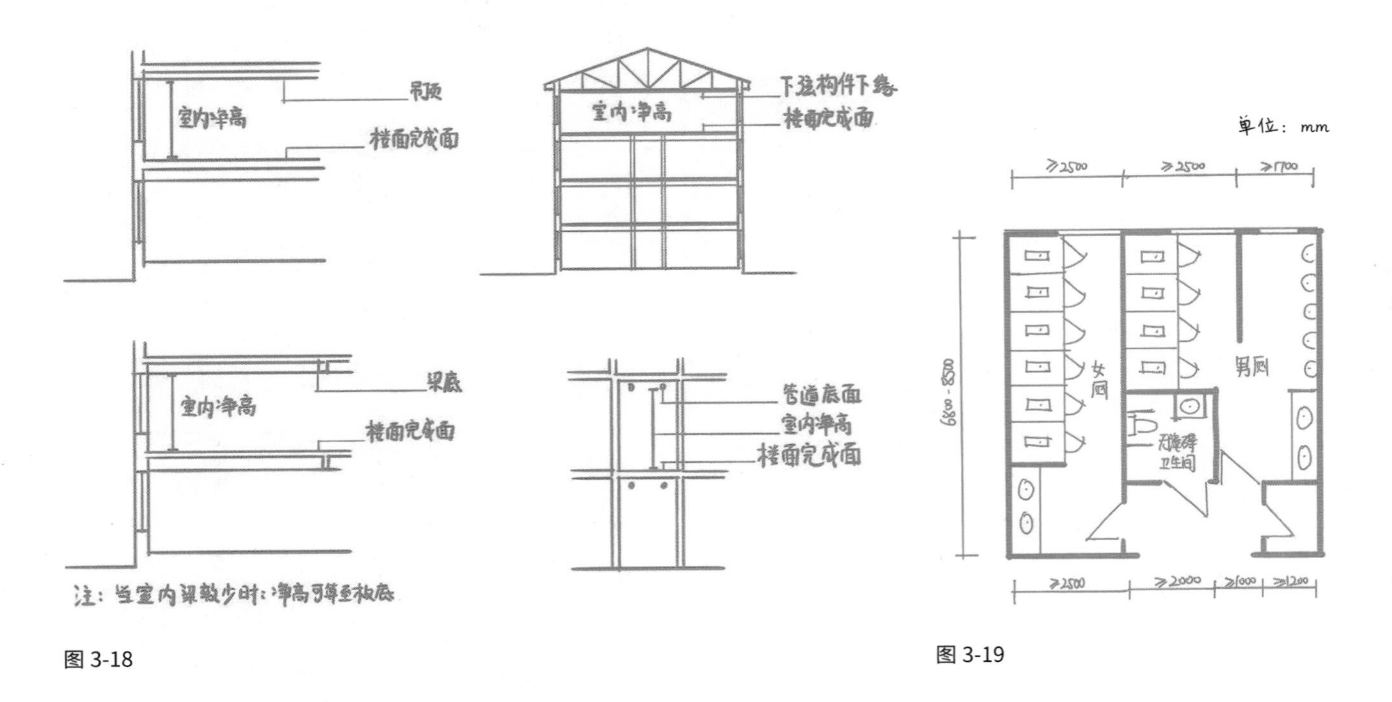

图 3-18

图 3-19

（3）立面剖面标高

相邻的立面图或剖面图，宜绘制在同一水平线上，图内相互有关的尺寸及标高，宜标注在同一竖线上。

（4）常见高度数据

① 楼板厚度

现浇混凝土楼板为 100 mm 左右。

② 踏步高度

室内为 150—175 mm，室外为 100—120 mm。

③ 门高

门高为 2000—2400 mm。

④ 梁高

梁高为 1/10 柱跨。

⑤ 栏杆扶手高度

栏杆扶手高度为 900—1200 mm。

⑥ 女儿墙高度

多层一般为 1050—1200 mm（图 3-20）。

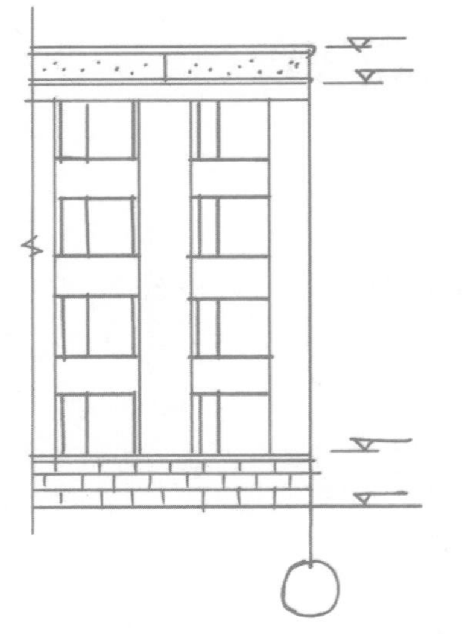

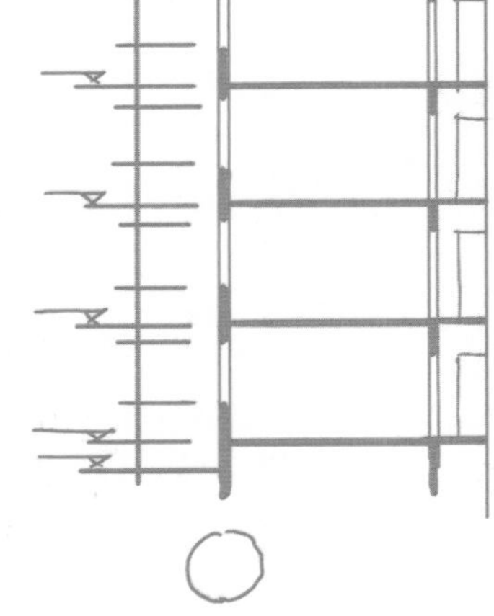

图 3-20

3.1.4 其他常用规范

如图 3-21~ 图 3-24 所示。

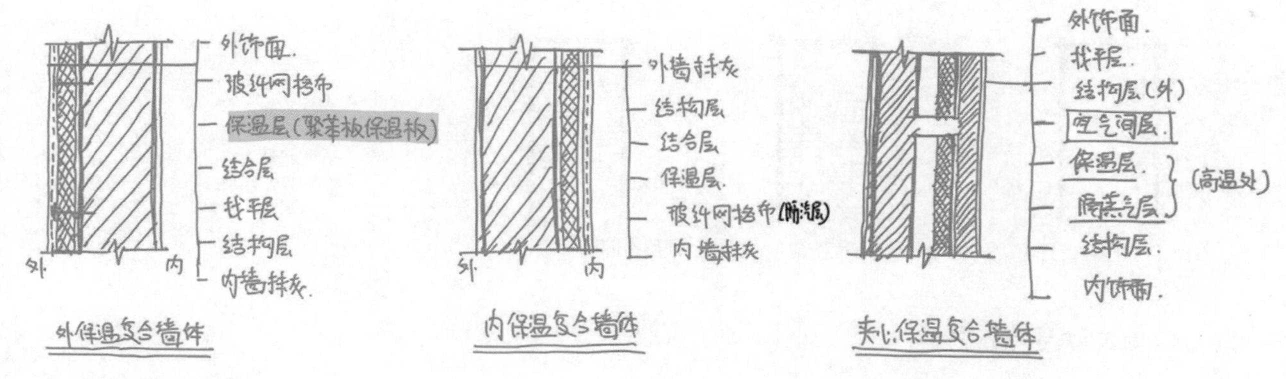

图 3-21　墙体内外保温做法

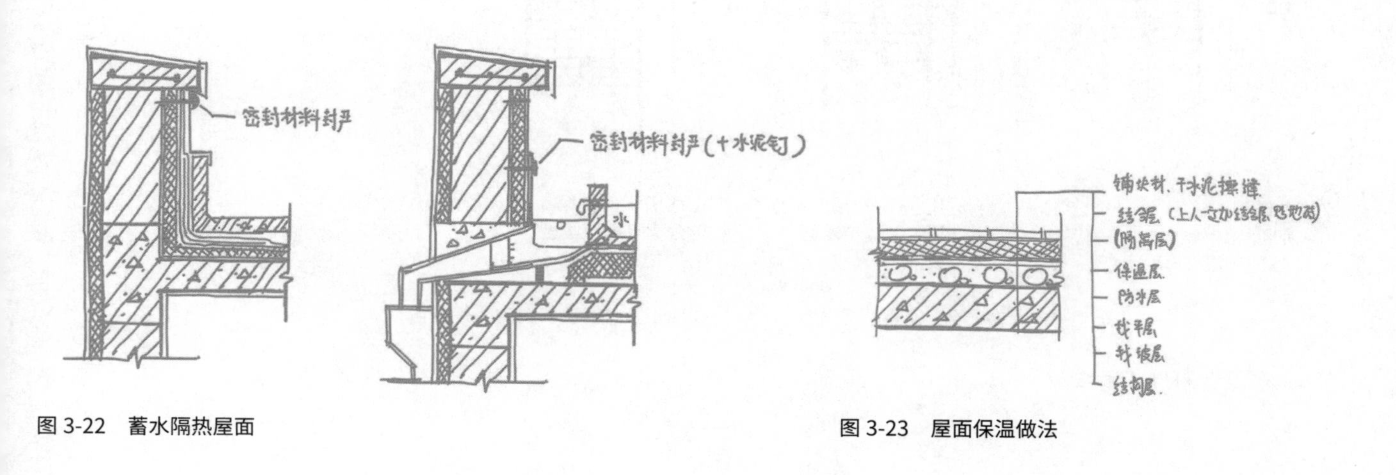

图 3-22　蓄水隔热屋面

图 3-23　屋面保温做法

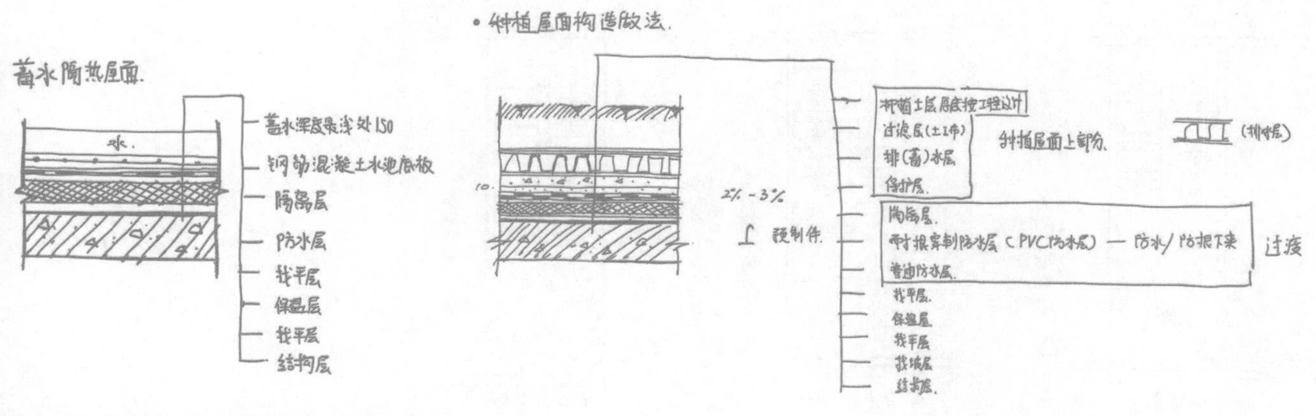

图 3-24　通风屋、蓄水隔热屋面、种植屋面做法

3.2 图例：平面

如图 3-25~ 图 3-33 所示。

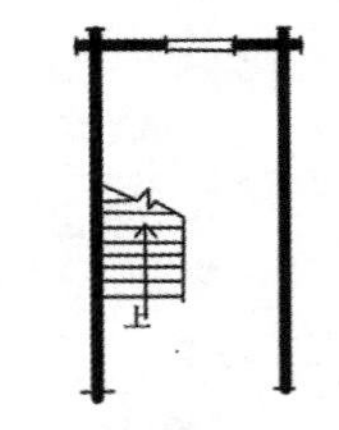

一层平面图 1 ： 100

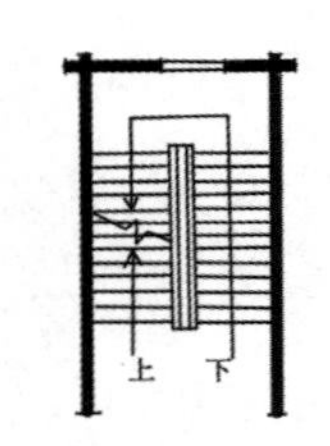

中间层平面图 1 ： 100

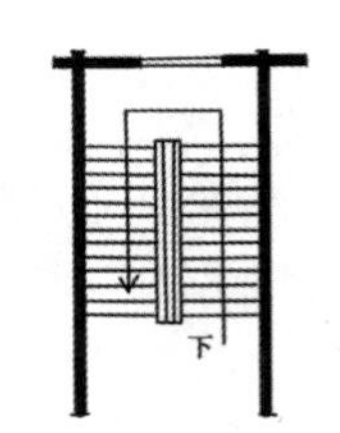

顶层平面图 1 ： 100

备注：

左边楼梯为常用双跑楼梯，在常见建筑类型中广泛运用，不同建筑类型有其不同的尺寸要求，在建筑规范的强制性要求下，要具体情况具体分析。

部分建筑类型楼梯具体尺寸（轴线尺寸）

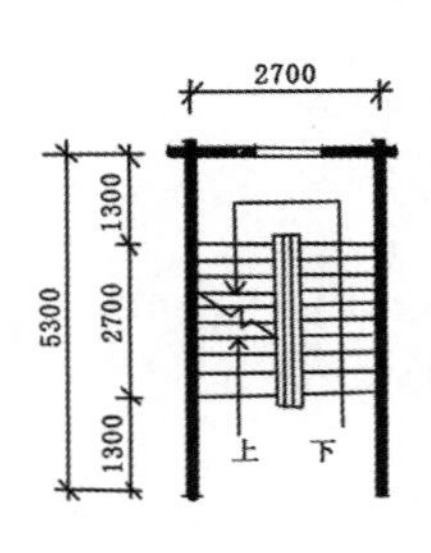

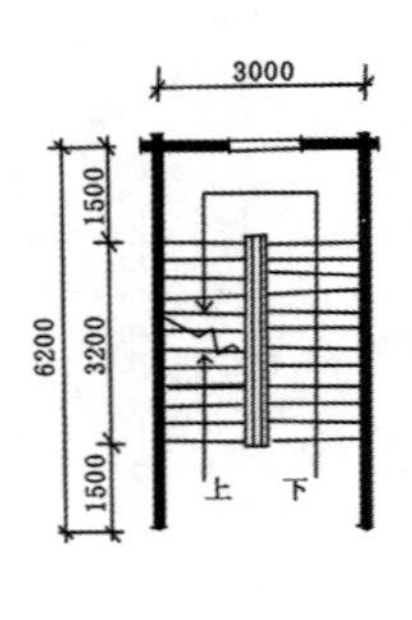

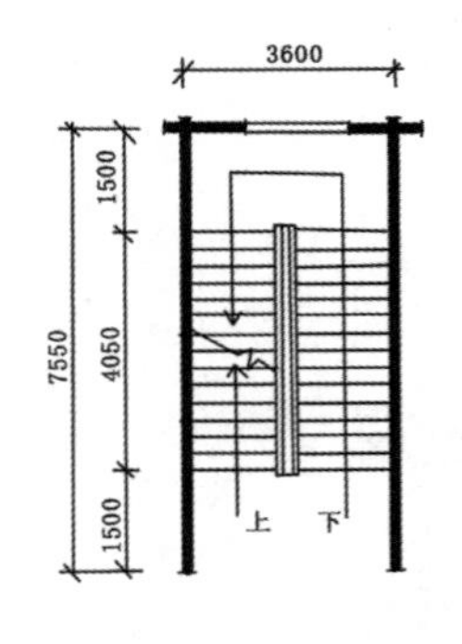

单位：mm

①适用于住宅、私人工作室、别墅等建筑类型
②建筑层高 3m

①适用于办公楼、写字楼、酒店等建筑类型
②办公楼层高 3—3.6m，大厅部分层高 4.2—4.5m，客房层高 3.6m

①适用于博物馆、展览馆及一般大型公建等建筑类型
②博物馆层高 4.5—6m，展览馆层高 4.8—6m
③用于紧急疏散的楼梯要有前室

图 3-25　建筑快题楼梯画法

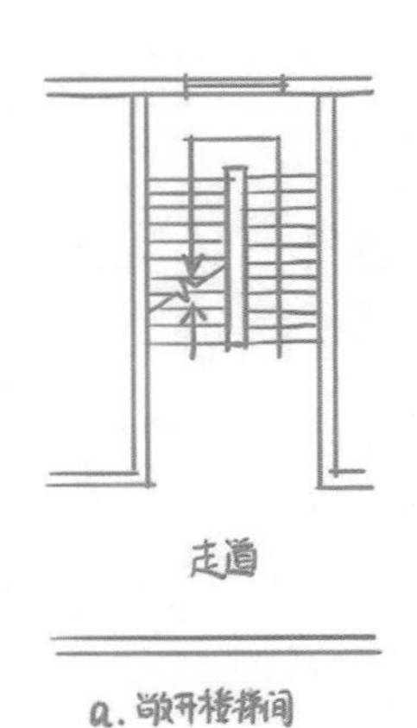

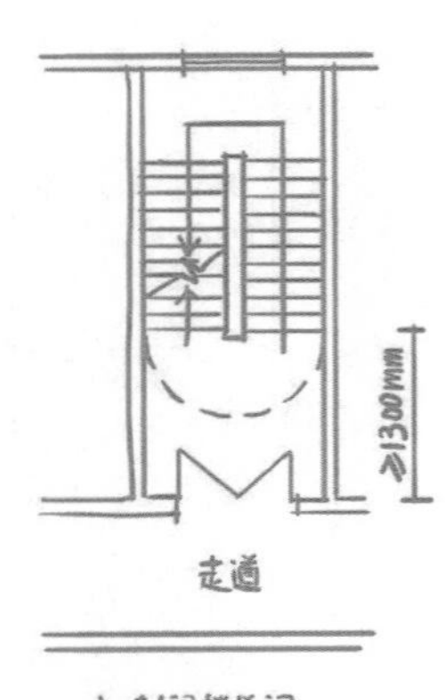

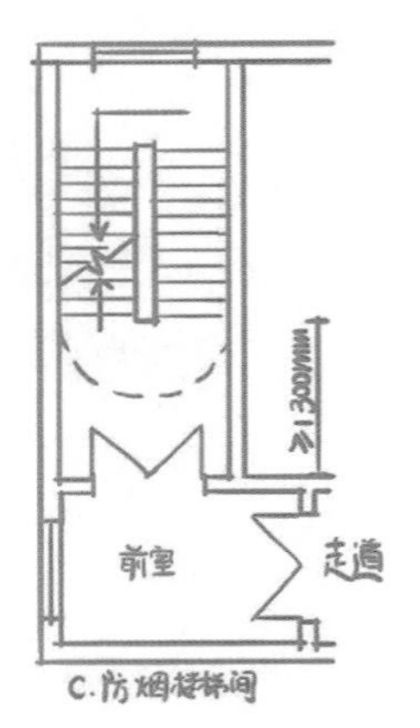

图 3-26　楼梯间种类

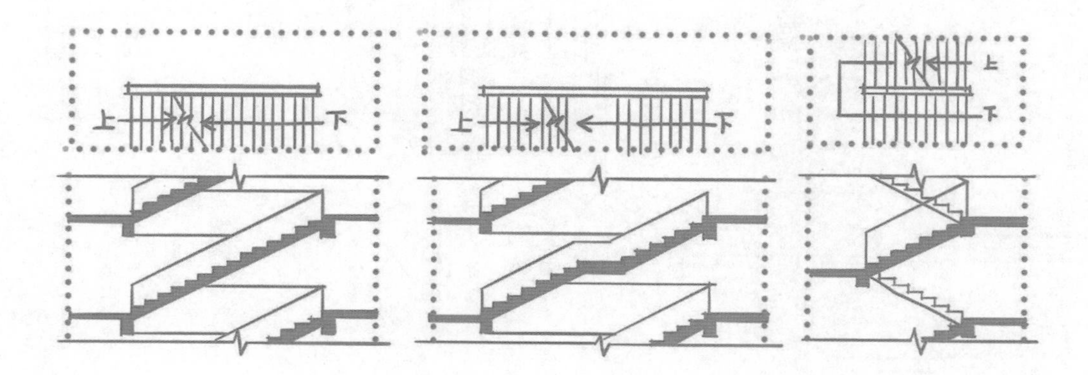

图 3-27

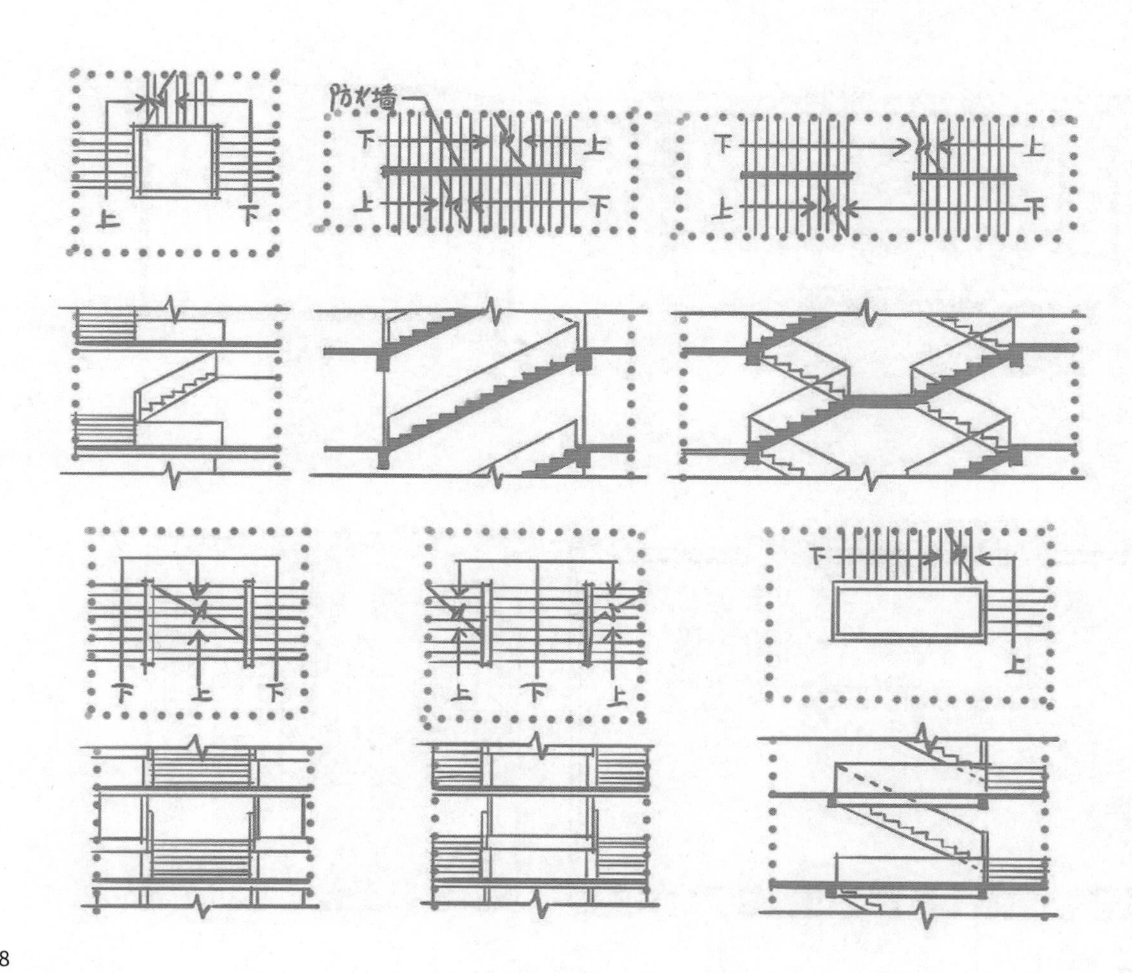

图 3-28

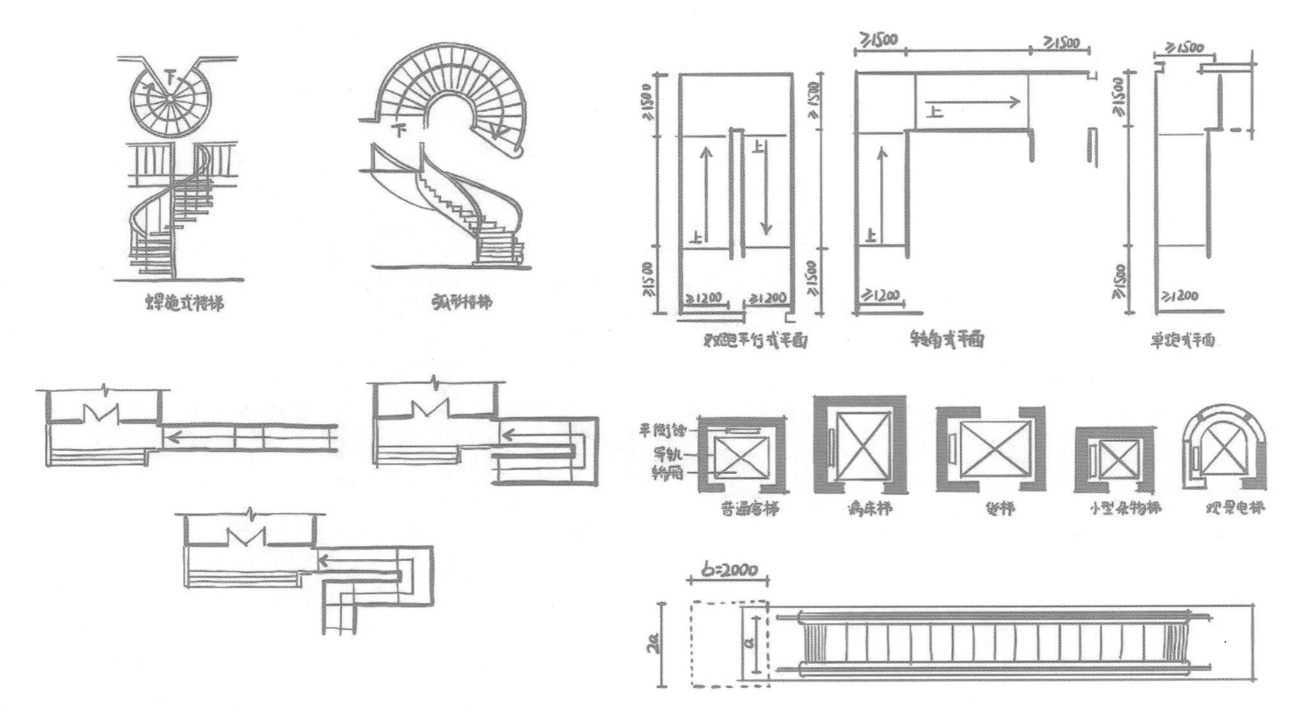

图 3-29　不同形式楼梯、坡道、电梯及对应剖面

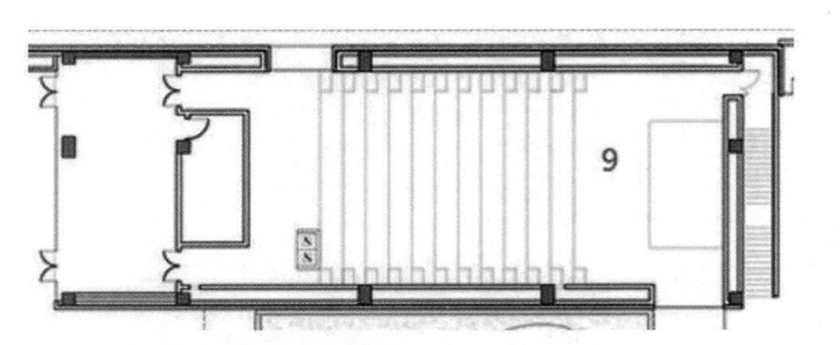

图 3-30　报告厅（寿县文化艺术中心）

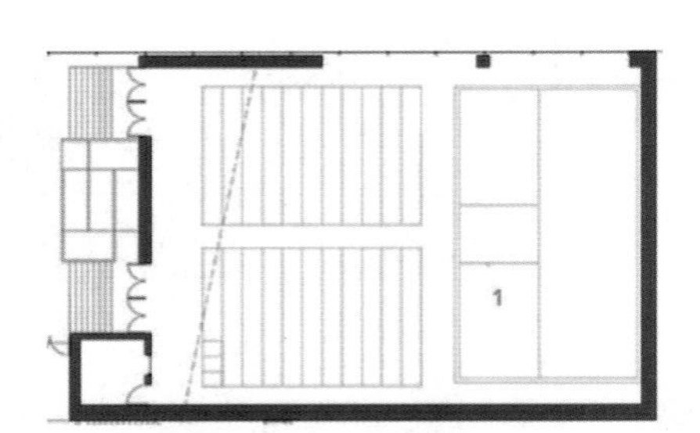

图 3-31　报告厅（谢子龙影像艺术中心）

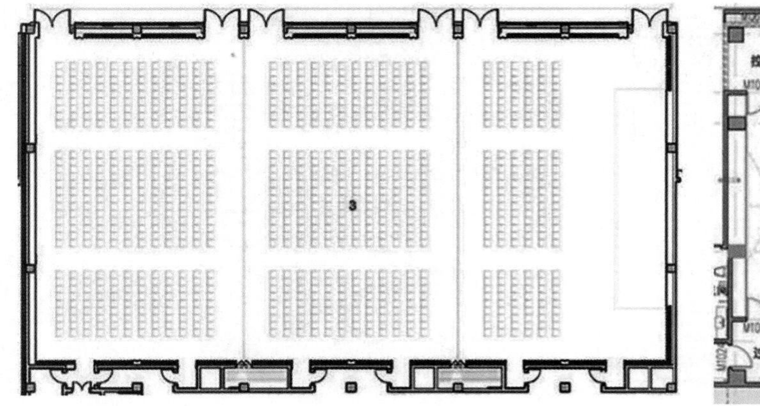

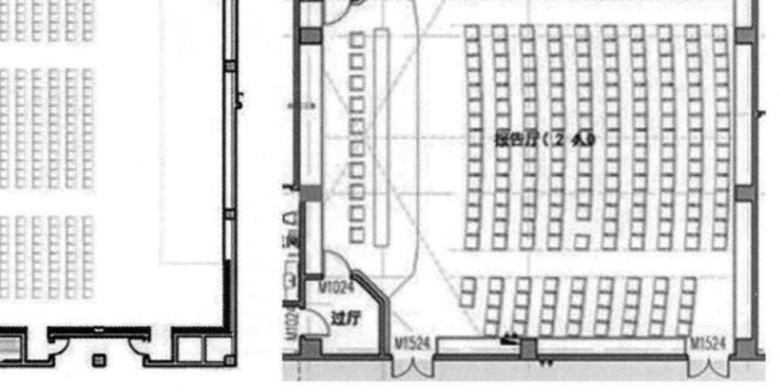

图 3-32　中型报告厅

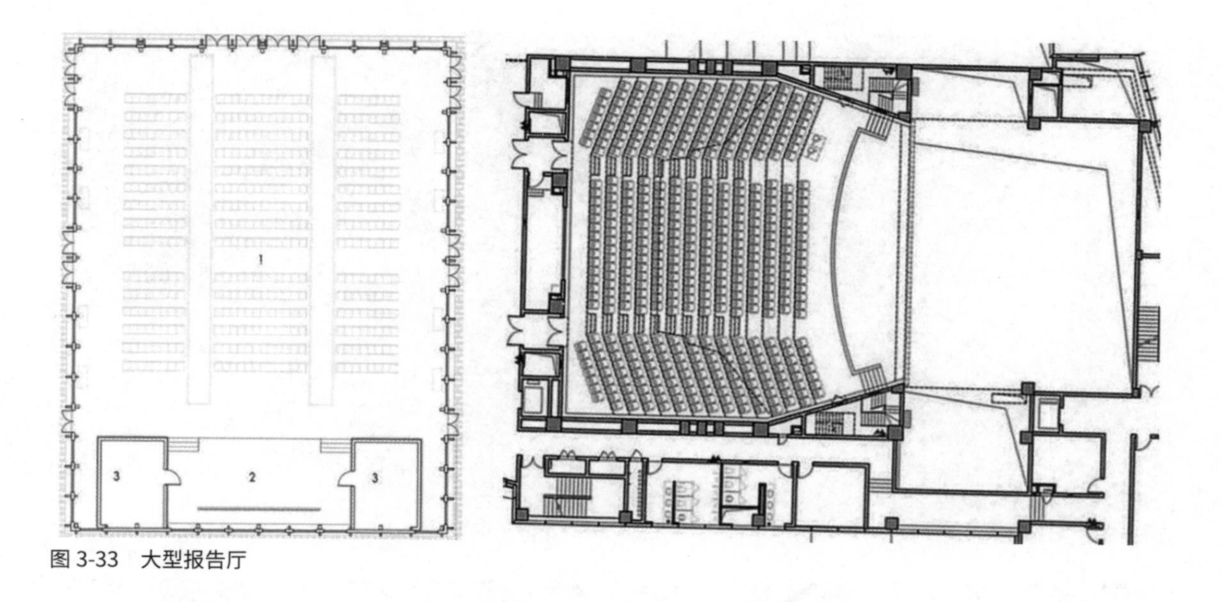

图 3-33　大型报告厅

3.3 图例：场地设计

3.3.1 广场

如图 3-34~ 图 3-41 所示。

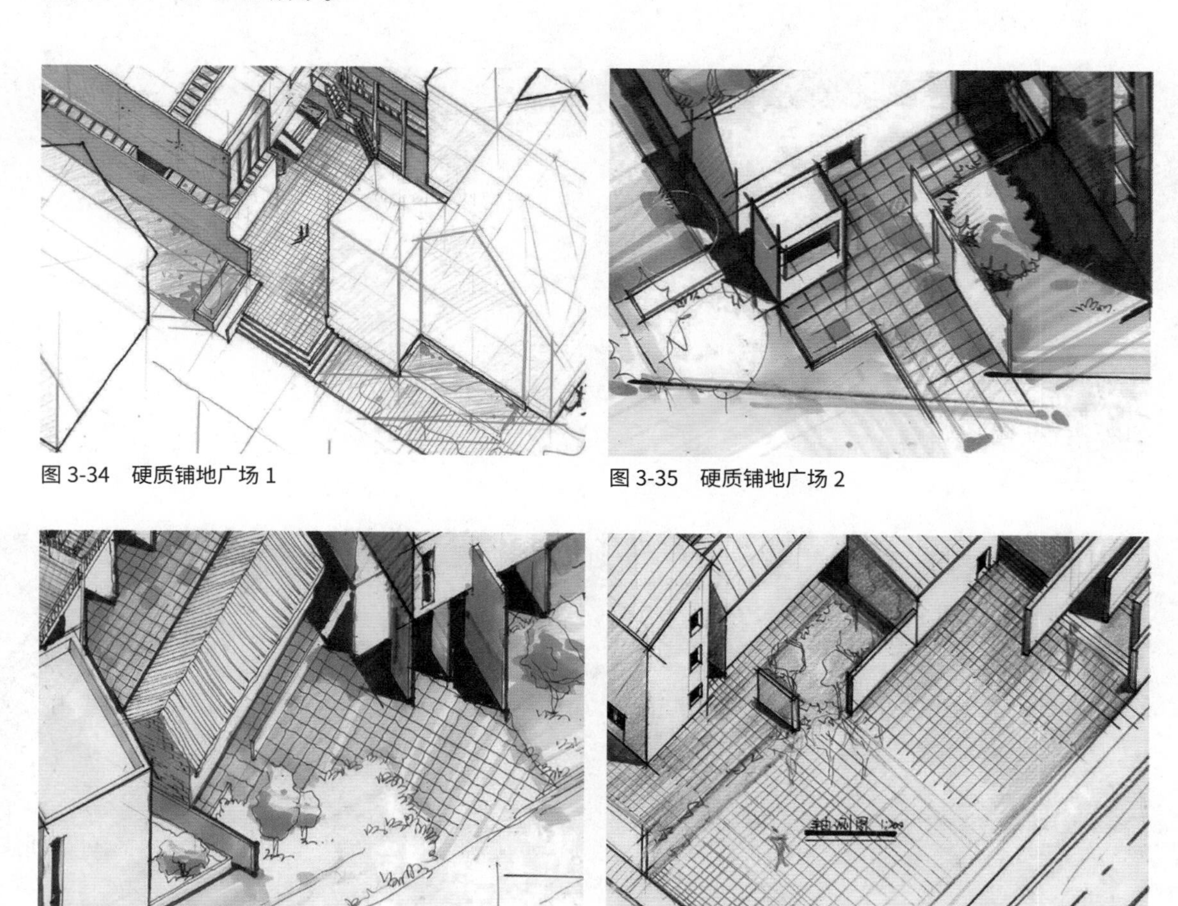

图 3-34　硬质铺地广场 1

图 3-35　硬质铺地广场 2

图 3-36　硬质铺地广场 3

图 3-37　硬质铺地广场 4

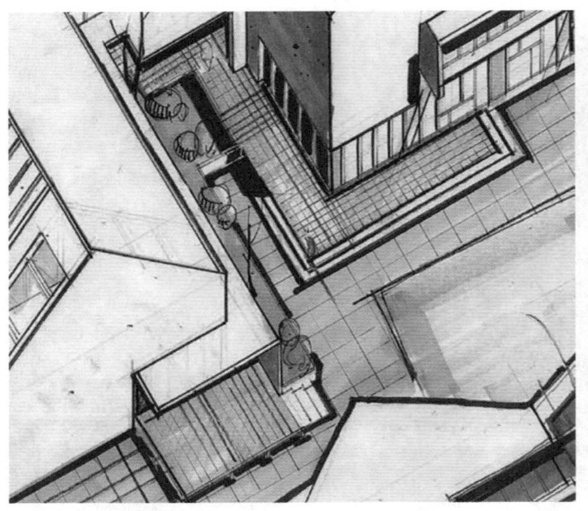

图 3-38　木质铺装 1

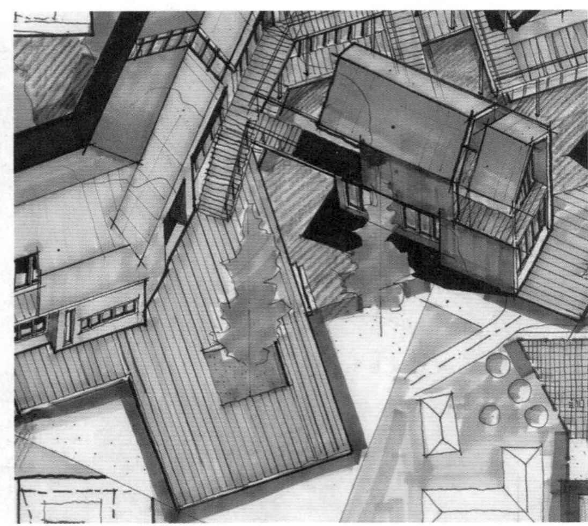

图 3-39　木质铺装 2

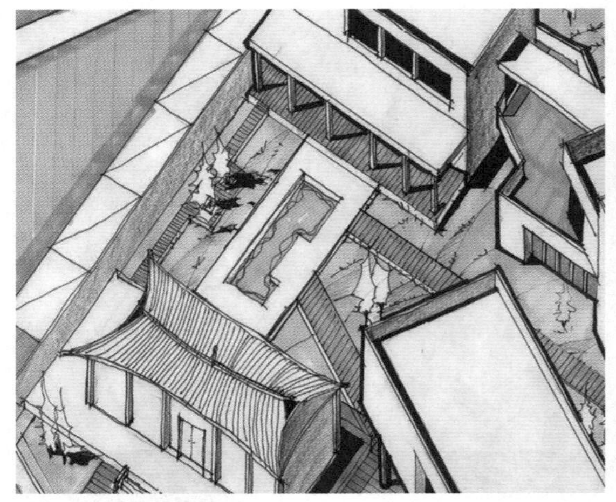

图 3-40　木质铺装 3

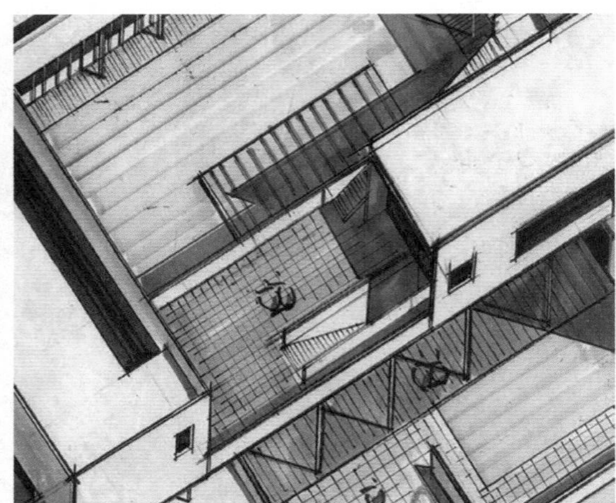

图 3-41　木质铺装 4

3.3.2 绿化

如图 3-42~ 图 3-55 所示。

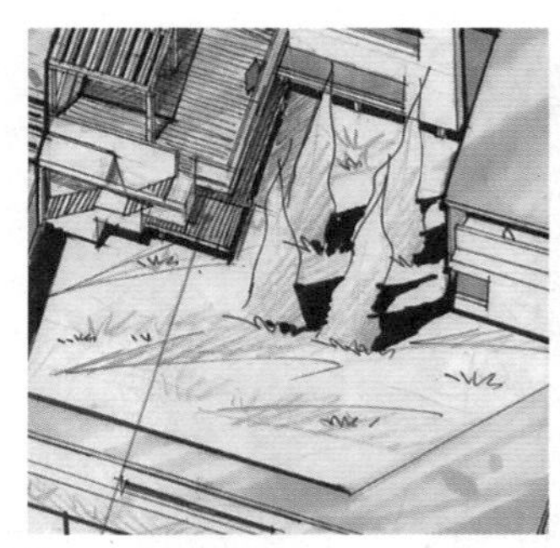

图 3-42　草地 1

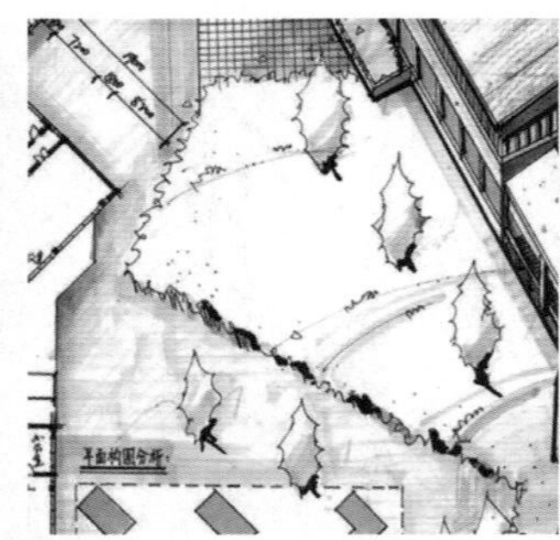

图 3-43　草地 2

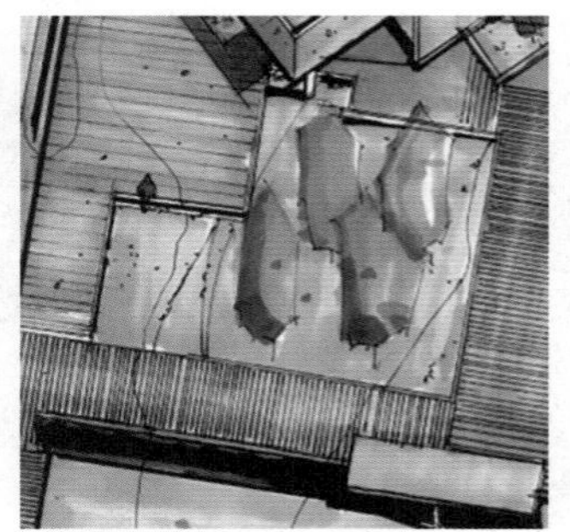

图 3-44　草地 3

图 3-45　草地 4

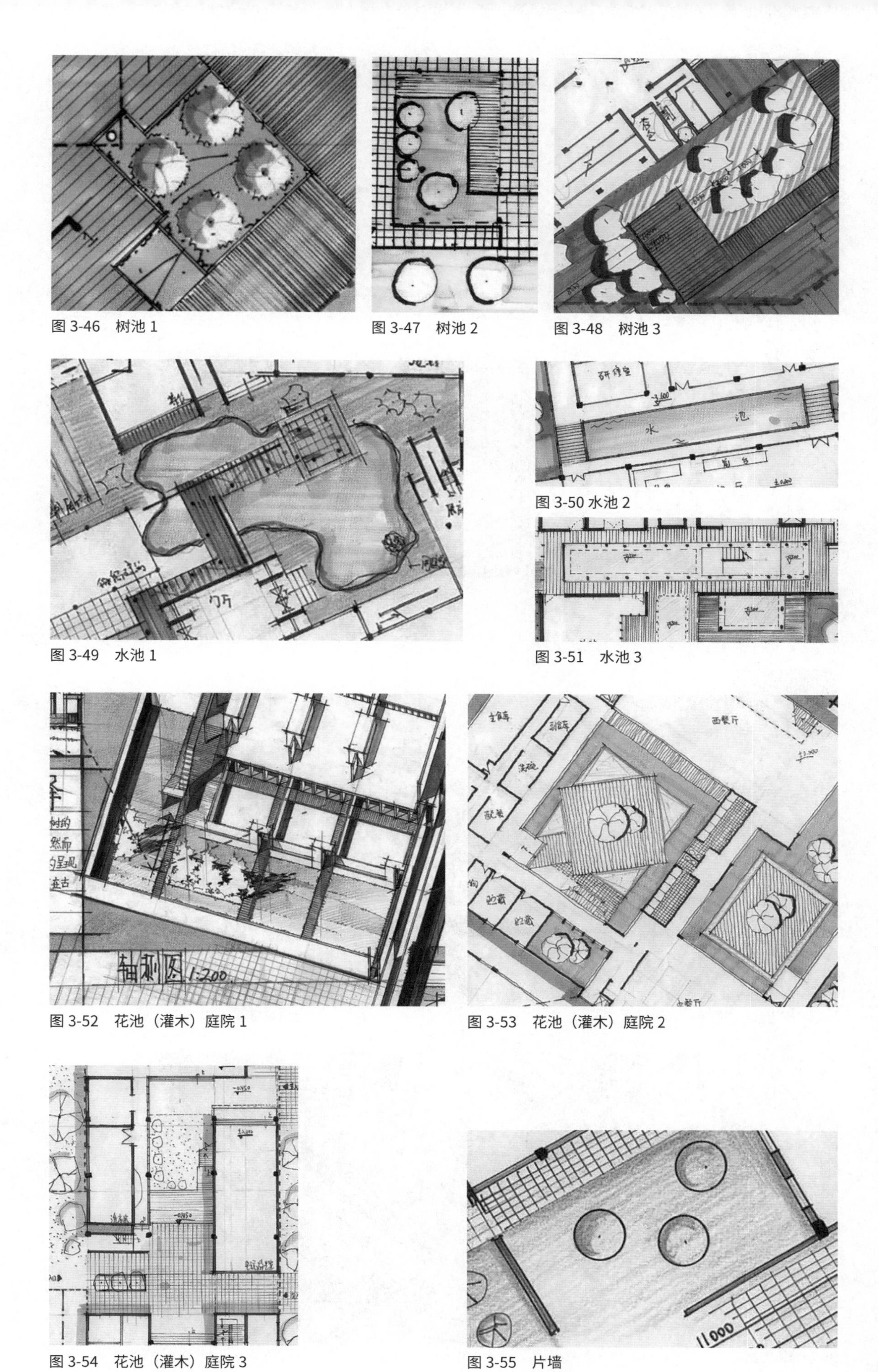

图 3-46　树池 1

图 3-47　树池 2

图 3-48　树池 3

图 3-49　水池 1

图 3-50 水池 2

图 3-51　水池 3

图 3-52　花池（灌木）庭院 1

图 3-53　花池（灌木）庭院 2

图 3-54　花池（灌木）庭院 3

图 3-55　片墙

3.3.3 停车场

如图 3-56~ 图 3-60 所示。

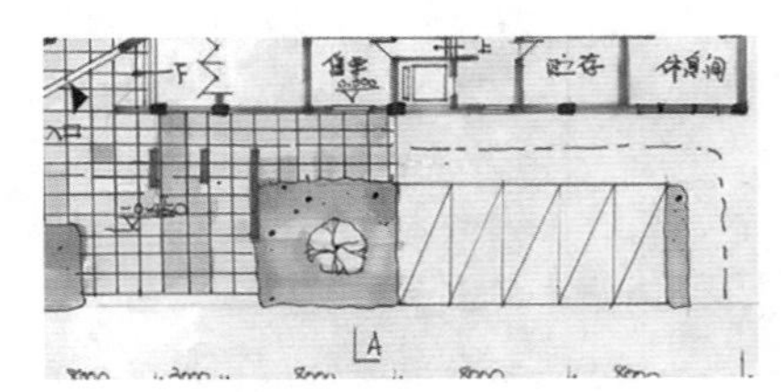

图 3-56　停车场 1

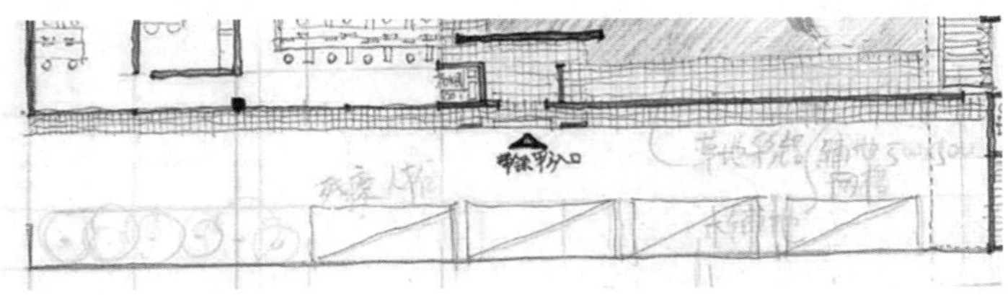

图 3-57　停车场 2

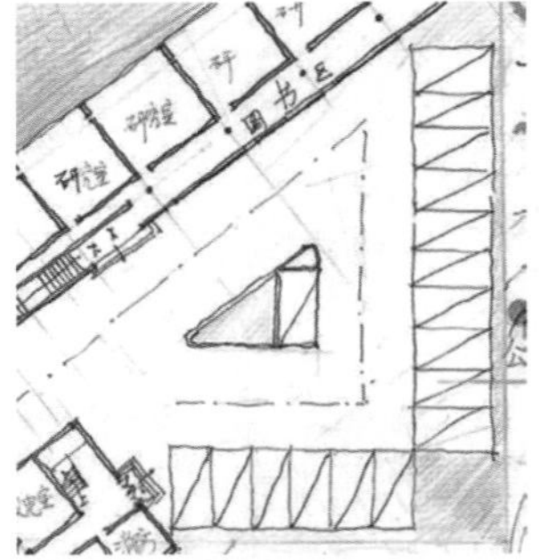

图 3-58　停车场 3

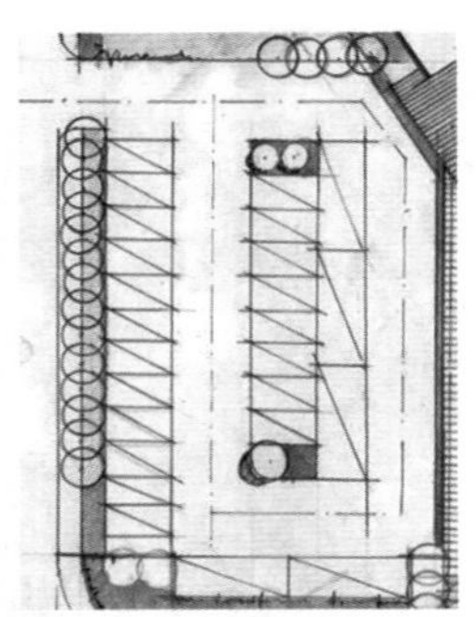

图 3-59　停车场 4

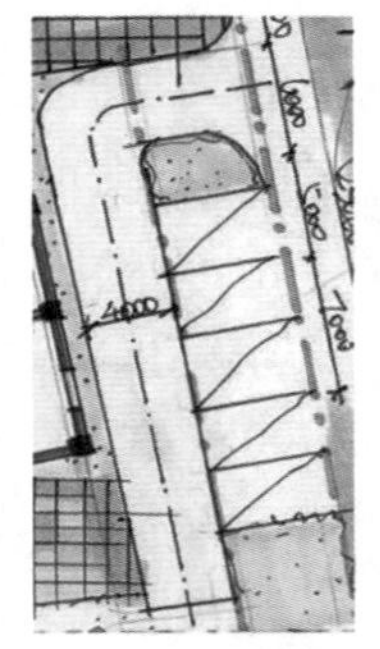

图 3-60　停车场 5

3.3.4 步道

如图 3-61~ 图 3-67 所示。

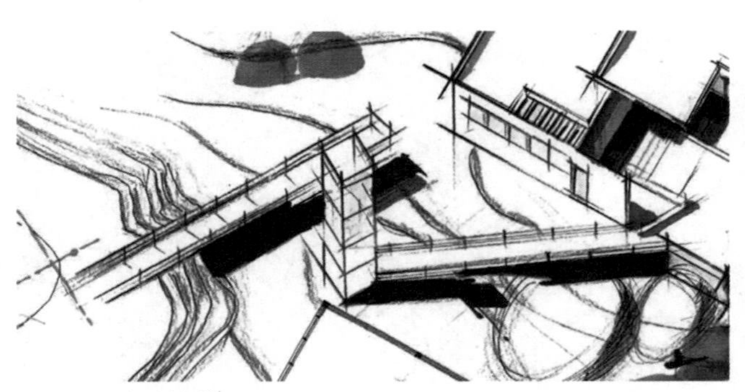

图 3-61　台阶坡道 1

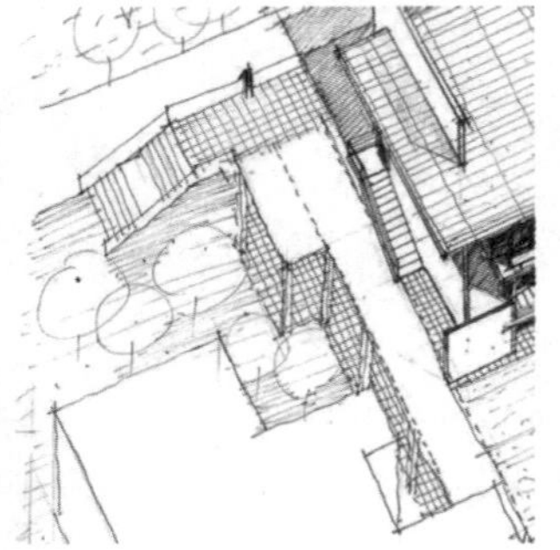

图 3-62　台阶坡道 2

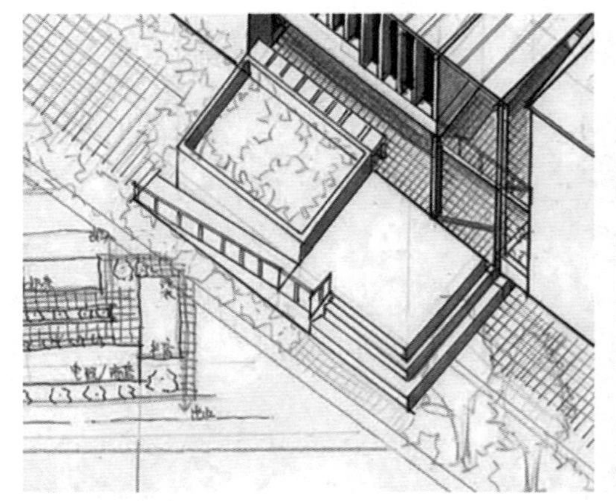

图 3-63　台阶 1

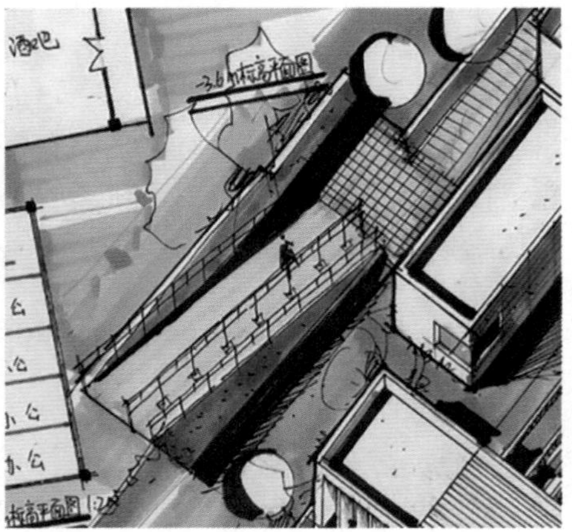

图 3-64　台阶 2

图 3-65　景观步道 1

图 3-66　景观步道 2

图 3-67　景观步道 3

3.4 图例：造型

3.4.1 坡屋顶

如图 3-68~ 图 3-79 所示。

图 3-68　单个坡屋顶的变形

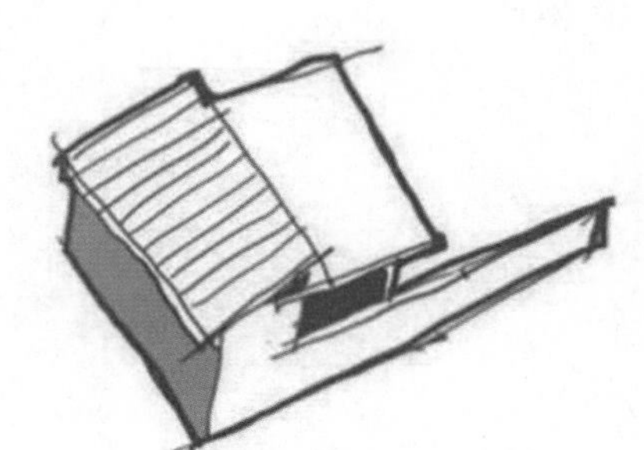

图 3-69　坡屋顶与墙体结合

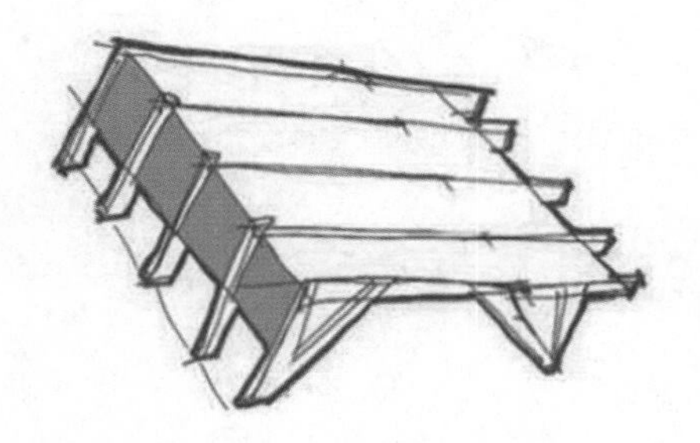

图 3-70　坡屋顶自身通过结构变形

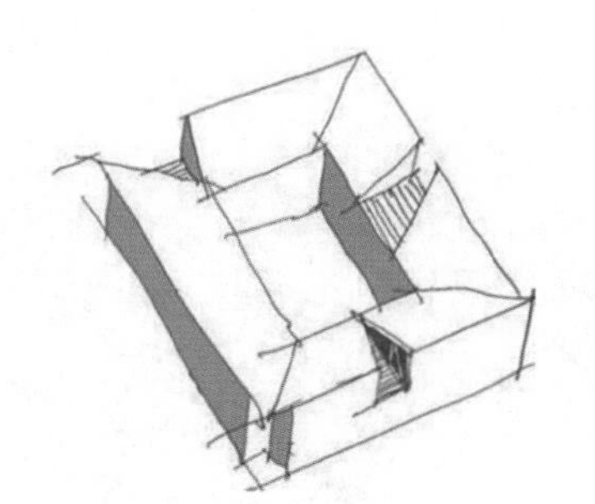

图 3-71　坡屋顶减法切分

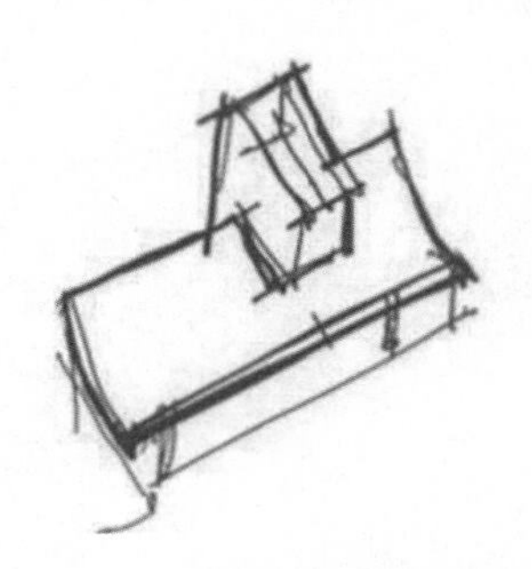

图 3-72　坡屋顶与体块的加法切分

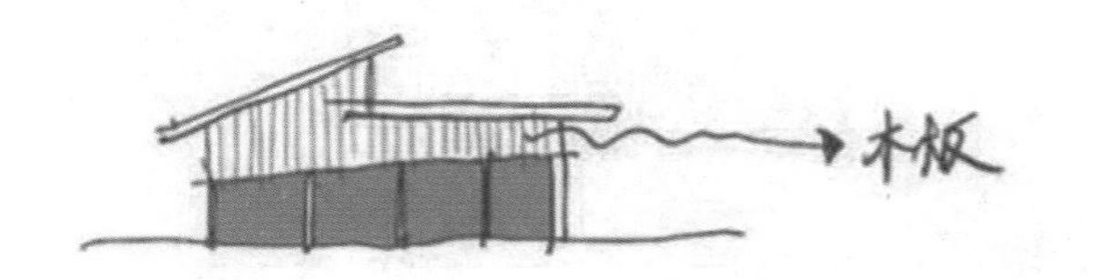

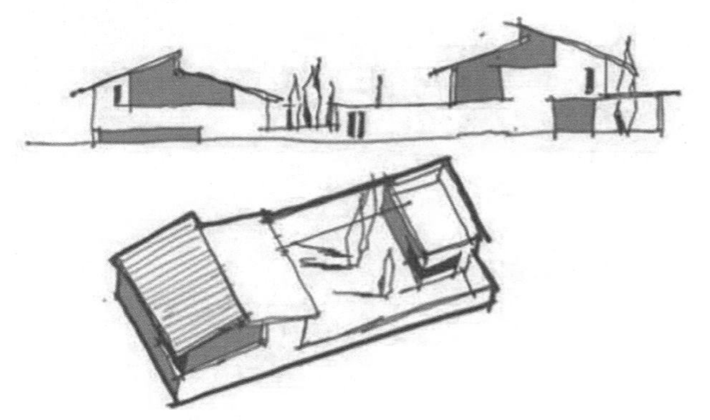

图 3-73　坡屋顶通过材质丰富的立面，与院落组合丰富体块

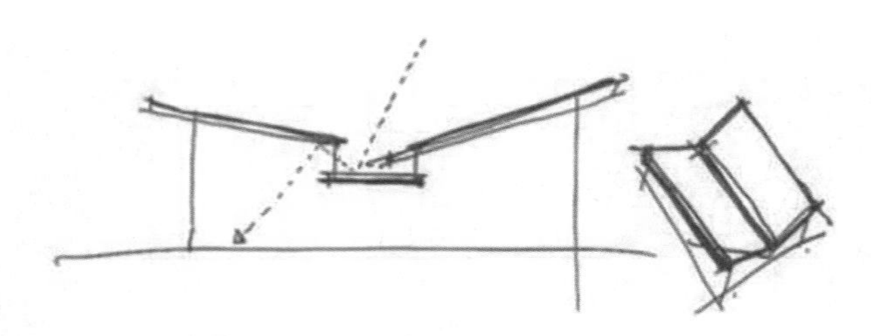

图 3-74　外向双坡改为对向单坡屋顶

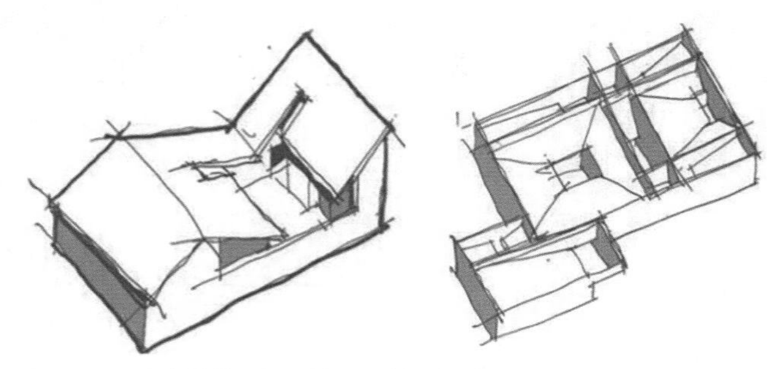

图 3-75　连续坡的重复、坡屋顶单元组合

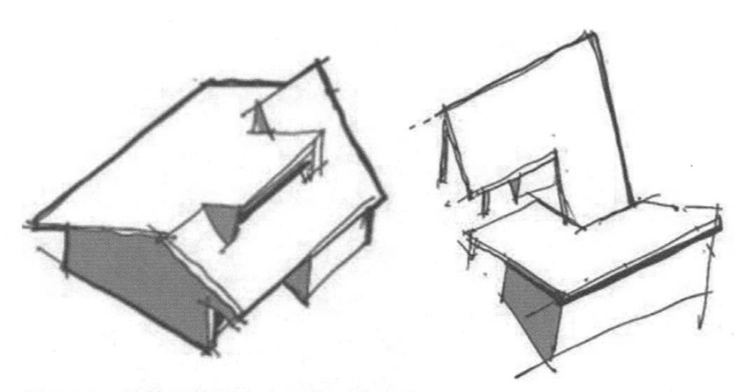

图 3-76　单坡屋的顺向交叉和对向交叉

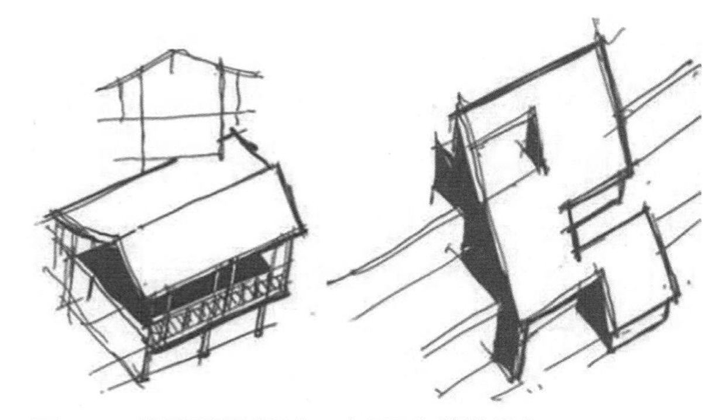

图 3-77　坡屋顶通过架空、大屋面与坡地组合

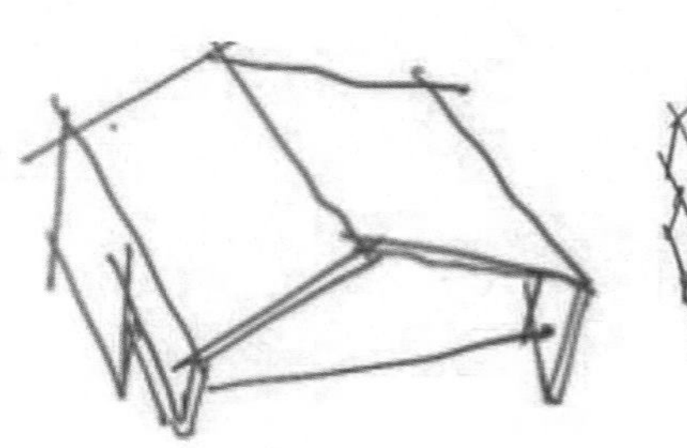

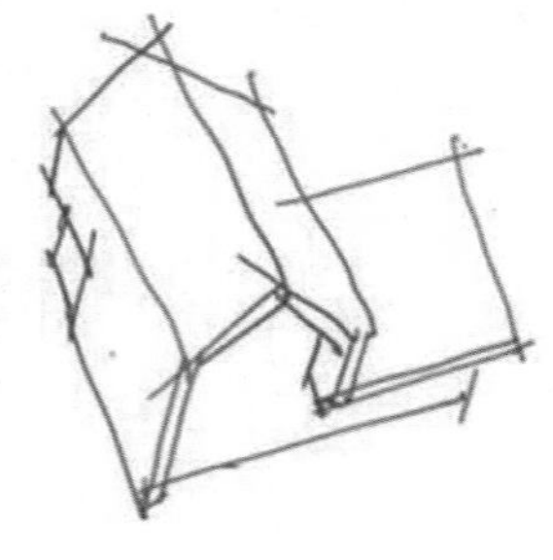

图 3-78　混凝土坡屋顶的变形

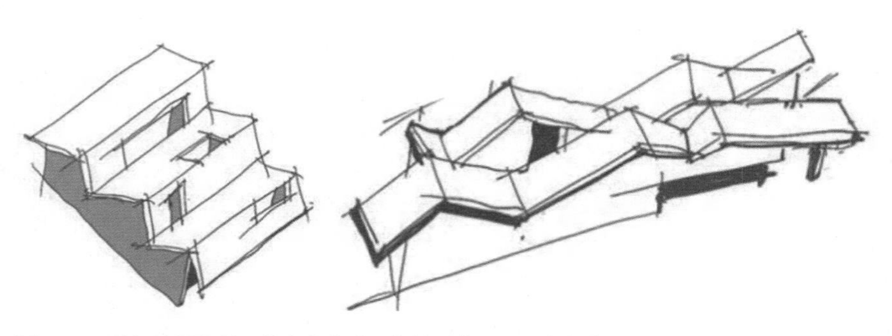

图 3-79　重复坡屋顶单元的变化方式：连续延伸、不同方向交叉

3.4.2 立面开窗

如图 3-80~ 图 3-83 所示。

图 3-80　长条开洞

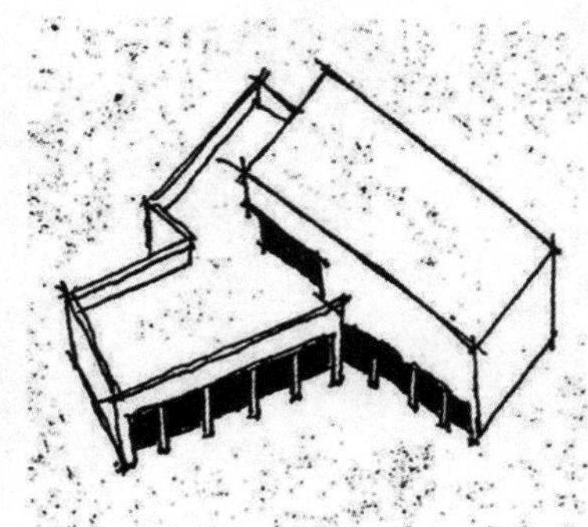

图 3-81　角部开洞

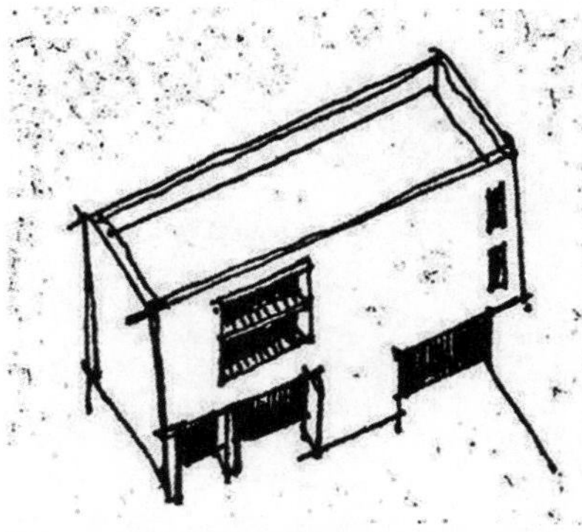

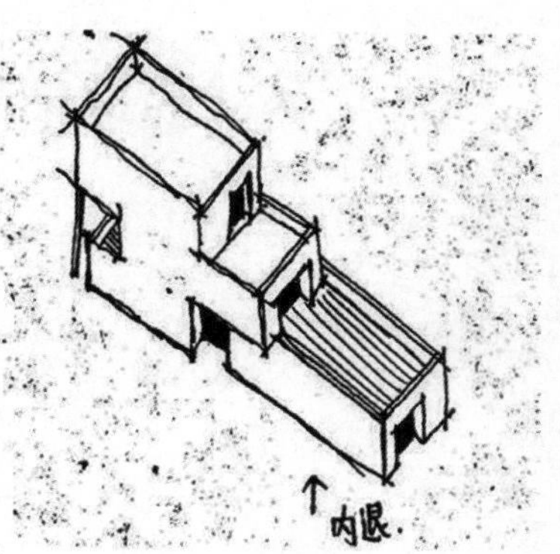

图 3- 82　长条洞与点状洞的组合

图 3-83　角部开洞、点状洞的组合

3.4.3 楼梯与台阶

如图 3-84~ 图 3-90。

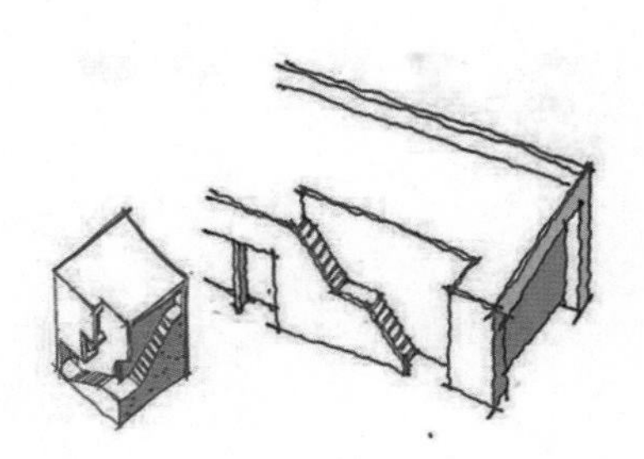

图 3-84　沿体块外侧增加楼梯

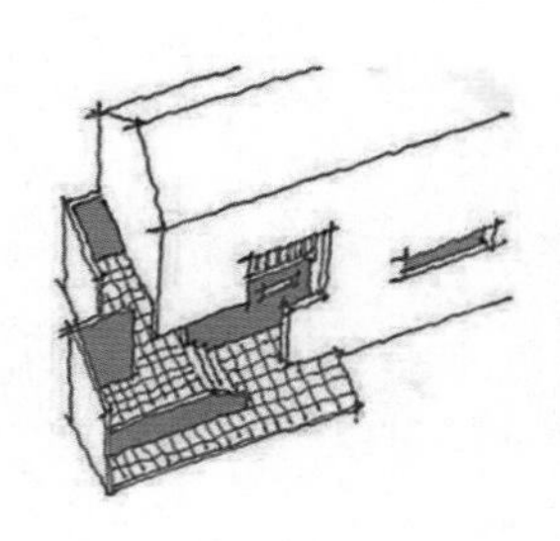

图 3-85

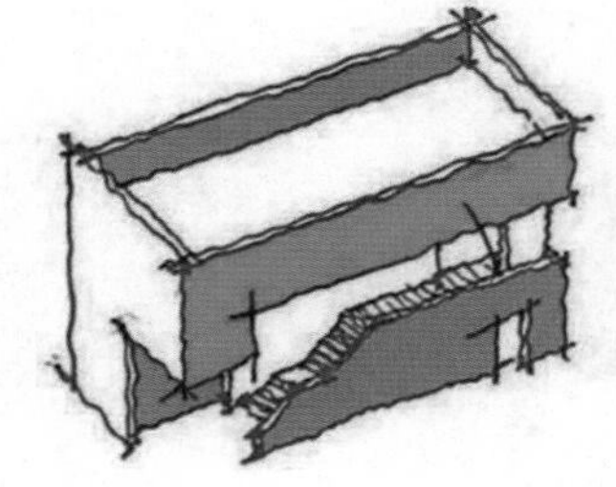

图 3-86

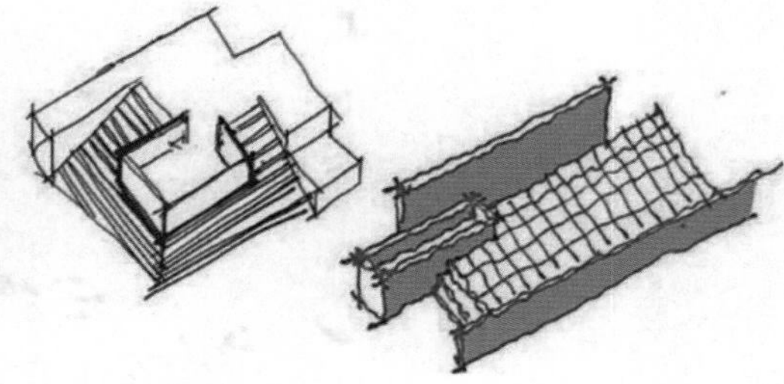

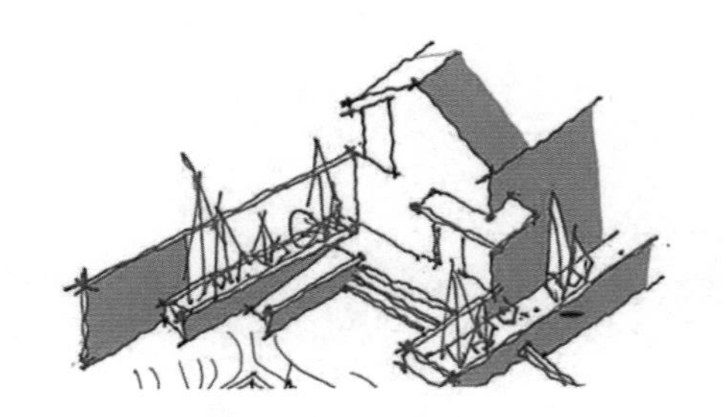

图 3-87　借助楼梯、坡道丰富场地设计

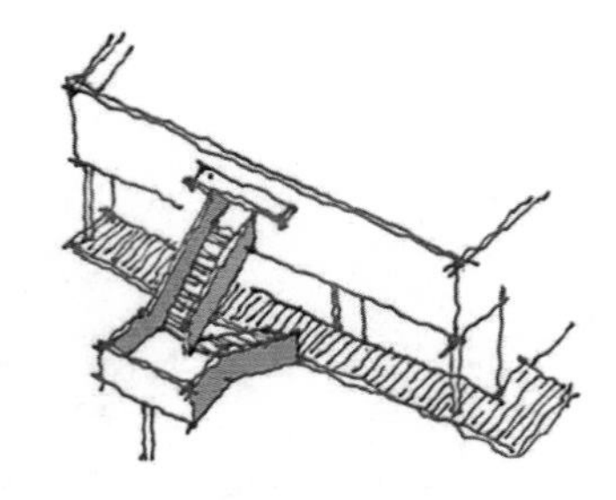

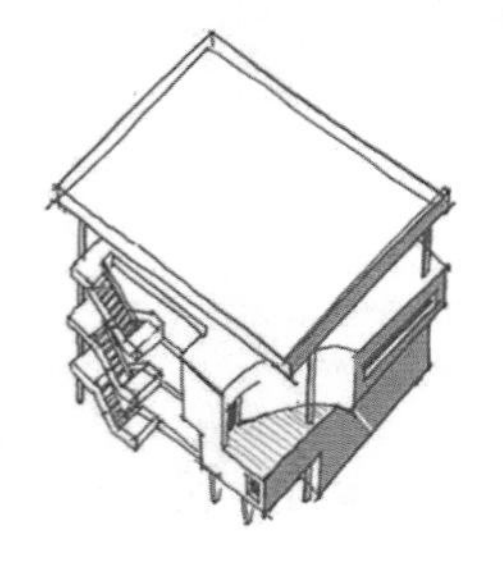

图 3-88　楼梯与体块相对脱离，以独立的方式出现

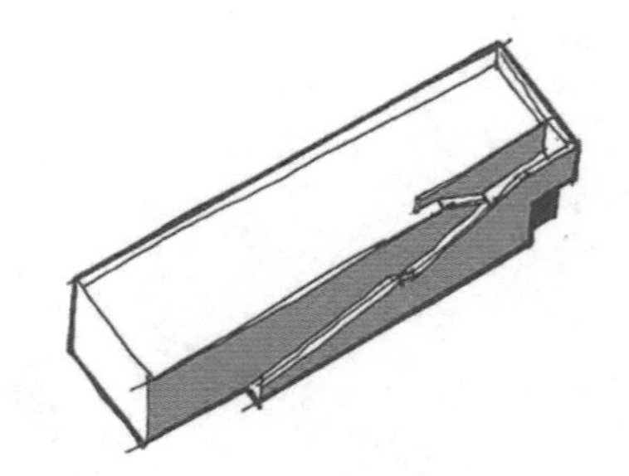

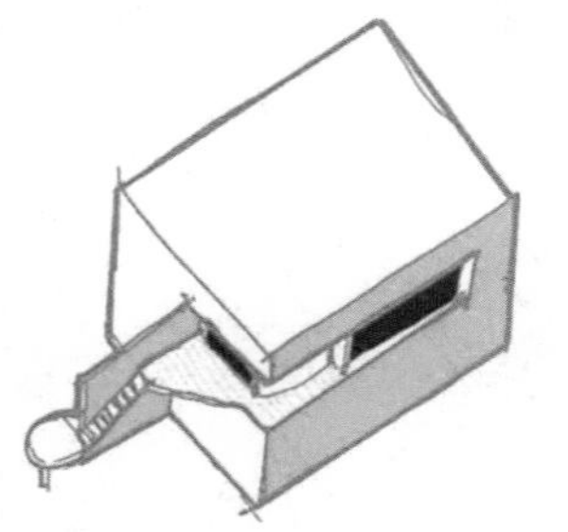

图 3-89　楼梯延伸至体块内部，形成穿越的关系

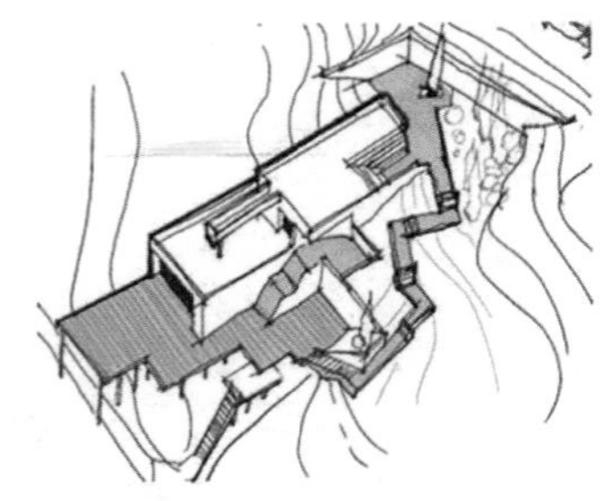

图 3-90　楼梯与场地高差的结合

4

常考建筑类型解析

4.1 展览类建筑设计原理

4.1.1 展览类建筑分类及考查重点

展览类建筑是快题考试中最常见的考查类型之一，通常包含博物馆、展览馆、陈列馆 3 种主要类型。

博物馆是搜集、保管、研究、陈列、展览有关自然历史、文化、艺术、科学、技术方面的实物或标本的公共建筑，兼具技术性、研究性。

展览馆是展示临时性陈列品的公共建筑，通过实物照片、模型、影视等手段传递信息，促进交流与发展。大型展览馆与商业及文化设施结合成为综合性建筑。展览馆按照规模可分为 3 类（表 4-1）。

表 4-1 展览馆类型与面积

类型	面积（m^2）	展览面积占比
A 类	35 000—15 000	＜1/3
B 类	8000—35 000	＜1/3—2/3
C 类	8000 以下	展览面积较大

陈列馆的主题性较强（乡土馆、民俗馆、名人馆、美术馆、科技馆），规模相对较小。

展览类建筑考查的侧重点有以下几个方面。

第一，展览类建筑的功能、流线及空间组织手法（每一组都要涉及该项内容）。

第二，建筑与环境的结合，包括地理环境、人文环境、气候特征等方面。

第三，常用建筑材料的应用及可能达到的不同的物理及艺术效果。

第四，建筑形体塑造及建筑外部环境的处理。

第五，展厅的采光设计（包括自然采光与人工照明）。

第六，展厅内的布展方式、展览内容与空间尺度。

4.1.2 展览类建筑设计要点

（1）总图布局

第一，应布局在城市社会活动中心地区或城市近郊的交通便捷地带。

第二，建筑主入口朝向主要道路，车行入口尽量避免主干道。

第三，建筑的公共出入口、藏品出入口、员工出入口应分开设置，并配备相应的安全监控措施。

（2）形体布局

第一，建筑覆盖率宜在 40%—50%。

第二，场地内部需要留大片室外场地，以满足展出、观众活动、临时存放、停车及绿化要求。

第三，建筑内展览区域一般位于入口层，便于展品运输和人流集散。

第四，观众服务区紧邻馆前集散地，且靠近展区。

第五，库房紧邻展区，既要便于展品运输，又要防止观众穿越。

第六，功能分区明确合理，参观路线与展品运送路线互不交叉。

（3）平面布局

展览类建筑平面布局如图 4-1、图 4-2 所示。

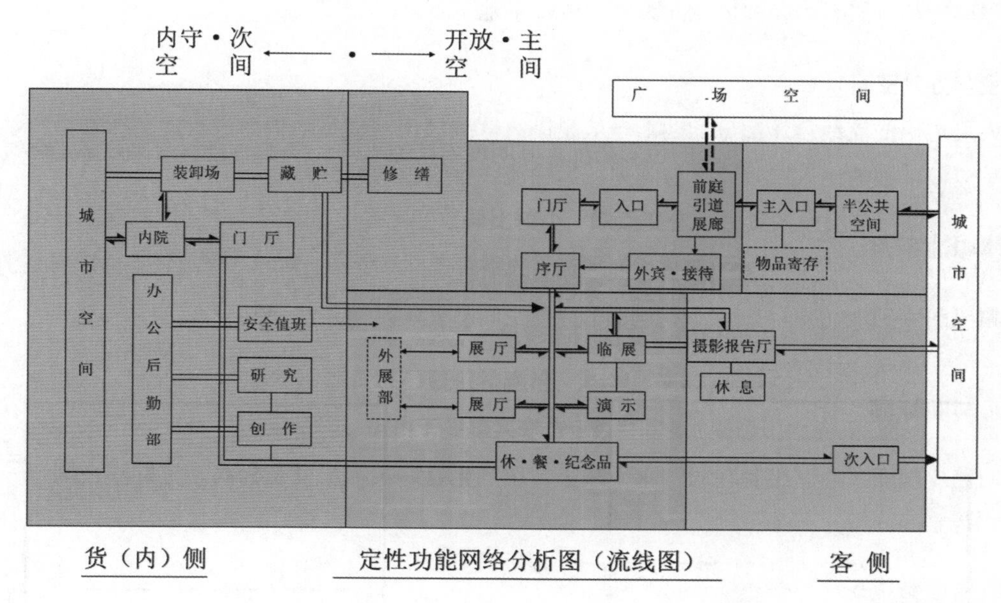

图 4-1

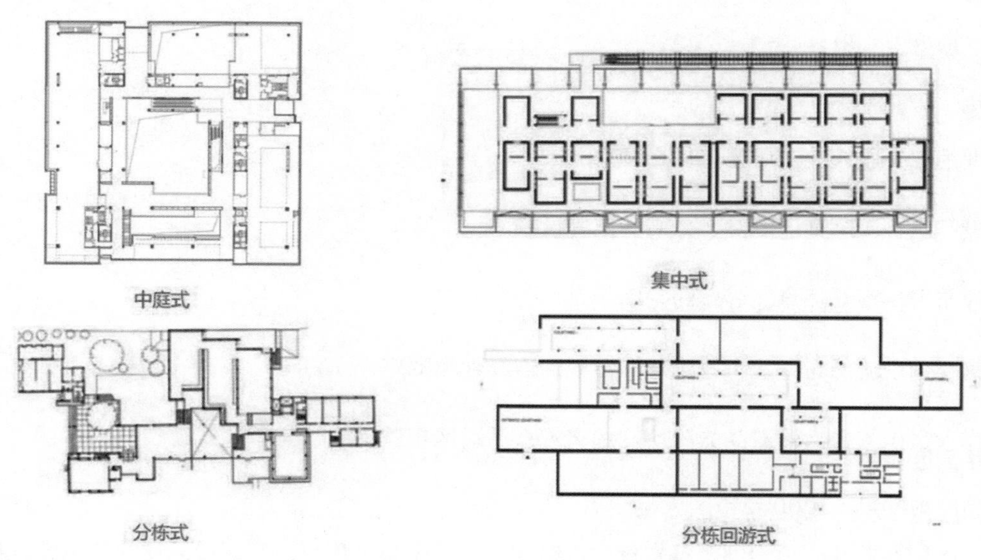

图 4-2

建筑功能分区可以分为四部分。

① 入口

入口是展览类建筑给人们留下第一印象的重要空间，在营造空间形象的同时，要组织好交通、停留的相关功能。

② 展厅

展厅是展览类建筑的主体，观众流线要尽量短，易于接近，在位置上应面临基地的主要广场和道路，以及主要的人流来向。

③ 储存空间

储存空间要有明确、便利的运输路线，有单独的出入口，不应与观众流线相交叉，避免干扰，同时应便于与展厅部分联系。朝向以北向为宜，或位于地下。

④ 科学研究与办公空间

提供工作人员进出的流线，该部分的功能一般是围绕陈列展出与展品运输而进行的，特别是科学研究空间，应设单独的出入口，使之与陈列、运输流线有明确的划分。

（4）具体功能布置

① 门厅布置（图 4-3）

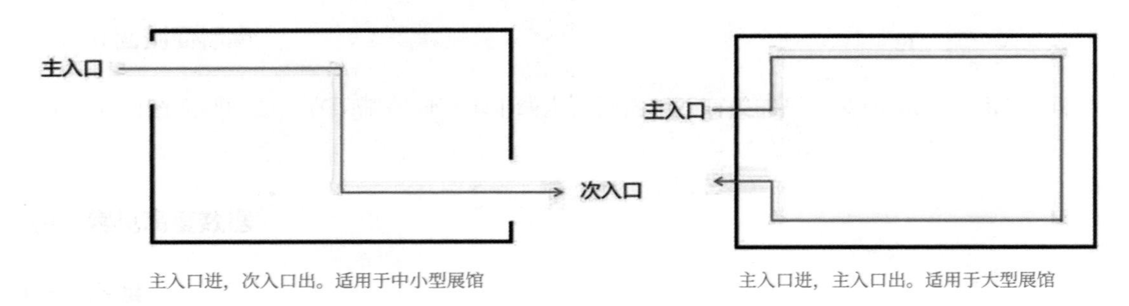

图 4-3

第一，合理组织多股人流，避免重复交叉。

第二，宜设问询台、陈列印刷品台、服务部等设施。

第三，合理布置供观众休息、等候的空间。

第四，垂直交通设施的布置应考虑到观众参观的连续性和顺序性。

第五，工作人员出入及运输藏品的门厅应远离观众活动区布置。

② 展厅布置

展厅是一个区域，并非一个房间。基本展厅应布置在建筑中最为醒目、交通最为便捷的位置。展厅之间的组织应保证展示和参观的系统性、顺序性和选择性。临时展室展览的内容需要经常更换，在设计中应单独设置，靠近入口层，并尽量设计成大空间（表 4-2）。

表 4-2 常见的展陈方式

类型	口袋式	穿过式	混合式
参观路线			
陈列布置形式	单线陈列 双线陈列 三线陈列	单线陈列 双线陈列 三线陈列	灵活分隔 中间庭院 三跨多线

a. 串联式

这种方式的优点是各展厅相互串联，观众参观路线连贯，方向单一。缺点是灵活性差，易堵塞，适用于中小型展馆的连续性强的展出（图 4-4）。

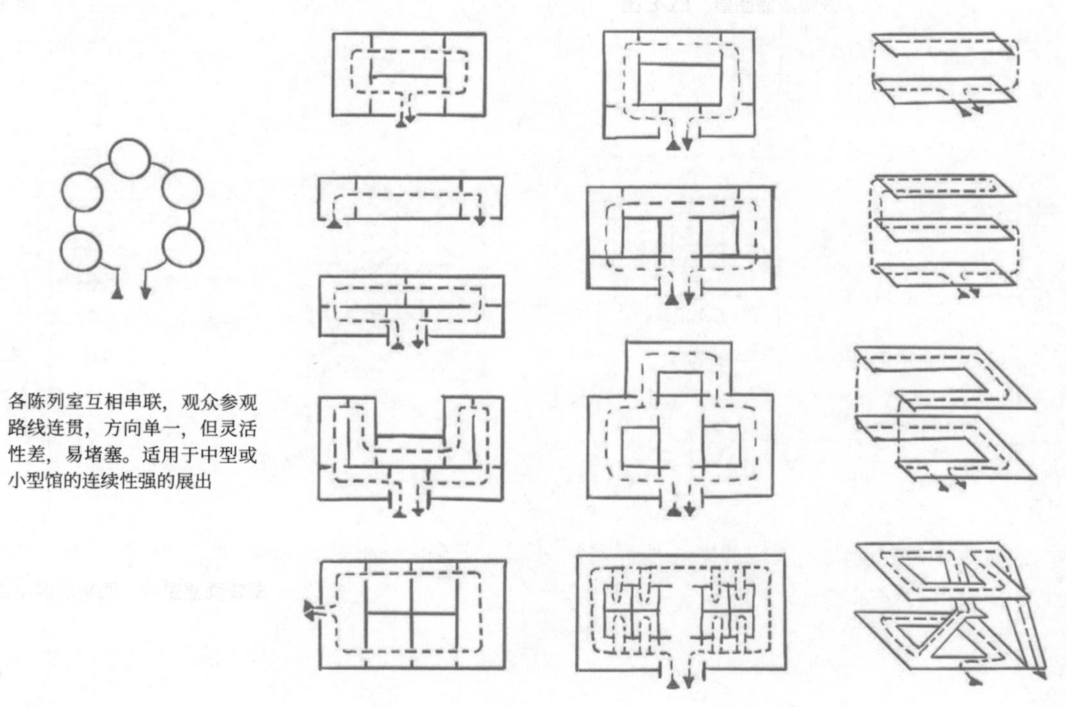

各陈列室互相串联，观众参观路线连贯，方向单一，但灵活性差，易堵塞。适用于中型或小型馆的连续性强的展出

图 4-4

b. 放射式

这种方式的优点是展厅环绕门厅或者前厅布置，观众观展路线灵活。缺点是流线易混乱，适用于中大型展馆的展出（图 4-5）。

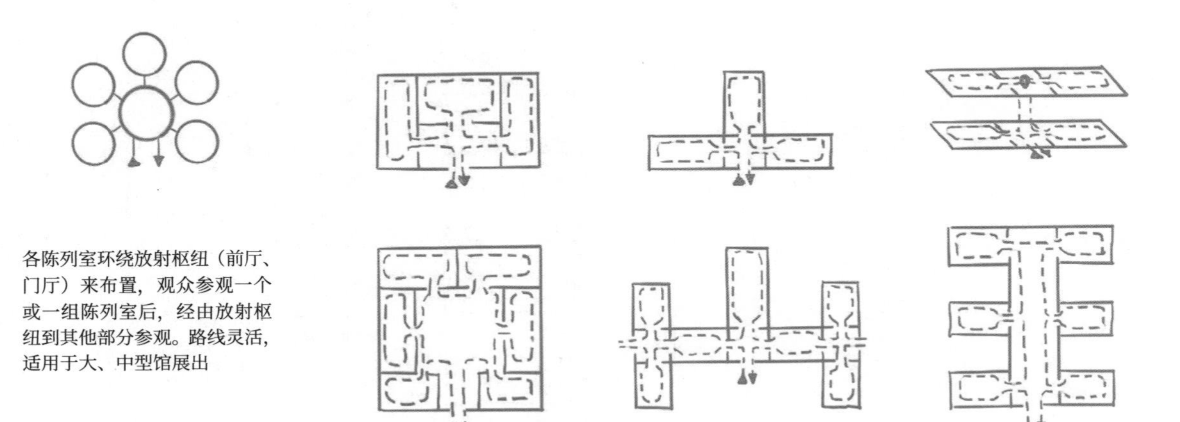

各陈列室环绕放射枢纽（前厅、门厅）来布置，观众参观一个或一组陈列室后，经由放射枢纽到其他部分参观。路线灵活，适用于大、中型馆展出

图 4-5

c. 放射串联式

这种方式的特点是展厅与交通枢纽直接相连，各展厅彼此串联，适用于中小型展馆的连续或分段式展出（图 4-6）。

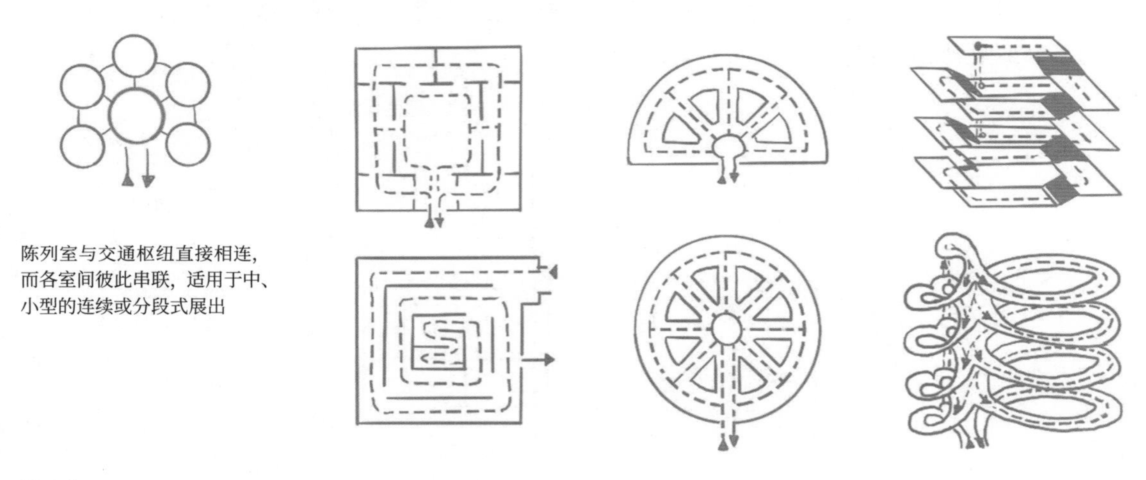

陈列室与交通枢纽直接相连，而各室间彼此串联，适用于中、小型的连续或分段式展出

图 4-6

d. 大厅式

这种方式的特点是利用大厅展出或者将展厅灵活分隔为小空间，布局紧凑灵活，可根据要求，连续或不连续展出（图 4-7）。

利用大厅综合展出或灵活分隔为小空间，布局紧凑、灵活，可根据要求，连续或不连续展出

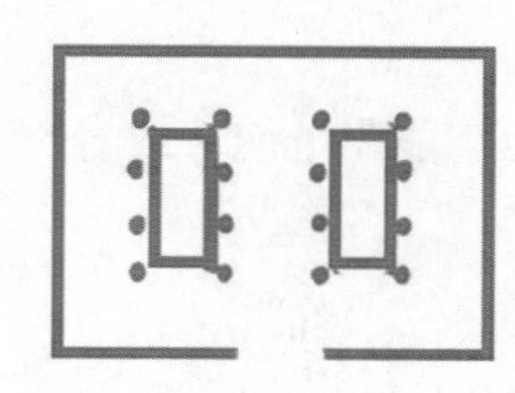
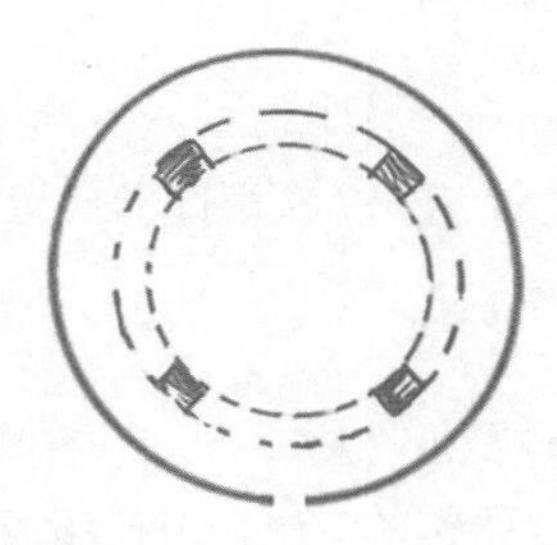

图 4-7

③ 展厅空间细部

a. 跨度

与结构形式和陈列布置有关。一般隔板长度 L 为 4—8m，观众通道 a 为 2—3m，当单线陈列时，跨度不应小于 7m（图 4-8）。

b. 高度

突出陈列内容，并保证室内通风采光，净高一般在 4.5—6m。

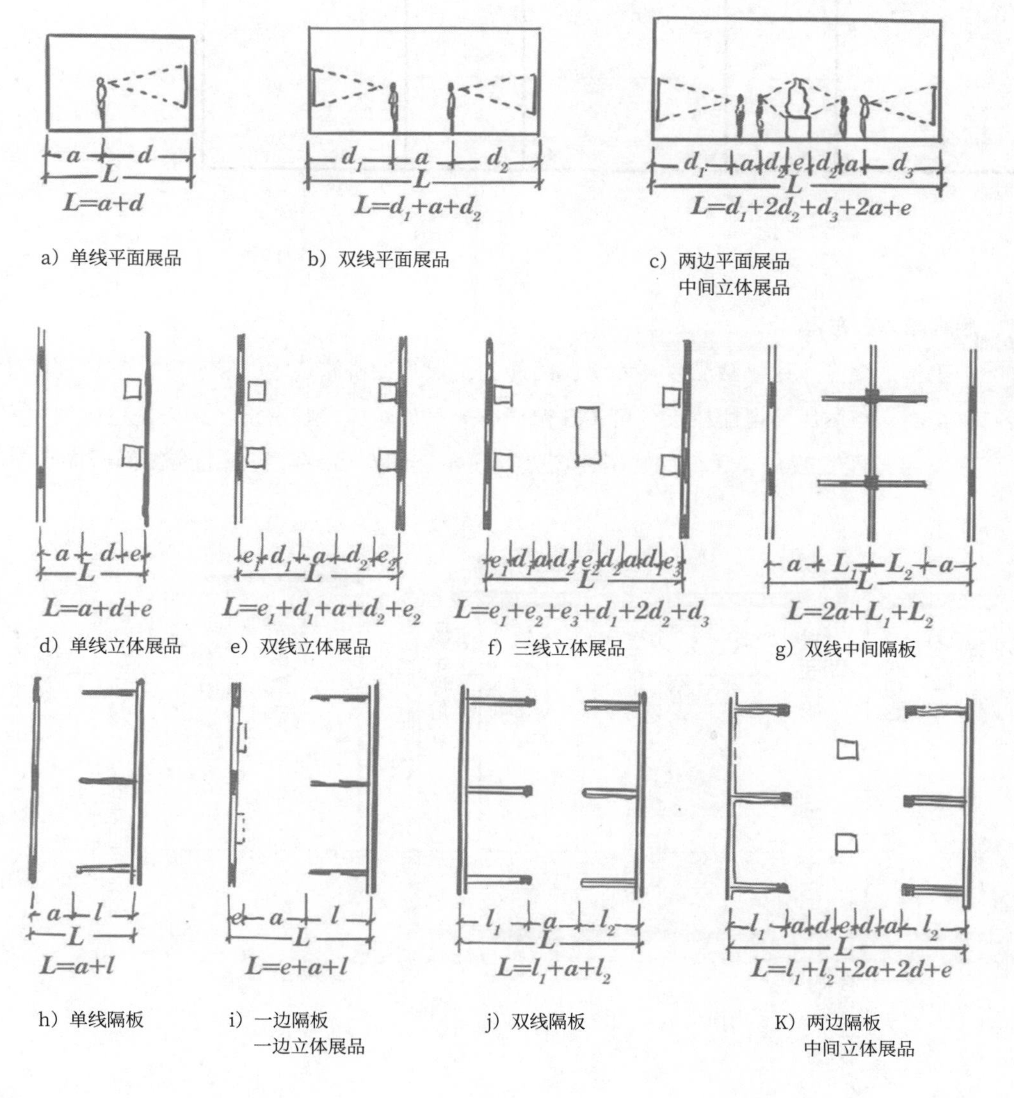

图 4-8

④特殊展厅布置

a. 临时展厅

临时展厅 / 次展厅的设置应尽可能靠近门厅或者负一层，方便独立使用，在实际项目中常用这种展厅。

b. 室外展场

室外展场可放置于首端或者末端，一般置于末端与小广场结合（图 4-9）。

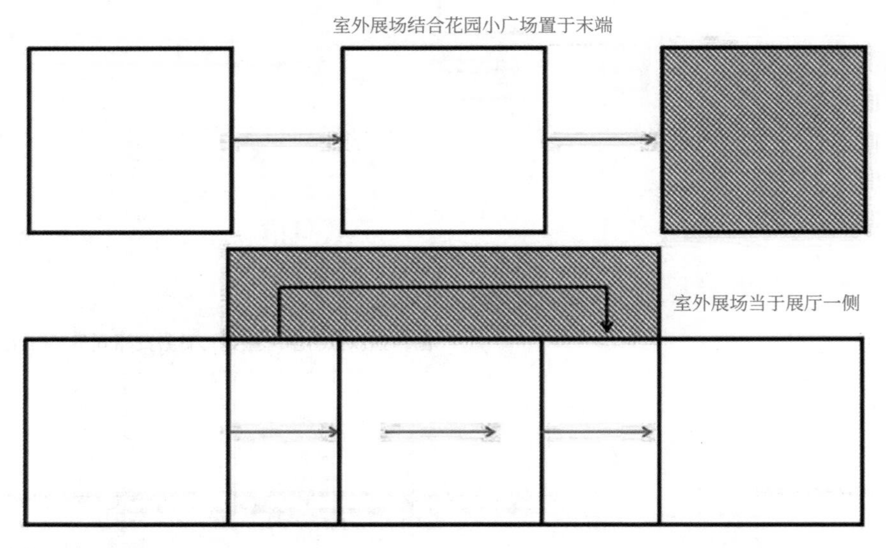

图 4-9

⑤ 库房、后勤和办公布置

藏品库区一般包括藏品库房、藏品暂存库房、缓冲间、保管设备储藏室、管理办公室等。设计要求包括如下方面：与展厅尽可能拉远；可不开窗；研究室与库房应紧密结合；修复室应放在库房前端；监控室与管理室放在一起；后勤出入口处要设置装卸平台或可封闭的装卸间（图 4-10、图 4-11）。

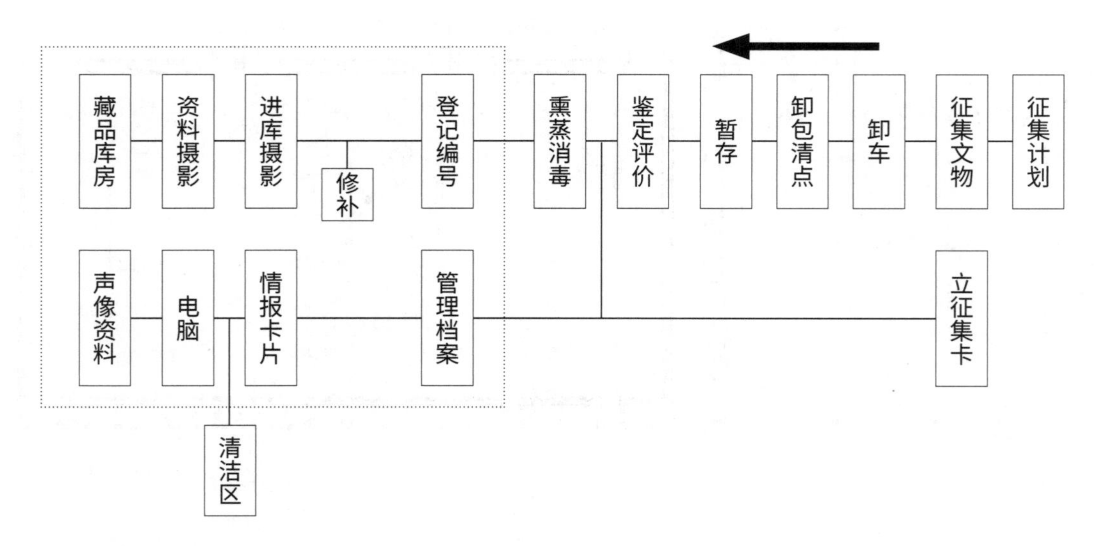

图 4-10　藏品库工作流程

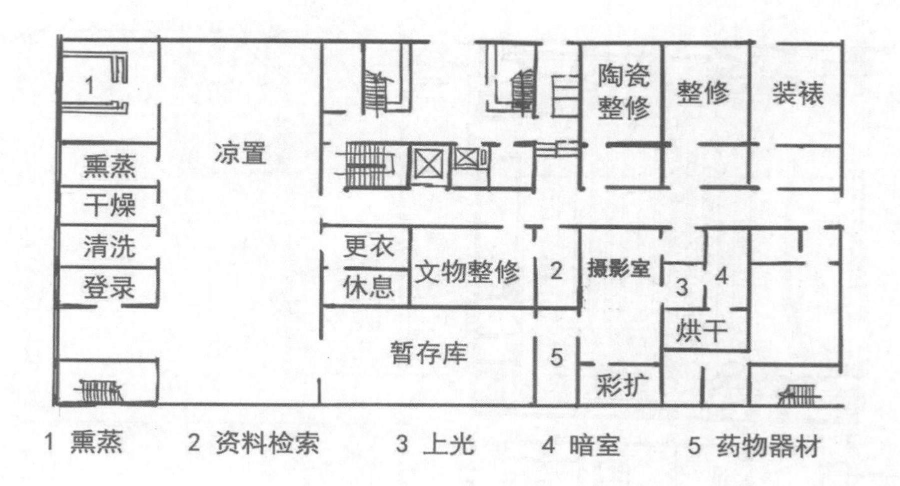

图 4-11

（5）剖面设计

展览类建筑的采光形式通常分为自然采光及人工采光，其中自然采光分为侧窗采光、高侧窗采光和顶窗采光。小型展览馆应尽量采用自然采光，而大中型展览馆则以人工采光为主（图 4-12、图 4-13）。

① 侧窗采光

室内照度分布不均，窗户占用墙面，不利于版面布置，易产生眩光，不建议采用。

② 高侧窗采光

观众在暗处观看，展出效果较好，窗下墙空间可以充分利用，进行陈列。

③ 顶窗采光

室内光线均匀，不占墙面，墙面可充分利用。多采用复式顶窗，中设遮光屏板、折光板、半透明顶棚等予以调节，以避免光线直射。

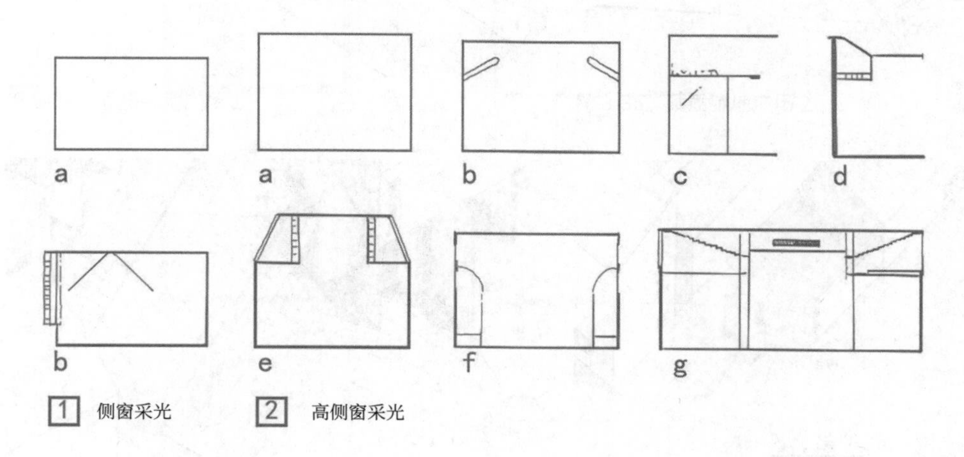

图 4-12

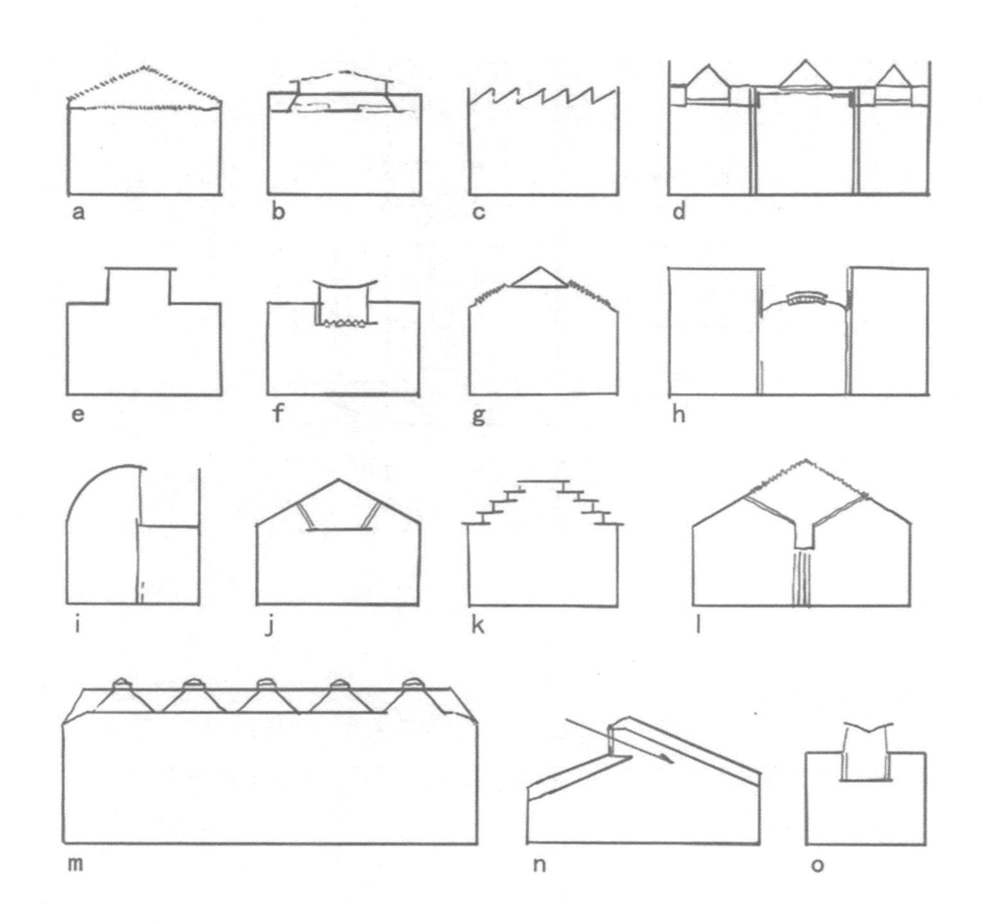

图 4-13

顶窗采光因光线较强，一般多采用间接方式采光，如加折光玻璃顶、折射板、格栅等，以避免光线直射（图 4-14）。

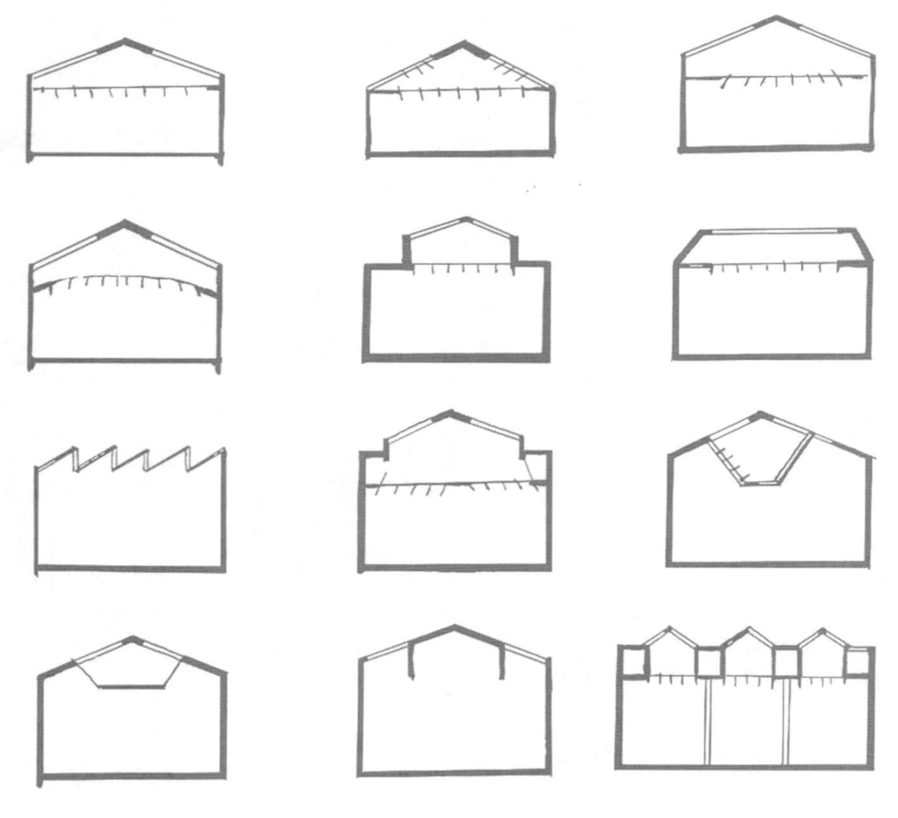

图 4-14

4.2 活动中心类建筑设计原理

4.2.1 活动中心类建筑定义及分类

活动中心是近年来快题考查常出现的建筑类型之一，其功能分区、公共空间、造型等通常会成为考查的重点。

活动中心是供大家对所关心的问题进行讨论、辩论和共同行动（集体活动）的场所，它的目的是恢复当地团体的积极性、首创精神、自我意识和自我指导，活动中心一旦建立后，可以从多方面展开工作，鼓励大家参加业余文艺演出，学习各种艺术和工艺，形成一个面向某个群体开放的精神和文化中心。

活动中心根据其大小层级的不同、职能与位置或者服务对象的不同，可分为老人活动中心、青少年活动中心、社区活动中心、村民活动中心、文化馆等（表 4-3）。

表 4-3 活动中心类型

城市住区及其内部构成等级	活动中心类型	
	行政管理及社会政治生活方面	文化事业方面
居住区级	街道办事处、派出所、社团等	文化馆、图书馆、中小型剧团、俱乐部、社团、会所、中学等
居住小区级	管委会、某些社团办事处等	老人活动中心、青少年活动中心、小区文化站、小区活动站、小学、托幼所、会所、某些社团办事处等
居住组团级（邻里空间级）	居民委员会等	文化活动室、青少年活动室、老人活动室、图书馆、托幼所等

4.2.2 活动中心类建筑考查重点

活动中心的设计结果及空间状态应考虑以下几方面的侧重点：多样且统一的空间；创造交往空间；功能分区的方式。功能分区可分为公私分区、动静分区、洁污分区、服务与被服务分区。

4.2.3 活动中心类建筑功能组成

活动中心类建筑通常包含的功能有群众活动、学习辅导、专业工作、管理辅助等 4 类（表 4-4）。

表 4-4　活动中心类建筑功能组成及设计要求

功能	项目构成	功能类型	大型馆	中型馆	小型馆	使用面积控制要求	设施设备	活动内容
群众活动用房	演艺活动	大型排练厅（400—600座）	●	—	—	800—1200 m²	扩声系统、舞台照明、舞台机械、放映厅设备，观演厅应设残疾人座椅；当观演规模超过 300 座时，应满足《剧场建筑设计规范》JG J57 和《电影院建筑设计规范》JG J58 的有关规定	业余文艺团队的调演、会演、排练、观摩和交流性演出；群众集会（讲座、会议、报告会）、影视放映
		观演厅（150—300座）	○	●	○	400—800 m²		
		多功能厅（小型排练、报告）	●	●	●	300—500 m²		
		放映室	●	●	●	—	—	—
		化妆室	●	●	●	—	—	—
		卫生间	●	●	●	—	—	—
	游艺娱乐	综合活动室	○	○	○	30 m²/ 间为宜	—	棋弈类活动、球类活动、特殊球类活动、电子游艺、声光磁控游艺、儿童老人游艺
		儿童活动室	●	○	—	100—120 m²/ 间为宜	儿童活动室外宜附设儿童活动场所	
		老年人活动室	●	●	●	60—90 m²/ 间为宜	考虑残疾人卫生间	
		特色文化活动室	○	○	○	100—150 m²/ 间为宜	围棋、象棋、麻将、棋牌桌、台球桌、乒乓球台及用具；保龄球设备，各种立式、卧式电子游戏机，各种声光磁控游戏机	
	交流展示	展览厅	●	●	●	展览厅≥ 65 m²/ 间，共 250—500 m² 为宜	活动屏板、活动展板、挂镜线、窗帘杆	绘画、书法、雕塑、摄影展览；时事宣传展览；文物展览
		宣传廊	●	●	●	—	放映机、音响设备、陈列柜	
	图书阅览	阅览室	●	●	○	100—150 m² 为宜	开架书架、阅览桌椅，儿童阅览室选用轻巧、无尖锐棱角的家具；用于绘画、书法、雕刻、工艺品制作的工具，便于乡土资料古籍保管的设备；书架、报架；其他声像资料柜；阅览桌椅的排列尺寸可参照《图书馆建筑设计规范》JGJ 38 执行	
		资料档案室、书报存储室	●	●	●	25—50 m² 为宜	—	
	交谊用房	舞厅	○	○	○	—	乐台、舞池、调音台、话筒、扬声器、旋转彩灯	舞会、音乐歌舞、茶座
		茶座	○	○	○	—	音响设备、话筒、扬声器	
		管理间、存衣处	○	○	○	—	—	—

功能	项目构成	功能类型	大型馆	中型馆	小型馆	使用面积控制要求	设施设备	活动内容
学习辅导用房	教室	大教室	●	○	○	≥ 1.4 m^2/ 人，120 m^2/ 间为宜	黑板、讲台、清洁用具、挂衣钩、电源插座；尺寸排布不得小于《中小学校建筑设计规范》GB 50099 中的规定	讲课、讨论、会议、科技知识讲座
		小教室	●	●	●	≥ 1.4 m^2/ 人，60 m^2/ 间为宜		
		计算机与网络教室	●	●	●	70—100 m^2 为宜	电源、架空地板	计算机学习
		多媒体视听教室	●	○	○	100—180 m^2/ 间为宜		
	舞蹈排练	舞蹈综合排练厅	●	●	●	≥ 6 m^2/ 人，200—400 m^2/ 间为宜	卫生间、器械储藏间、练功把杆、照身镜、木地板、黑板、讲台、挂镜线、窗帘杆、洗涤池、局部照明	舞蹈、健美排练
	学习室	独立学习室（音乐、书法、美术、曲艺等）	●	●	●	美术、书法≥ 2.8 m^2/ 人，其他≥ 2.0 m^2/ 人 ,60 m^2/ 间为宜	—	美术、书法、器乐、声乐、合奏、合唱的练习与辅导，戏曲排练
专业工作部分	文艺创作	文艺创作室	●	●	●	一般工作室 24 m^2/ 间为宜；琴房≥ 6 m^2/ 间；美术、书法工作室 24 m^2/ 间为宜；其他有特殊要求的专业工作室可根据实际需求确定使用面积	—	文艺创作
	研究整理	非物质文化遗产工作室、文化艺术档案室	●	●	●		—	研究整理
	其他专业工作	音像、摄影、音乐、戏曲、舞蹈、美术、书法等工作室	●	●	●		设遮光设施、洗涤池；设若干琴房，配置钢琴等乐器、录音机、点唱机；暗室要有遮光设施和通风换气设施，以及冲洗台、工作台；录音、摄像、录像、编辑设备及监视器，录音和控制室之间设隔音观察窗	美术、书法；音乐练习创作；戏曲；摄影；录音、录像；出版、编辑
		刊物编辑、出版工作室	○	○	○		—	—
		网络文化服务、机房	●	●	—		—	—

<table>
<tr><th>功能</th><th>项目构成</th><th>功能类型</th><th>大型馆</th><th>中型馆</th><th>小型馆</th><th>使用面积控制要求</th><th>设施设备</th><th>活动内容</th></tr>
<tr><td rowspan="7">管理辅助用房</td><td>行政管理</td><td>办公室</td><td>●</td><td>●</td><td>●</td><td>应符合《党政机关办公用房建设标准》的要求</td><td>电话、电脑、打字机、复印机；录音设备、音响设备</td><td rowspan="2">行政管理、会议接待</td></tr>
<tr><td>会议接待</td><td>会议室、接待室</td><td>●</td><td>●</td><td>○</td><td>60—90 m² 为宜</td><td>—</td></tr>
<tr><td>储存库房</td><td>道具库房、储藏间</td><td>●</td><td>●</td><td>●</td><td rowspan="5">室内停车面积平均 40 m²/ 辆为宜；值班室面积不宜小于 6 m²；其他用房按使用功能要求及建设规模配建需求确定使用面积</td><td rowspan="3">—</td><td rowspan="3">—</td></tr>
<tr><td>建筑设备</td><td>水池、水箱、水泵房、变配电室</td><td>●</td><td>●</td><td>●</td></tr>
<tr><td rowspan="3">后勤服务</td><td>维修室、锅炉房 / 换热站、空调机房、监控室等</td><td>●</td><td>●</td><td>○</td></tr>
<tr><td>值班室、库房等</td><td>●</td><td>●</td><td>○</td><td rowspan="2">监控设备、电话</td><td rowspan="2">传达、收发、车库、走道（水平或垂直联系）</td></tr>
<tr><td>车库等</td><td>●</td><td>○</td><td>—</td></tr>
</table>

注：●大概率呈现的状态，○可能呈现的状态，— 一般不会呈现的状态

4.2.4 活动中心类建筑设计要点

（1）总图布局

总平面应注意动静分区，应按人流和疏散通道布局功能分区，同时注意以下问题。

第一，总图人流、车流分开，互不干扰。

第二，在设计出入口时，应考虑每股人流的来向，出入口分开设置。

第三，基地应紧邻城市道路出入口，并留出集散缓冲空间（便于人流集散的广场），且要为户外活动提供必要的室外场地。

第四，充分考虑基地客观自然条件及人文景观。

第五，大型排练厅、观演厅、展览厅、多功能厅等人流量较大、集散集中的用房，应对外设置不少于 2 个出入口，并合理组织紧急疏散通道，最好设置在底层；如必须设在二层，须设置便捷疏散通道（图 4-15）。

（2）功能流线

活动中心类建筑通常包含 3 类流线：客人流线、员工流线、货运流线。

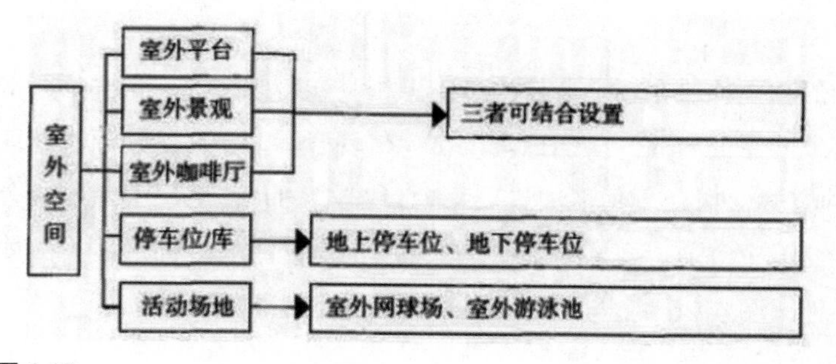

图 4-15

入口应设置明显，门厅为主要交通枢纽，应尽可能开敞，其面积大小可根据使用性质及规模而定。

内部员工流线尽可能隐蔽，远离会所主入口及公共区域，做到员工流线与客人流线互不干扰。

儿童及老年人用房应布置在朝向最佳和交通安全的地方，满足日照需求，宜设置在一层，儿童用房应邻近室外活动场地和疏散口。

美术、书法、计算机教室宜北向采光；阅览室宜考虑景观朝向；报告厅、多功能厅、大型活动室等人员密集的房间宜设在底层，注意疏散。

管理、辅助用房应自成一区，设于对外方便联系且对内方便管理的位置。货运流线应与客人流线分开（图 4-16、图 4-17）。

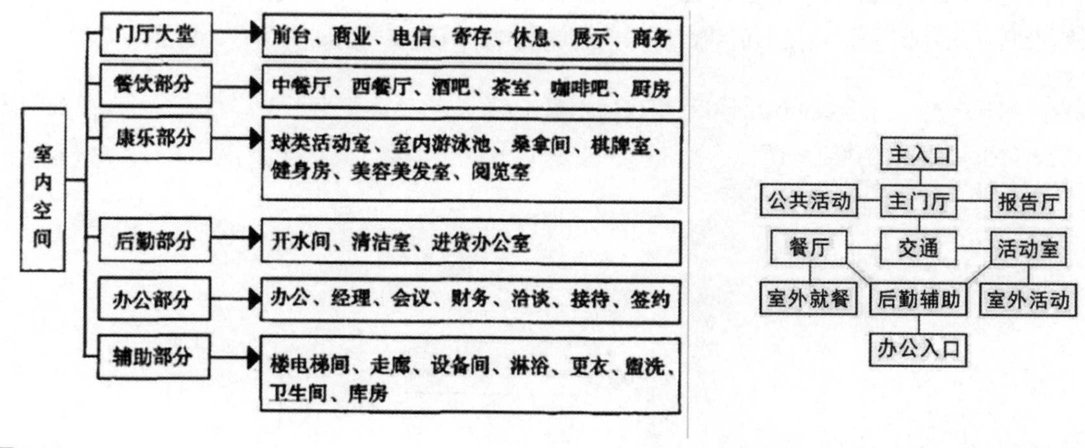

图 4-16

图 4-17

（3）形体设计

活动中心类建筑为保证其公共性与开放性，通常在形体布局与造型上要充分呼应自身特点。其造型要满足轻快、不封闭、体量尽可能亲和的要求。在造型上通常有两种大的策略方向。

① 集中式布局形式

集中式布局一般通过营造内部景观庭院或者底层局部架空的方式化解形体单一的问题，同时将设计重点转向内部空间的设计，创造通高或错层空间。

② 分散式布局形式

分散式布局是指代表不同功能空间的独立体块在场地条件的基础上相互连接组合，产生穿插、嵌套或咬合的空间关系，以及错落有致的平面布局，立面造型丰富，体现了活动中心的建筑性格。在具体的设计策略上常见的有 3 种方式：借助屋顶形成景观平台（图 4-18）；底层架空形成公共活动场地或可穿越的路径（图 4-19）；内部形成庭院增加景观层次，同时与外部形成视线或路线上的联系，增加可达性和可视性（图 4-20）。

图 4-18　　图 4-19　　图 4-20

（4）具体功能设计要点

① 展览用房

包括展厅（廊）、贮藏间等。

当展厅过大时，可考虑分隔成几个展室，每个展厅使用面积不宜小于 65 m^2。

展厅采光以自然采光为主，并应避免眩光及直射光。陈列空间设置可进行版面灵活布置的展屏和照明设施（图 4-21）。常见的展线有串联式、放射式、放射串联式、走道式、大厅式等。

参观路线应通顺，没有反向迂回和互相交叉（表 4-5）。窗地比不小于 1/5 为宜。可在参观路线的适当位置设简单的休息场所。

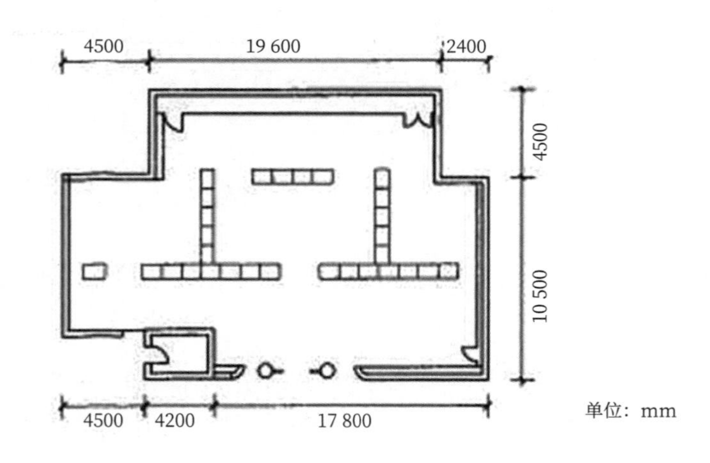

图 4-21

表 4-5 循环方式和流线、空间、展品的关系

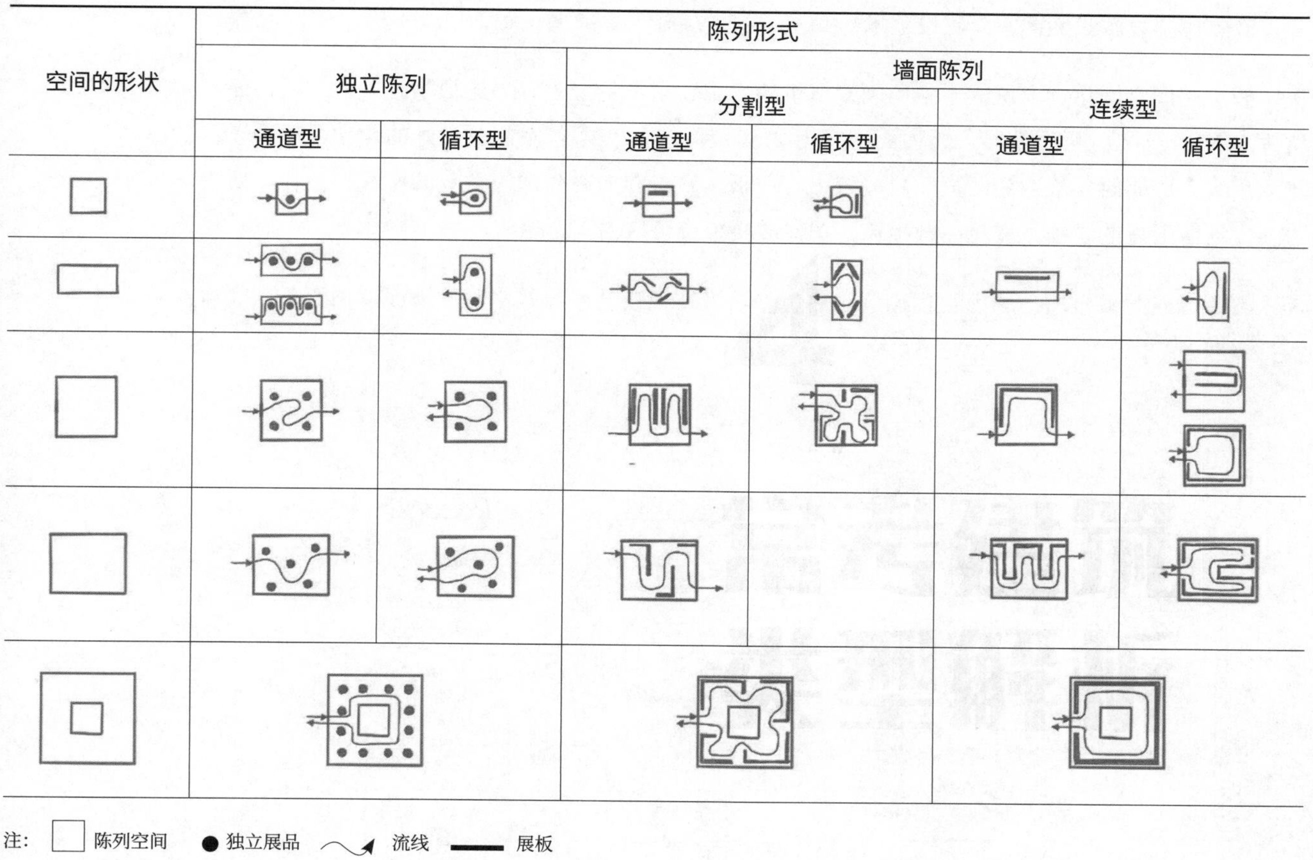

空间的形状	陈列形式					
	独立陈列		墙面陈列			
			分割型		连续型	
	通道型	循环型	通道型	循环型	通道型	循环型

注：陈列空间 ● 独立展品 流线 展板

② 阅览用房

包括阅览室、资料室、书报贮存间、工作间等。

应设于馆内较安静的区域。

应光线充足，照度均匀，避免眩光及直射光，窗地比不小于 1/5 为宜。采光窗应设遮光设施。

当规模较大时，宜分设儿童阅览室，并邻近儿童游艺室，与室外活动场地相连通。儿童阅览室的阅览桌可采用多种形式的家居造型和灵活多变的排列形式，使用明快、协调的室内装修色彩，并应考虑设置供陪同少儿的家长阅览和休息的座椅。

工作间设置复印机和计算机，提供查询、传输、打印等功能（图 4-22）。

③ 培训用房

由普通教室、视听教室、学习室及综合排练室等组成，学习室包括音乐、书法、美术、曲艺教室。

普通教室每班 40—80 人为宜，每人使用面积≥ 1.4 m^2。大教室 120 m^2 为宜，小教室 60 m^2 为宜。视听教室每间 100—180 m^2 为宜；学习室每班≤ 30 人，每间大概 60 m^2；排练室每人使用面积≥ 6 m^2，每间 200—400 m^2 为宜。除排练室外，其他均应布置在馆内安静的区域。

a. 美术教室

美术教室应附设教具储藏室，宜设美术作品及学生作品陈列室或展览廊。

美术教室空间宜满足一个班的学生用画架写生的要求。当学生写生时的座椅为画凳时，所占面积宜为 2.15 m²/ 人；用画架时，所占面积宜为 2.50 m²/ 人。美术教室应有良好的北向天然采光。当采用人工照明时，应避免眩光。应设置书写白板，宜设存放石膏像等教具的储藏柜。在地质灾害多发地区附近的学校，教具储藏柜应与墙体或楼板有可靠的固定措施。

美术教室内应配置水槽，墙面及顶棚应为白色。当设置现代艺术课教室时，墙面及顶棚采取吸声措施（图 4-23）。

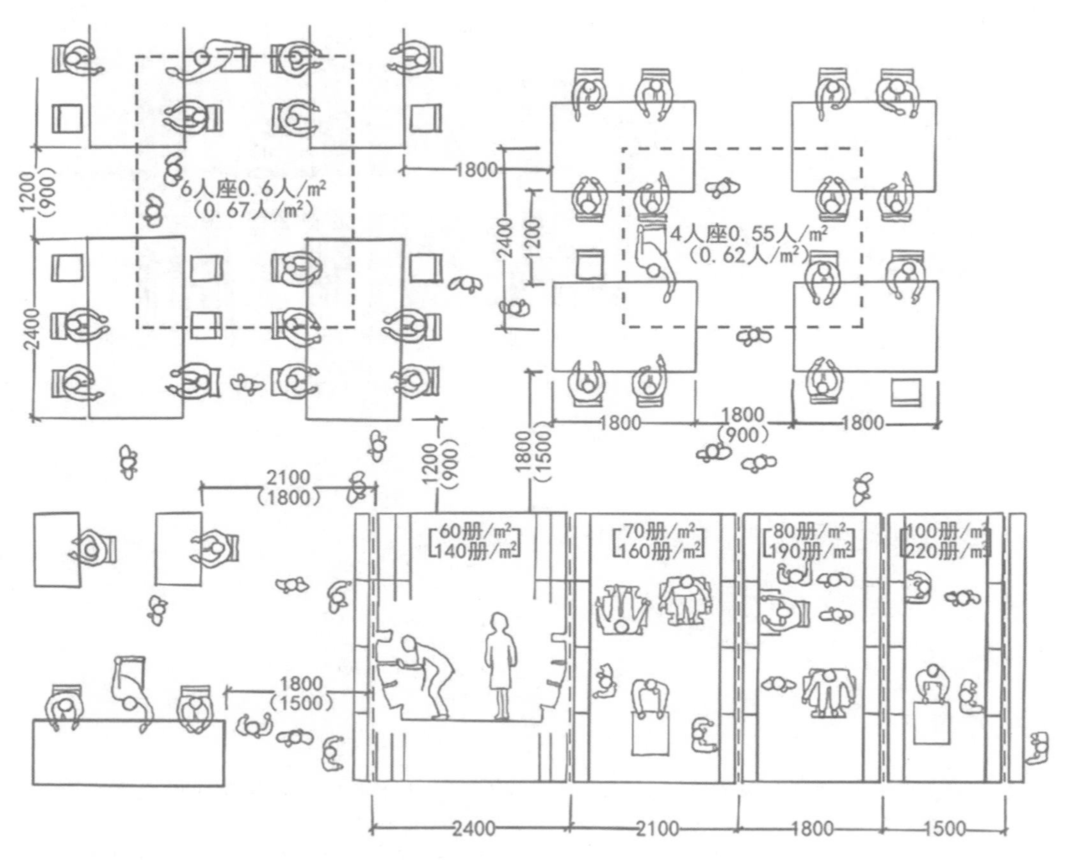

图 4-22

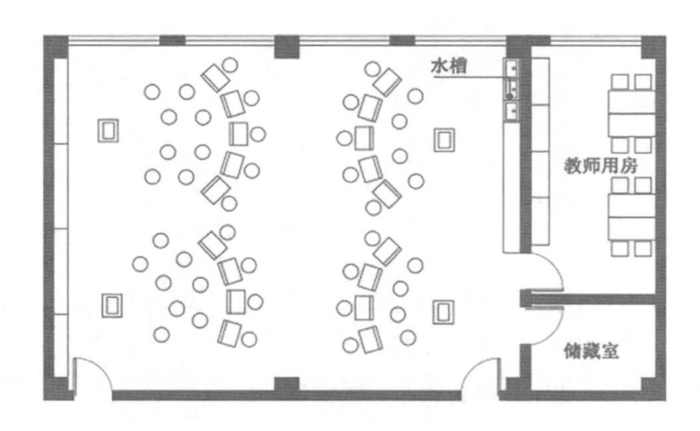

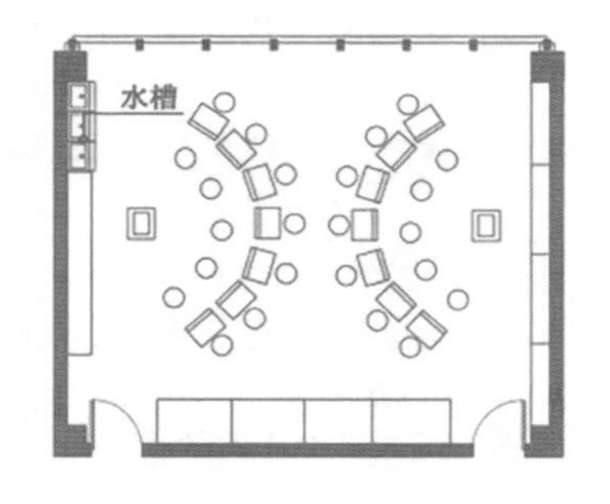

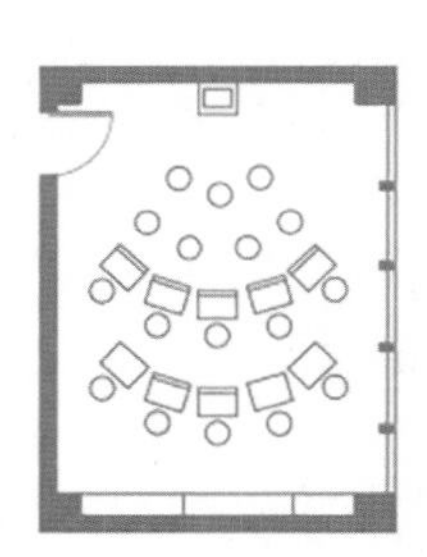

图 4-23　美术教室平面示意图

b. 音乐教室

音乐教室应设置五线谱黑板，门窗应隔声，墙面及顶部应采取吸声措施。宜在紧接后墙处设置阶梯式合唱台，每级高度宜为 0.2m，宽度宜为 0.6m（图 4-24）。器乐教室根据各类乐器不同，面积不同，一般 2—5 人 / 间，3—6 m^2/ 人。

c. 舞蹈教室

舞蹈教室内应在与采光窗相垂直的一面或两面墙上设通长镜面，镜面（含镜座）总高度不宜小于 2.1 m，镜座高度不宜大于 0.3 m。宜满足舞蹈艺术课、体操课、技巧课、武术课的教学要求，并可开展形体训练活动。每个学生的使用面积不宜＜6m^2。舞蹈教室应附设更衣室，宜附设卫生间、浴室和器材储藏室。当青少年活动中心有地方或民族舞蹈课时，舞蹈教室设计宜满足其特殊需要。

舞蹈教室可按男女学生分班上课的需要设置，宜设置带防护网的吸顶灯，采暖等各种设施应暗装。应采用木地板，为保护练习者关节，木地板宜选用多层、弹性好的专用构造弹簧地板（图 4-25）。

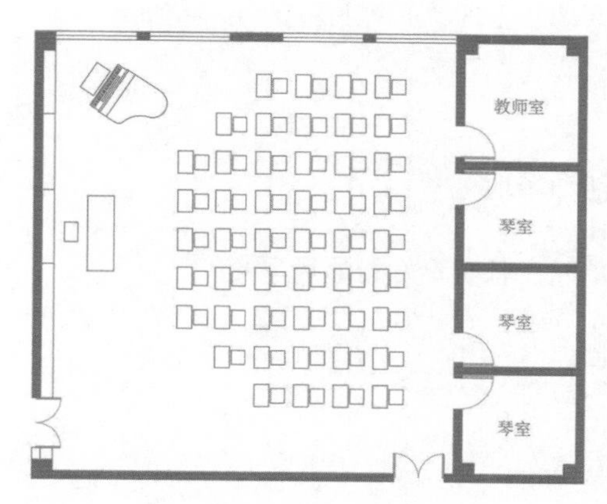

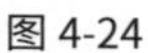
图 4-24

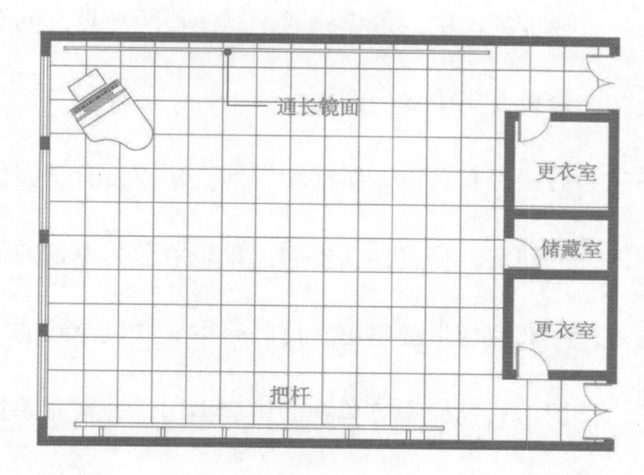

图 4-25

4.3 教育类建筑设计原理

在快题考试中，受考试时间及考查难度的限定，教育类建筑在大多数情况下考查的建筑类型为幼儿园类建筑。

4.3.1 幼儿园类建筑定义及分类

进行幼儿保育、教育的机构，接纳 3 岁以下幼儿的机构为托儿所，接纳 3—6 岁幼儿的机构为幼儿园。

幼儿喜欢红、黄、蓝、绿等饱和度高的基本色，以自我为中心认知的空间范围很有限，活动通常以跑、跳、攀爬为主，因此，对其建筑尺度及色彩等需要特别注意。

幼儿园分为寄宿制与全日制，其规模通常有以下几种：大型幼儿园（10 个班以上）；中型幼儿园（6—9 个班）；小型幼儿园（5 个班以下）（图 4-26）。

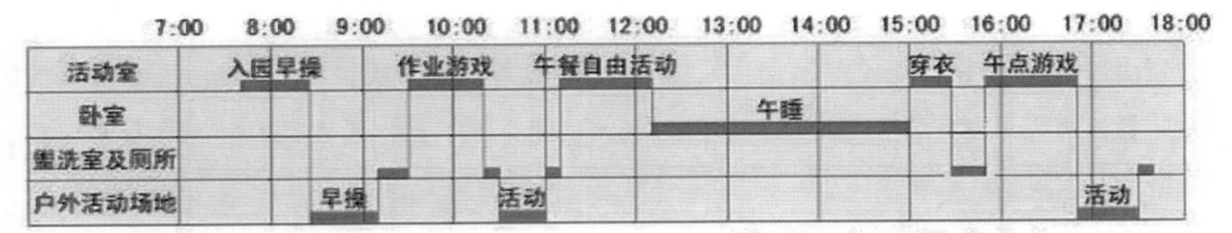

幼儿园小班儿童作息表

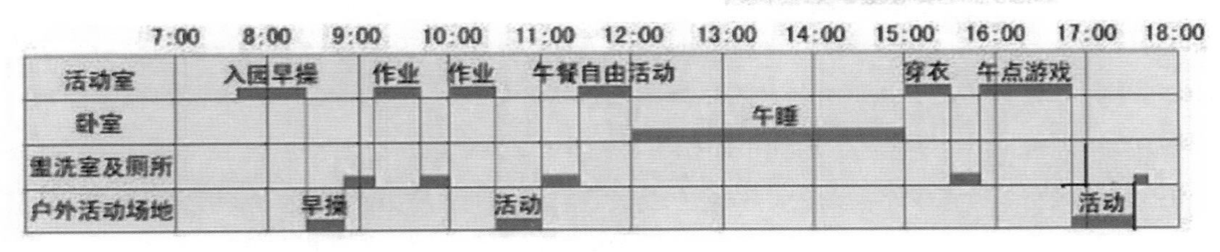

图 4-26

4.3.2 幼儿园类建筑考查重点

第一，应远离污染，避免交通干扰，日照充足，创造符合幼儿生理、心理特点的环境空间。

第二，应设有集中绿化园地。

第三，必须设有各班专属活动场地，还应设有全园公共活动场地。

第四，活动室、寝室、卫生间，每班应分为单独的使用单元，且有良好的通风采光。

第五，隔离室与生活用房有适当距离，并设单独的出入口。

第六，厨房后勤应设有单独的供应出口，并设有杂物院。

4.3.3 幼儿园类建筑功能组成

幼儿园类建筑的功能组成通常包含幼儿活动用房、功能用房、供应用房 3 个大的功能分区，分别对应幼儿、教师和工作人员、后勤人员 3 种使用者（图 4-27）。

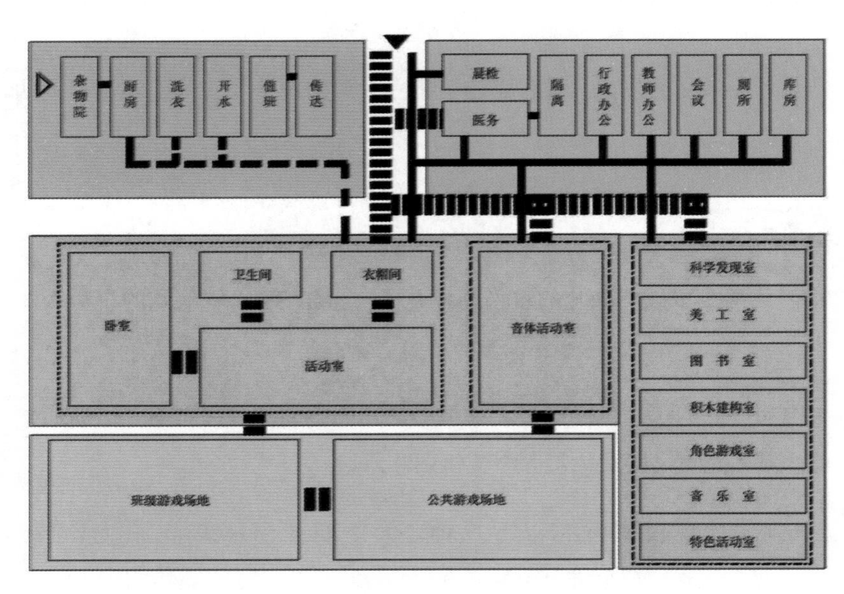

图 4-27

幼儿活动用房是幼儿园类建筑设计中的重中之重，包含班级活动单元和公共活动室。班级活动单元通常以单元的形式出现，包含活动室、卧室、衣帽间、卫生间等（图 4-28）。

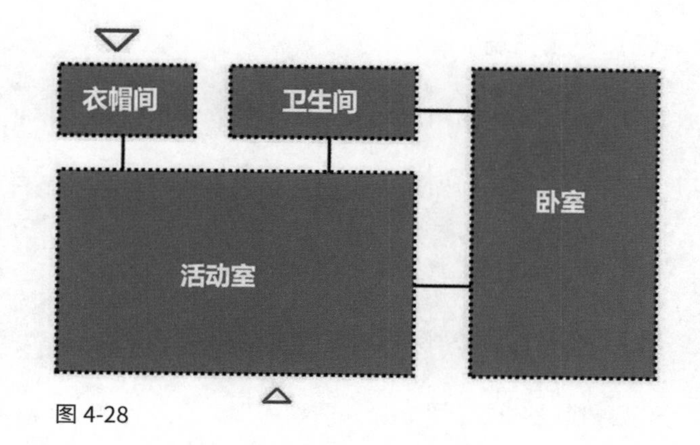

图 4-28

4.3.4 幼儿园类建筑设计要点

（1）总图布局

第一，安全、卫生、方便管理的良好场地环境是幼儿园的基础。

第二，布点适中，服务半径应当小于等于 300 m。

第三，应当远离公路、河流等交通繁忙地段，在管线流线上一定要通透、畅快，方便疏散、接送。

第四，日照充足，场地干燥。

幼儿园建筑的基地通常包含建筑和场地两部分，场地包含建筑用地、室外活动区域（班级活动场地和公共活动场地）、绿化用地及实验园地、杂物用地、道路等。

室外活动区域中班级活动场地应根据班级单独布置，靠近班级活动单元。公共活动场地的面积依据班级单元数量确定（图 4-29）。

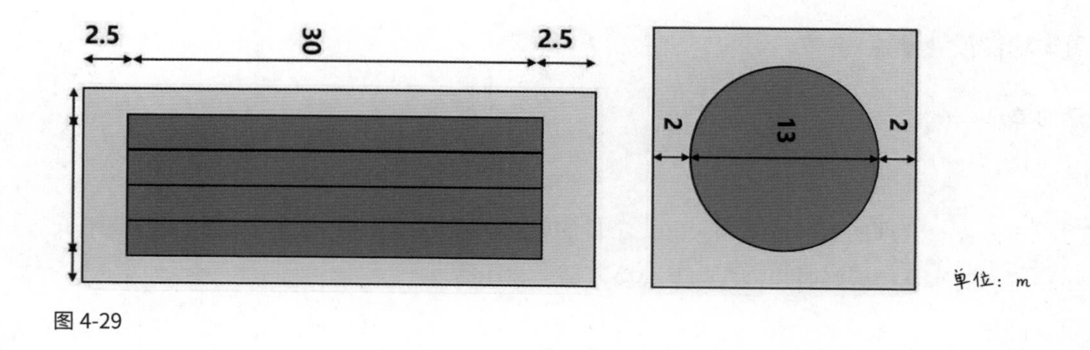

图 4-29

在出入口的设置上，应至少包含主次两个出入口。其中主入口供幼儿和家长使用，尽量设置在次干道上，内部流线不穿越室外活动场地；次入口供后勤人员和货物出入使用，应与主入口拉开一定距离，并且尽可能便捷。

幼儿园类建筑的布置要充分考虑朝向及日照时间要求，严格遵循日照间距与噪声间距的要求。

（2）平面布局

第一，幼儿园生活用房均应设计为独立使用的单元。

第二，生活用房应布置在日照最好的地方，满足冬至日底层满窗日照时间不少于 3 小时。

第三，音体活动室宜邻近生活用房。

第四，必须设计各班专用的室外活动场地。

第五，应设全园公用的公共活动场地。

（3）形体设计

幼儿园类建筑常见的造型手法包括母题造型、积木造型、退台造型及文脉造型。

① 母题造型
采用同一要素作为主题，在平面、造型、屋顶等方面反复使用，并以在统一中求变化的原则使母题有一定的变异，以达到使幼儿园类建筑风格活泼、新颖的效果。

② 积木造型
积木是幼儿最喜爱的玩具，把积木的造型进行适当加工和提炼，并与平面功能相结合，在建筑的重要部位加以大胆运用，可以设计出富有童趣的建筑造型。

③ 退台造型
为了节约用地，设计中经常把幼儿园班组的室外活动场地布置在活动室的屋顶平台上，这样自然使幼儿园类建筑产生了小巧、活泼的退台造型。

④ 文脉造型
综合以上造型元素，建造或有极强地方风格，或有所属居住区风格的幼儿园建筑造型。

（4）具体功能设计要点

①班级活动单元

a. 活动室
需要注意以下方面：合理的平面形式和尺寸；最佳的朝向、充足的光线、良好的通风；净高不低于 2.8 m；室内的家具和装修必须符合幼儿尺度（图 4-30）。

b. 卧室
需要注意以下方面：每个幼儿都有一个床铺；保证良好的通风，最好能朝南；与活动室毗邻。

c. 卫生间
卫生间包括男女幼儿合用卫生间、盥洗区和厕所几个分区，净高不低于 2.8 m，要保证通风良好（图 4-31、图 4-32）。

d. 衣帽间
衣帽间可以作为从室外到活动室的过渡空间，也可以独立设置（图 4-33）。

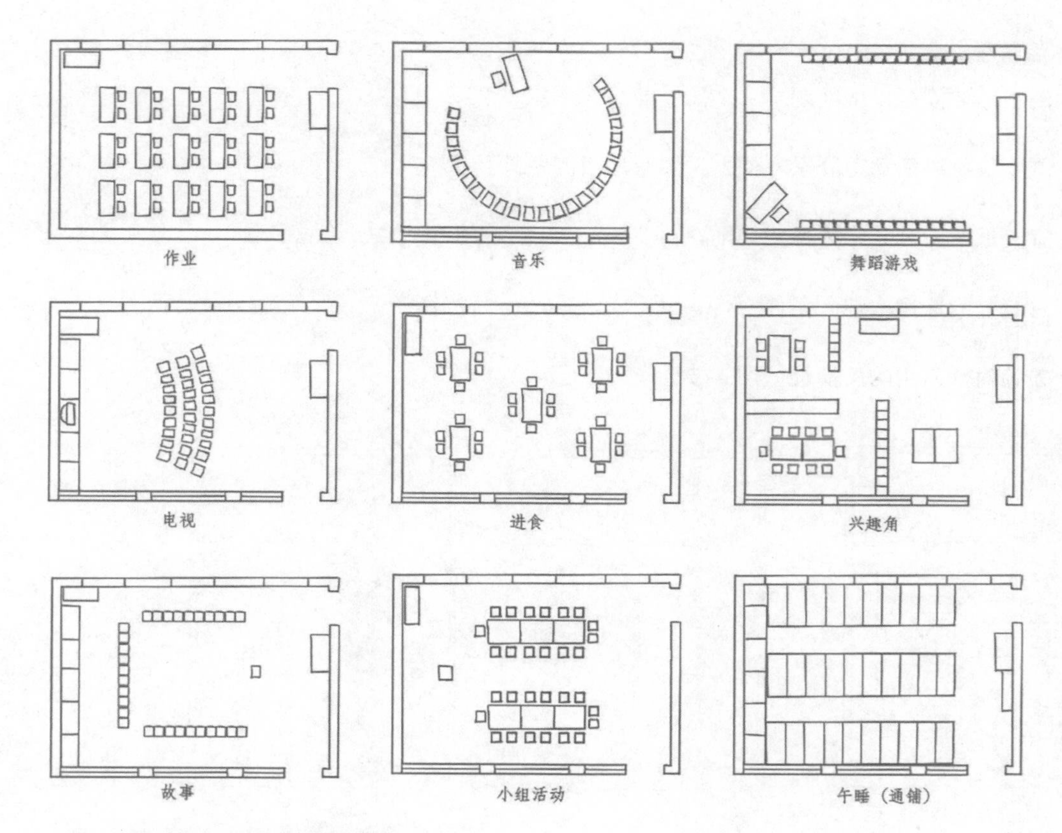

图 4-30　适用于各种活动需要的室内布置

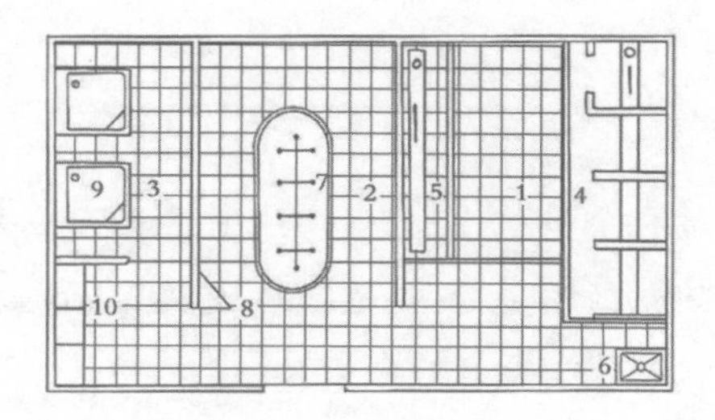

图 4-31　卫生间平面布置图 1

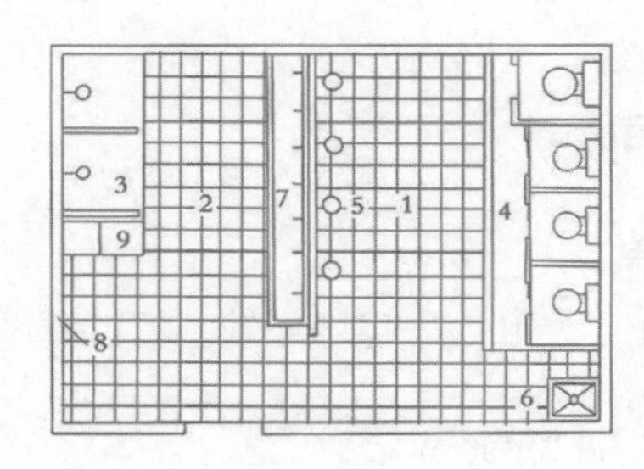

图 4-32　卫生间平面布置图 2

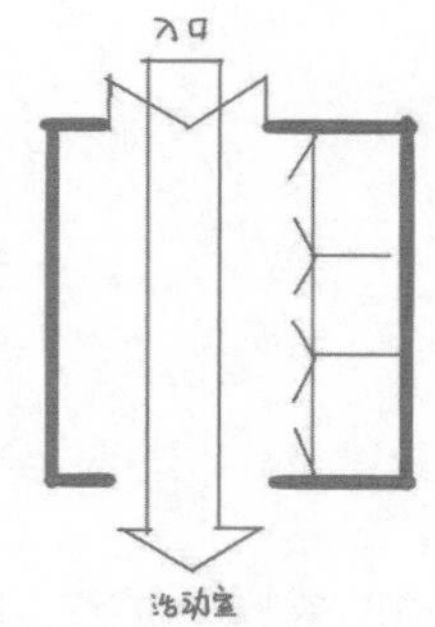

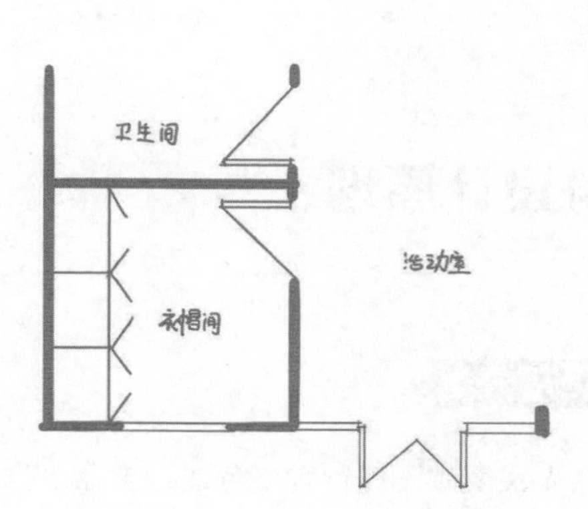

图 4-33

② 音体活动室

音体活动室需要注意以下问题。

第一，既要与班级活动室联系方便，又要有适当的距离。

第二，宜接近全园公共室外游戏场地。

第三，有较好的通风、朝向条件。

第四，兼顾对外使用的可能性（图 4-34）。

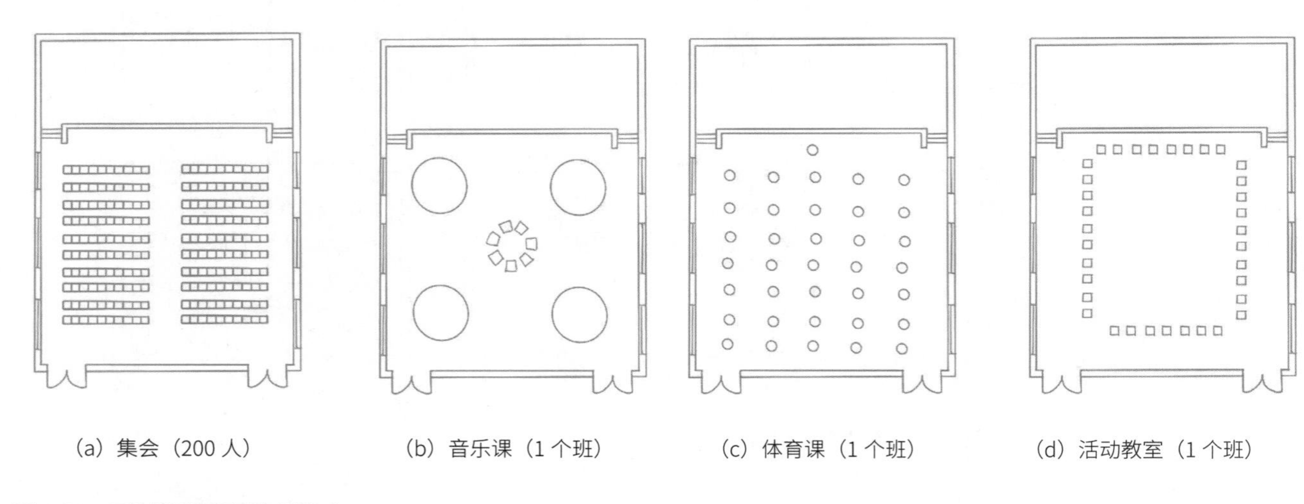

图 4-34　音体活动室平面布置形式

③ 服务用房

a. 晨检室

晨检室位于幼儿园入口门厅处，应设有可供直视门厅的较大窗口。

b. 医务保健室与隔离室

隔离室通常套在保健室内，位于幼儿园建筑的端部为佳，应设有专门的出入口或靠近入口，并设有专用厕所（图 4-35）。

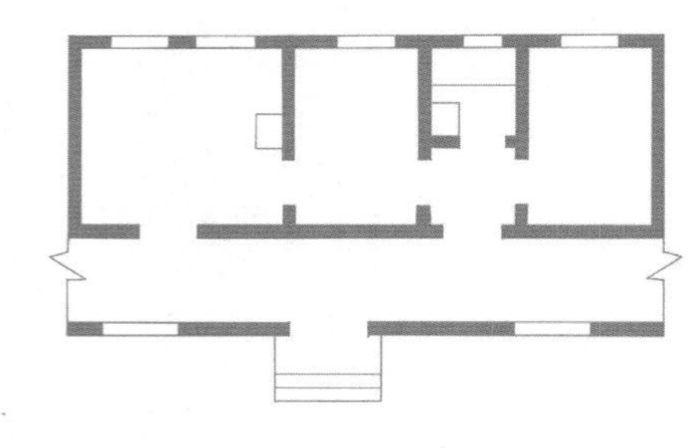

图 4-35　医务保健室、隔离室的平面组合

4.4 办公类建筑设计原理

4.4.1 办公类建筑定义及分类

办公业务是指党政机关、人民团体办理行政事务或企事业单位从事生产经营与管理的活动，以信息处理、研究决策和组织管理为主要工作方式。为上述业务活动提供所需场所的建筑物统称为办公类建筑。

办公类建筑的类型主要由使用对象和业务特点决定。不同的使用对象分别具有不同的业务组织形式、功能布置规律和运行管理方式，在建筑形式上呈现不同的空间及形态特征，形成不同类型的办公建筑。

商务办公是通过分层或分区划分的方式，出租或出售给多个企业使用的办公类建筑；总部办公楼作为企业的中枢设施，为企业提供单独使用的办公类建筑；政务办公楼是党政机关、人民团体开展行政业务、公众服务或党务、事务活动的办公类建筑；公寓式办公楼是以小型单元的方式展开业务，兼有居住功能的办公类建筑。

4.4.2 办公类建筑考查重点

随着网络信息技术的发展和城市生活水平的大幅度提高，办公的理念和业务组织方式出现了新的变化，关注并把握其发展趋势也成为办公建筑设计的一个组成部分。应重点关注以下几点。

（1） 灵活可变的工位

随着团队协作要求的提高，对工位设置的灵活性也提出了新的要求，如根据项目调整团队成员工位，对外来团队同场工作的容纳，以及远程互动技术长时间、多频次的使用等，传统固定工位的业务组织方式已难以适应。

（2）个性化的办公环境

在创意型与研发型企业中，多样化、个性化的办公环境设计已成为企业促进员工及团队之间的交流、激发员工的积极性和创造性的普遍要求。这些理念对其他办公类建筑设计同样具有积极的借鉴作用。

（3）生活服务功能的增强

从满足员工切身需求出发，在业务空间附近加设咖啡厅、哺乳室、健身房等生活设施，员工在工作间隙得以兼顾个人的生理和心理需求，起到缓解工作压力、提高工作效率的作用。

4.4.3 办公类建筑功能组成

办公类建筑一般由办公业务用房、公共用房、服务用房和附属设施四个部分组成。其中，办公业务用房是办公人员开展日常工作所需要的房间，包括办公室、会议室、资料室等，是办公类建筑的基本功能用房。办公类建筑功能用房的种类和数量应根据项目的类型、使用需求和建设标准合理确定（图 4-36）。办公类建筑交通流线分类如表 4-6 所示。

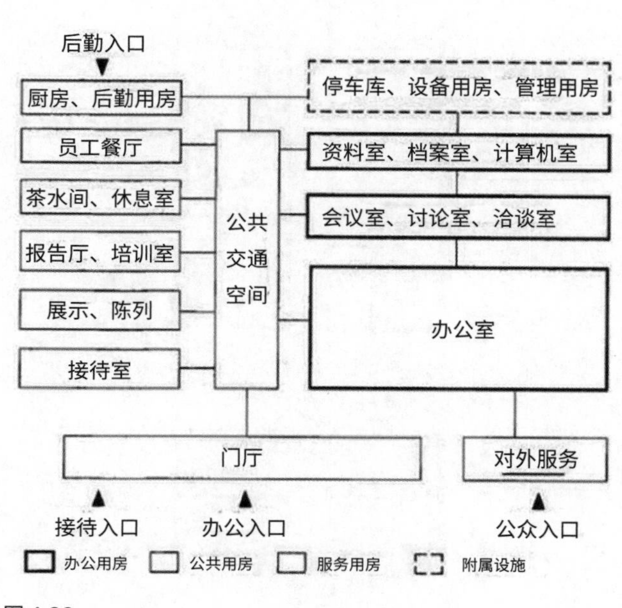

图 4-36

表 4-6　办公类建筑交通流线分类

类型	使用对象和要求
主要办公流线	供内部工作人员使用的路线，可独立或与对外服务流线合并设置
对外服务流线	供外来人员办理业务使用的路线，可独立或与主要办公流线合并设置
贵宾接待流线	用于贵宾接待的专用路线，根据迎宾、展示和安保的实际需求设置
专用业务流线	供特殊业务使用的路线，根据业务需求设置
后勤服务流线	供服务人员、快递、货物运输和垃圾清运使用的路线，宜独立设置

4.4.4 办公类建筑设计要点

（1）办公室类型及特征

① 单间式

一般指在走道的一侧或两侧并列布置、内部空间单一、服务设施共用的单间办公形式，适用于工作性质独立、人员独立性强、人员较少的办公用途。

这种形式的特点是空间独立，相互干扰少，灯光、空调等可独立控制。根据管理方式和私密要求，可分为封闭、透明或半透明等隔断方式。房间大小由规格和标准确定，面积定额较其他办公类型大（图 4-37）。

② 单元式

由接待、办公、卫生间或生活起居等空间组成的独立式办公空间形式，适用于人员较少、组织机构完整、独立的 SOHO 型或公寓型办公用途。

这种形式的特点是机构相对独立，内部空间紧凑，功能较为多样，设备系统、能源消耗可独立控制和计量，有统一的物业管理，便于租售，代表一种自由、弹性的工作方式（图 4-38）。

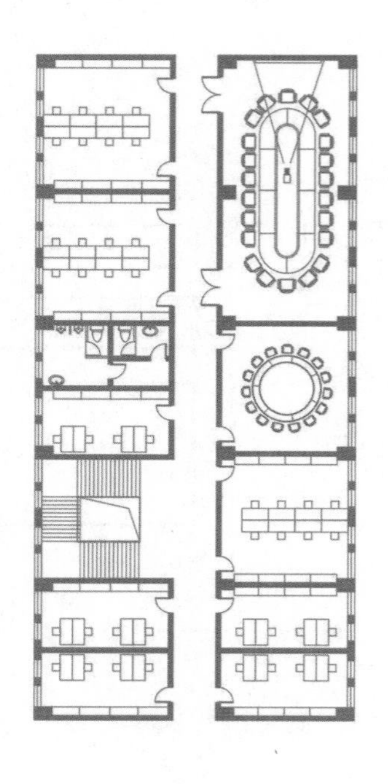

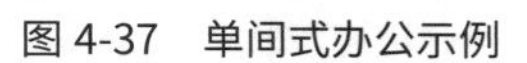

图 4-37　单间式办公示例

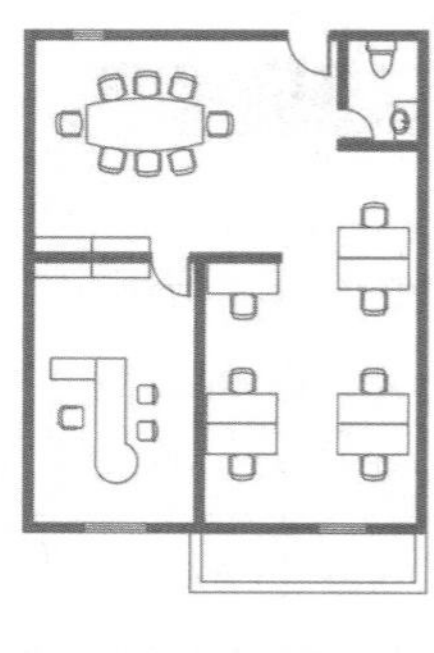

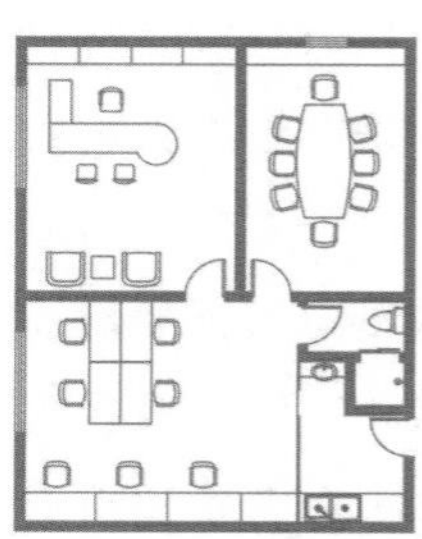

图 4-38　单元式办公示例

③ 开放式

较大部门或若干部门置于一个大空间中，周边配置公共服务设施、隔断灵活的办公空间形式，适用于人员较多、工作性质相互关联的机构型办公。

这种形式的特点是空间宽大，视线通畅，人员易于沟通，按各自的业务内容可成组布置桌椅，布局紧凑，分隔方式灵活多样。结合室内外的环境组织可进一步创建景观式办公空间（图 4-39）。

④ 混合式

由开放式、单间式组合而成的办公空间形式，适用于组织机构完整的办公。

这种形式的特点是兼具开放式、单间式的特征，分区明确，组合灵活，是现代办公空间的主流形式（图 4-40）。

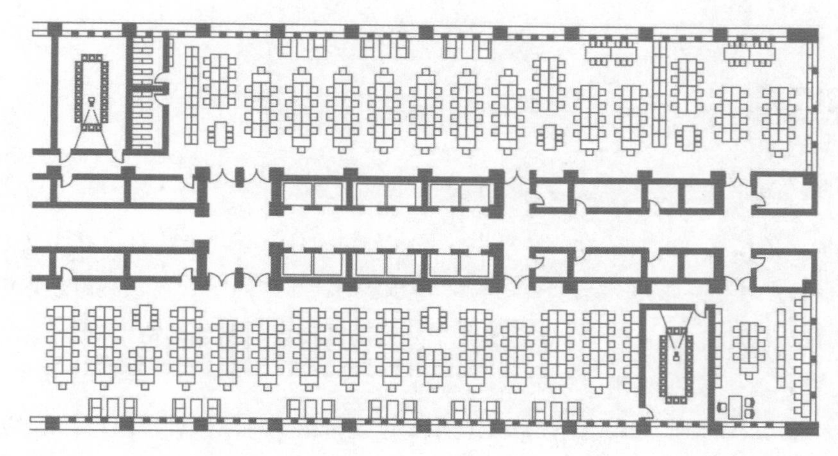

图 4-39　开放式办公示例

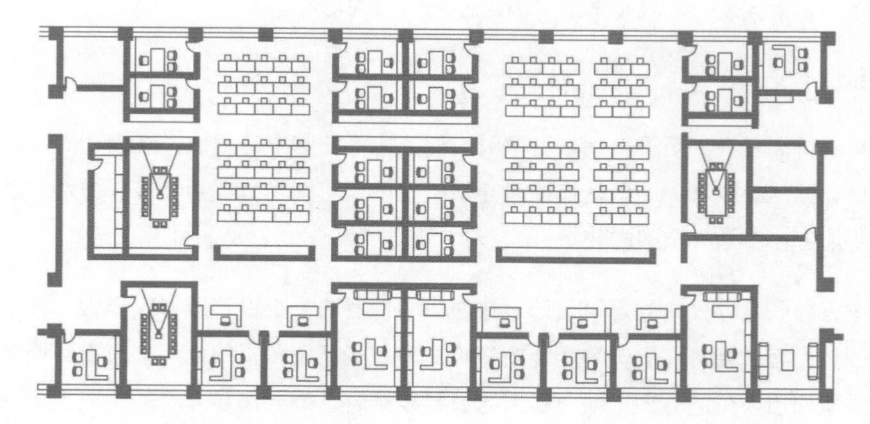

图 4-40　混合式办公示例

（2）办公室布局组织形式

办公室的家具主要包括办公桌、椅、文件柜等，同时还配有书架、会议桌、演示用的投影设施、复印机和各种茶水、休息等外围设备。家具的配置、规格和组合方式由使用对象、工作性质、设计标准、空间条件等因素决定。其中，办公桌椅的布置是办公室空间布局的主要内容（图 4-41、图 4-42）。

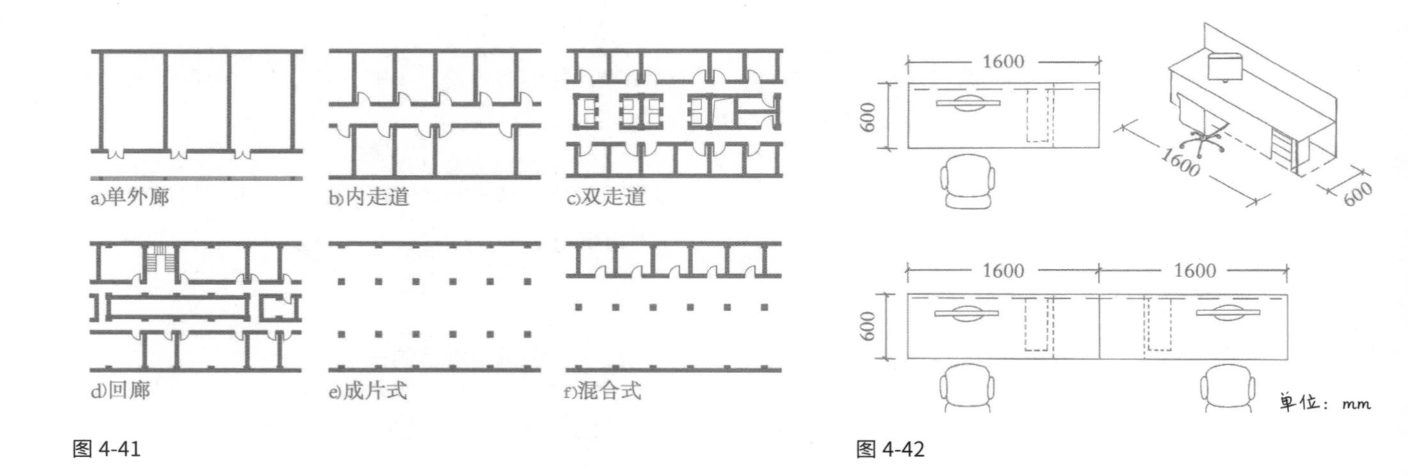

图 4-41

图 4-42

4.4.5 常考类型——工作室

（1）工作室定义

不同于一般办公建筑类型，工作室（公寓式办公）采用的是办公与居住一体化的设计，在平面单元内复合了办公功能与居住功能，主要满足小型公司与家庭办公的特点与需求。在《城市规划相关知识》一书中，其概念是“工作室（公寓式办公）是兼具了办公功能和居住功能的特殊物业形态，其通常为单元式小空间划分”。《办公建筑设计规范》JGJ/T 67—2019 在“术语”一则中明确，公寓式办公楼（工作室）是指“由统一物业管理，根据使用要求，可由一种或数种平面单元组成，单元内设有办公、会客空间和卧室、厨房和厕所等房间的办公楼”。根据以上定义，公寓式办公楼其实与一般的公寓楼并无太大差异，只是增加了满足办公需求的功能。

（2）工作室功能特征

工作室（公寓式办公）的特点是在满足办公需求的同时，保证生活的基本舒适度。在设计时，既需要考虑两种需求的差异性，又要考虑两者转换的可能性，使办公空间具有灵活性、多样性和个性化的特征，以满足使用者自由划分空间的要求。

创客工坊、艺术家工作室与联合办公空间建筑设计是快题当中常考的一类设计题材。作为一种综合了商业、居住、办公、会客、接待、展览等功能的建筑类型，其主要考查的是对建筑空间处理的基本手法和对不同类型使用人员的处理手法。私密与公共相结合，既要满足复杂的功能需求，又要在一定程度上满足使用者的精神需求，因而往往需要处理多种功能流线，建筑功能也相对复杂，着重考查考生对于平面流线的梳理和把控。

合理表达工作室作为艺术家、创业者生产生活的空间载体，以及其功能空间的特性与建筑性格的特点是设计工作室、创客工坊及联合办公空间这类快题的重点。

满足艺术家工作室的精神功能最主要的是要在功能设计上体现强烈的艺术氛围，在造型、空间、材料等处理手法上注重氛围的渲染，这些往往需要结合现状进行分析，合理运用处理手法，营造氛围。

（3）工作室平面组织

工作室主要服务于生产生活活动，符合各个活动的空间使用特点、避免相互干扰是首要的功能要求。因此，创客工坊、艺术家工作室，以及一些特定的联合办公空间常以内外分区为主，辅以洁污、闹静等其他分区方式。

① 以垂直分区为主

以垂直分区为主的功能平面底层多设置开放的公共功能空间，如集散门厅、展览区、餐饮区、艺术沙龙区等功能分区，作为公共活动区使用。高层则多布置较为私密的工作室及住宿空间，为艺术家或创业者提供安静、优质的创作和生活场所。

以周春芽艺术工作室为例，设计者将公共空间布置在首层，私密空间上移设置在二层。公共空间结合平台、铺装、景观布置，使得首层向外打开，灵活开放，同时通过设置多个出入口，结合辅助条带对平面组团进行二次划分，达到分流的目的。通过庭院内的直跑楼梯和屋顶平台的空间过渡，进入二层较为私密的功能组团，同时将工作区和住宿区巧妙地区分开（图 4-43、图 4-44）。

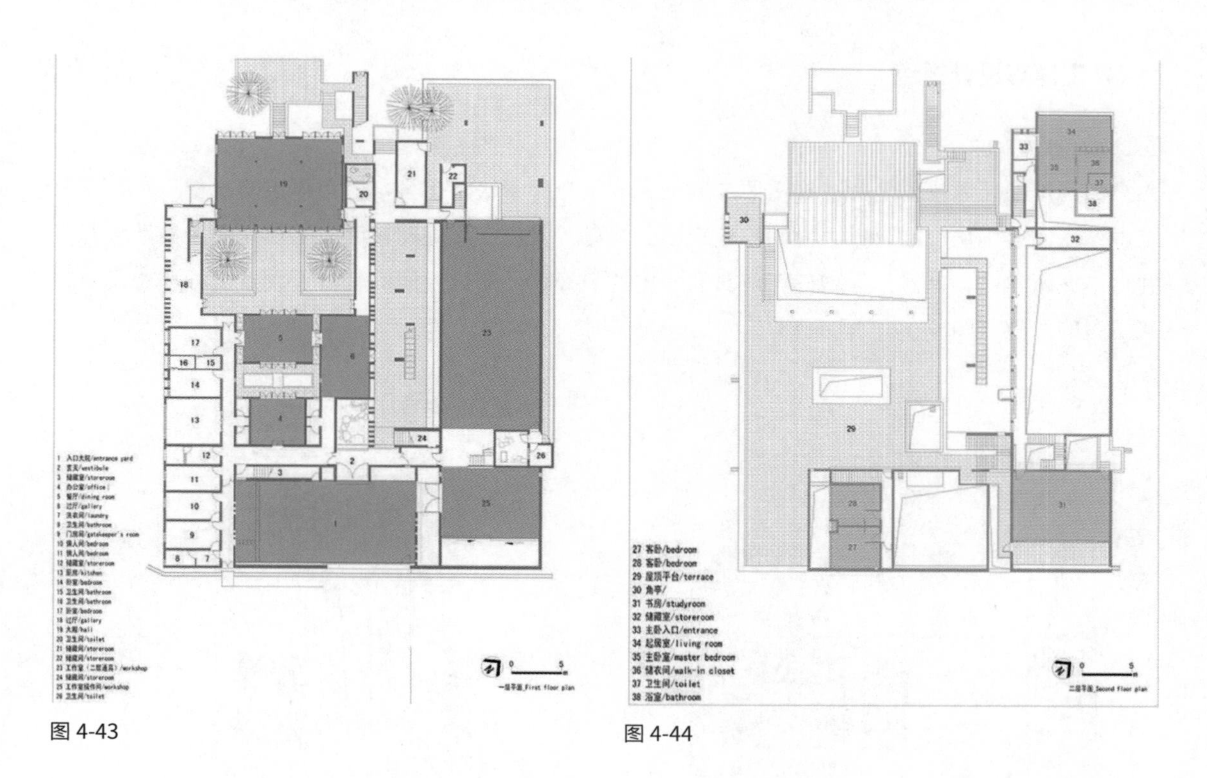

图 4-43　　图 4-44

② 以水平分区为主

以水平分区为主的功能平面多在总平面出现了限制条件时采用，如场地内点状景观、面状景观带或地块狭长，不宜衔接各功能组团等，常采用水平分区的处理形式对场地做出呼应。

以凹舍为例，通过内向的 4 个庭院，在水平向上将建筑严格地划分出开放区与私密区。临道路侧设置引导性强的喇叭状大台阶，在突出入口的同时也使建筑造型更加丰富。通过辅助条带与内庭院的布置将“内”与“外”进行划分，内庭院在丰富平面层次和景观层次之外，较好地保障了卧室与起居室的私密性（图 4-45、图 4-46）。

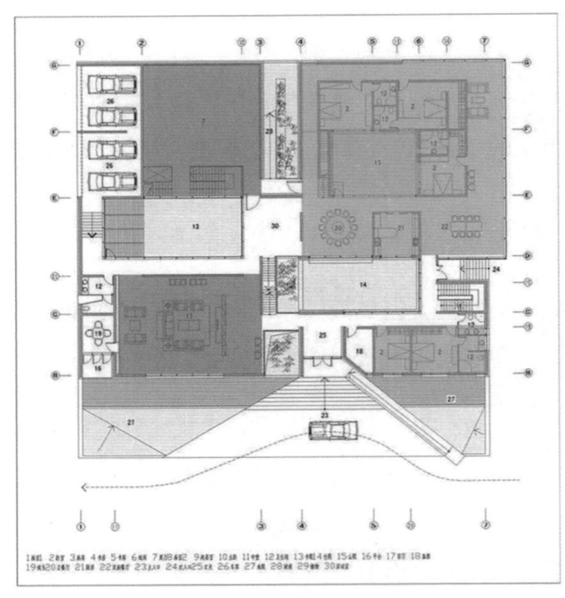

图 4-45

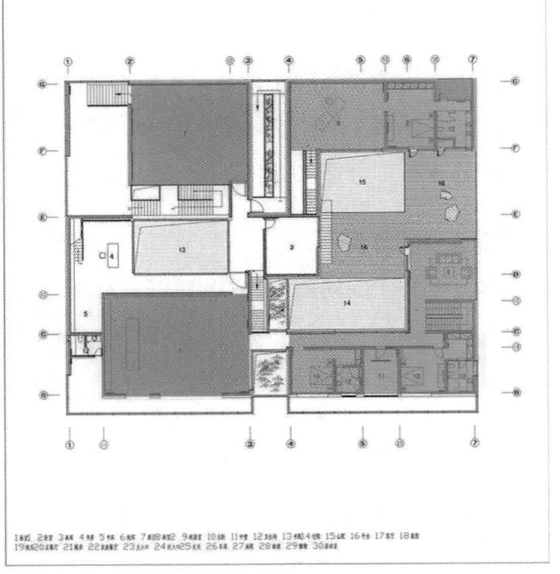

图 4-46

（4）工作室设计重点

① 入口门厅

入口门厅就像艺术家的名片一样重要，其给人的第一印象决定访客是否有探索的欲望。在艺术家工作室、创客工坊、联合办公空间等建筑中，首先，入口门厅处理应简洁明快，便于集散人群，并打造艺术氛围；其次，入口门厅应具有一定的引导性，通过空间的转折过渡营造神秘感，引起来访者的兴趣（图 4-47、图 4-48）。

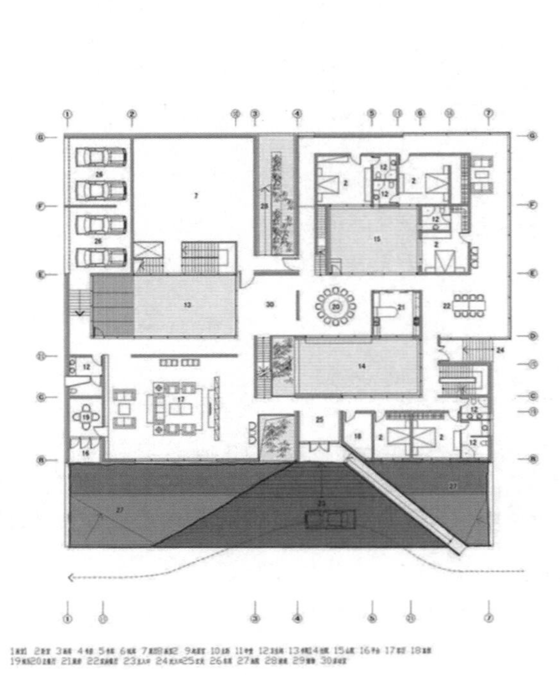

图 4-47

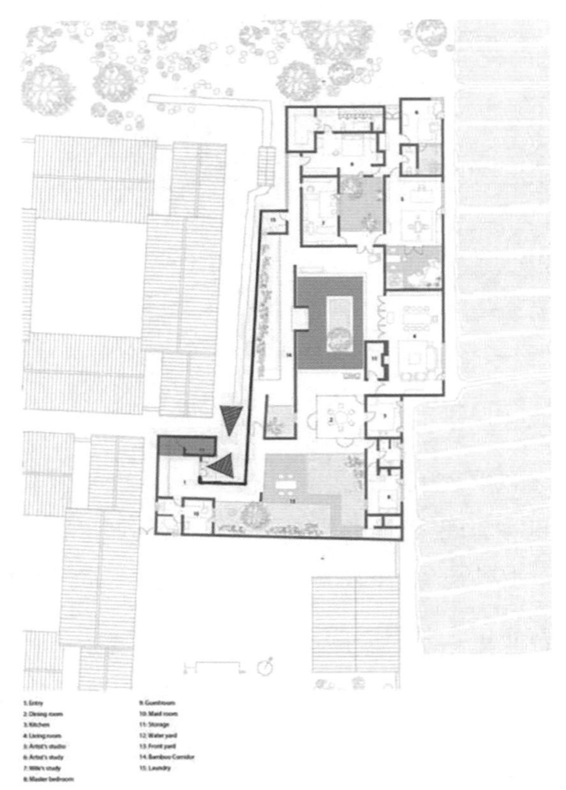

图 4-48

② 展廊、展厅

对于工作室拥有者来说，除了工作室外，以展廊、展厅为主的展示交流空间也是非常重要的场所，此类空间不仅为艺术作品提供了展陈空间，更为使用者之间的互相交流提供了一个平台。充满艺术氛围的展陈空间也使更多游客得以感受文化气息，进而参与建筑内的活动，因而常具有一定的商业功能（图 4-49~ 图 4-51）。

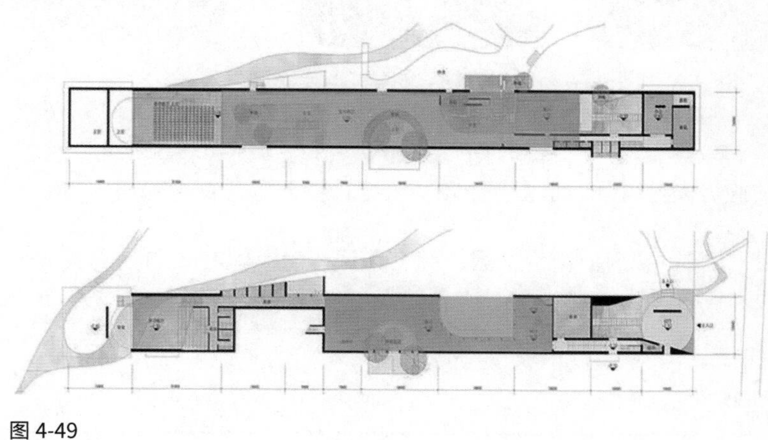

图 4-49

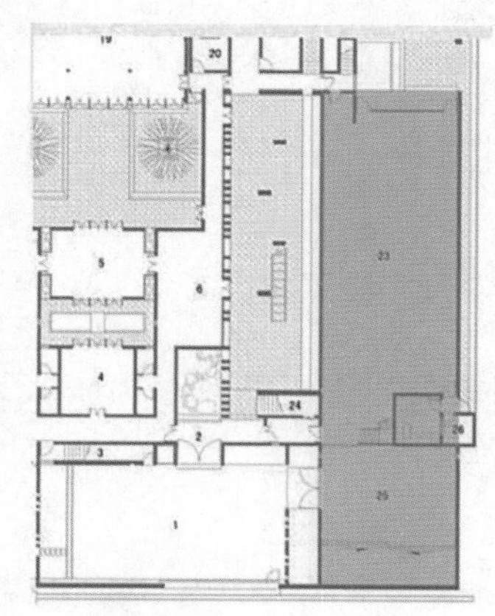

图 4-50

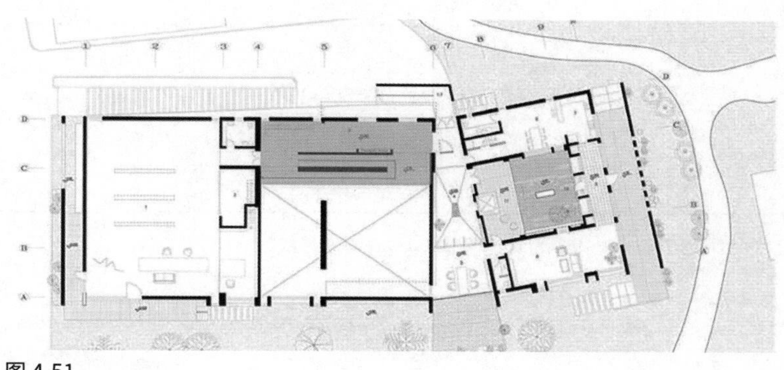

图 4-51

③ 工作室

工作室作为艺术家、创业者的主要工作区域，空间设计要具有非常明显的使用功能特点和艺术气息，保证工作室的光线充足，必要的时候可以在屋顶部位开设天窗以补充光线。特别需要注意的是，当工作室内部布置卫生间时，要注意相邻卫生间避免跨越柱网，以免井道被结构梁打断。

4.5 餐饮类建筑设计原理

4.5.1 餐饮类建筑定义及分类

餐饮类建筑指的是能即时加工制作、供应食品并为消费者提供就餐空间的建筑。通常按照经营方式及服务特点，可分为餐馆、快餐店、饮品店、食堂等（图 4-52）。

餐馆

设有各种类型的餐厅、宴会厅。厨房设施完善，菜系较为完善，有专门的服务员送菜上桌等。如酒楼、火锅店、烧烤店、自助餐、风味餐厅

快餐店

为消费者提供方便快捷、品种集中的菜点。食品以集中加工和半成品配送为主，就餐空间紧凑、高效，装修简洁。如中式快餐、西式快餐、美食广场

饮品店

为消费者提供咖啡、茶水、酒水、饮料、甜品、简餐等。装修通常有明确的主题风格。如酒吧、咖啡厅、茶馆、热饮店

食堂

自营或外包，为学校、医院、工厂等机构提供餐饮服务。如学校食堂、机关单位食堂等

图 4-52

其规模按照建筑面积、座位数或服务人数可分为小型、中型、大型、特大型（表 4-7）。

餐饮类建筑的布局类型按照建设位置可分为沿街商铺式、综合体式、旅馆配套式和独立式（图 4-53）。

表 4-7　餐馆、快餐店、饮品店的建筑规模

建筑规模	面积或座位数
特大型	面积＞ 3000 m^2 或 1000 座以上
大型	500 m^2 ＜面积≤ 3000 m^2 或 250—1000 座
中型	150 m^2 ＜面积≤ 500 m^2 或 75—250 座
小型	面积≤ 150 m^2 或 75 座以下

注：表中面积指与食品制作供应直接或间接相关区域的使用面积，包括用餐区域、厨房区域和辅助区域

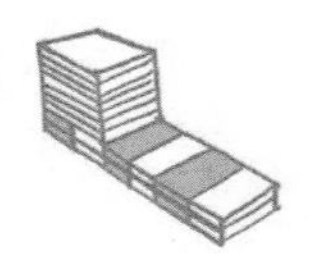

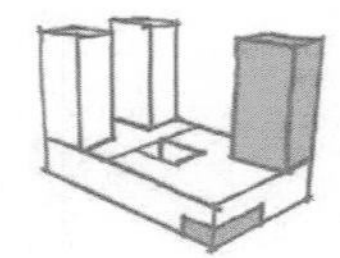

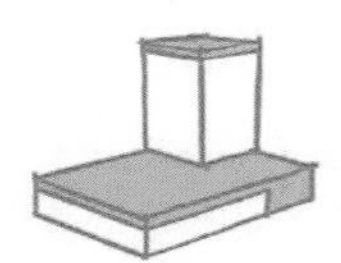

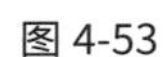

图 4-53

4.5.2 餐饮类建筑功能组织

虽然餐饮类建筑的分类方式如上所述有很多种，但是不论类型、规模如何，其内部功能都应遵循分区明确、联系密切的原则，通常由公共区域、用餐区域、辅助区域、厨房区域 4 大部分组成（表 4-8）。

（1）公共区域

公共区域是指除用餐区域以外顾客能够到达的区域，包括入口区、休息区、点菜区、卫生间等。公共区需要设置专门的点菜区，给顾客以直观的感受，且能展示餐饮类建筑经营的特色。点菜区包括菜品展示台、生鲜池等，一般设置在餐厅与厨房之间。

（2）用餐区域

用餐区是餐饮类建筑的主体服务区域，是供顾客使用的主要功能空间，一般包括桌席区、包间区、

表 4-8　餐饮类建筑的区域划分及各类用房组成

区域分类		各类用房
用餐区域		宴会厅、各类餐厅、包间等
厨房区域	餐馆、食堂、快餐店	主食加工区（间）[主食制作、主食热加工区（间）等]、副食加工区（间）[副食粗加工、副食细加工、副食热加工区（间）等]、厨房专间（冷荤间、生食海鲜间、裱花间等）、备餐区（间）、餐用具洗消间、餐用具存放区（间）、清扫工具存放区（间）等
	饮品店	加工区（间）[原料调配、热加工、冷食制作、其他制作及冷藏区（间）等]、冷（热）饮料加工区（间）[原料研磨配制、饮料煮制、冷却和存放区（间）等]、点心和简餐制作区（间）、食品存放区（间）、裱花间、餐用具洗消间、餐用具存放区（间）、清扫工具存放区（间）等
公共区域		门厅、过厅、等候区、大堂、休息厅（室）、公共卫生间、点菜区、歌舞台、收款处（前台）、饭票（卡）出售（充值）处及外卖窗口等
辅助区域		食品库房（包括主食库、蔬菜库、干货库、冷藏库、调料库、饮料库）、非食品库房、办公用房及工作人员更衣间、淋浴间、卫生间、清洁间、垃圾间等

表演区。具体布置方式以豪华型包间为例，其功能应包含桌席区、休息区、备餐间、卫生间等。

（3）辅助区域

辅助区域一般是指炊事人员、服务人员和行政管理人员使用的更衣间、休息间、卫生间、淋浴间、办公室、值班室等。需要注意，更衣间、卫生间应设在厨房工作人员入口附近，炊事人员及管理人员入口与顾客入口要分开设置。

（4）厨房区域

厨房区域是餐饮类建筑的功能构成之一，包含一系列工艺流线。具体可分为原料成品存放，主副食加工，餐品备用输送，以及餐盘回收、洗消等一系列功能分区，是用餐区域的核心服务空间。

厨房区域需要注意，原料的生食、熟食应该分开加工和存放；餐厅与厨房分设于不同层时须设置食梯运送食物，垂直运输的食梯应该按照生食、熟食分别设置。并且，厨房区域功能应符合图 4-54 所示的基本工艺流线。

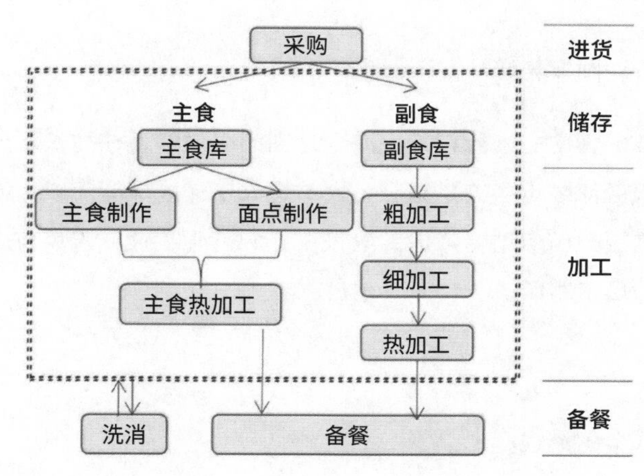

图 4-54

厨房区域和食品库房面积之和与用餐区域面积之比宜符合表 4-9 中的规定。

表 4-9　厨房区域和食品库房面积之和与用餐区域面积之比

分类	建筑规模	厨房区域和食品库房面积之和与用餐区域面积之比
餐馆	小型	≥ 1 ∶ 2.0
	中型	≥ 1 ∶ 2.2
	大型	≥ 1 ∶ 2.5
	特大型	≥ 1 ∶ 3.0
快餐店、饮品店	小型	≥ 1 ∶ 2.5
	中型及中型以上	≥ 1 ∶ 3.0
食堂	小型	厨房区域和食品库房面积之和≥ 30 m^2
	中型	厨房区域和食品库房面积之和在 30 m^2 的基础上按照服务 100 人以上每增加 1 人增加 0.3 m^2
	大型及特大型	厨房区域和食品库房面积之和在 300 m^2 的基础上按照服务 1000 人以上每增加 1 人增加 0.2 m^2

建筑物的厕所、卫生间、盥洗室、浴室等有水房间不应布置在厨房区域的直接上层，并应避免布置在用餐区域的直接上层。确有困难的，要布置在用餐区域直接上层时，应采取同层排水和严格的防水措施。

4.5.3 餐饮类建筑流线组织

餐饮类建筑需要着重注意的流线有三条：食品流线、服务流线和顾客流线。

（1）食品流线

食品流线即食品从原材料到加工完成的流线：原材料（货物）—仓库—粗加工—细加工—烹饪—备餐间。

食品的流线需要注意不要有往返的路径产生，每个流程直接参照流水线依次布置，同时各个流程间的交通距离要尽量短。

（2）服务流线

服务流线即服务人员从备餐间取餐送往各个餐桌的流线。

服务人员的流线应该以效率为中心进行设计，减少迂回的交通。但往往快题里都是以顾客自己取餐的餐饮类为主，因此服务流线更多的是指服务人员进入工作区域的流线：次门厅—更衣间—工作区域。而这种流线也需要与厨房结合考虑，应该注意到其隐私性，避免与顾客的视线和流线交叉，同时最好设立单独的员工厕所。

（3）顾客流线

顾客流线即就餐人员到餐桌的流线。

顾客流线设计应该主要考虑简洁明了，方便顾客一眼就能找到自己的位置。有的设计为了更充分地使餐厅与景观呼应，喜欢将整个就餐区域全部设置在二楼，一楼仅留下厨房和取餐处，这种做法其实并不合适，因为顾客刚进来时看到没有座位会影响体验，同时忽视了餐厅对街道、临街面的作用（图 4-55）。

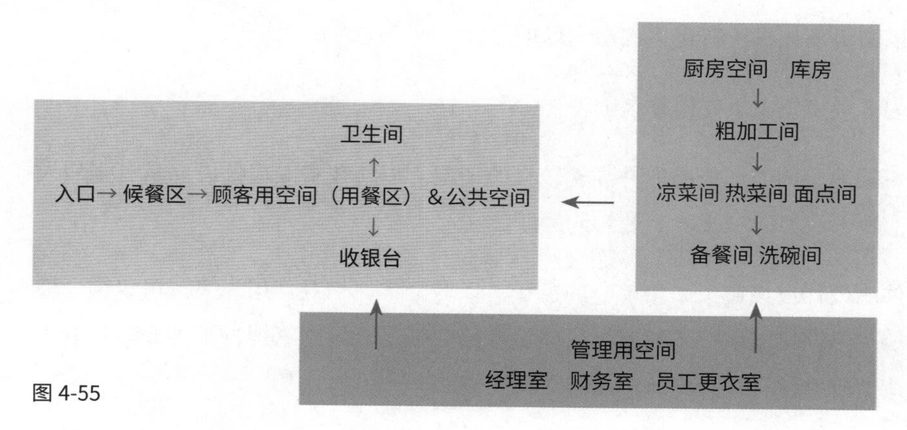

图 4-55

4.5.4 餐饮类建筑平面布局

在总平面布置中应考虑周边建筑对餐饮类建筑的影响，题目给出的场地类型在很大程度上会决定功能布置，基本上可以遵循以下几个原则。

第一，餐厅应该面向有主要人流经过的主路，厨房则应靠近可以作为货物运输通道的小路，辅助功能区也应该靠近厨房。

第二，当场地周边有住宅区时，厨房应布置在远离住宅区的方位，同时应该考虑到季风对油烟的影响，从而降低餐饮类建筑对周边建筑的影响。

第三，当场地有景观元素时，也应注意餐厅对景观元素的呼应问题，同时兼顾上述讲到的其他因素。

在餐饮类建筑的快题设计中，应该按照规范要求将建筑分为 4 个区域进行布置。同时，应该注意到，在面积较小的设计题目中，一般共用部分会和餐厅饮食厅结合布置，辅助功能与厨房应该邻近布置。在整体的平面比例中，占据视觉重点的应该是餐厅功能，虽然厨房与餐厅的比例是 1 ∶ 1，但在布置功能体块的形状时，应将厨房放置在附属位置。

4.5.5 餐饮类建筑空间及造型

（1）空间要求

用餐区域的室内净高应符合下列规定：用餐区域不宜低于 2.6 m，设集中空调时，室内净高不应低于 2.4 m；设置夹层的用餐区域，室内净高最低处不应低于 2.4 m。

餐厅的平面布置应该分区，一般可以分为独座区、两人座区、4 人座区和多人讨论区；按照桌椅摆放的规则程度也可以分为阵列区和自由区。同时，桌椅的摆放区域也可以结合空间进行划分，如使用室内台阶进行区域划分（保证台阶两侧留出足够的缓冲区域）。

（2）造型要求

第一，餐饮类建筑的临街面应该以开窗设计为主，要考虑建筑对沿街立面的影响，兼顾吸引人流的需求。

第二，在入口区域可以利用部分材质变化、构造、场地设计，突出主入口。

第三，采用入口庭院的景观设置来烘托用餐氛围。

第四，对于由于地形或其他原因而造成的内外高差较大的情况，应该在主入口处设立具有强烈人流引导作用的大台阶，将人流引向二楼（高处）的餐厅。

第五，餐饮类建筑的体块设计应该避免采用单一的盒子，以多个体块相互作用为主，可以结合坡屋顶、折板造型、片墙、不同材料……总而言之，建筑性格应该是外向的（博物馆类开高窗展厅可以理解为内向），造型应该是具有设计感、能够吸引人流的。

4.6 旅宿类建筑设计原理

4.6.1 旅宿类建筑分类及考查重点

旅宿类建筑是建筑快题常考查的类型之一，其中包括酒店、青年旅社、民宿、老年人公寓等。其考查重点是如何满足人们短期居住的需要，以及旅宿类建筑的规范等。

4.6.2 旅宿类建筑总图布局

（1）总平面

旅宿类建筑在总平面设计中应综合考虑功能分区与流线、交通流线、建筑空间形态、景观环境、城市规划、消防疏散、竖向关系、管线布置等设计问题，有以下几条设计原则。

第一，根据城市规划的要求，妥善处理好建筑与周围环境、出入口与道路、建筑设备与城市管线之间的关系。

第二，旅馆出入口应设置明显，组织好交通流线，安排好停车场地，满足安全疏散的要求。

第三，功能分区明确，使各部分的功能要求都得到满足，尽量减少噪声和污染源对旅馆的干扰。

第四，有利于创造良好的空间形象和建筑景观。

总平面设计除安排好主体建筑功能与布局外，还应安排好出入口、广场、道路、停车场、附属建筑、绿化、建筑小品等，有的旅馆还要考虑游泳池、网球场、露天茶座等。

（2）主体建筑布局

建筑布局应力争功能完善，使用方便舒适，环境优美，与周边和谐，并利于高效管理。要求各功能分区明确，相互联系又互不干扰（图 4-56、图 4-57）。

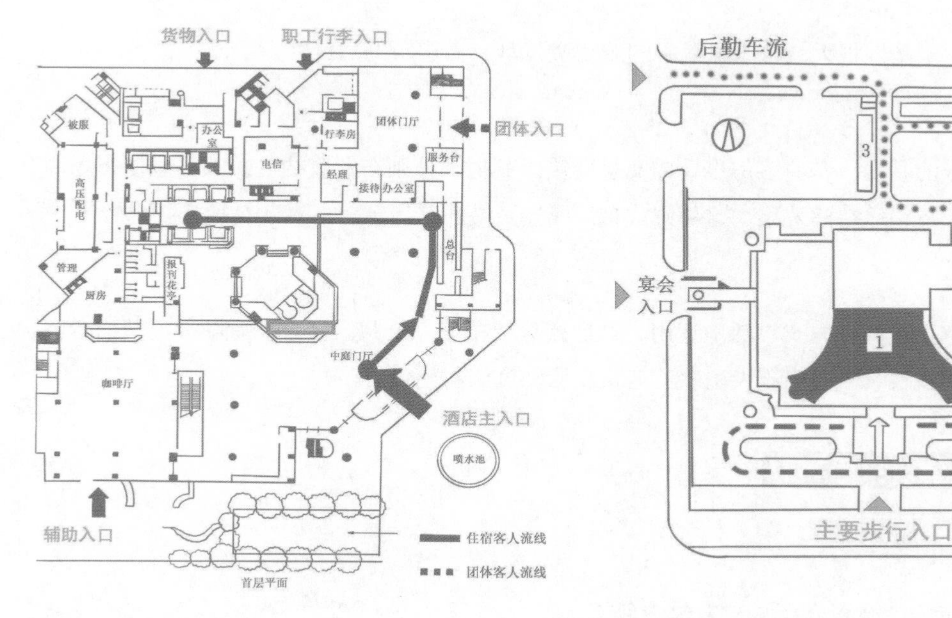

图 4-56

图 4-57

（3）出入口设置（主、次）

主要出入口位置应显著，可供旅客直达门厅。

辅助出入口供出席宴会、会议及进入商场购物的非住宿旅客出入，适用于规模大、标准高的旅馆。

团体出入口是为减少主入口人流，方便应对团体旅客集中到达而设置的，适用于规模大的旅馆。

职工出入口宜设在职工工作及生活区域，用于旅馆职工上下班进出，位置宜隐蔽。

货物出入口供旅馆货物出入，位置靠近物品仓库或堆放场所。应考虑食品与货物分开卸货。

（4）场地设置

① 旅馆出入口步行道设计

步行道系城市至旅馆门前的人行道，应与城市人行道相连，保证步行至旅馆的旅客的安全。在旅馆出入口前适当放宽步行道，步行道不应穿过停车场或与车行道交叉。

② 机动车道路与停车场

应组织好机动车交通，减少其对人流的交叉干扰，并符合城市道路规划的要求。要做好安全疏散设计，遵守防火规范的有关规定。

③ 绿化

旅馆建筑的绿化一般有两类：一类是建筑外围或周边的绿化，它们对美化街景、减少噪声和视线干扰、增加空间层次有良好的作用；另一类是封闭、半封闭或开敞的庭园，它们有利于丰富旅馆的室内外空间，改善采光、通风条件。

（5）总平面布局方式

① 分散式布局

这种布局类型对于基地很大或位于风景区的旅宿类建筑有着广泛的适应性。

② 集中式布局

适用于用地紧张的基地，常将客房设计成高层建筑，其他部分则布置成裙房。须注意停车场的布置、绿地的组织及整体空间效果。这种方式布局紧凑，交通路线短，但对建筑设备要求较高。

③ 混合式布局

根据基地情况将上述两种方式灵活地运用。客房楼分散布置，公共、餐饮、后勤等区域结合庭院采用水平集中式布置。一般用于大型旅馆建筑和旅游度假村建设。

4.6.3 旅宿类建筑平面布局

（1）流线设计

旅宿类建筑基本流线有客人流线、人员服务流线、后勤流线三种（图 4-58）。

① 客人流线

客人分为住宿客人、宴会客人、外来客人。

② 人员服务流线

旅馆部门划分为行政办公室及基本部门，包括总经理、市场营销部、前台部、礼宾部、保安部、财务部、人力资源部、会议服务部、客房部（管家部）、餐饮部（餐厅与酒吧、宴会服务、送餐服务）和工程部（建筑保养及维修）。

旅馆员工分直接接触客人的一线员工和不与旅客直接接触的二线员工两类。

人员服务流线是指连接职工出入口、更衣室、休息室、食堂、各工作地点之间的流线，但这些流线要与客人用的流线分开（图 4-59）。

通往服务电梯、楼梯的通道距离要短，而且容易行走。

③ 后勤流线

后勤流线指客房的局部草图和消耗品的进与出、厨房的货运与垃圾的进与出等（图 4-60）。

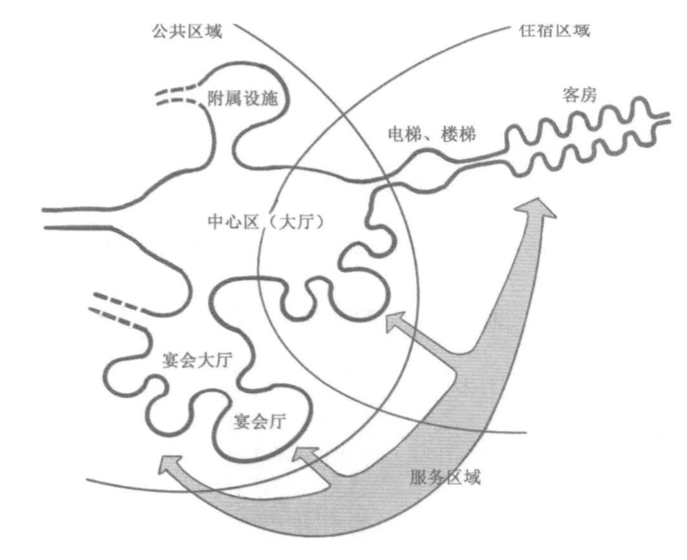

图 4-58　旅馆各功能分区之间的关系

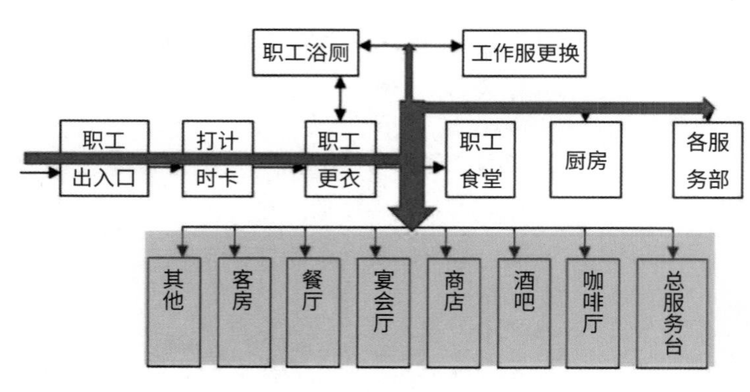

图 4-59

搬运物品（食品，客房用品，垃圾，需要补充、维修、更换的办公用品等）的流线要在出入口处集中，能够在一个地方进行检查验收。

根据需要，可在流线上设置临时存放处或货物开箱、放置包装材料的地方。

进出通道的车辆有采购车、客房用品车、垃圾车、运油车，要根据布局设计情况，为这些车辆的回转掉头、停车等待等提供必要的空间。

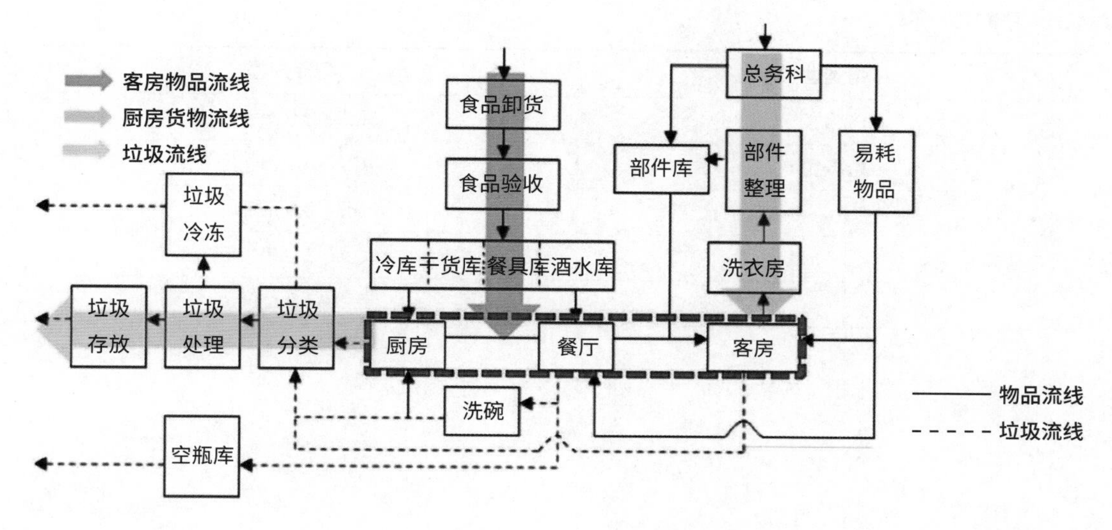

图 4-60

（2）流线组织原则

功能分区合理，要分清主次、动静、洁污、公共与私密空间的关系，并合理分区布局。合理组织各功能组成部分的流线，客流与后勤服务流线应尽量分开设置，不交叉。服务流线则需紧凑、快捷。

4.6.4 旅宿类建筑空间设计

（1）大堂

如表 4-10、表 4-11 和图 4-61~ 图 4-63 所示。

表 4-10　大堂各功能区设计内容

大堂功能区	设计内容
流通区（大堂入口及公共交通）	旅馆主入口以及大宴会厅、康乐设施和商店等的辅助入口
	入口与总台交通空间
	通往各公共活动区（餐饮、宴会、康乐中心、会议等）通道
	通往客房客梯厅的通道
总台服务区	登记、结账、咨询工作台；总台办公室；礼宾服务台；大堂经理台；行李及贵重物品存放空间等
休息区（座位区）	休息座位区（与大堂酒吧、咖啡相结合设计），有喷泉、水景、绿化等室内环境设计，提供食品、饮品服务

大堂功能区	设计内容
经营区 2	杂货店（杂志、卫生用品、纪念品），服装店和礼品店等
其他	卫生间、衣帽间、搬运工工作台、付费电话、银行、商务中心及广告、展示等

注：1. 中小型旅馆可不设；2. 可直接对外服务

表 4-11　旅馆门厅规模

旅馆类型		门厅规模
经济旅馆		0.3—0.5 m^2/ 间
中档旅馆		0.5—0.7 m^2/ 间
豪华旅馆	市中心旅馆	0.7—0.9 m^2/ 间
	胜地旅馆	0.8—1.0 m^2/ 间
	郊区旅馆	1.0—1.2 m^2/ 间

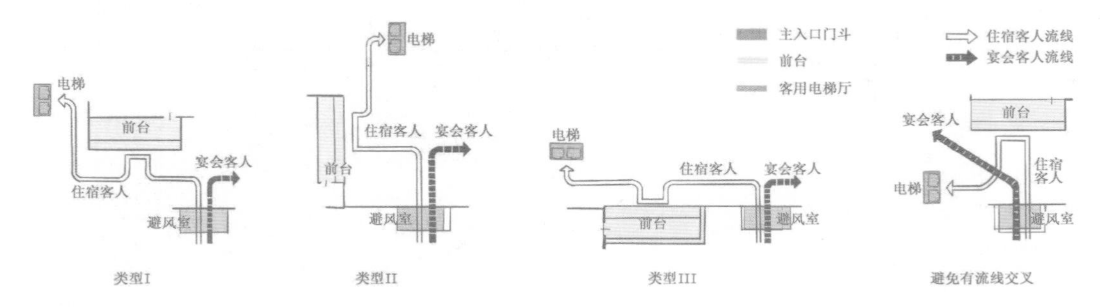

图 4-61

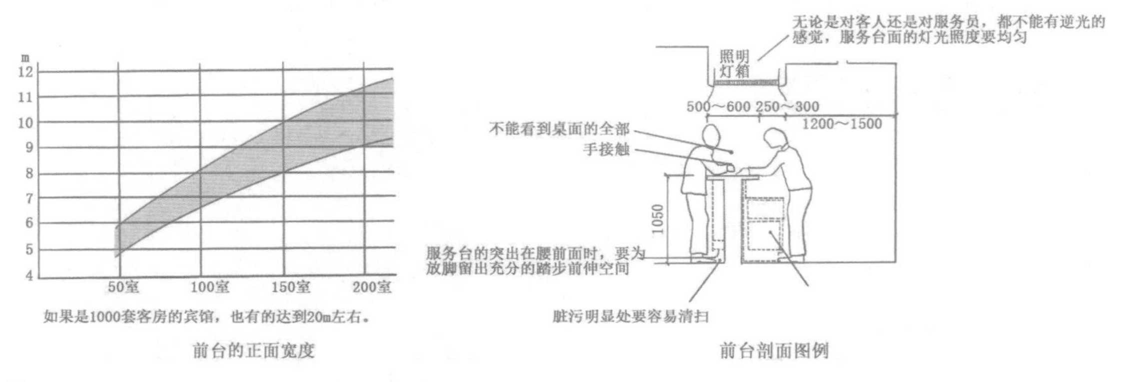

图 4-62

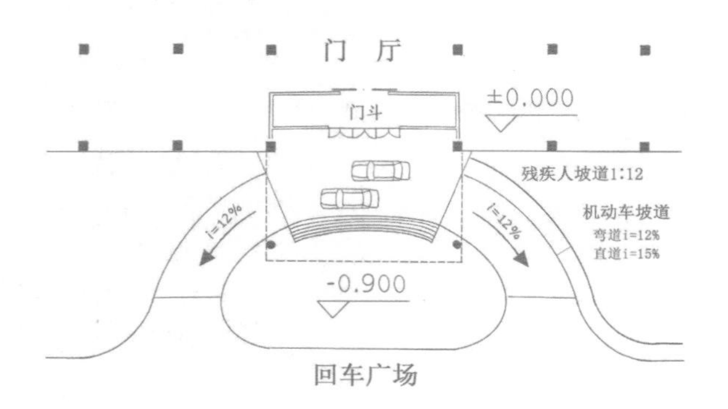

图 4-63

（2）餐饮空间

旅馆餐饮部分的规模以面积和用餐座位数为设计指标，因旅馆的性质、等级和经营方式而异。旅馆的等级越高，餐饮面积指标越大。我国规定，高等级旅馆的床位与餐座比例为 1 ：1.2—1 ：1.5（图 4-64）。

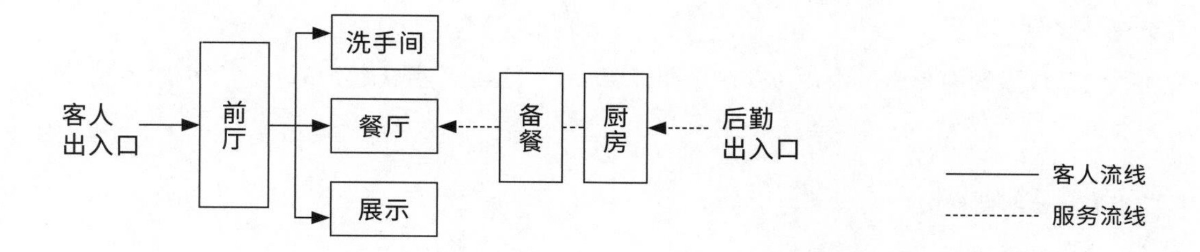

图 4-64　餐厅功能关系图

（3）厨房

厨房按照主次关系分为主厨房和一般厨房。主厨房（或称中心厨房）面积大，含厨房工艺流线中的多个工序，如储存、粗加工、点心制作、烹饪等。主厨房多数位于旅馆底部地面层（或地下层）。一般厨房面积较小，仅精加工和烹饪两个工序，某些半成品和点心等来自主厨房，位置可在旅馆中部、上部和顶部。

按照供应菜肴品种，厨房可分为中餐厨房、西餐厨房、和式厨房等。各式菜肴制作有不同要求，厨房各有特点。如大型西餐厨房常设面包房，中餐厨房则设米饭蒸煮处，粤邦菜厨房还设熬粥处，和式厨房需要为冷菜制作留一定面积。

按照服务内容，厨房可分为餐厅厨房、宴会厨房、客房服务厨房与职工厨房等。

（4）宴会厅

宴会厅配套功能空间包括以下内容（图 4-65）。

① 前室

前室在大厅门前区域，作为缓冲区，用于会前、会中客人休息，还可提供茶水服务，也可供客户签到、发放礼品和资料等。面积大约为宴会厅的 30%。前室宜设在宴会厅长边一侧。

② 接待厅

接待厅位置靠近大厅入口处，用于贵宾接见或休息。

③ 衣帽处

衣帽处位于前室区域，采用半封闭式。

④ 洗手间

洗手间与宴会厅同楼层，离宴会厅不要过近或过远，其内厕位数应足够，可与同楼层其他服务项目共用。

⑤ 音响、化妆间

音响、化妆间带上下水，应设两处或以上，可供分隔后的中厅分别使用。

⑥ 储藏间

储藏间供翻台、存放物品用。

⑦ 宴会辅助厨房

宴会厅后勤区应设辅助厨房，位置与宴会厅同楼层，且与宴会厅距离越近越好。面积约为宴会厅面积的 30%。

⑧ 服务备餐廊（服务通道）

服务备餐廊用来连接厨房与宴会厅。

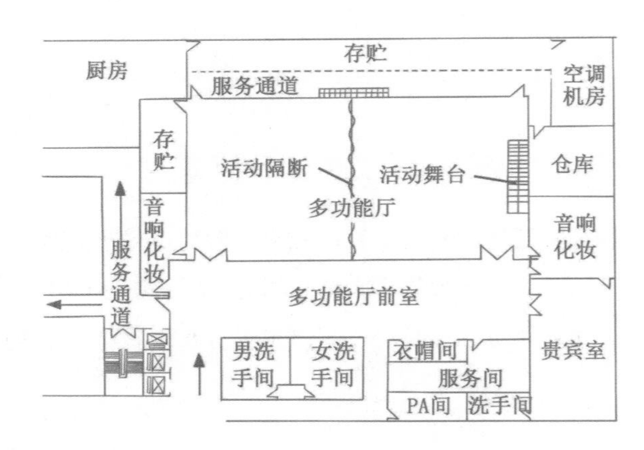

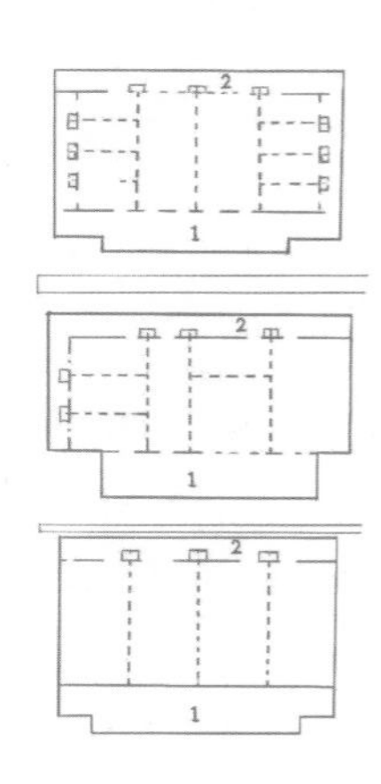

图 4-65

（5）会议空间

会议环境设计应雅致而相对安静。会议空间宜独立分区，当规模较大时，会议空间应尽量单独设置出入口、休息厅，并与饮食供应系统有较方便的联系，但应与旅馆中的娱乐空间分开布局，以免动静区相互干扰。

其配套服务设施要完善。会议空间应设服务空间，包括洗手间、衣帽室、电话间，以及会议服务办公室等。宴会厅、会议室的储藏间宜设在附近，以便为全场提供食品。

会议空间要合理布局，并具有灵活性，以提高会议空间的利用率。为满足旅馆能同时安排多项活动的要求，应将主要会议区、宴会区适当分散布局，避免分别使用时相互干扰。会议视听技术应完善。

4.6.5 旅宿类建筑客房设计

（1）客房层设计要求

客房要争取最好的景观与朝向，当景观与朝向发生矛盾时，一般以景观为主。

要提高客房层平面效率，客房布局与后勤服务流线关系合理，每层客房布置数量与服务人员的配置相匹配，提高服务效率。楼、电梯的数量、位置合理，方便客人使用，并满足消防疏散的要求。

客房层设计既要考虑使用功能的合理性，也要兼顾结构的合理性。

客房层空间与环境设计应使客人感到安全、温馨、舒适、赏心悦目（图 4-66、图 4-67）。

服务用房位置应隐蔽，可设置于标准层中部或端部，且靠近服务电梯。服务用房包括服务厅、棉织品库、休息区、厕所、垃圾污物管道间等。

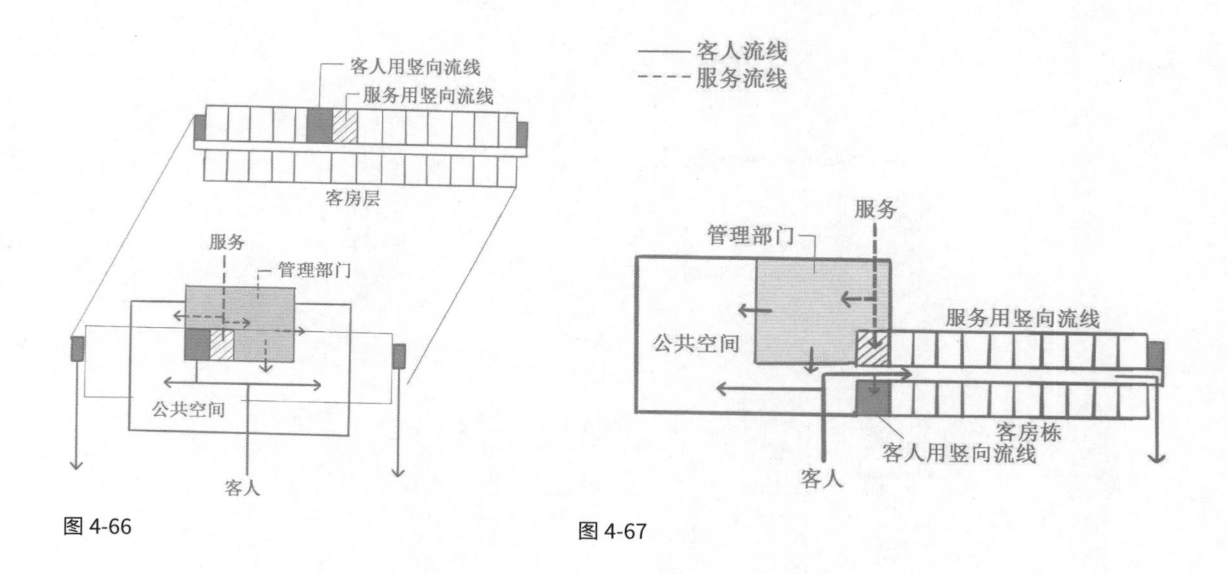

图 4-66

图 4-67

（2）高层旅馆客房层的安全疏散问题

一般情况下，对于高层旅馆房间门至最近的外部出口或楼梯间的最大距离，位于两个安全口之间的房间，其最大距离为 30 m，位于袋形走道两侧或尽端的房间，其最大距离为 15 m。当建筑物内设置自动喷淋灭火系统时，其疏散距离可增加 25%。

高层旅馆（建筑高度超过 32 m）的电梯、楼梯应设消防前室。防烟前室面积不小于 6 m^2，合用前室不小于 10 m^2。建筑高度低于 32 m（含 32 m）的做封闭楼梯间（图 4-68）。

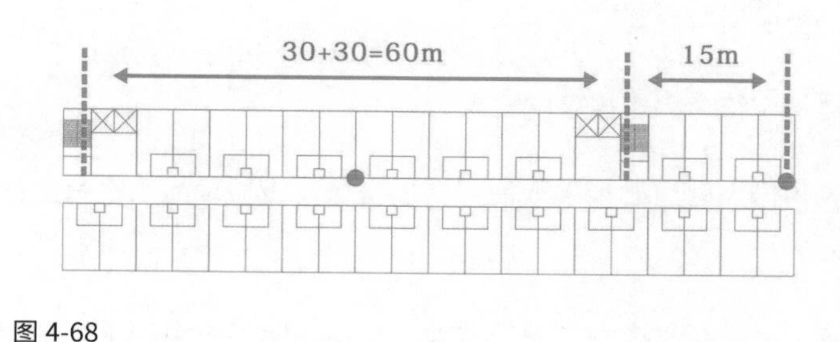

图 4-68

（3）客房类型及设计要求

客房分为单间与套间。单间又分为单人间（单床间，图 4-69）、双人间（双床间，图 4-70）、多人间（多床间，图 4-71）。套间又分为双套间、多套间（图 4-72）、豪华总统套间。

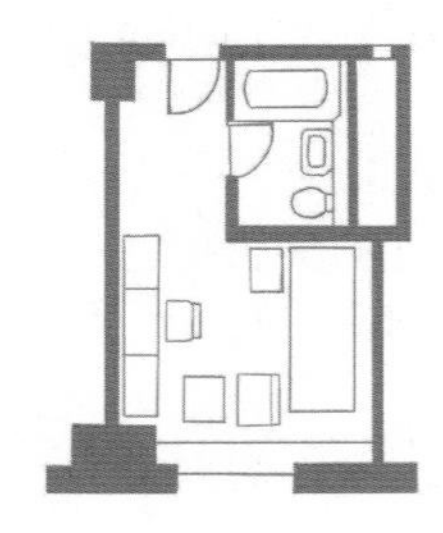

单床间：面积≥ 9 m^2，为旅馆中最小的客房。设施齐全，要求经济实用

图 4-69

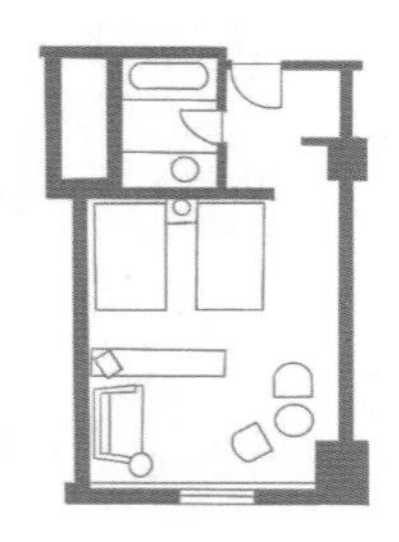

双床间：面积 16—38 m^2，这是旅馆中最常用的客房类型，适用性广，较受顾客欢迎

图 4-70

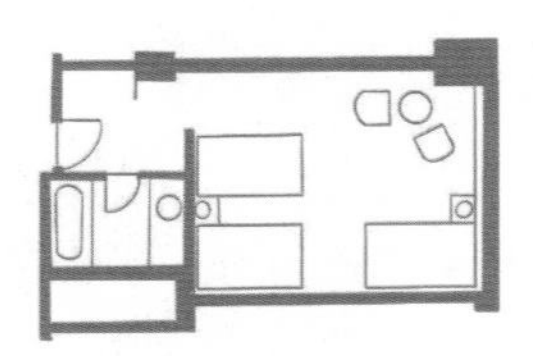

多床间：床位数不宜多于 4 张，只有设备简单的卫生间，或者不附设卫生间，而使用公共卫生间。这是一种低标准的经济客房。现代旅馆度假酒店的家庭房也会采用多床布置

图 4-71

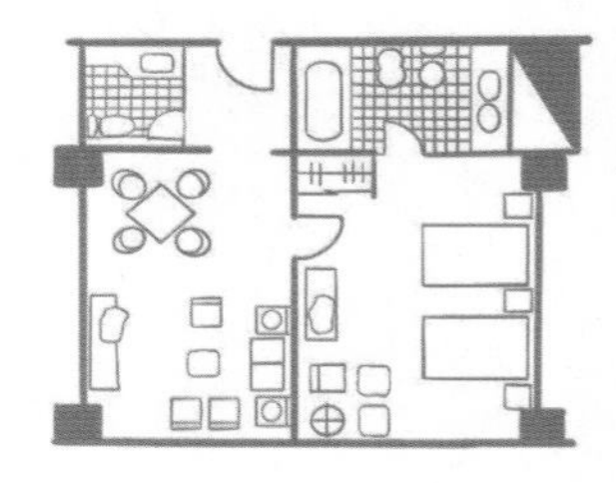

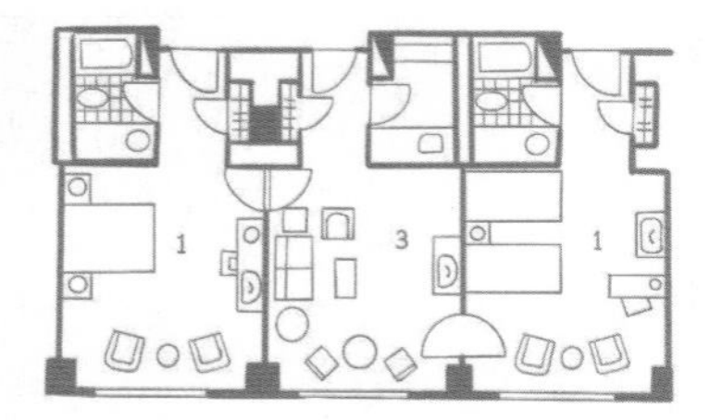

多套间：由起居室、卧室组成，配有客用盥洗室、厕所。一般由 2—3 个自然间组成

图 4-72

客房设计要求如下。

第一，客房不宜设置在无窗的地下室内，当利用无窗人防地下空间作为客房时，必须设有机械通风设备。

第二，客房内应设有壁柜或挂衣空间。

第三，客房的隔墙及楼板应符合隔声规范的要求。

第四，客房之间的送风和排风管道必须采取消声处理措施，设置相当于毗邻客房间隔墙隔声量的消声装置。

第五，天然采光的客房间，其采光窗洞口面积与地面面积之比不应小于 1 ∶ 8。

第六，卫生间不应设在餐厅、厨房、食品储藏、变配电室等有严格卫生要求或防潮要求用房的直接上层。

第七，客房上下层直通的管道井，不应在卫生间内开设检修门（表 4-12、图 4-73）。

表 4-12　客房最小面宽进深组合与适合柱网开间

客房面积（m²，不含卫生间和走廊）	评定得分	最小面宽进深组合（m，面宽 × 进深）	适合柱网开间（m）
⩾ 30	16	4.5×7.0，6.0×5.3	9.0，6.0
⩾ 24	13	4.0×6.3，4.2×6.1	8.0，8.4
⩾ 20	10	3.9×5.5，4.0×5.4	7.8，8.0
⩾ 18	6	3.9×5.0	7.8
⩾ 16	4	3.6×4.8，3.75×4.6，3.9×4.9	7.2，7.5，7.8
⩾ 14	2	3.6×4.3	7.2

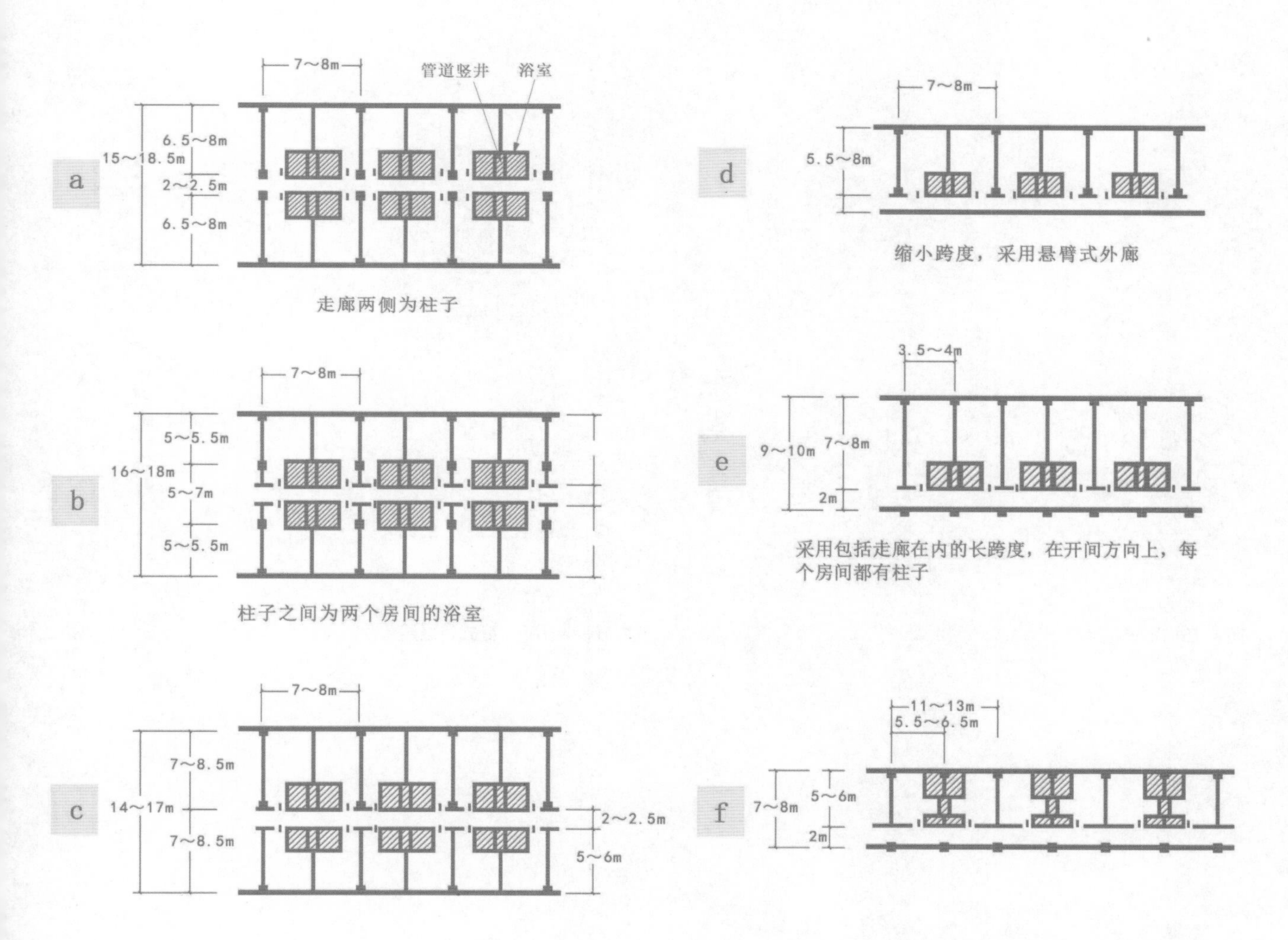

图 4-73

除别墅酒店外，多层、高层酒店的标准层客房有板式（图 4-74）、塔式（图 4-75）、中庭式（图 4-76）3 种基本平面形式，由这 3 种基本平面布局可以衍生出多种不同的平面布局。

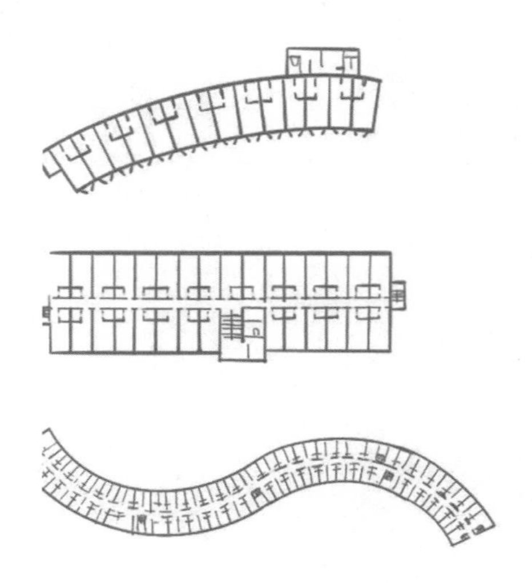

图 4-74　板式标准层，采光朝向好，平面布置灵活

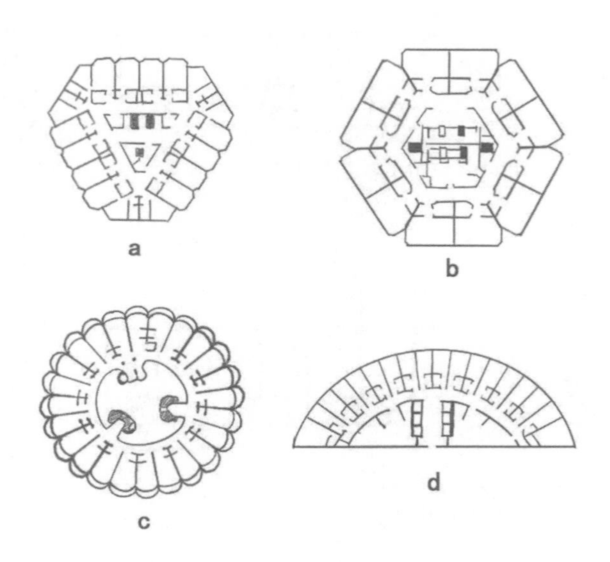

图 4-75　塔式标准层

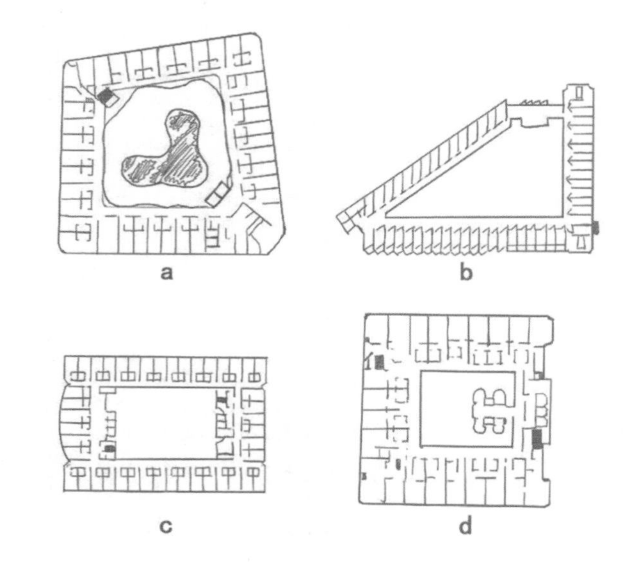

图 4-76　中庭式标准层

5

真题解析与作业点评

5.1 游客服务中心——湖南大学 2013 年真题

5.1.1 真题解析

某景区服务中心设计

某南方丘陵城市以当地传统民居和文化闻名，拟在核心景区入口处建设一座游客服务中心，为景区提供售票、数字导游服务、旅游展示、公共服务等功能。总建筑面积约 2700 m^2（正负 5%），层数≤3 层，高度≤24 m，场地西北侧有丘陵山体，建筑要求退让城市道路，距离见附图，用地见附图。

一、设计内容

1. 游客接待区（约 1300 m^2）

售票区：约 200 m^2，提供散客及团体售票区。

游客休息等候区：约 400 m^2，为游客提供休息空间，包含老年人及残疾人专门休息间 100 m^2。景区特色展示区：约 400 m^2，为游客进入景区前介绍旅游线路、景区特色。

小型数字影视展示厅：约 300 m^2，无柱空间，游客观看景区 4D 影视介绍。

2. 配套服务区（350 m^2）

讲解及导游服务室：约 80 m^2，1 间，提供导游休息及预约服务。

纪念品及食品出售区：约 120 m^2，分割方式自行考虑。

服务用房：每间 30 m^2 左右，共 5 间：失物招领、物品寄存、医疗服务、邮政服务、残疾人设施服务。

3. 内部办公区（200 m^2）

集中服务办公室，110 m^2，1 间。

独立办公室，每间 30 m^2，3 间。

4. 门厅、公共交通、卫生间（须考虑无障碍设施）、设备房等配套用房由考生自定

5. 室外场地考虑一个标志性构筑物（风格自定）

二、设计要求

1. 合理处理基地地形关系，考虑室外停车（小车 5 辆，2.5 m×5 m，大车 5 辆，3 m×12 m），仅限在用地南向对城市开口

2. 正确处理好各功能区，尤其是接待空间与公共空间的关系

3. 重点考虑建筑空间的变化

4. 造型手法及风格应与建筑性质吻合

5. 满足国家规范及强制性标准要求

三、图纸要求

1. 总平面图（1 ∶ 500）

2. 各层平面图（1 ∶ 200—1 ∶ 100）

3. 主要剖面、立面图（1 ∶ 300—1 ∶ 200）

4. 表现图（方式方法不限）

5. 设计构思说明及技术经济指标

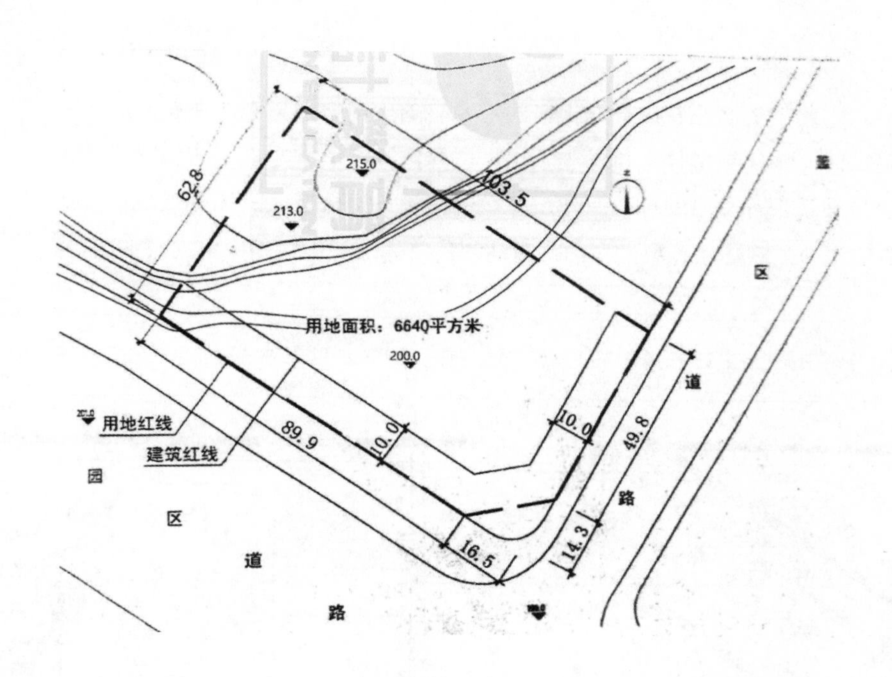

这是一个典型的不规则场地的题目，等高线在场地内不规则分布，场地方向与正南北不重合。在处理不规则场地的题目时，要注意灵活调整体块与场地的关系，呼应地形与朝向，避免出现外部废弃的三角形边缘地带。

高差场地要着重注意坡地建筑的设计策略，如出挑、退台等，同时善于利用坡地进行场地设计，塑造丰富的退台场地观景台、楼梯坡道，并注意挡土墙的位置。

游客服务中心这类建筑的设计是经典的考研题目之一，重点在于流线的梳理，即场地外部—开车/坐大巴进入场地—下车集散—进入服务中心—分散使用功能—集合—去往景区。该流线中有需要放大的部分应当果断扩大，如下车集散区、建筑内部的公共交通廊等，关键点在于体现建筑空间的公共性和具备同时解决大量人流进出的能力。

展厅是非必要功能，它不是博物馆的展厅，而是游客可选择参观的空间，因此，应避免按照展览建筑的设计逻辑来思考。

售票空间一定要考虑排队的人群，要避免排长队时，人群影响其他部分的通行能力。

该题目有大巴车的停车区。大巴车占地面积大，转弯半径大，掉头回车的空间大，因此，在切入该题目时，首要考虑的就是合理布置停车区域，然后再去布局建筑体块。若过程颠倒，容易造成方案完成但是停车场布置不下的僵局。

游客服务中心内卫生间的面积需要特别加大，不能按照一般公共建筑来考虑，因为它需要面对突然出现的大量人流。此外，也可以考虑将该卫生间直接对外开放或接近停车场布置，更加方便游客使用。

纪念品售卖区属于商业营利空间，因此需要接近人流密集处。

5.1.2 课堂示范

考虑到场地内的山地地形，因此将建筑建在山脊之上，面对原有的山地自然景观，在尊重地形的基础上，设计相应的展览空间，使建筑形体从自然中长出，“悬浮”于山坡之上，前后通透，让景观穿透建筑，形成观展与观景相互交融的体验。建筑体块的出挑与退台形成的社交以及观景平台，一方面增加了建筑的空间与景观体验；另一方面，错动的建筑体块与山势相呼应（如下图）。

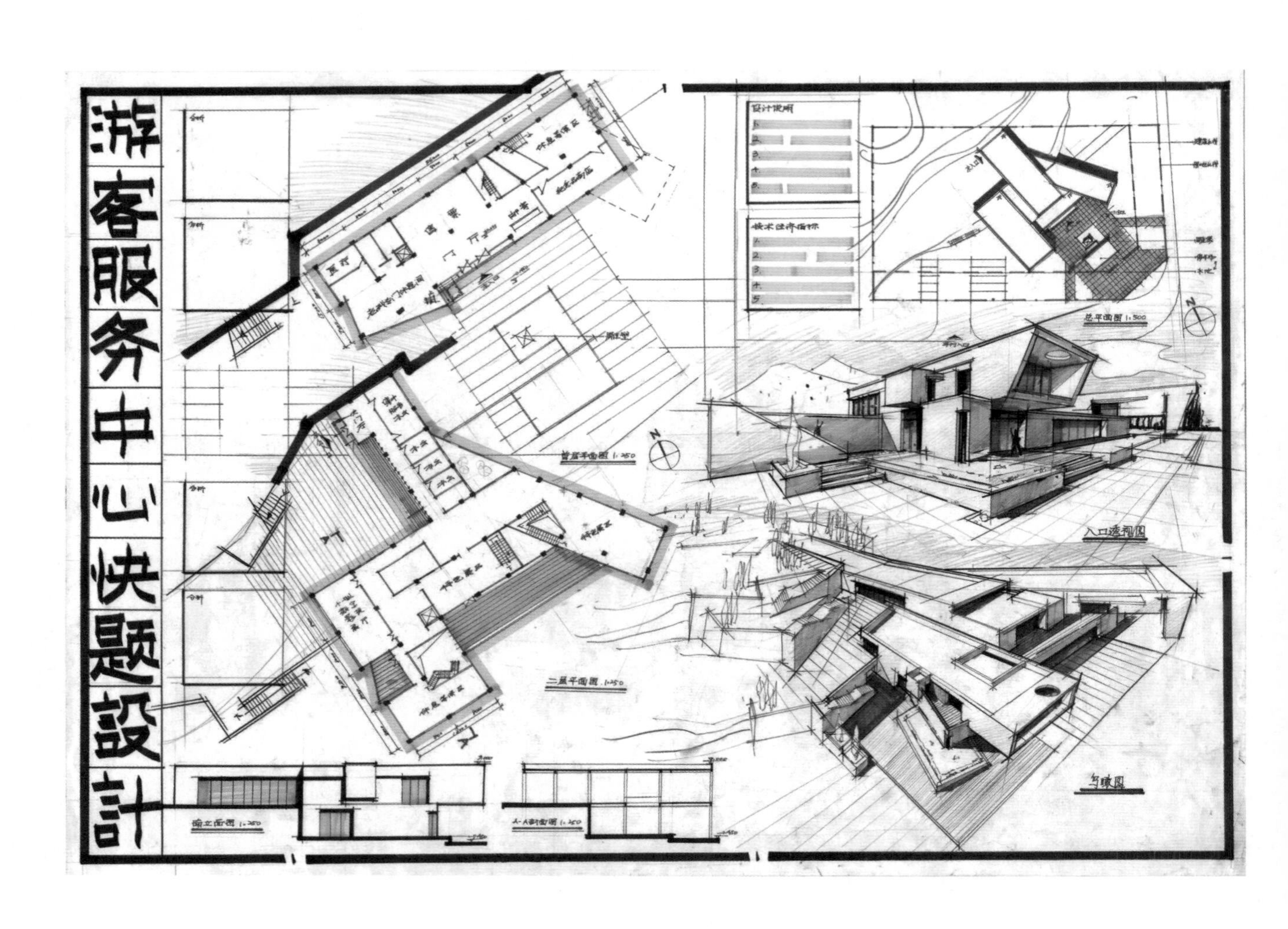

5.1.3 作业点评

作业 1

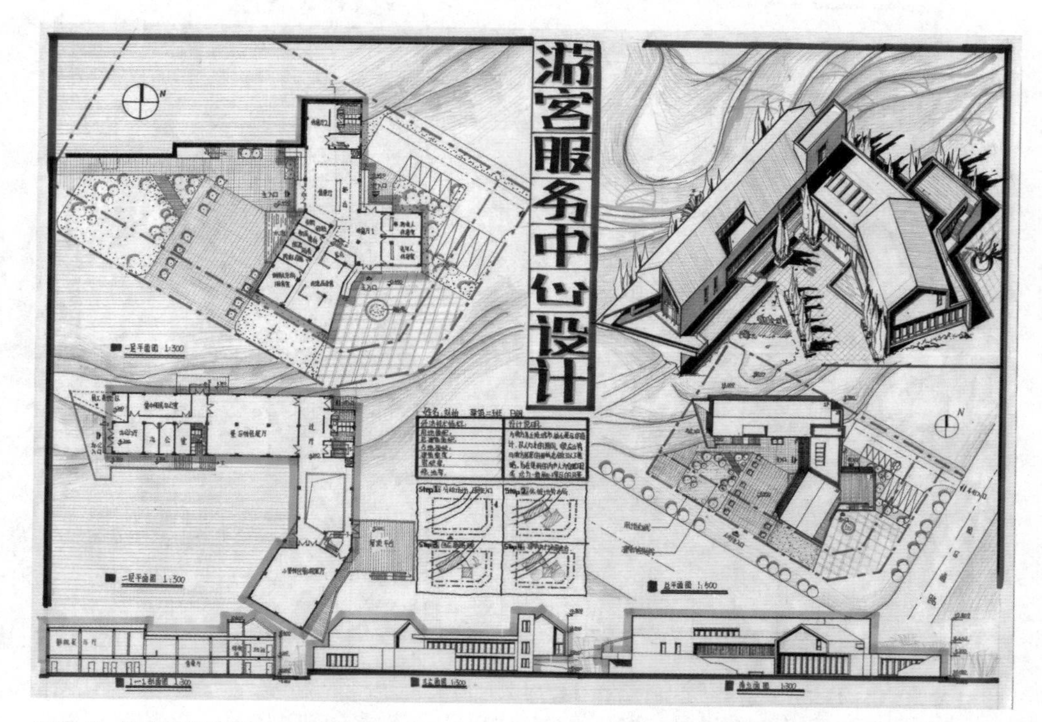

● 优点：这位同学的设计，形体策略灵活地呼应了地形，高处台地上是一个完整的长条体量，低处是一个 L 形体量，把外部场地分成了东、南、西三个部分，很好地回应了不规则场地和等高线。L 形体量的东边伸出一个体块，设置可上人屋面，同时避免了坡屋顶转折时造型处理的困难。

● 缺点：东边的停车区占满了整个外部空间，并与南边的前广场、建筑东北角的次入口关系疏远。而西边的广场则没有实际功能，比较浪费。

作业 2

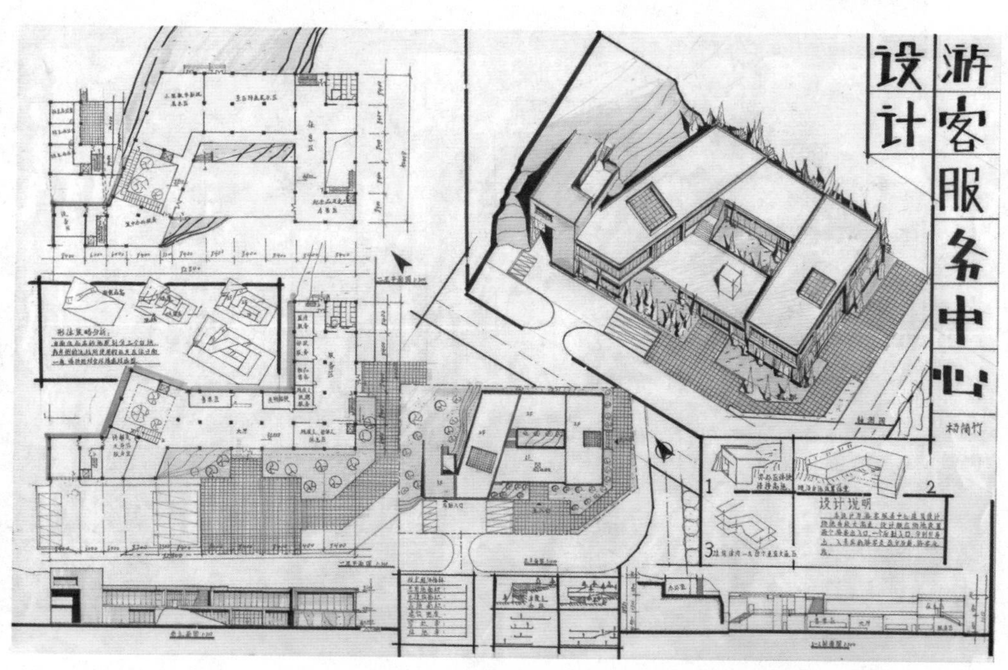

● 优点：这位同学设计的形体老练，一层一个 L 形体量避开坡地，为合成三角形内院，二层反扣一个 U 形体量，一边布置在坡地上，一边布置在下方的 L 形体量上，同时还留出了一个上人屋面做休息观景平台，策略简捷、有效。

● 缺点：入口不明显，没有借助形体的加减法强调出来。内部空间除了两个纵向庭院以外，体验相对单调，缺少空间处理和气氛与视线的处理。

作业 3

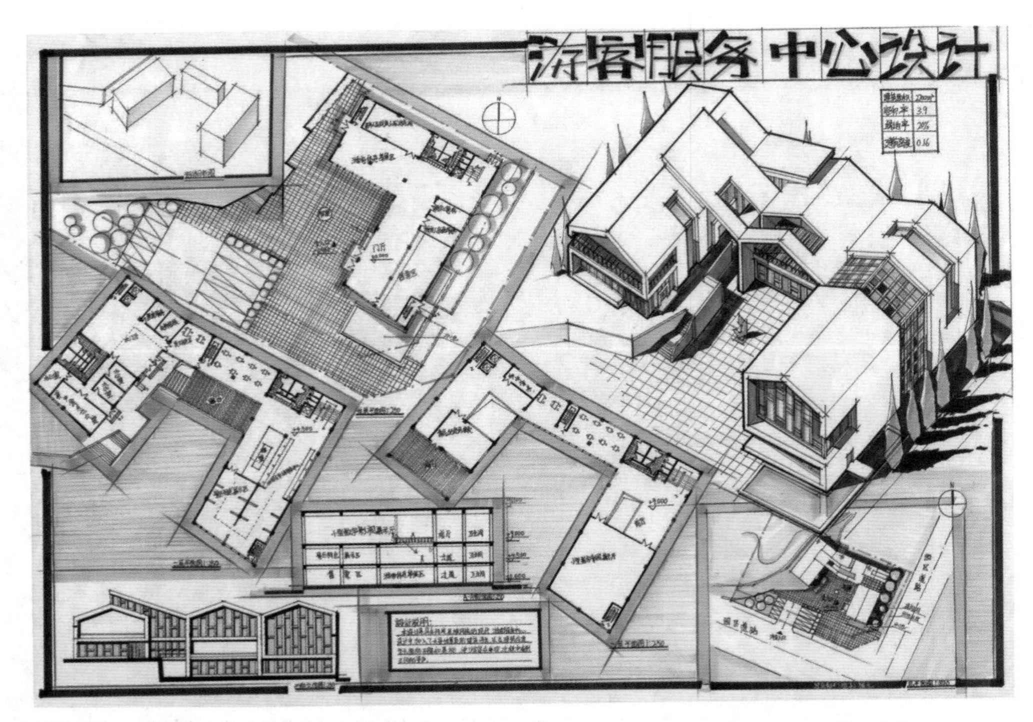

● 优点：造型丰富，利用坡屋顶板片的语言来处理形体之间的关系和山墙面的关系。停车区紧邻集散广场与建筑主入口，流线组织连贯、有效，并结合形体的围合塑造出空间的包裹感。

● 缺点：一层 L 形结尾处与挡土墙的关系含糊不清，形成一个狭长的消极空间。

作业 4

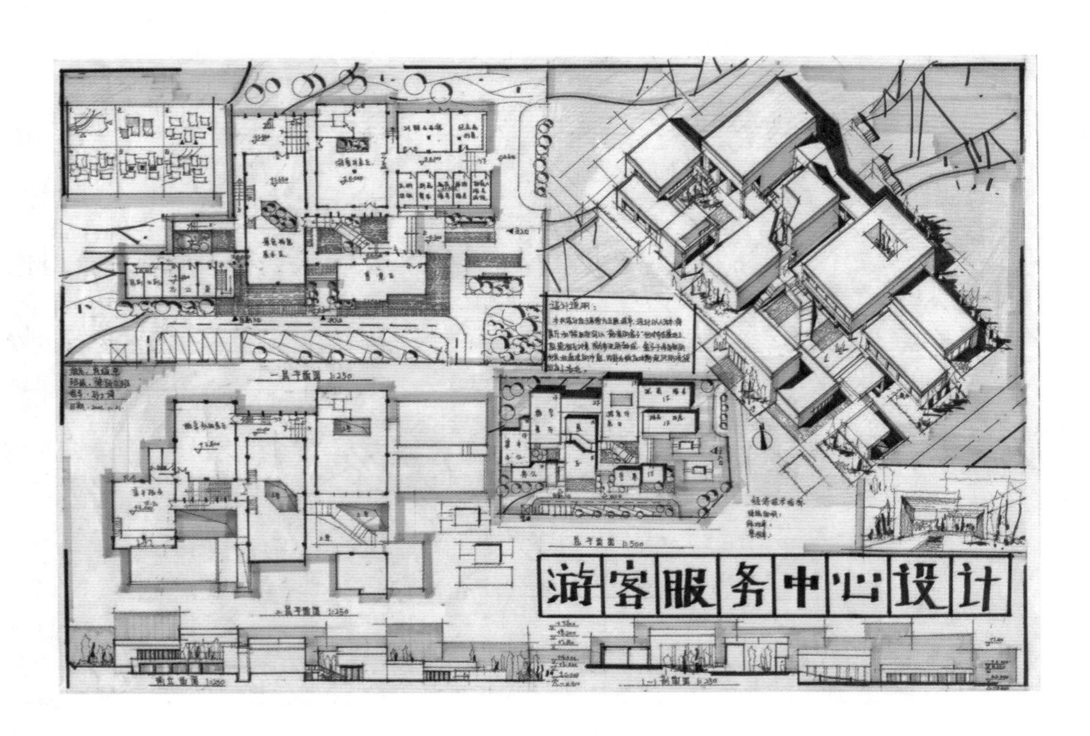

● 优点：利用离散体量的策略，形成丰富的外部空间。

● 缺点：该方案中体块的整体方向与等高线的方向并不一致，尽管体块离散，但还是有局部的高差无法通过体块本身处理，需要做比较大的土方工程。如果要利用离散体量，一定要注意外部空间的完整性、聚集性，避免外部空间变得零碎。

作业 5

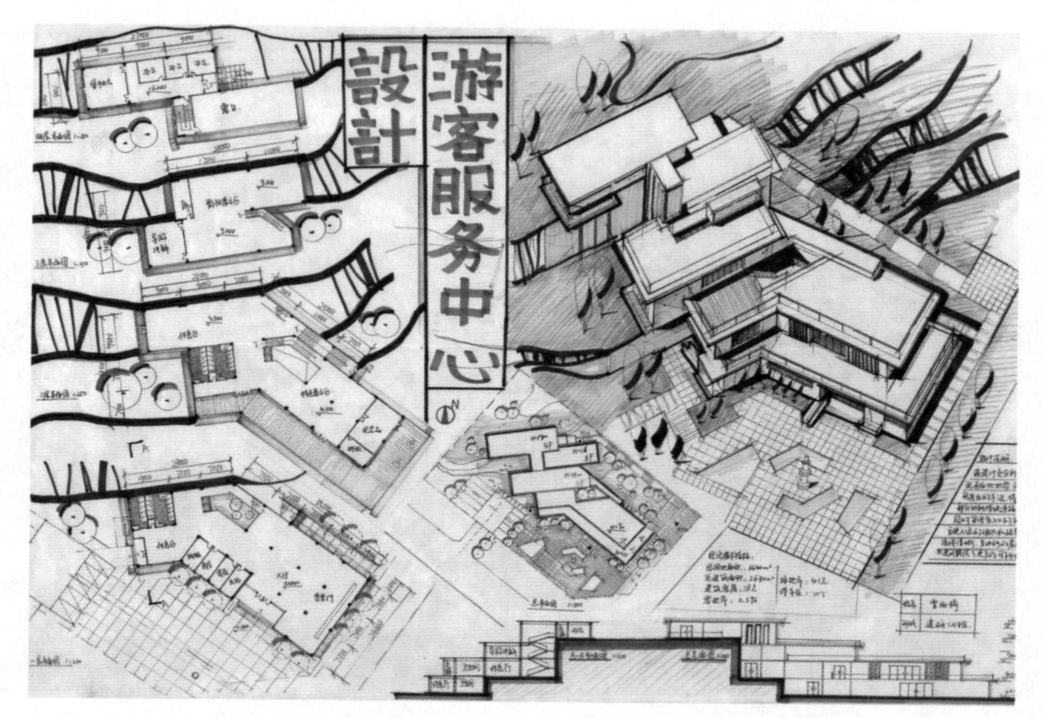

● 优点：该方案利用逐层退台的策略，营造了丰富的屋顶景观平台，从外部看，建筑体量也能较好地融于坡地。

● 缺点：建筑抬升过高，给大量人流组织带来困难。

作业 6

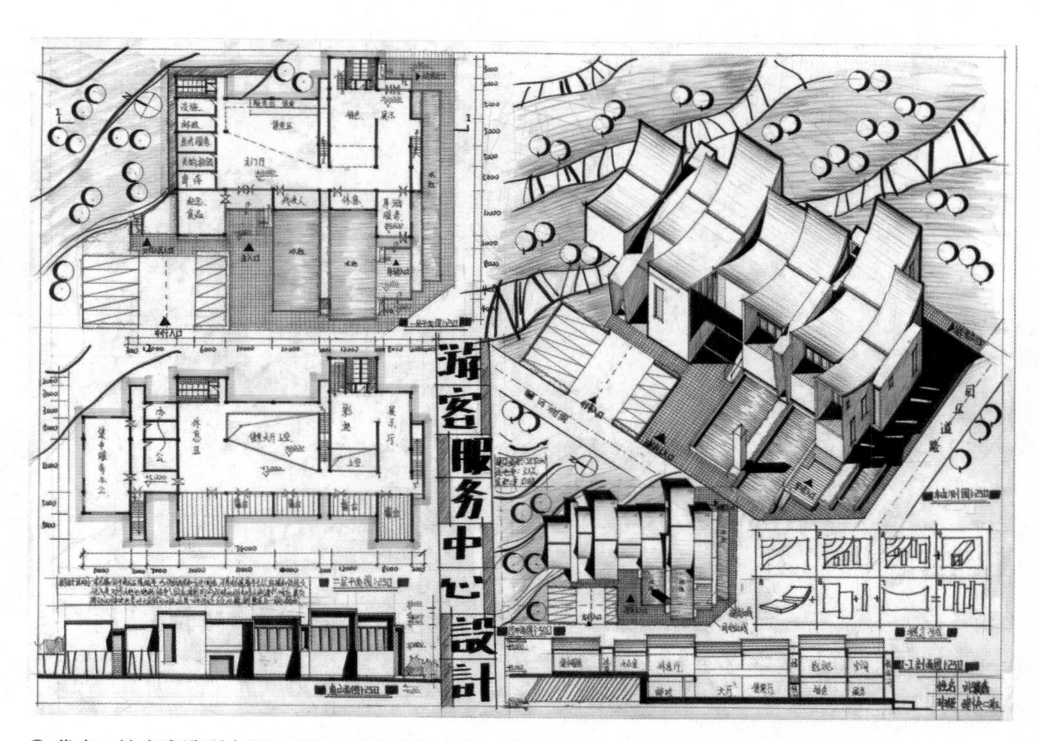

● 优点：该方案造型大胆、醒目，内部空间完整、公共性强。

● 缺点：忽略了地形，进行了大量的土方切割，需在建筑北侧部分嵌入土地，采光出现了大问题。在考场上一旦犯了此类错误，极易掉档。

作业 7

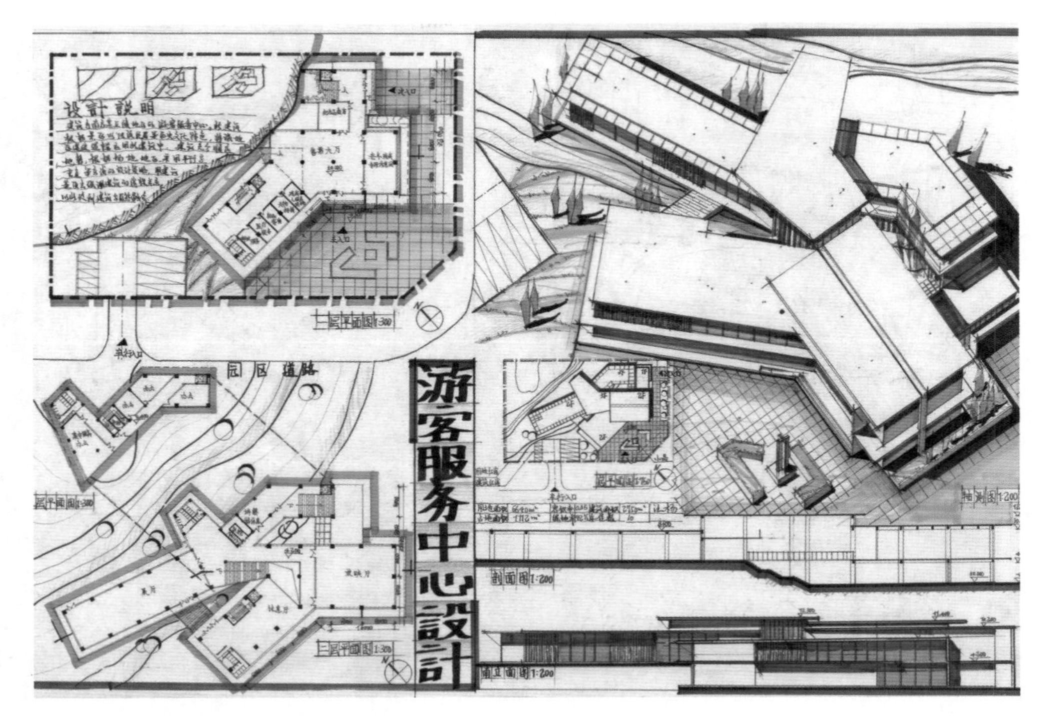

● 优点：该方案贴合地形，并根据地形走势塑造了灵活的形体关系。上下衔接处的空间结合了坡地景观，也有精彩的过渡处理。

● 缺点：停车场被孤立，未考虑停车下来的人到集散广场的流线。

作业 8

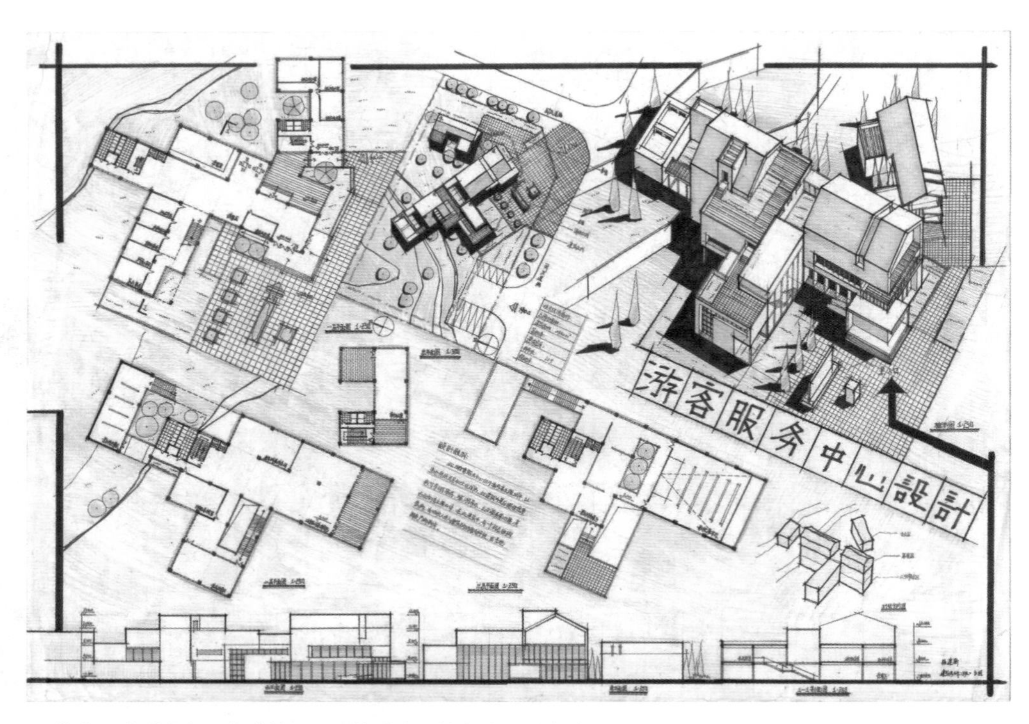

● 优点：造型丰富，表达精细，形体垂直于等高线，呼应地形。

● 缺点：虽然垂直，但并未对台地做过多利用。造型虽然丰富，但形体的策略有些琐碎，并不能理解排布的主要意图。

5.2 社区活动中心——浙江大学 2014 年真题

5.2.1 真题解析

街道社区服务中心设计

一、基本概况

基地位于南方某城市的一个老社区内，该区的许多建筑已经破旧，即将拆除，但地块内的一座水塔（清水砖墙外观）将予以保留并加以利用。

基地北面、西面的养老中心和住宅将被继续使用，基地南面是开阔的城市绿地（详见附图）。

二、功能与面积要求

1. 总建筑面积控制在 4000 m^2

2. 对外服务区受理大厅 250 m^2，展示大厅 250 m^2，管理用房 10×20 m^2

3. 公共活动区乒乓球房 150 m^2，舞蹈房 150 m^2，健身房 150 m^2，书画室 150 m^2，图书阅览室 100 m^2，多媒体教室 100 m^2

4. 后勤保障区办公室 10×30 m^2，会议室 50 m^2，维修间 50 m^2，库房 2×50 m^2，员工餐厅 150 m^2，厨房 150 m^2

5. 其他楼梯、洗手间等 1700 m^2

6. 小型停车位（3 m×6 m）10 个

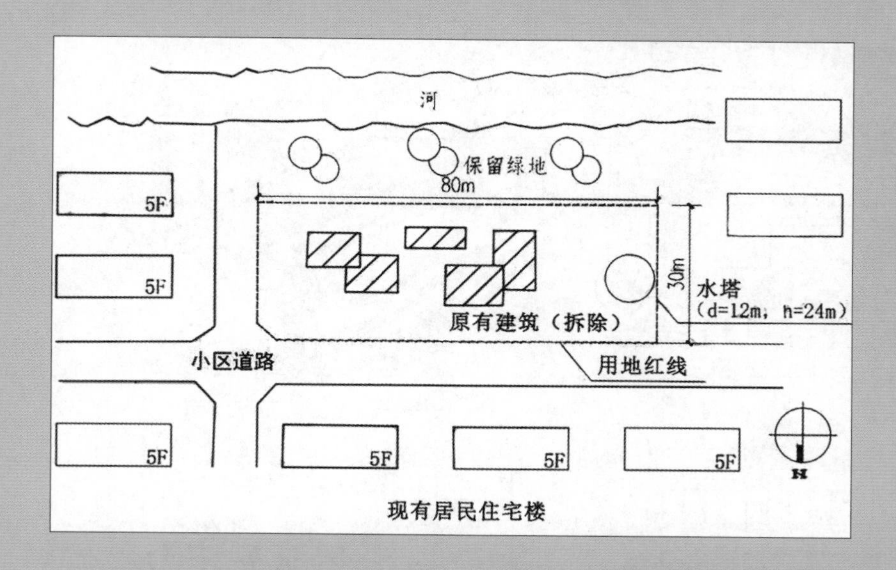

该题目隐含了对复合功能的考查。初看题目，大家会直接把该栋建筑理解为一个完整的社区服务型建筑。但仔细阅读任务书，就会发现该栋建筑包含了三个需要独立运营、减少互相干扰的功能区：（A）对外服务区、（B）公共活动区和（C）后勤保障区。

分析任务书中提到的建筑功能构成，（A）对外服务区，我们可以将其看作街道办等针对基层民众的办事机构，其中的受理大厅是居民办事、登记、缴费的空间，因此，管理用房也可以理解为该街道办的对内或窗口型办公室。而该功能分区里的展厅功能，便可以推断为社区精神文明建设的展示或社区文艺工作的展示，如社区书法比赛的展示、社区运动会的照片展示、社区党建工作的展示等。该功能分区一般有固定的工作和开放时间，常为工作日的白天，晚上一般关闭。

（B）公共活动区是社区内文体类的活动分区，所有者、运营者一般为物业公司，也就是（C）后勤保障区的使用人员，而（B）公共活动区是面向社区居民开放的，使用的高峰时间为工作日的晚上和周末的全天 [与（A）完全错开]。

（C）后勤保障区是社区的物业公司，物业公司的职能与街道办是有所区别的。前者的工作重点是社区基础设施的日常维护、安保、绿化和提供其他便民服务，因此，居民不需要亲自到（C）去，而是（C）处的工作人员到社区中去进行日常工作。

水塔的改造与利用是该题目的重点，与其他历史保护建筑的改加建不同，水塔的内部可使用的空间不多，由于内部空间和外部形态具有明显的纵向特征，其内部的空间感受和外部标识具有明显的标识性，因此，必须考虑对水塔空间的利用。在对水塔空间进行改造时，内部空间尽量不用楼板进行分割（但可以置入景观楼梯）；外部尽量保留该建筑的标志性特征，不要做过多的包裹，同时注意水塔与建筑体量的形体对比，水塔周围的建筑体量可以尽可能地压低。

5.2.2 课堂示范

设计思路以呼应景观、聚集人流为主。主要公共功能以开放散落的盒子面向河景，附属功能聚集在北向，一层以门厅为主，用于开放底层和聚集人流。水塔主要用于展示，内部通过异形楼梯组织上下交通。三股人流互不干扰，功能分区明确（如下图）。

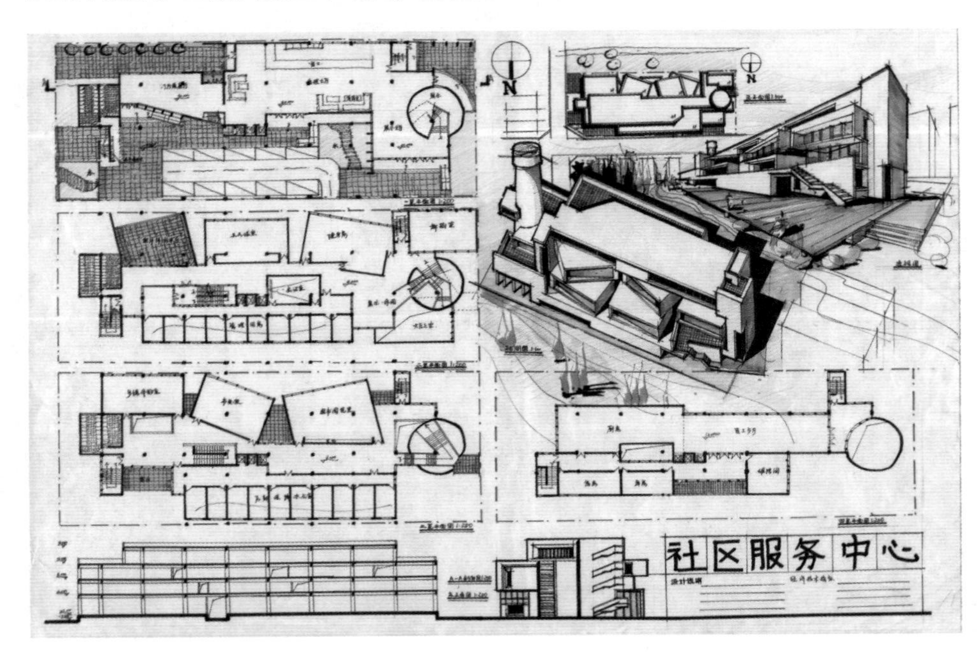

5.2.3 作业点评

作业 1

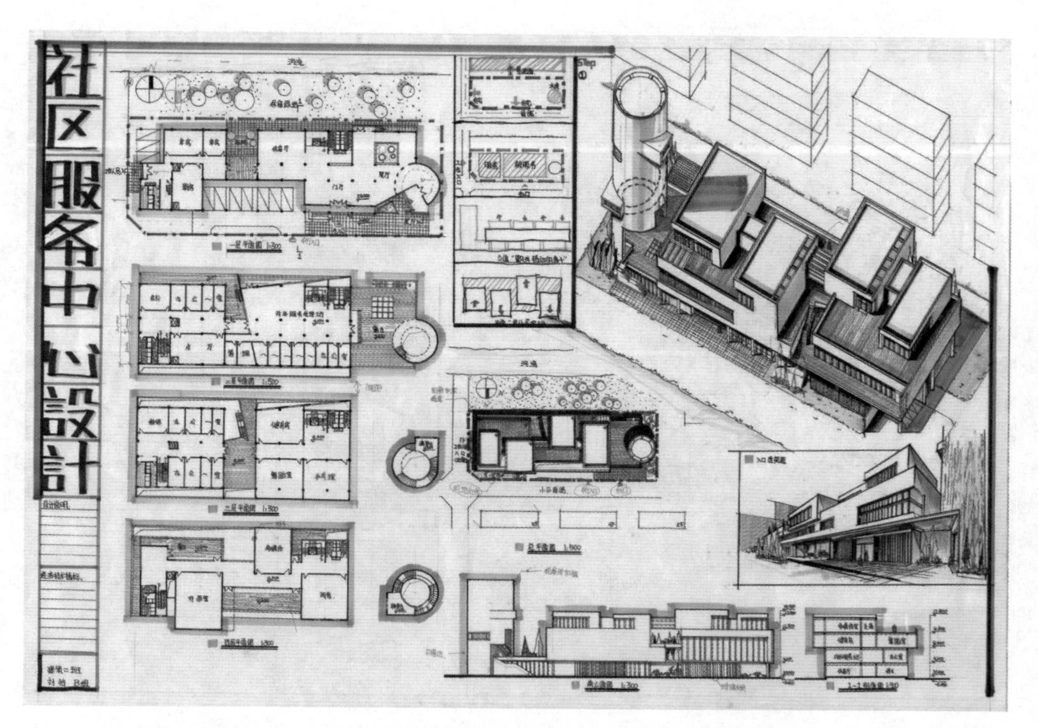

● 优点：三层体块错动，并且相互之间还有连通和衔接，一是提供了大量的观景平台，二是给后方的社区让出了一定的景观通廊。水塔用作展厅部分的入口，并设回旋景观楼梯，利用方式恰当。

● 缺点：厨房和库房在一层，虽然方便后勤直接运输，但占据了一层宝贵的公共空间，也导致了对外服务区的上移。

作业 2

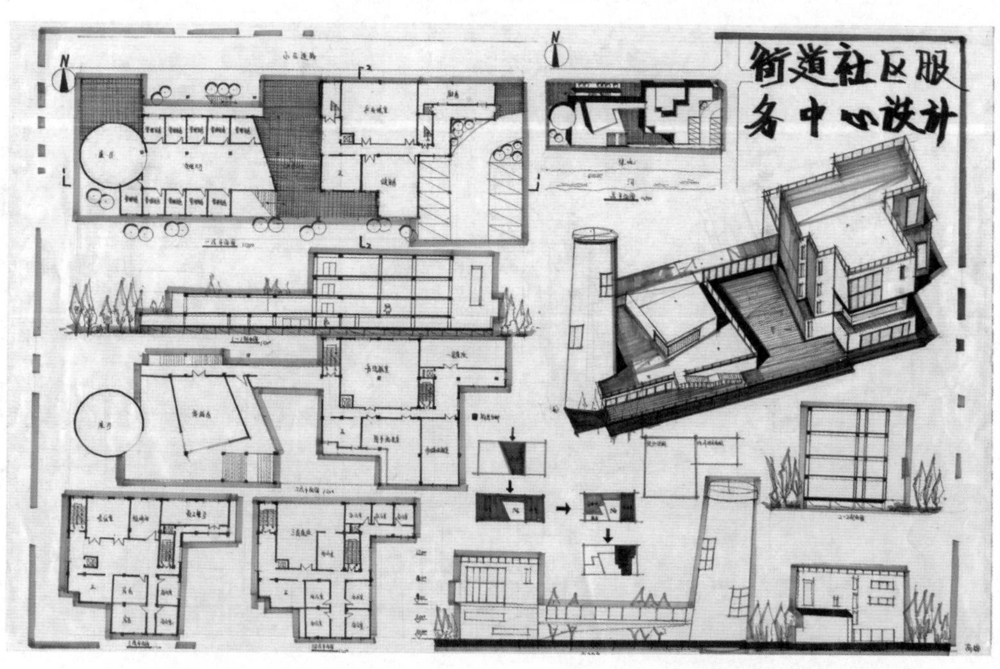

● 优点：形体策略清晰有效，实现了一层社区与景观面的衔接，尽量压低在水塔周围的体量并设置可上人屋面，形成了非常积极、连贯的开放空间，并与高耸的水塔形成对比。另一边，四层体块集中布置，远离水塔，尊重其完整性。

● 缺点：内部空间组织相对生疏，三、四层办公室，一层受理大厅的空间感受有待提高。

作业 3

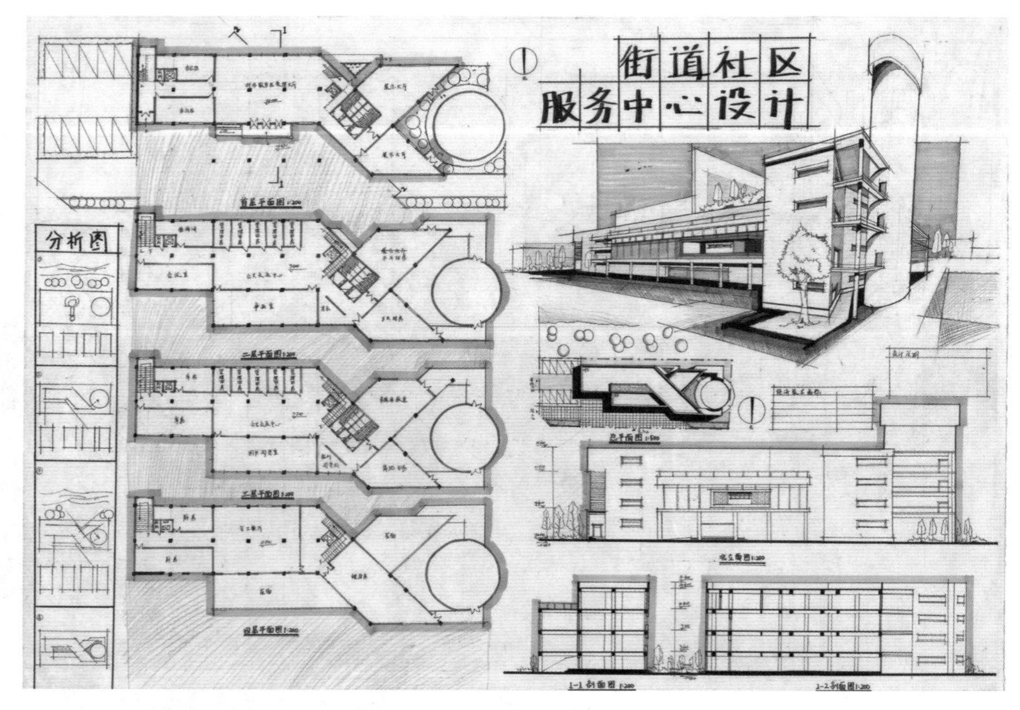

● 优点：L 形体块与水塔结合，在保持连通的同时又保持了它的独立性。

● 缺点：功能分区混乱，（A）（B）（C）区域完全交织在一起，给运营带来了困难。

作业 4

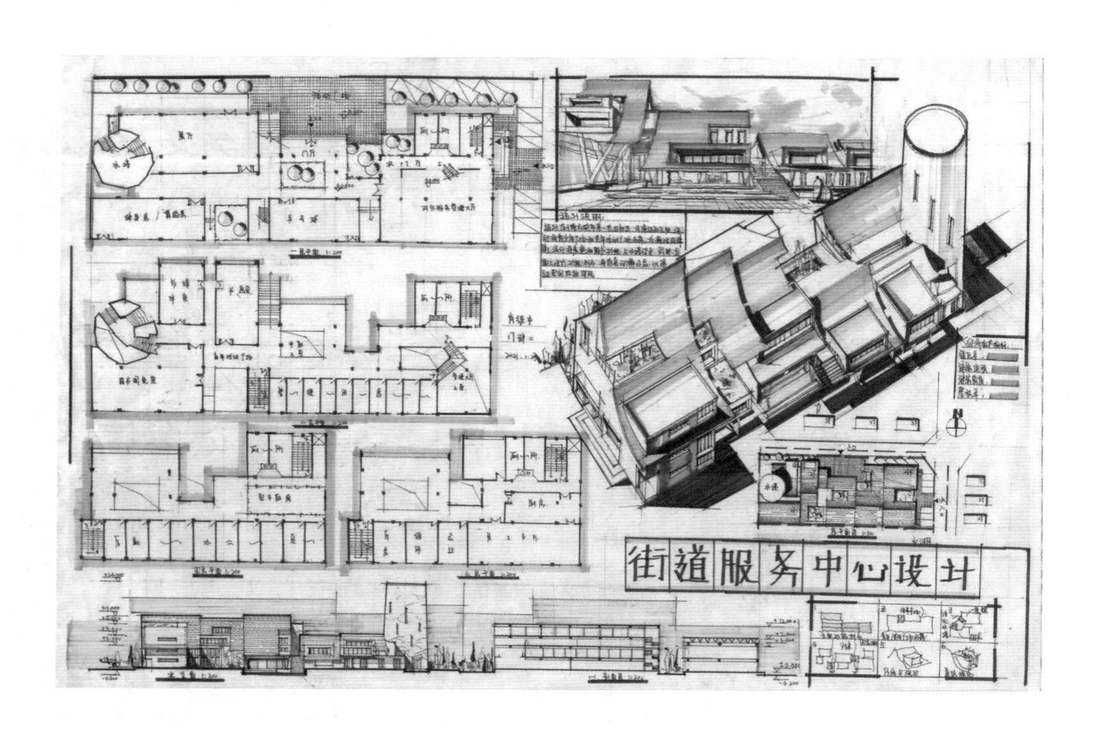

● 优点：造型大胆，虽稍显破碎，但在人视角度还是呈现了很好的效果，并积极考虑了向景观面的视线通廊。阅览室、展厅与水塔空间结合，水塔在其间设置为一个纵向交通功能设施，利用恰当。

● 缺点：造型与平面、轴测与人视脱节，有些内容并不能对应上。

作业 5

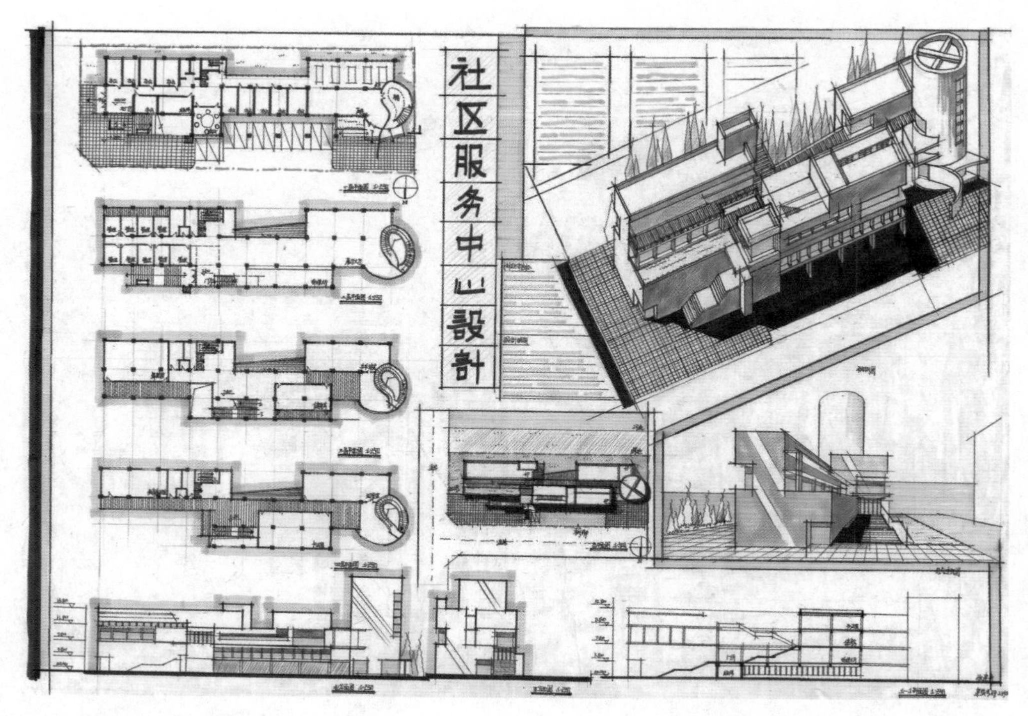

● 优点：造型老练，方案清晰。

● 缺点：尤其是在一层，形体未考虑连通南北向的视线和动线。

作业 6

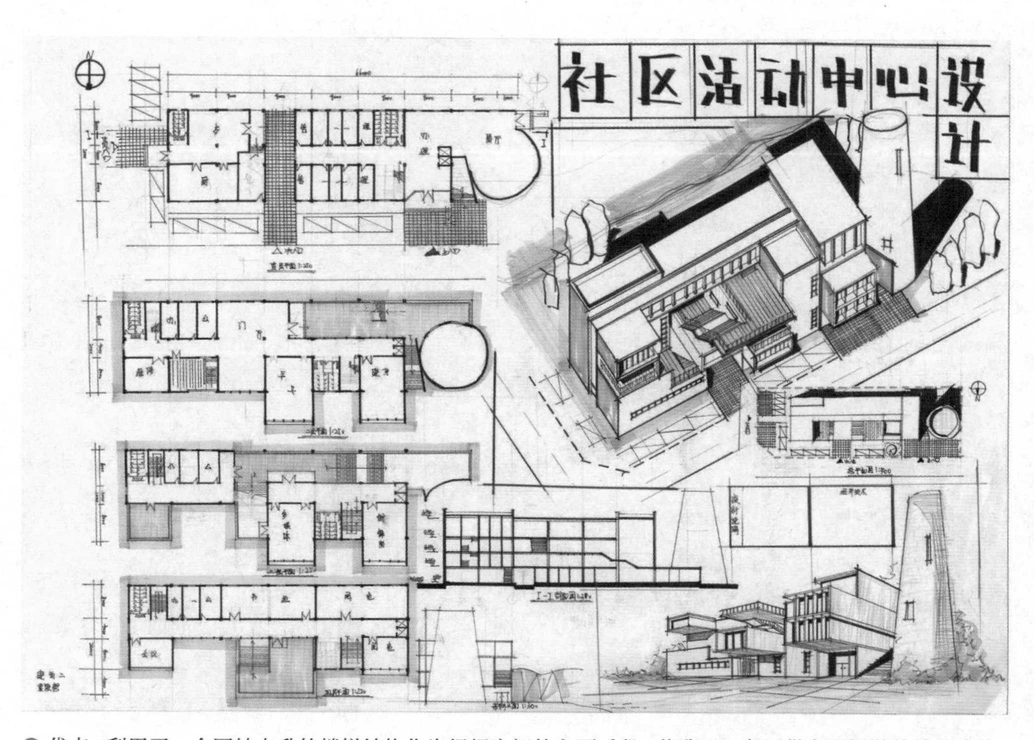

● 优点：利用了一个回转上升的楼梯结构作为组织空间的主要手段，营造了一条可供市民漫游的体验流线。

● 缺点：造型语言的统一性需要加强，造型的表现力不足。

5.3 幼儿园——深圳大学 2018 年真题

5.3.1 真题解析

九班幼儿园设计

近年来，深圳人口迅速增长，教育等公共设施不足的问题逐渐凸显。某民营企业拟开发建设若干私立幼儿园，并且结合幼儿培训、早教以及幼儿商业等功能，开发新型的以幼儿教育为主题的一体化综合开放项目。该企业目前在深圳市已获得某住宅区配套幼儿园办学资质，获准建设一所九班幼儿园，每班 20 人，详细要求如下。

一、设计任务书

1. 强调内部空间的儿童尺度感、体验感与空间品质，设计能促进活动交流的场所

2. 充分考虑绿色建筑设计原则，充分利用南方地区气候特点来设计

3. 设计互不干扰的校内与校外流线，并考虑各部分功能之间的联系

基地信息：建设基地见附图。

二、经济技术指标

总建筑面积：约 4000 m^2。

建筑用地面积：约 6000 m^2。

建筑覆盖率：＜ 25%。

具体分类如下。

1. 幼儿教学区 1355 m^2

活动室：120 m^2/ 班；（综合活动室含卫生间、衣帽间、储藏室等，配活动床铺用于午休）（卫生间 18 m^2/ 班）（衣帽间 8m^2/ 班）（储藏室 4 m^2/ 班）

音体室：100 m^2
医务室：20 m^2
晨检室：15 m^2
办公室：40 m^2
传达室：15 m^2
厨房：60 m^2
洗衣房：10 m^2
行政储藏室：15 m^2
工作人员厕所

室外活动场地布置：包括班级活动场地和公共活动场地（升旗场地和 60 m 跑道）

2. 幼儿培训区 520 m^2（可独立运营，设单独出入口）

培训教室：6×40 m^2
卫生间：20 m^2
办公用房：60 m^2
公共活动空间：120 m^2
门厅：80 m^2
办公用房：60 m^2

3. 幼儿商业区 740 m^2（可独立运营，设单独出入口）

餐厅：200 m^2
厨房：100 m^2
商铺：4×60 m^2
儿童书店：200 m^2

交流空间、交通、厕所及服务面积请按相应配置，不考虑地下停车，但需适量地上停车与场地结合

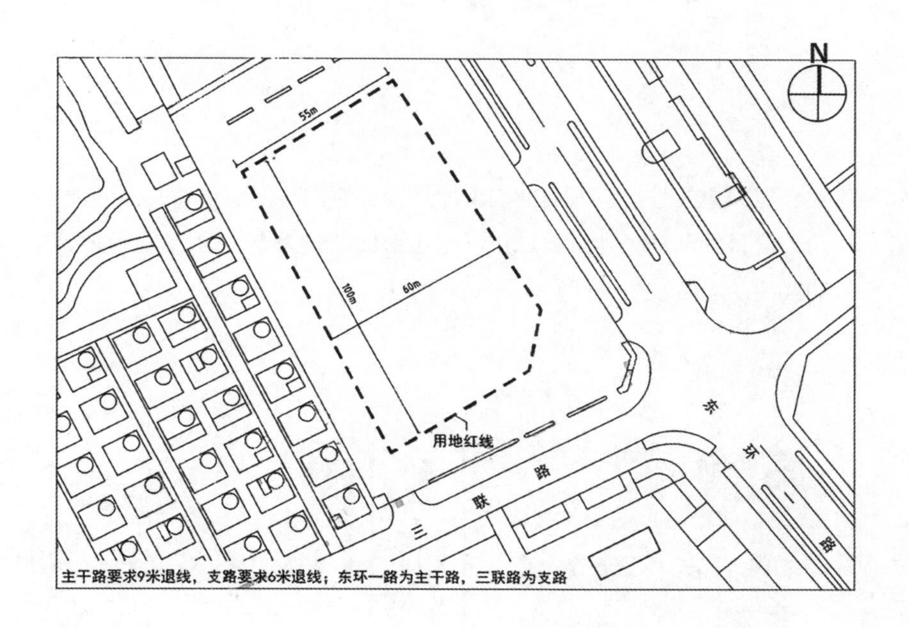

该题目中的功能要求反映了幼儿园的时代特征。与传统的封闭式幼儿园相比，该任务书想要让考生设计得更像一个“幼教综合体”，除了传统的幼儿园部分，还有许多幼儿兴趣教育和幼儿娱乐消费等可选的拓展功能。孩子不仅在工作日的白天可以到幼儿园中学习和玩耍，在晚上和周末，也可以与父母在这里参与兴趣班、阅读活动、亲子活动，以及就餐等，这些是传统幼儿园无法提供的功能。

由于以上新增加的功能，该方案有一个突出的矛盾：幼儿园是极为封闭的区域，而商业区又需要人流量和开敞空间，这两种功能区如何在场地当中布局，既能保证内部流线的完整性与隐私性，又能保证外部商业界面的开放性与公共性。这是本题首先需要考虑的问题。

在开始推敲方案时，首先应该布局的是 60m 的跑道。跑道需要布置在正南正北，前后左右都需要较大的缓冲区域，并宜设置观看比赛的区域，因此，该区域占据了场地内非常大的一部分。

关于幼儿商业区，我们要考虑其与普通商业区的区别。相比于普通商业区，幼儿商业区的目标人群要少得多，基本上只是幼儿和他们的家长，这决定了该商业区并不适合追求绝对的公共性。相反，它应当围合出与城市干道有一定距离的半公共区域。这样，特定人群有其特定的半公共空间，进一步增强了该空间对特定人群的聚集作用。

该题目有一个难点，那就是朝向的问题，因场地为非正南正北的矩形，但幼儿活动单元又必须是正南朝向，这就必然导致幼儿活动单元与场地产生斜交关系。

幼儿园入口不宜直接朝向主干道，否则在接送学生时会造成城市拥堵，因此，至少要在幼儿园入口前设置集散和缓冲区域。

该题目有一个要求：建筑覆盖率小于 25%，也就是说一层面积要 < 1500 m^2。该数值意味着对一层空地面积的强制要求。

注意观察任务书中的地图，西边的密集居住区需要我们自行判断住宅的性质。排除了集合住宅，那有可能是别墅和农村自建房。从住宅的间距上可以推断出它不可能是别墅，因此该区域为农村（城中村）自建房。

5.3.2 课堂示范

设计思路考虑到幼儿园与商业功能的重要性，引入商业内街增加商业氛围，同时在幼儿园内部集中规划出形状大致为直角三角形的公共活动场地，在二、三层也形成了较为集中的活动场地与路径，形成了三层嵌套的环形幼儿活动场所（如下图）。

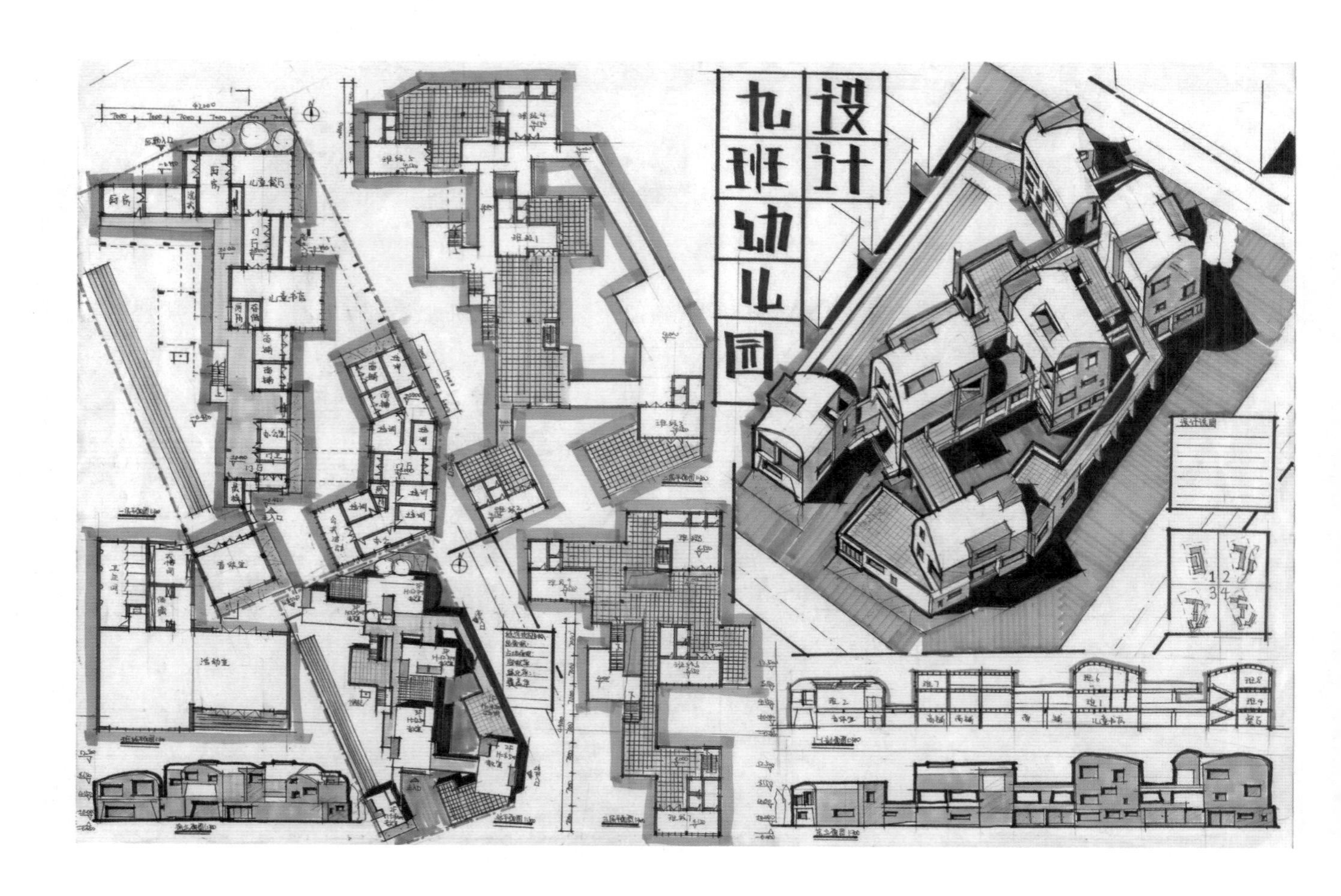

5.3.3 作业点评

作业 1

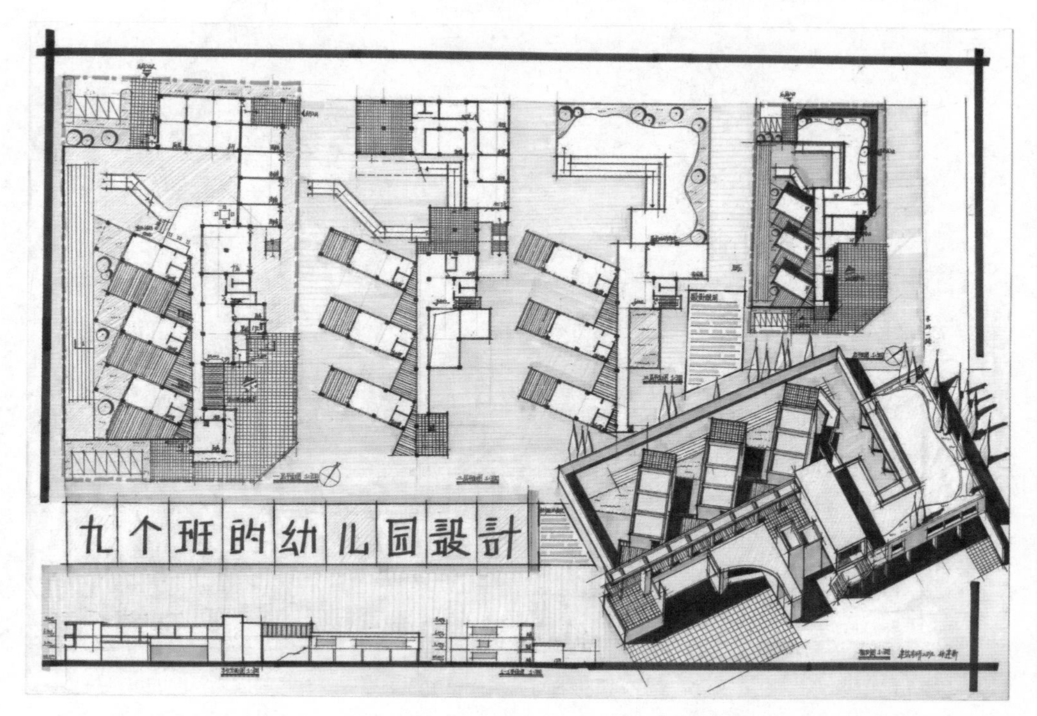

● 优点：造型简洁干练，商业区在场地最南部，并围合成一个供幼儿园使用的内院，空间相对完整，并把幼儿的娱乐活动引向屋顶。

● 缺点：南部体块的厨房、商铺、餐厅直接向幼儿园内院开窗，破坏了幼儿园的隐私性，干扰其内部使用。跑道两侧未留足缓冲空间与观看比赛的空间。

作业 2

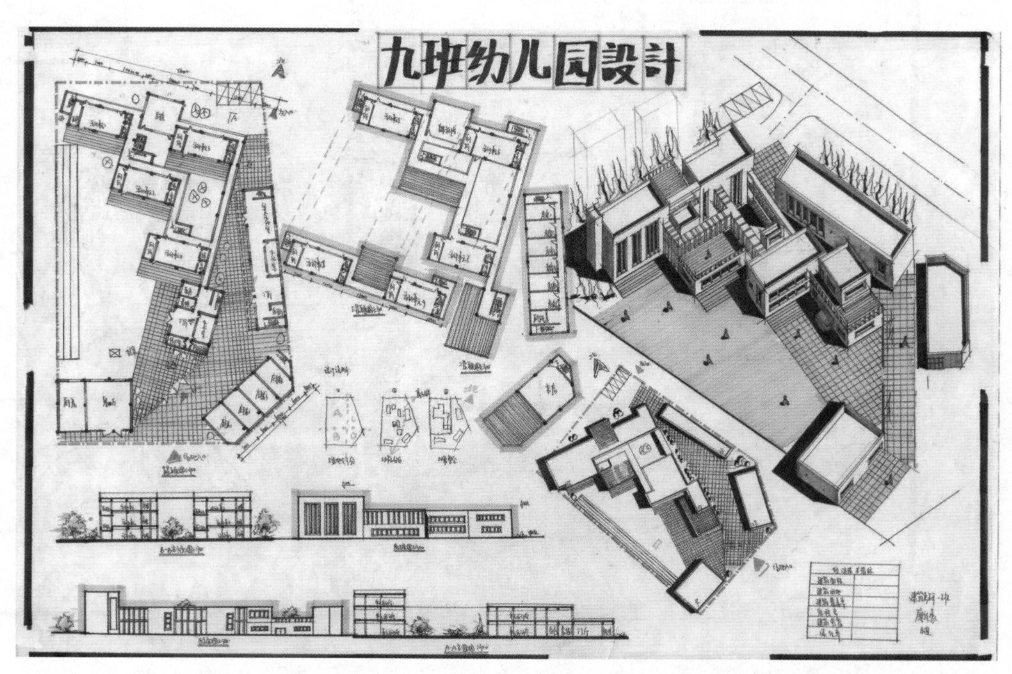

● 优点：虽然幼儿园活动区缺乏场地设计，但通过形体布局围合成了一个相对完整和开阔的活动区域，并且跑道旁有一个完整的观看比赛的观众区。

● 缺点：幼儿园与外部商业区意欲夹出一条商业街，但尺度缺乏考虑，且它与幼儿园内部的视线关系也未处理。

作业 3

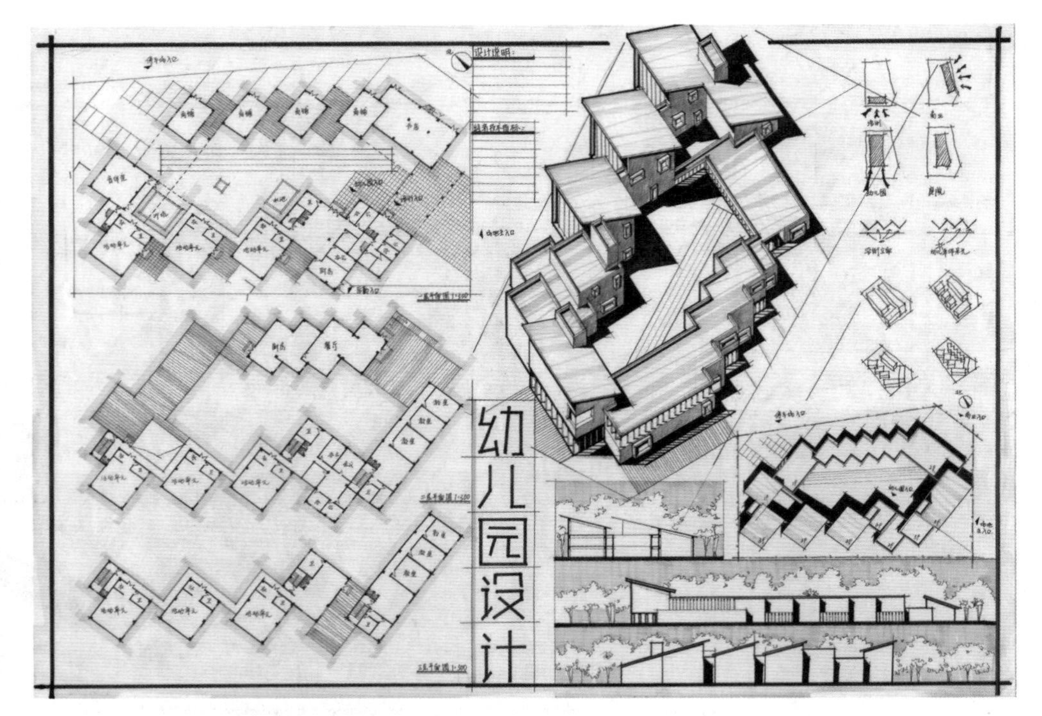

● 优点：形体策略清晰，统一了体块的轴网关系，利用逐层退后的方式呼应了斜向的场地边界。

● 缺点：该呼应方式造成了内部庭院界面相对破碎的状态和外部大量的三角形空间，这些三角形空间在商铺一侧可以被充分利用，但在另三侧造成了场地的大量浪费。幼儿园的边界不清晰，未与外部建立明确分割。

作业 4

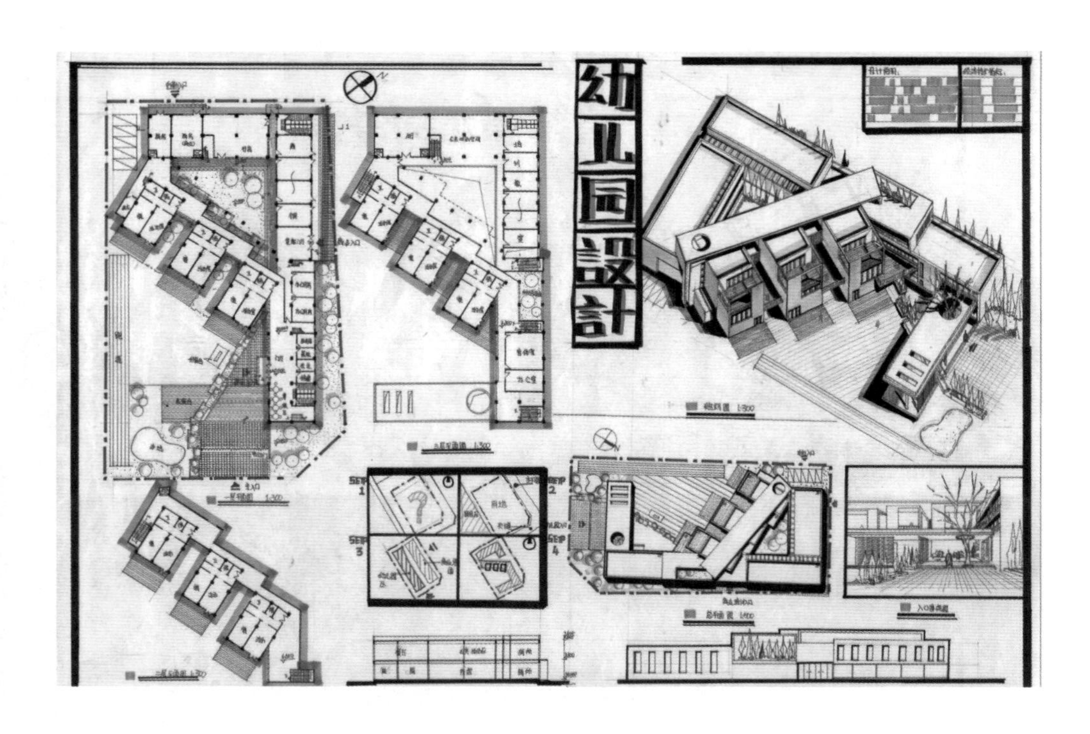

● 优点：形体策略清晰，紧贴场地东北部，围合成了一个 U 形，把三个斜向布置的活动室包裹进来。

● 缺点：U 形与斜向体量之间形成的三角形空间利用率低，较为消极。

作业 5

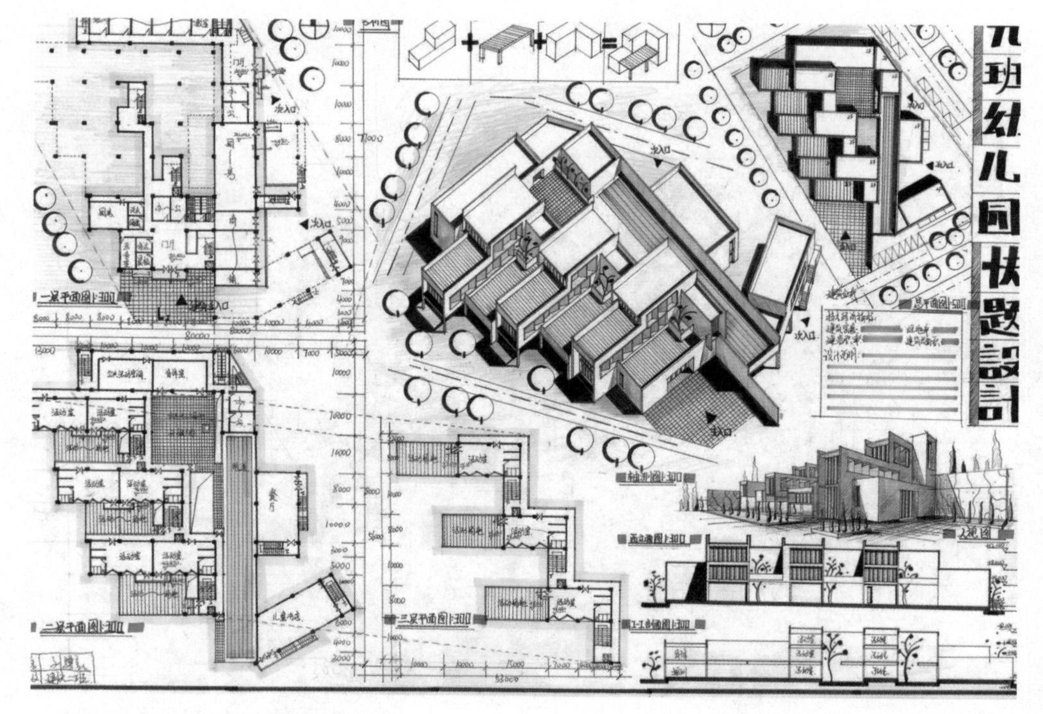

● 优点：图面完整，整体效果好。

● 缺点：存在巨量的“死亡灰空间”，建筑覆盖率这个指标的意图被本末倒置。

作业 6

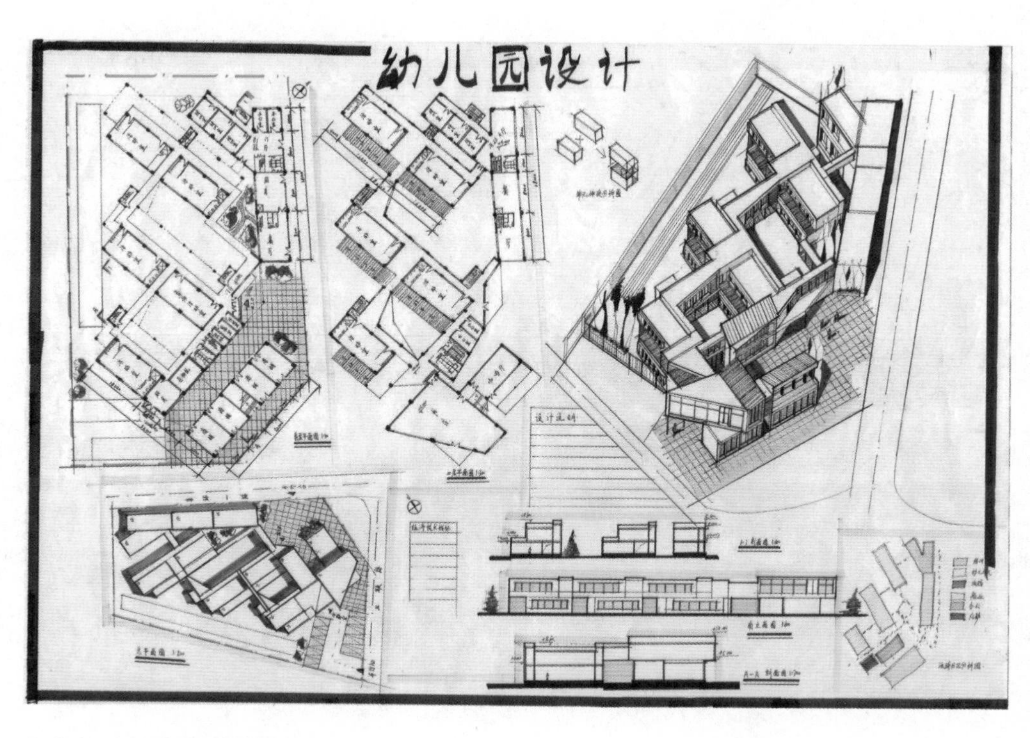

● 优点：图面完整，整体效果好。

● 缺点：一层的幼儿园活动场地被切碎，个别活动室采光效果不佳。商铺与幼儿园之间的空间并不积极，缺少引导性、聚集性。

作业 7

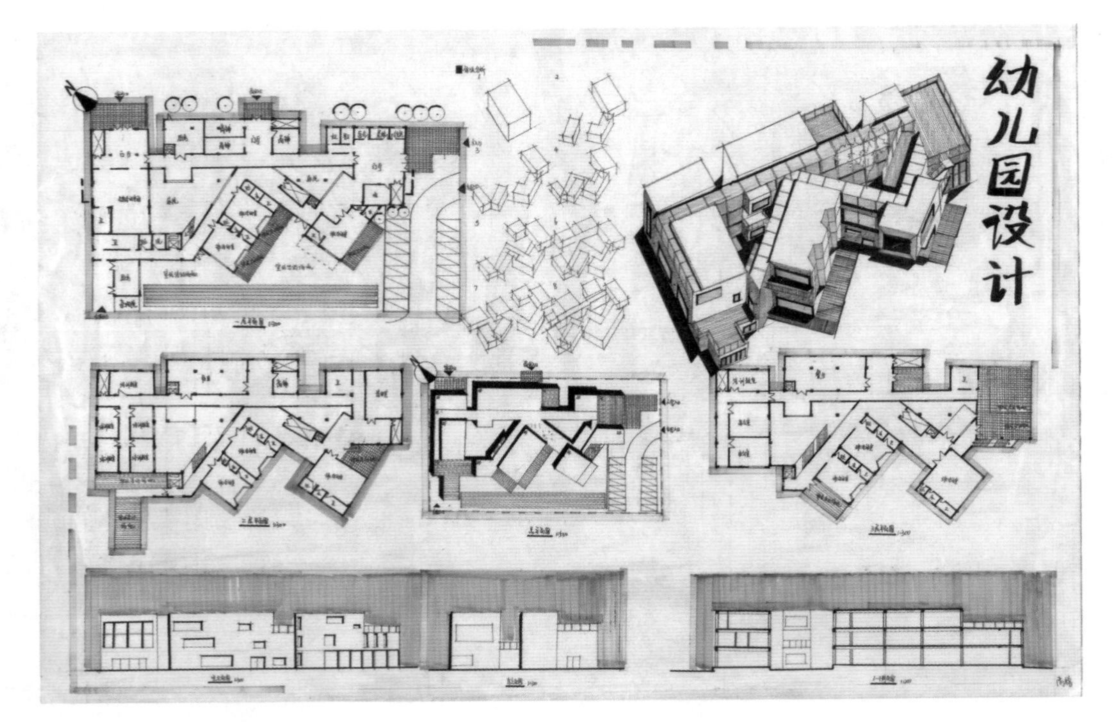

● 优点：图面完整，整体效果好。

● 缺点：U 形与斜向体量之间形成的两个三角形空间比较浪费。

5.4 工业博物馆——天津大学 2018 年真题

5.4.1 真题解析

废弃厂区中的小型工业博物馆设计

随着数字制造技术的发展，传统工业区遭遇了极大挑战，很多厂区建筑逐渐废弃或改作他用。现将在华北某城市工业区地块建设一座小型工业博物馆，以展示该地区工业发展的辉煌历史，并向公众介绍当代新型的生产与制造技术。该地块内有一废弃厂房，通过建筑师创造性工作时期重获新生。

一、基地概况

红线范围内为工业博物馆用地，用地总面积 4796 m^2。项目西南侧临城市次干道——秋实道，道路红线宽度 24 m，要求建筑后退红线 5 m；东南临城市支路春华路，道路红线宽度 11 m，要求建筑后退红线 5 m。西北、东北两侧与厂区相邻，以围墙相分隔，要求后退红线 3 m（不考虑与其他工业建筑的间距）。基地地面平坦，基地内部、基地与道路间的高差可以忽略不计。基地内有旧厂房一座，占地面积 1491 m^2。该厂房基本结构完整，柱子、屋架与屋面保留继续使用，内外墙体全部拆除。

二、设计要求

1. 分区合理，交通流线清晰，满足任务书各项功能要求

2. 充分利用旧厂房保留下的结构体系进行设计。既有结构不能有任何的移除，且认为其有足够的承载能力，新增的梁板可以借助旧有结构支撑

3. 对于旧建筑保留部分的艺术价值进行充分挖掘。厂房裸露的屋架结构本身就具有特殊的审美价值，在一定程度上反映了特定时代的工业发展水平。要求将这种结构的形式美尽可能在空间中展示出来

4. 改造部分与新生部分建筑层数为 1—2 层，结构形式不限

5. 根据设计需要可以在原来的建筑外增建

6. 为保护原有结构基础，地面不允许下挖

三、设计内容

工业博物馆总建筑面积 3000 m^2。不得小于该面积数，且上浮不超过 10%。主要具体功能组成与面积分配如下表。

四、图纸要求

1. 总平面图 1 ∶ 500；各层平面图 1 ∶ 200；首层平面图应包含一定区域的室外环境；沿道路立面图 1 张，1 ∶ 200；剖面图 1 张，1 ∶ 200

2. 不作外观透视图，作 1 ∶ 200 轴测图 1 张。轴测图应表现出建筑内部空间关系。考生可以根据方案设计特点自主选择轴测图的表现方式，以表达清晰为原则

3. 在平面中直接注明房间名称。首层平面必须注明两个方向的两道尺寸线（总尺寸与定位轴线尺寸），剖面图应注明室内外地坪、楼面及屋顶标高

4. 图纸采用白纸黑绘，徒手或仪器表现均可

5. 答题图纸规格采用 1# 草图纸（图幅尺寸 790 mm×545 mm）

6. 必要的设计概念分析与说明自定

主要具体功能组成与面积分配（以下面积数为建筑面积）

分区	功能	面积（m²）	间数	备注
展示空间 1400 m²	大型设备展区	400	—	展览空间净高≥ 8 m, 可结合空间设计灵活布置
	实物展区	200	—	可结合空间设计灵活布置
	图文展区	200	—	可结合空间设计灵活布置
	多媒体展厅	100	1	—
	多功能展厅	200	1	—
	文物保护修复	共 100	3	—
	库房	200	1	—
学术研究空间 900 m²	学术报告厅	400	—	—
	贵宾休息室	80	1	带独立卫生间
	设备控制	20	1	服务于学术报告厅
	研究室	共 200	5	供科研人员长期从事研究使用
	多媒体教室	共 200	2	进行科普活动
管理用房 200 m²	办公室	共 120	4	—
	保安与消防控制室	80	1	—
其他 500 m²	交通面积	自定		走道、楼梯、门厅、大厅等
	服务面积	自定		卫生间、设备间、纪念品销售等
	其他认为必要的空间	自定		—
室外	须提供不少于 10 个机动车停车位（2.5 m×5.5 m）			
	保留一定面积的室外临时展示场地，规模自定			

五、保留结构及屋架尺寸（A-A）

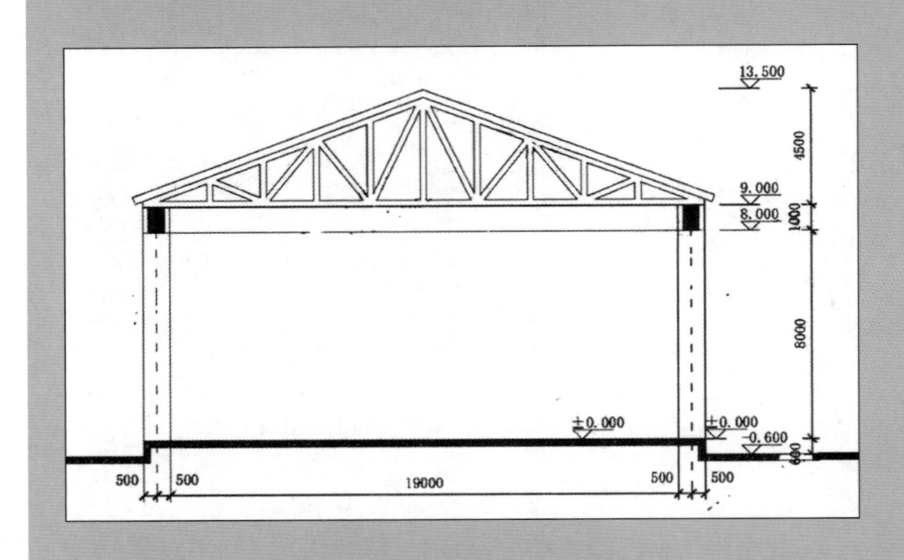

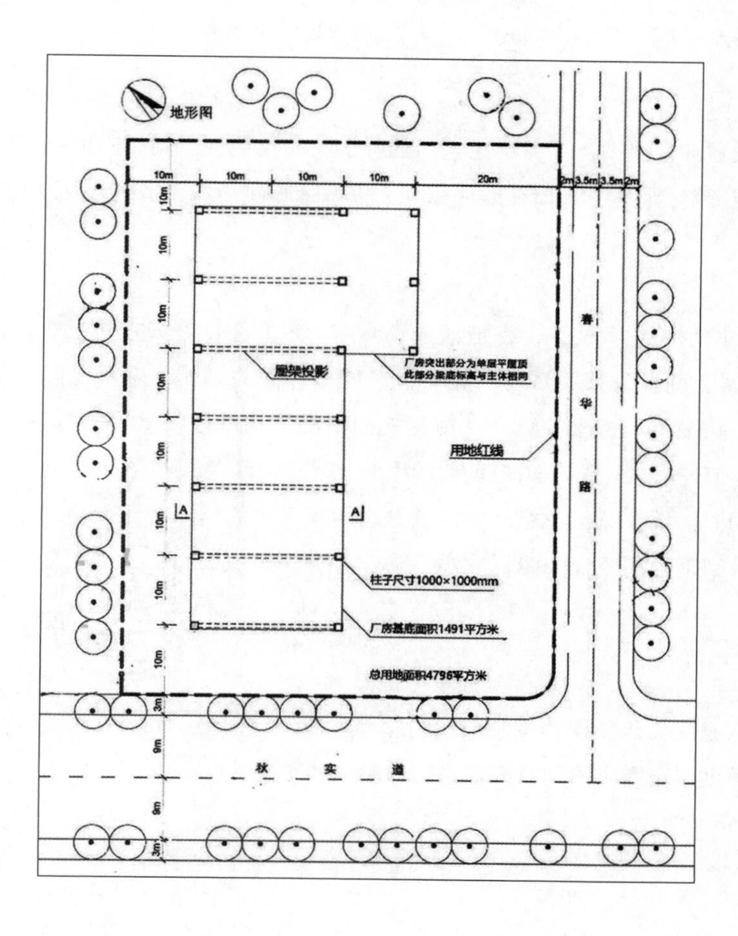

（1）对于老建筑的利用

题目中明确表示应该尽量保留屋盖和结构，因此，应最大化保留和利用现有结构，尤其是要保留具有原始印记的建筑结构。对于快题设计来说，应该严格按照任务书的要求进行设计。原有建筑的结构柱网一般不能变动，要充分利用原有建筑柱网的开间和进深特点。对于现代的框架建筑来说，不起承重作用的梁是可以拆除的。屋顶可以局部开天窗，但是一定不要改得面目全非。题目明确指出，屋架及屋面部分保留继续使用，因此，裁切屋面或改变原有屋面造型，都是错误的设计手法。题目要求考生着重考虑对原有屋架的利用，考生可利用其作为空间限定的元素，或作为某个大型空间界面构成的一部分。

（2）新建部分存在的姿态

新建部分不仅要有原始的个性，同时需要具备现代的气息，既要合理安排功能，做到有实用性，又要最大化利用和保留原有的建筑结构柱网，实现经济性，最终实现新旧部分的和谐共生。

（3）新建筑与旧建筑的关系

在旧建筑改造过程中，常常借助新旧材料和形式的对比，为老建筑带来新的气息，但也要最大限度地保留老建筑的沧桑感，以引起人们对老建筑历史文化的深入思考。一个成功的改造类快题设计作品最终达到的改造效果应该具有整体性、层次感、动态感及文化感。

（4）注意主入口和功能的设置

作为城市中的公共建筑，主入口的设置非常重要，要考虑主入口的吸引力和重要性，同时内部主要空间的排布也要考虑对城市界面的影响，因为主入口在形体和立面关系上直接与城市产生对话。

（5）功能分区

在功能分区上，要注意处理好最主要的展览空间布局，保证流线顺畅，一定要注意展览空间和办公研究空间的分隔。展览空间和附属空间在位置关系上，应考虑对城市界面的影响，附属空间宜朝内、朝北布置，向城市打开的方向宜布置主要空间。功能区的面积都是 400 m^2、300 m^2、200 m^2 之类的整百的情况，与 10×10 的轴网关系不谋而合。因此，顺应轴网关系布置平面会容易很多，也会非常合理且高效。同时，要注意大小空间，尤其是有通高要求的展厅布置，要体现出小型博物馆的空间特点，便于绘制剖轴测或轴测图。

5.4.2 课堂示范

在设计时，应考虑原有工业厂房的气氛，引入新建体量及玻璃门厅等呼应建筑性格，同时在厂房内部形成通高空间和上下流线，在满足展览需求的同时丰富参观体验（如下图）。

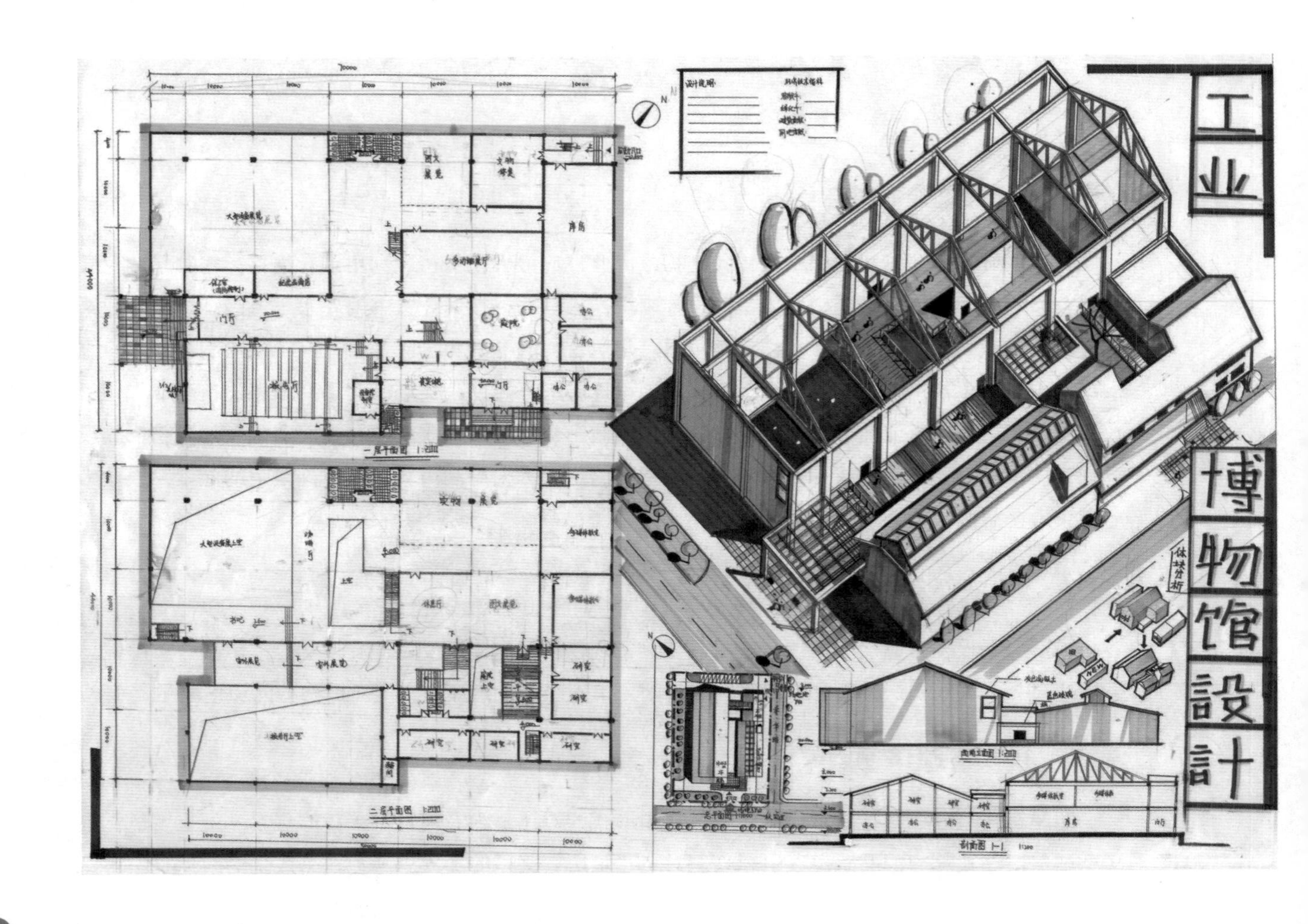

5.4.3 作业点评

作业 1

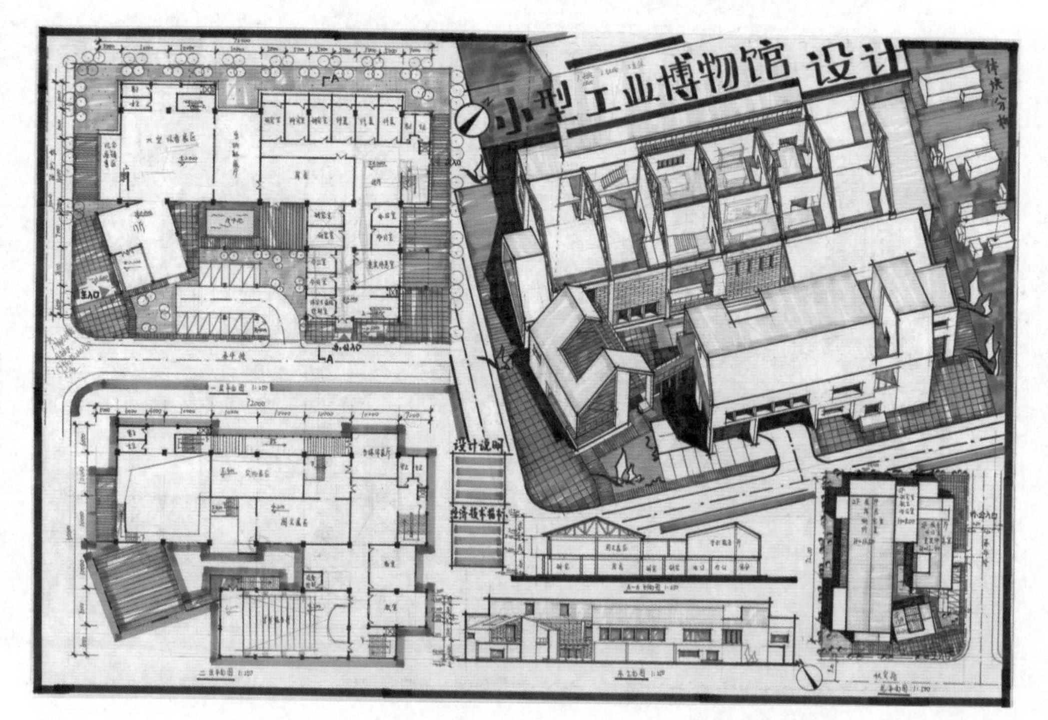

● 优点：运用体块叠加的方式做出了新老建筑之间的对比，入口空间及观展流线组织合理，图面表达完整。

● 缺点：作为博物馆的主立面较为零散，不够完整，新老建筑之间的对比不明显。

作业 2

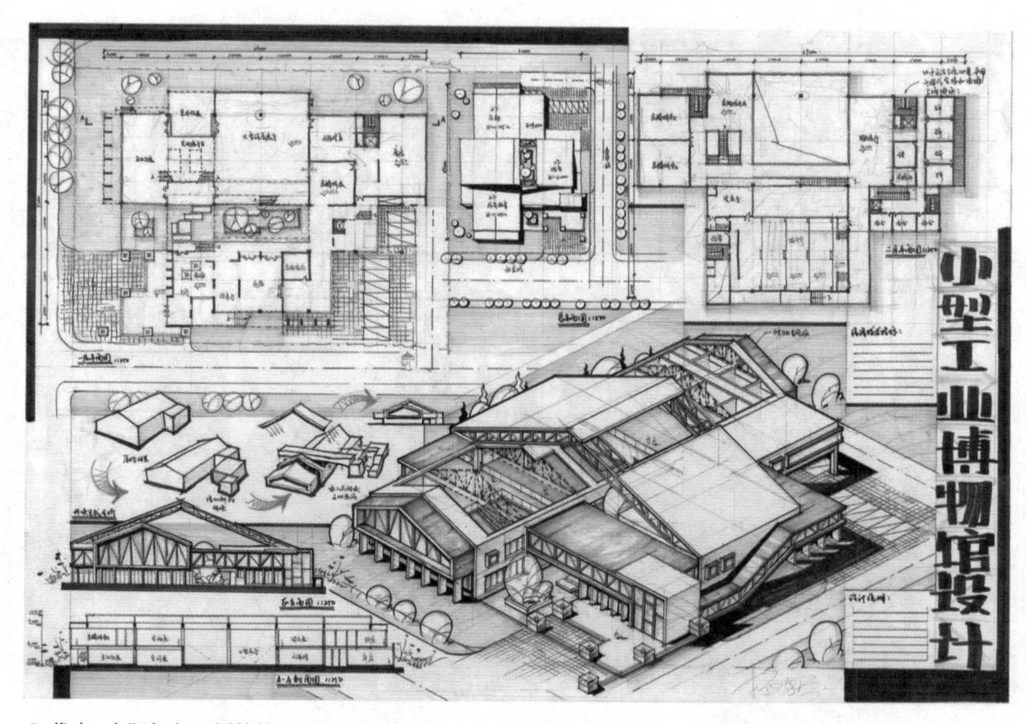

● 优点：大胆加入了新的体量，整体造型风格与工业展览主题高度吻合，场地设计丰富，内部流线处理较好。

● 缺点：新覆盖的屋顶体量过大，对原有屋顶结构及形式造成了明显影响。

作业 3

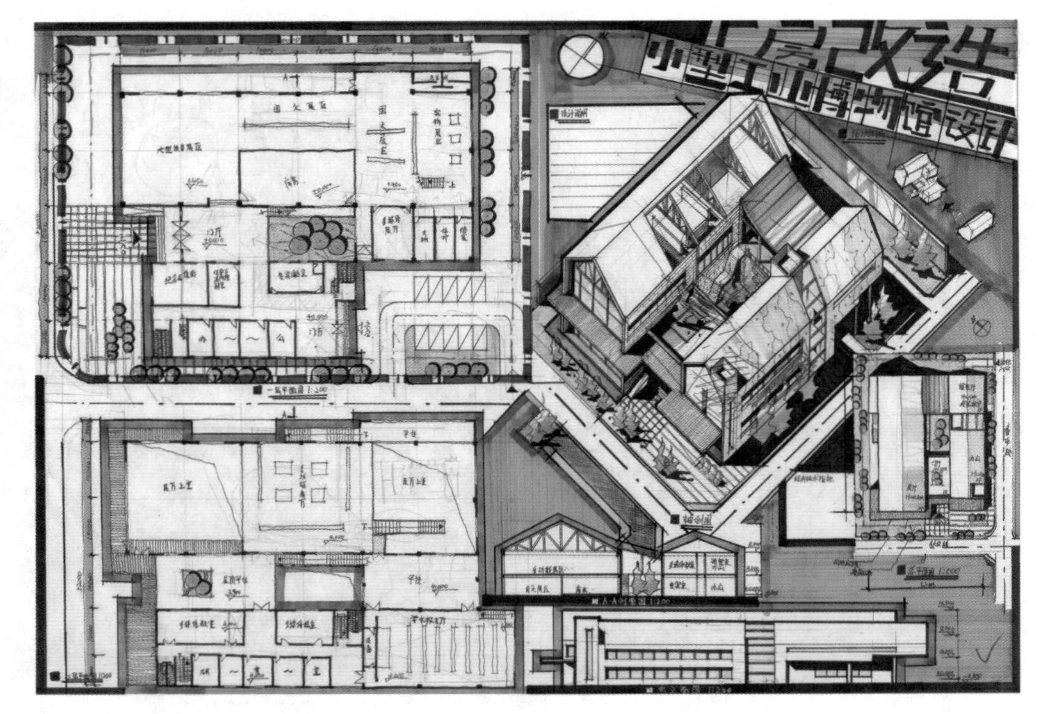

● 优点：采用新体量模仿原有建筑，并与老建筑并置，思路清晰，充分优化老建筑的空间用于展览。

● 缺点：新体量没有与老建筑产生对比，会混淆新老建筑的风格，入口空间也不够明显。

作业 4

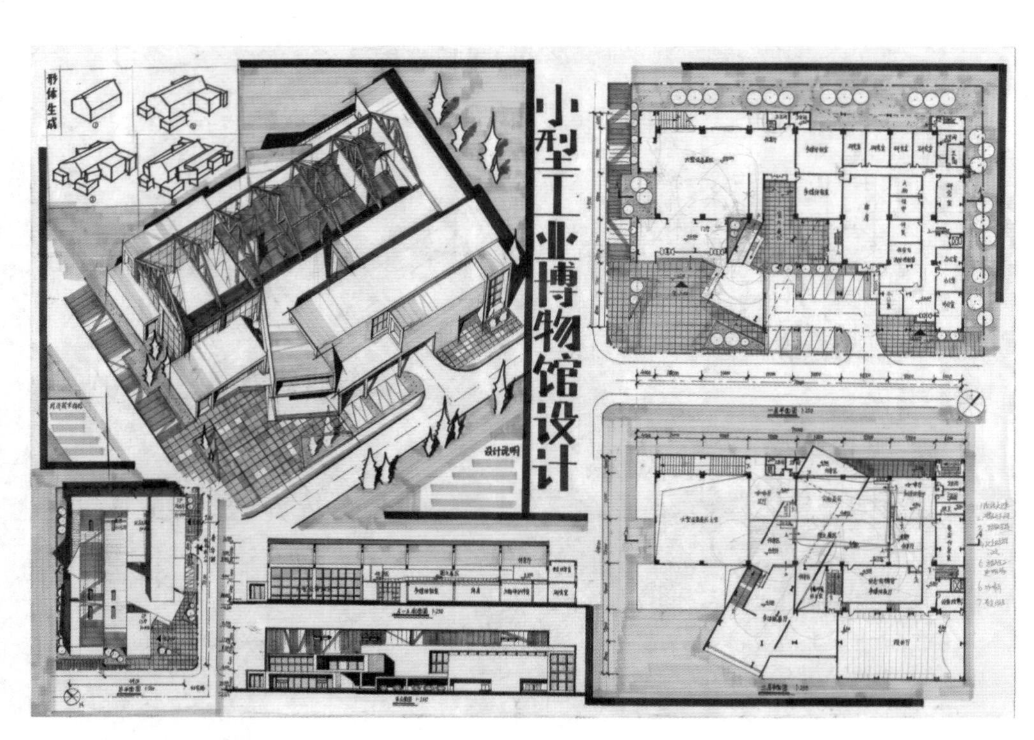

● 优点：形体穿插关系丰富，入口空间营造得较好。

● 缺点：后勤办公区的流线过长且混杂，报告厅的结构形式与疏散也存在明显问题。

作业 5

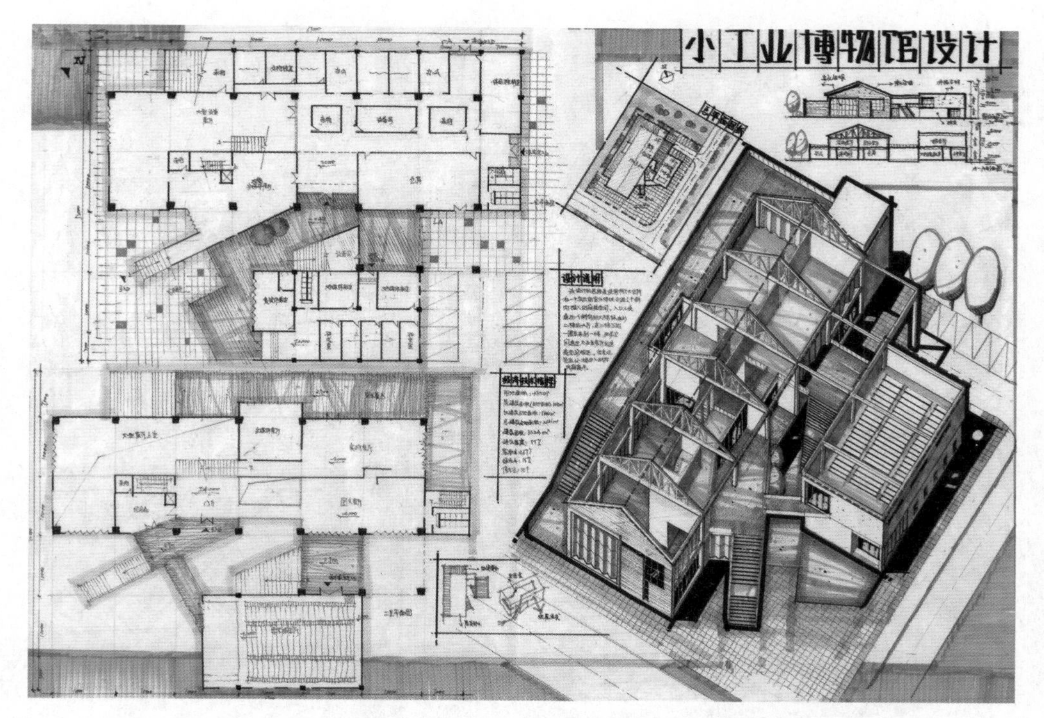

● 优点：将人流直接导向二层，近距离感受原有结构形式，造型也比较完整，符合博物馆的建筑性格。

● 缺点：次入口与观展流线末端处理得较为随意，观展体验无法延续。入口大台阶下方空间也有些凌乱。

作业 6

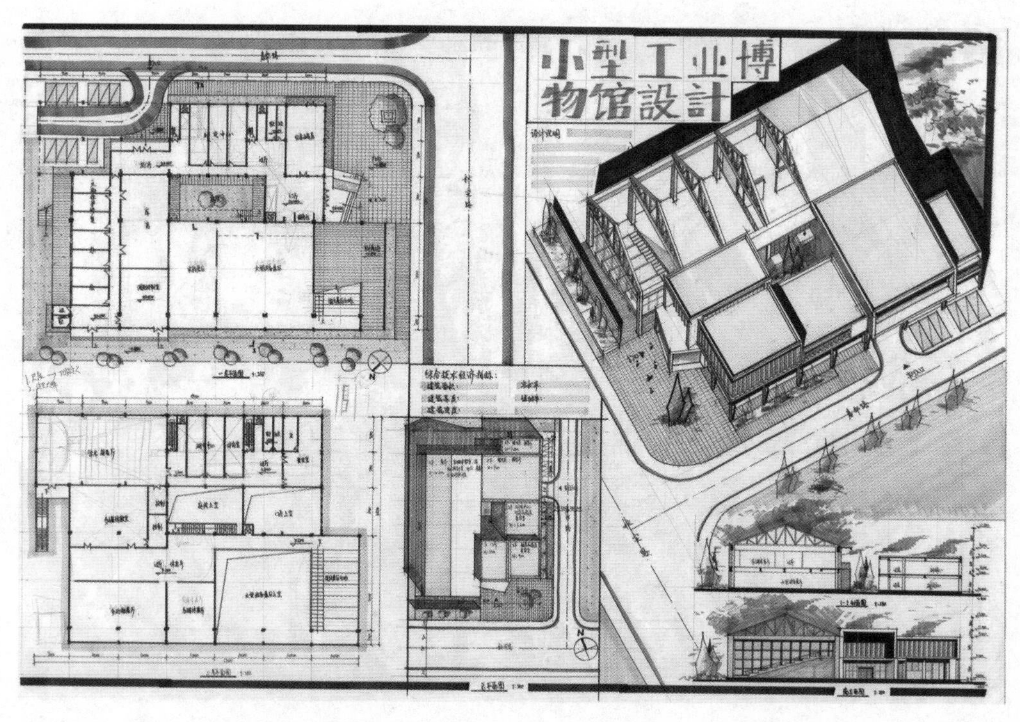

● 优点：思路清晰，新老建筑之间通过体块的大小、材质形成了对比关系，充分尊重了原有建筑，功能分区也较为清晰。

● 缺点：观展流线与办公流线在门厅处可能会产生混杂，室外展场的布置导致功能无法使用。未按照正南、正北的方向制图，不便于读图。

5.5 乡村驿站——清华大学 2020 年真题

5.5.1 真题解析

乡村驿站设计

一、设计要求

因发展乡村旅游业的需要，拟在村庄入口处建设一座乡村驿站，为游客和村民提供服务。要求在东面设置机动车的入口，并在场地内留存 10 个以上的机动车位，保留一定的自然景观，绿化率在 30% 以上，场地南面临湖，结合环境进行布置，总面积控制在 3500 m^2（±5%）。

二、功能要求

门厅 150 m^2

民间展厅 150 m^2

活动室 6×20 m^2

客房 30×32 m^2

办公室 6×20 m^2

会议室 2×60 m^2

库房 80 m^2

多功能厅 300 m^2

乡村食堂 120 m^2

风味餐厅 150 m^2

厨房 150 m^2

楼梯、厕所等面积自定

三、图纸要求

总平面图 1 ： 600

平面图 1 ： 300

2 个立面图 1 ： 300

2 个剖面图 1 ： 300

透视图

概念设计

技术经济指标

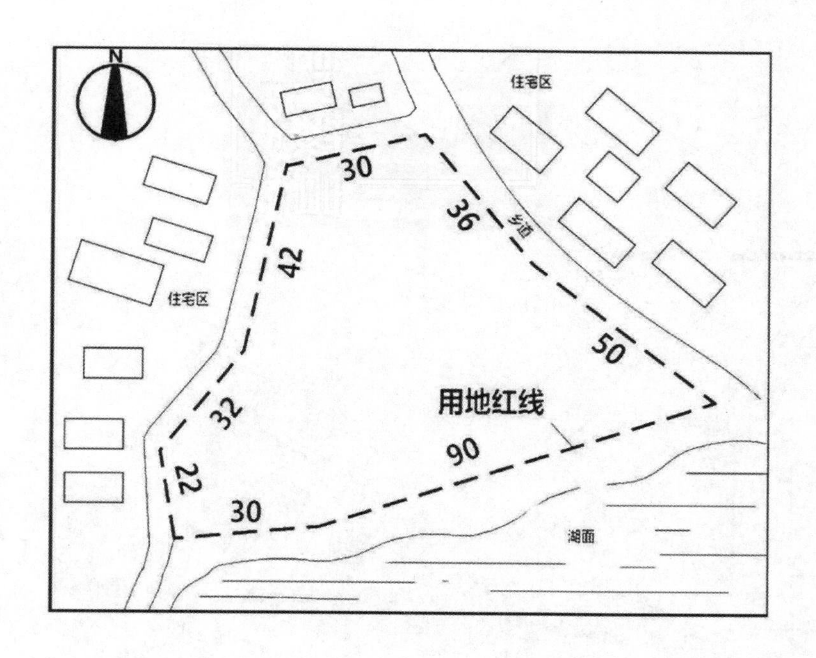

任务书中给出的关于场地的信息较少，但隐藏的信息又十分丰富。根据民居方向、肌理可以判断出场地处于一个山谷中，并且村口方向位于南侧。场地边缘较为复杂，但大体为三角形，要注意灵活调整体块与场地的关系，呼应地形与朝向，避免出现外部废弃的三角形边缘地带。

在面对复杂场地时，要着重注意不规则场地建筑的设计策略，如守边、完形等，同时善于利用边角空间进行场地设计，塑造丰富的景观、广场等空间，尽量在外部解决边角空间，避免将矛盾转化到建筑内部。

乡村驿站这类建筑设计是一种较为新颖的考研题型，包含游客服务和村民活动中心两个大的功能分区，重点在于流线的梳理，即场地外部—开车 / 坐大巴进入场地—下车集散—进入服务中心—分散使用功能—集合—去往景区。同时，要注意多功能厅、活动室等复合的功能分区，考虑能为两种人群共同服务，以及通过内部景观层次来提示两个大的功能分区。

景观要服务于游客服务这一功能分区，考虑将客房、餐厅等功能分区摆在景观面，同时考虑通过场地设计为村民留出到达湖边的流线。

乡村食堂主要为村民提供服务，是一种便民公共设施，因此其位置应尽量面向村庄内部，同时也可以和餐厅合用厨房。

在切入该题目时，要先考虑合理布置停车区域，然后再去布置建筑体块。外来车辆应尽量在东立面解决，避免车辆开入村庄内部。

5.5.2 课堂示范

在设计时，应考虑呼应乡村整体环境，将传统民居形式转化成单体原型，并通过合理的布局满足客房区的布置需求，同时在内院丰富景观层次，形成满足游客及当地居民使用需求的良好体验（如下图）。

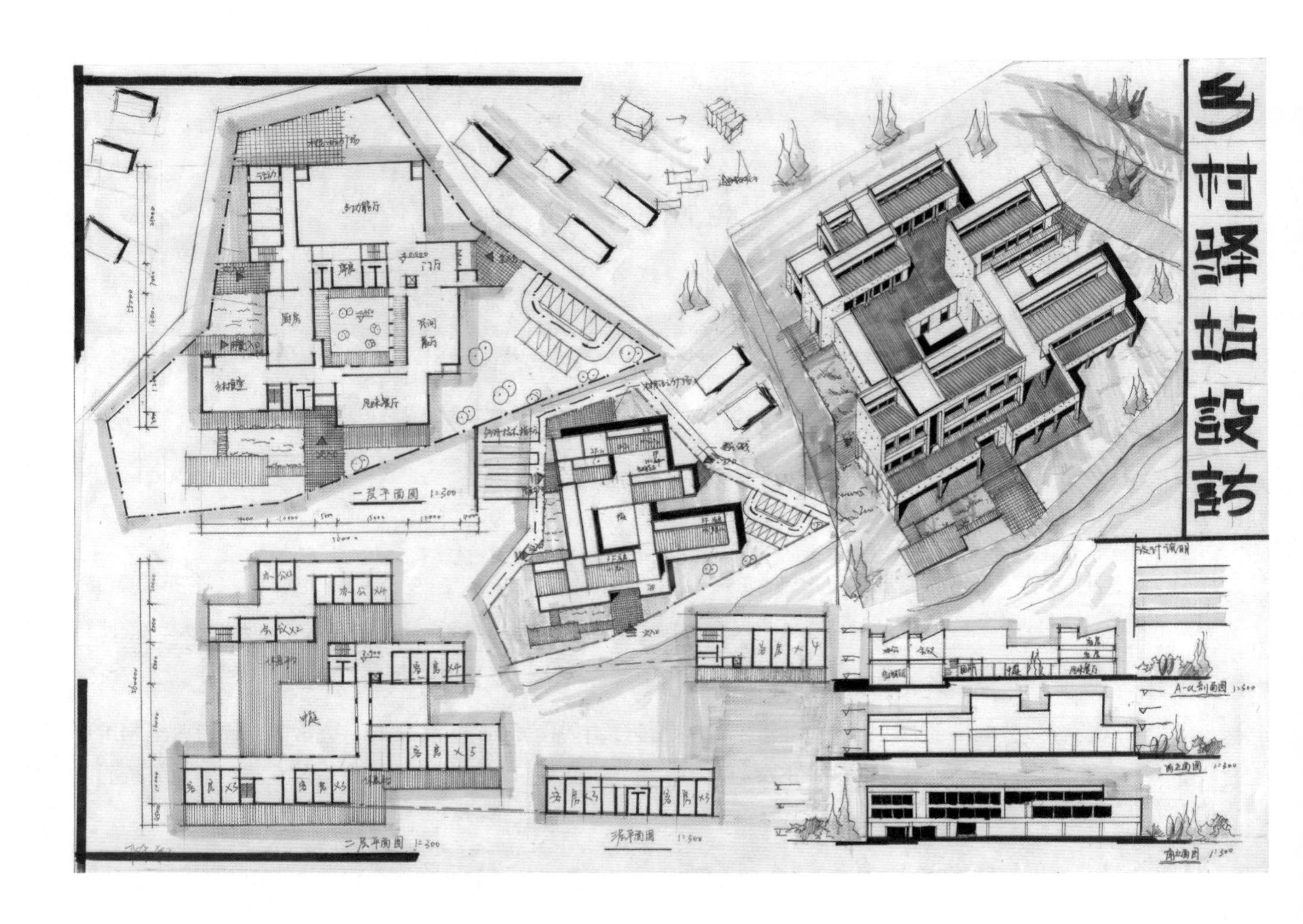

5.5.3 作业点评

作业 1

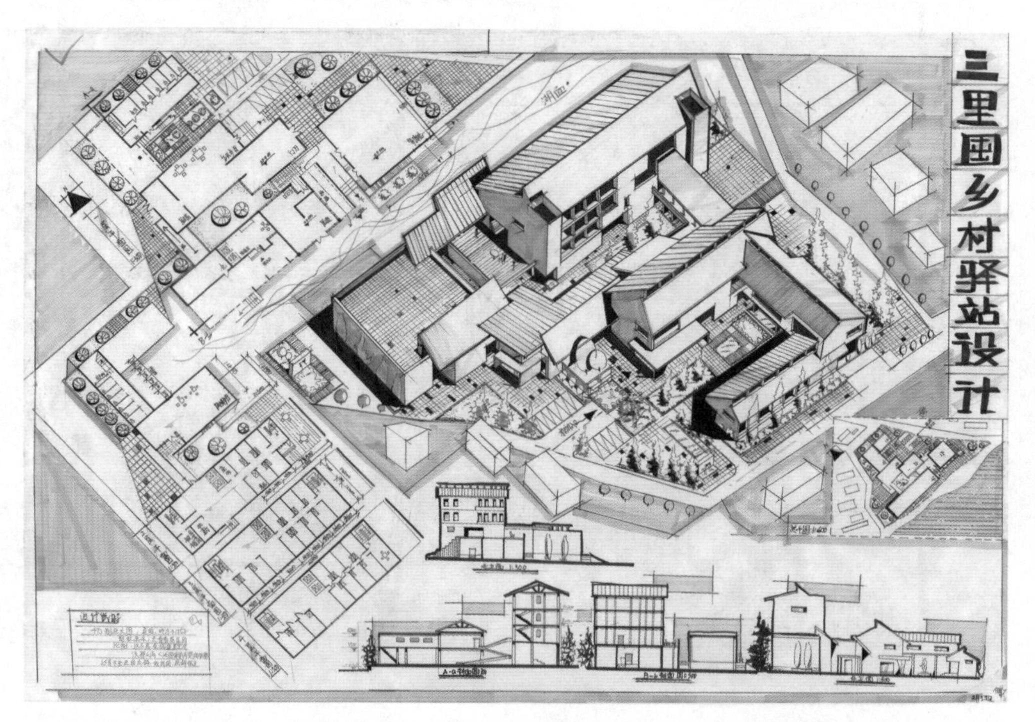

● 优点：造型表达丰富，场地设计完整，充分回应了不规则场地与景观面。造型的大体块关系明确，通过两个院子来组织两大功能分区，思路清晰。

● 缺点：技术图纸表达不完整，无法完整判断二、三层平面的状态。游客入口较远，流线过长。山墙面较多地暴露给了东侧主立面，导致主立面不够完整。

作业 2

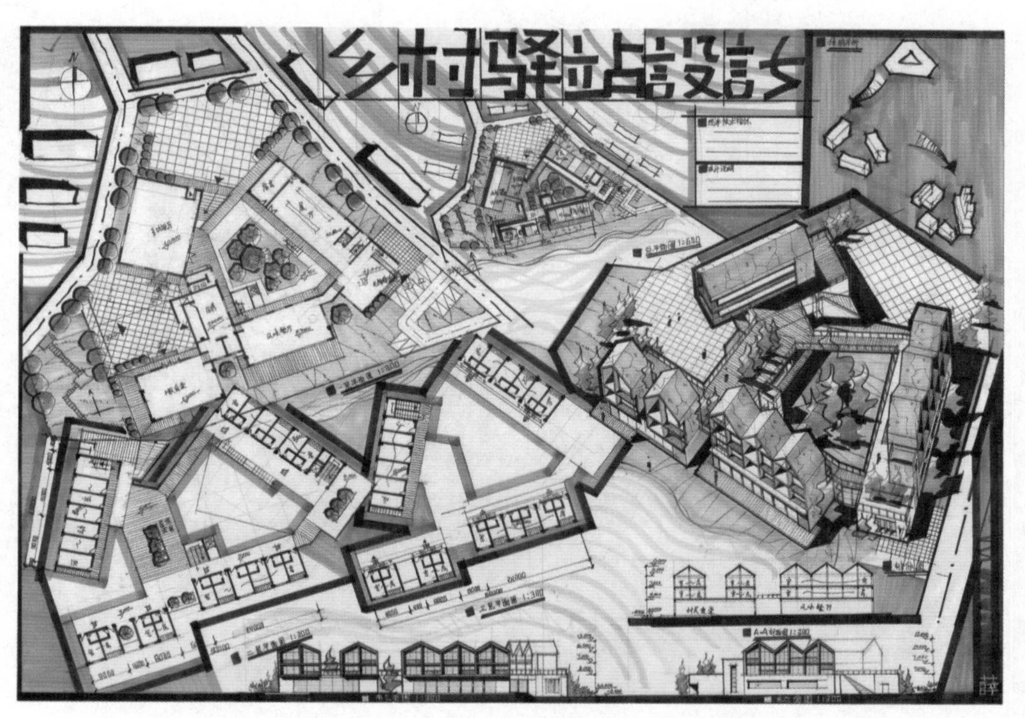

● 优点：图纸表达完整，表现力强。通过三个体量占据场地的几个主要边界，组织几大功能分区的布置及流线，并形成了尺度较大的内向型庭院，造型风格鲜明统一。

● 缺点：主入口尺度过小，不够明显。整体形体与村庄肌理不吻合，几个广场之间缺少联系。

作业 3

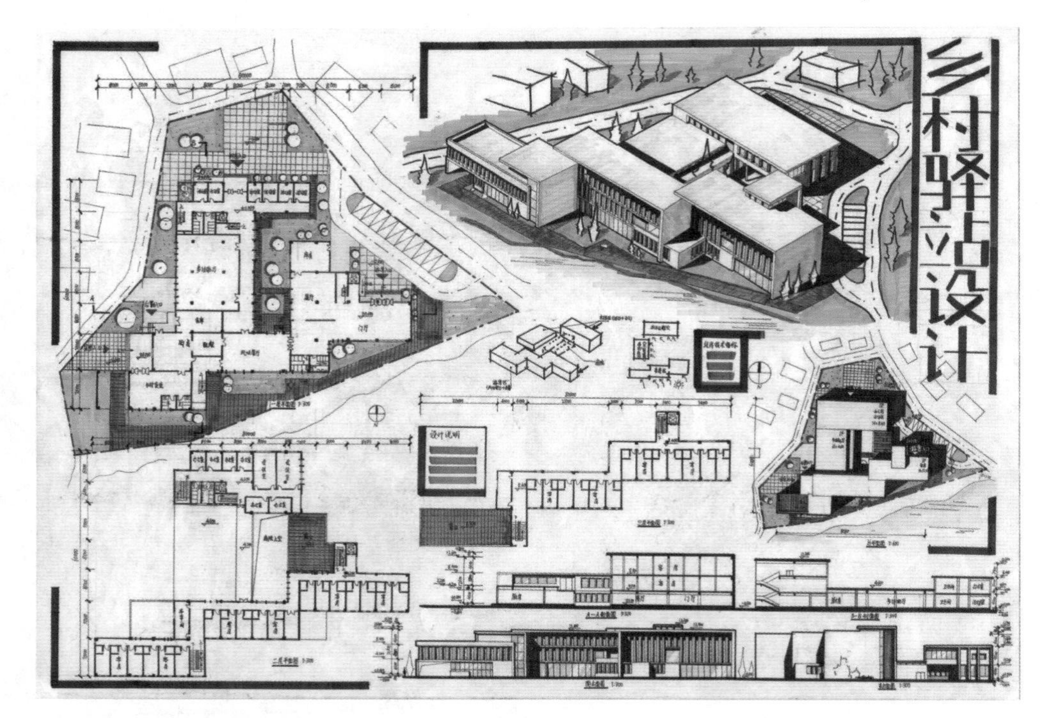

● 优点：造型关系清晰、合理，客房部分立面设计较好，符合功能需求。内部功能分区清晰。

● 缺点：内院空间比较浪费，并且可能会对内部功能的使用产生干扰。建筑内部流线较为单一，体验不够丰富。一些技术图纸的标注不够完整。

作业 4

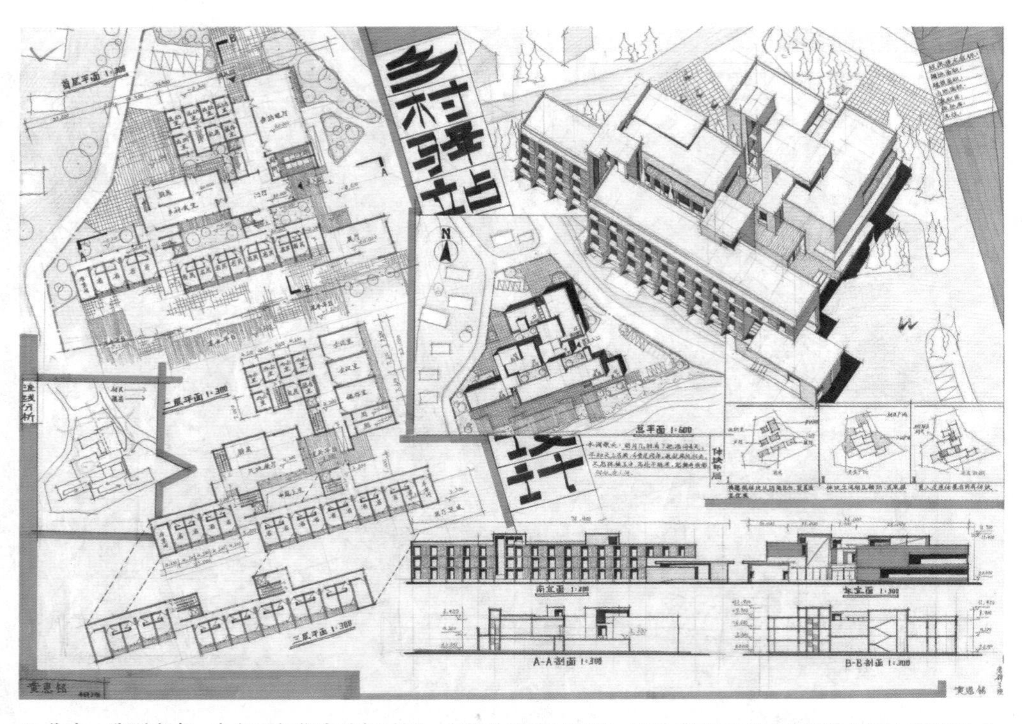

● 优点：造型丰富，南立面与住宿功能贴切，内部功能分区明确，充分考虑了不同功能的使用人群的需求。

● 缺点：大量客房布置在了一层，私密性可能会受到影响。北部村民广场较为零散，不够统一，停车场人车混流。

作业 5

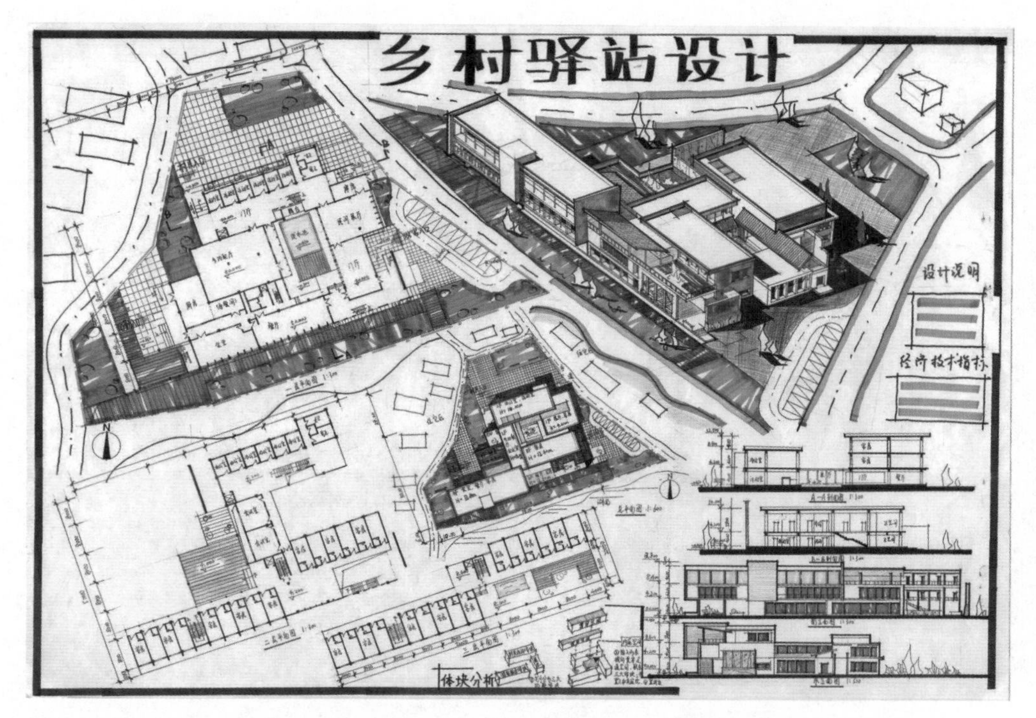

● 优点：造型丰富，功能分区及流线比较合理，场地设计也能与不同的使用人群来向相匹配。

● 缺点：东侧主立面体块较为零散，不能形成完整的主立面形象。排版和图面表达细节不足，还可以优化。

作业 6

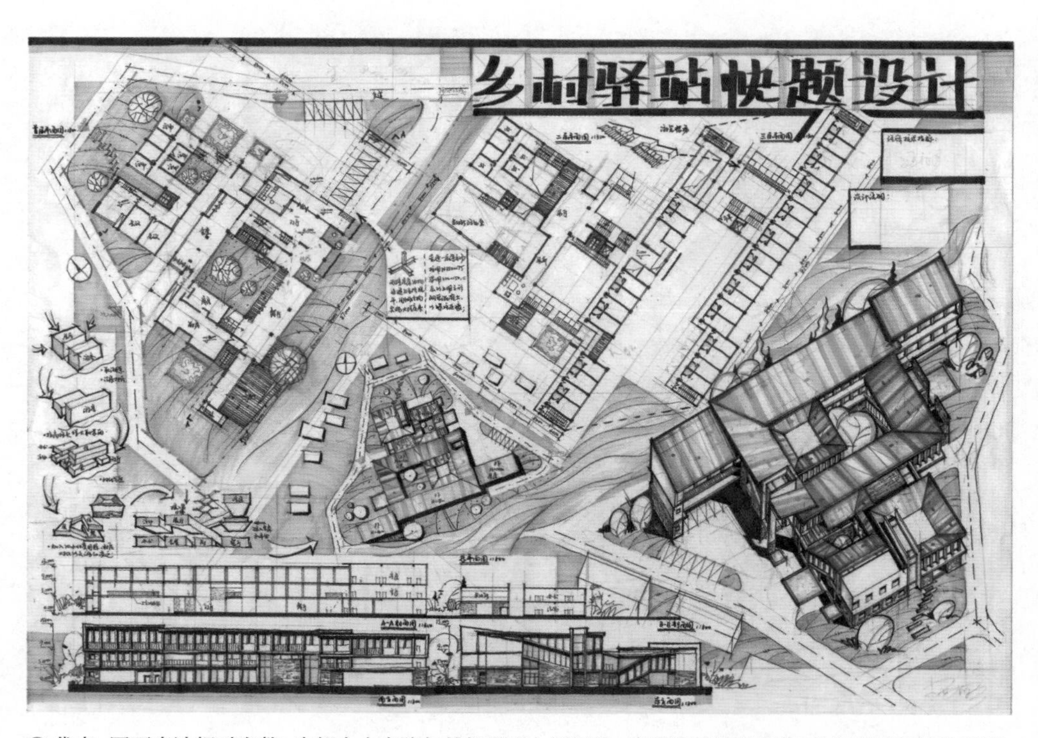

● 优点：图面表达相对完整。内部大小庭院与外部景观之间视线、流线渗透关系丰富，功能分区也比较清晰。

● 缺点：主入口广场人车混流，主立面尺度过大，压迫感较强，缺乏场地设计。造型上“回”字形的屋顶尺度过大，与周边民居尺度不匹配。

6

优秀建筑快题作品参考

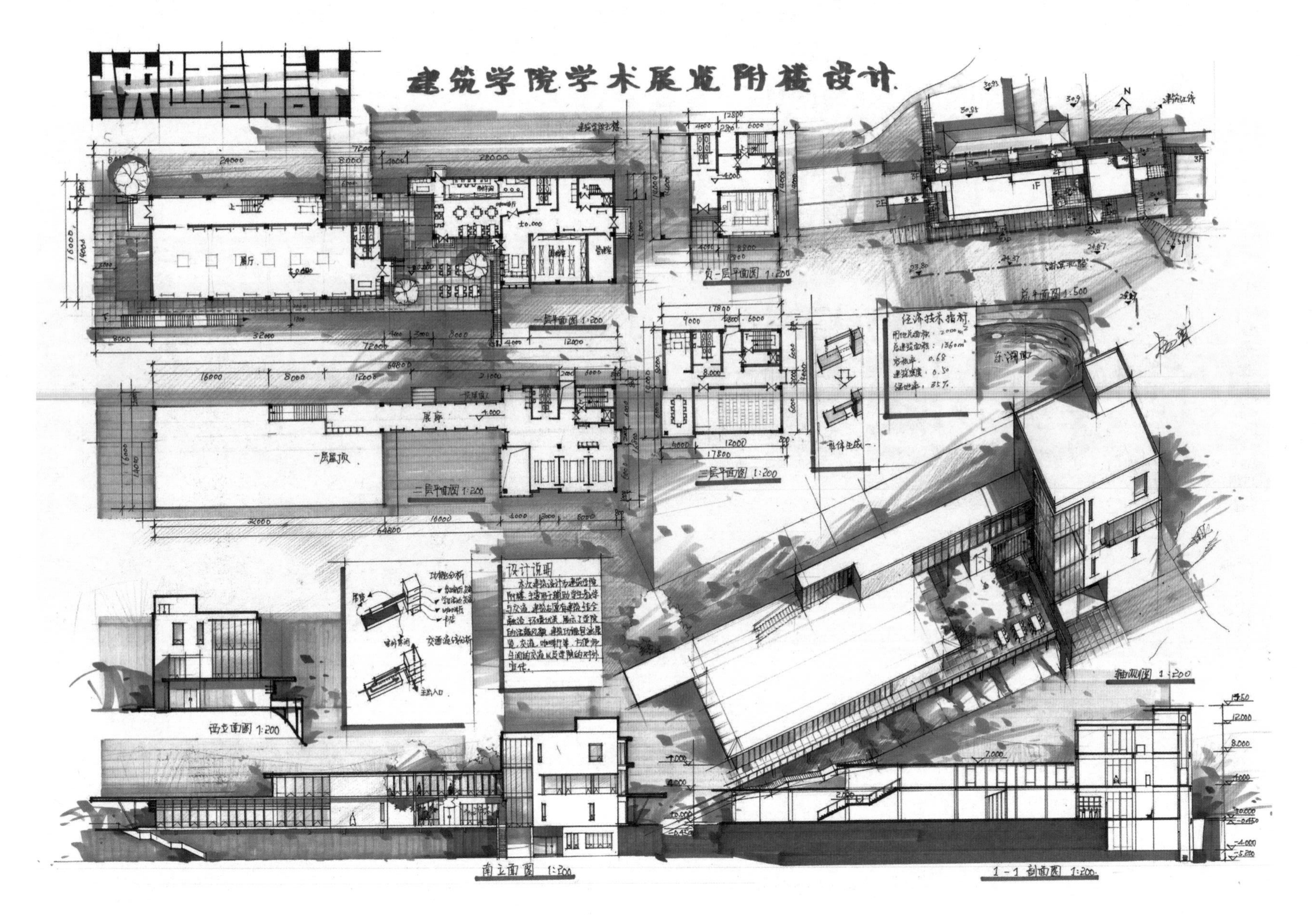

该作品通过马克笔单色表达环境，衬托出了建筑形体及各图纸，形体组织手法较为成熟。

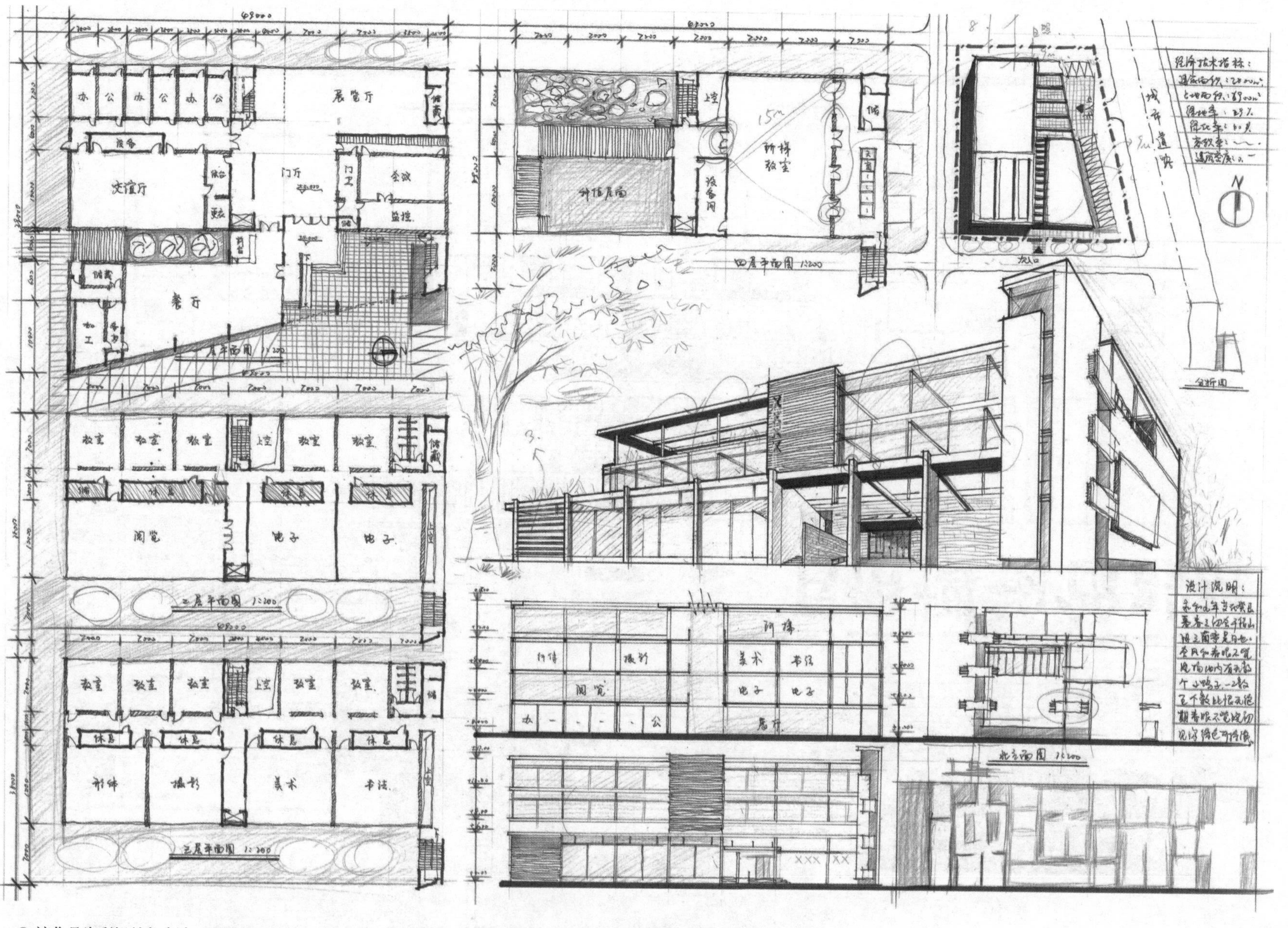

● 该作品为彩铅单色表达，通过线型的控制达到了较好的整体效果，透视图的绘制突出了建筑的重点空间，主立面设计细节较为丰富。

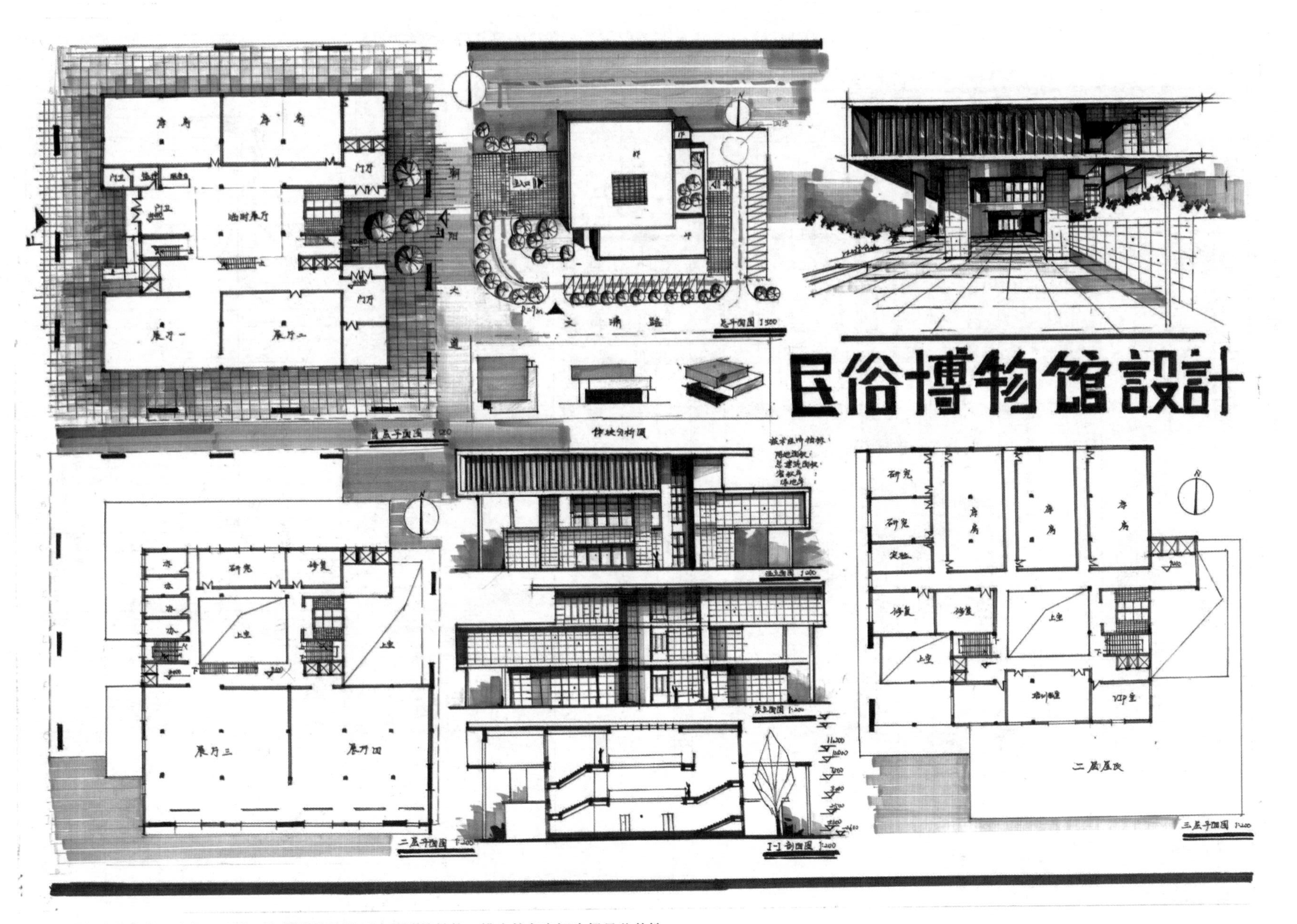

●该作品体量完整、大气，形成了与博物馆建筑呼应的建筑性格，挑出的灰空间也极具公共性。

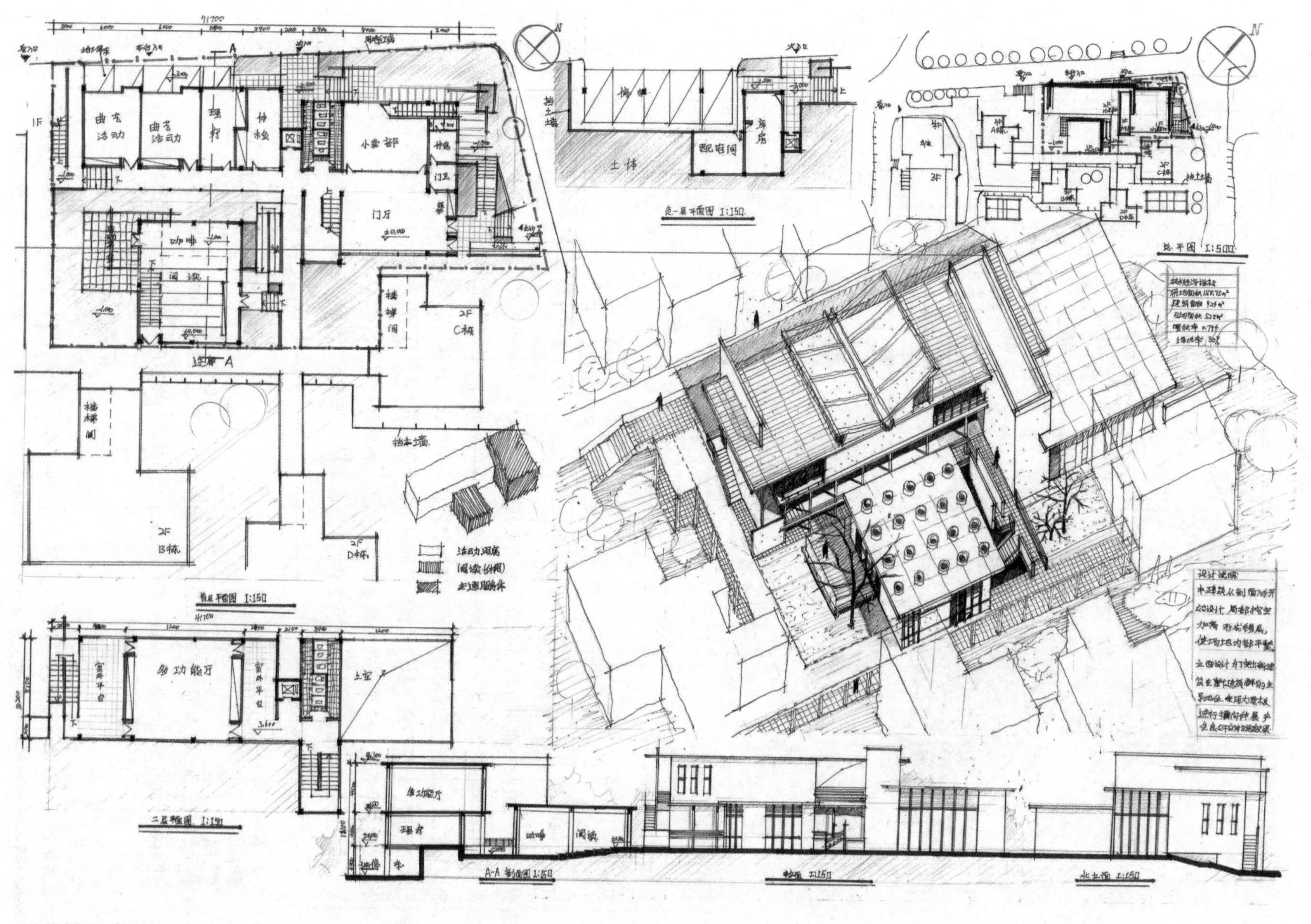

● 该作品为彩铅单色表达，较少的色彩主要用于环境绘制，突出了建筑主体，建筑形体的组合关系清晰，屋顶的处理手法成了造型的亮点。

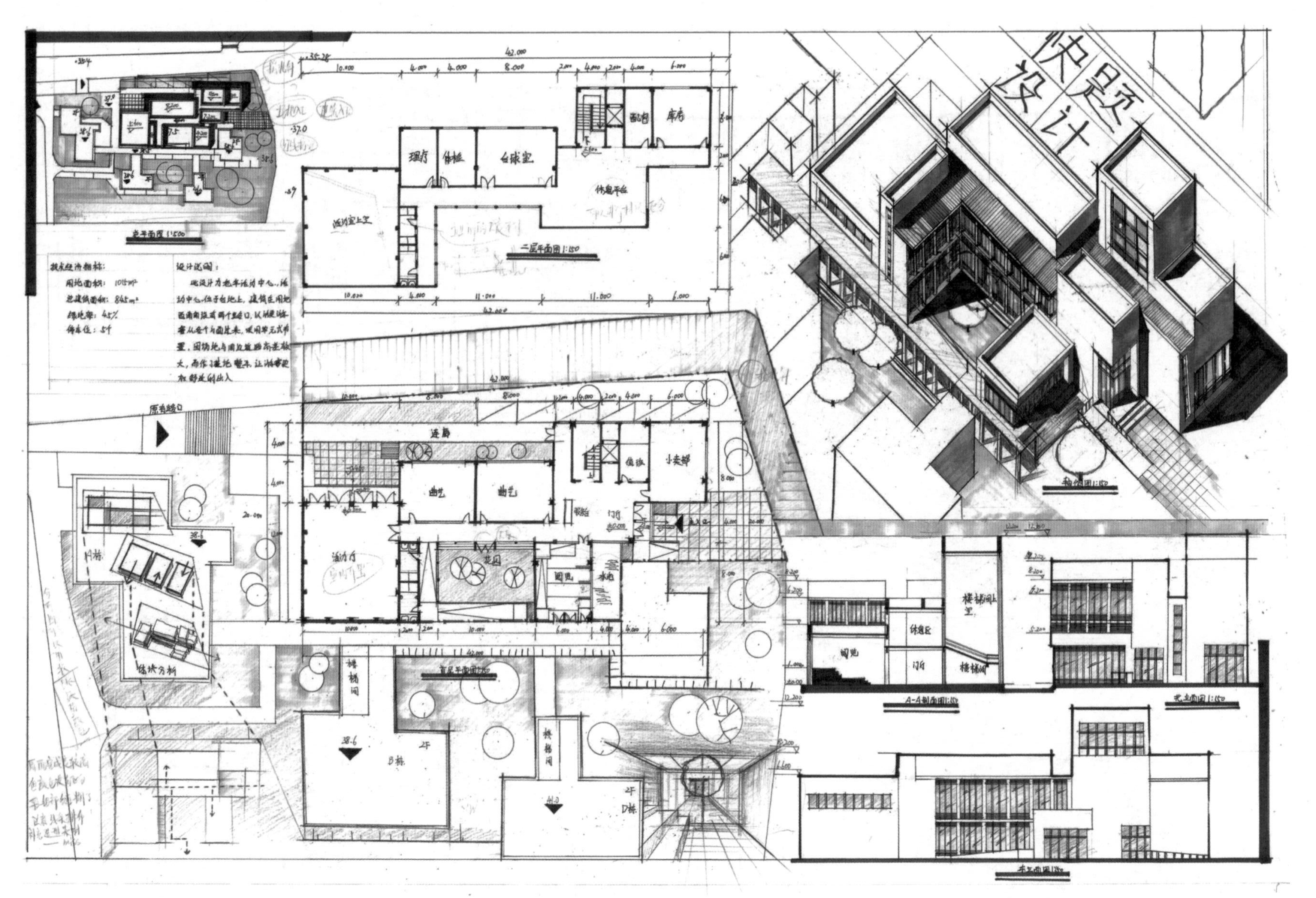

● 该作品体块组织关系明确，立面开窗富有节奏感，通过三种材质的对比运用增加了建筑的可看性。

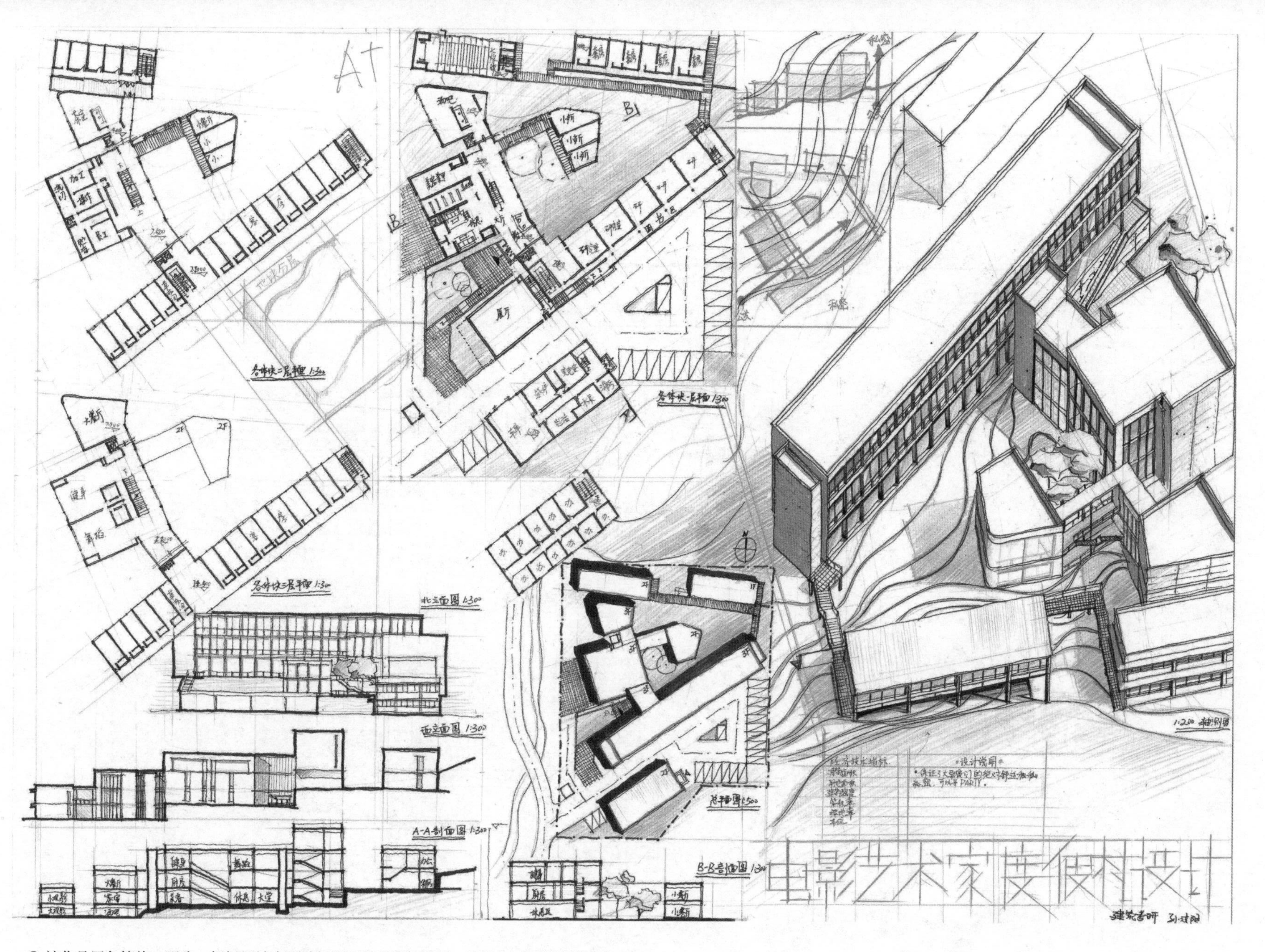

● 该作品用色简约、明确，根据场地合理地组织了前后形体关系，建筑立面细节较为丰富。

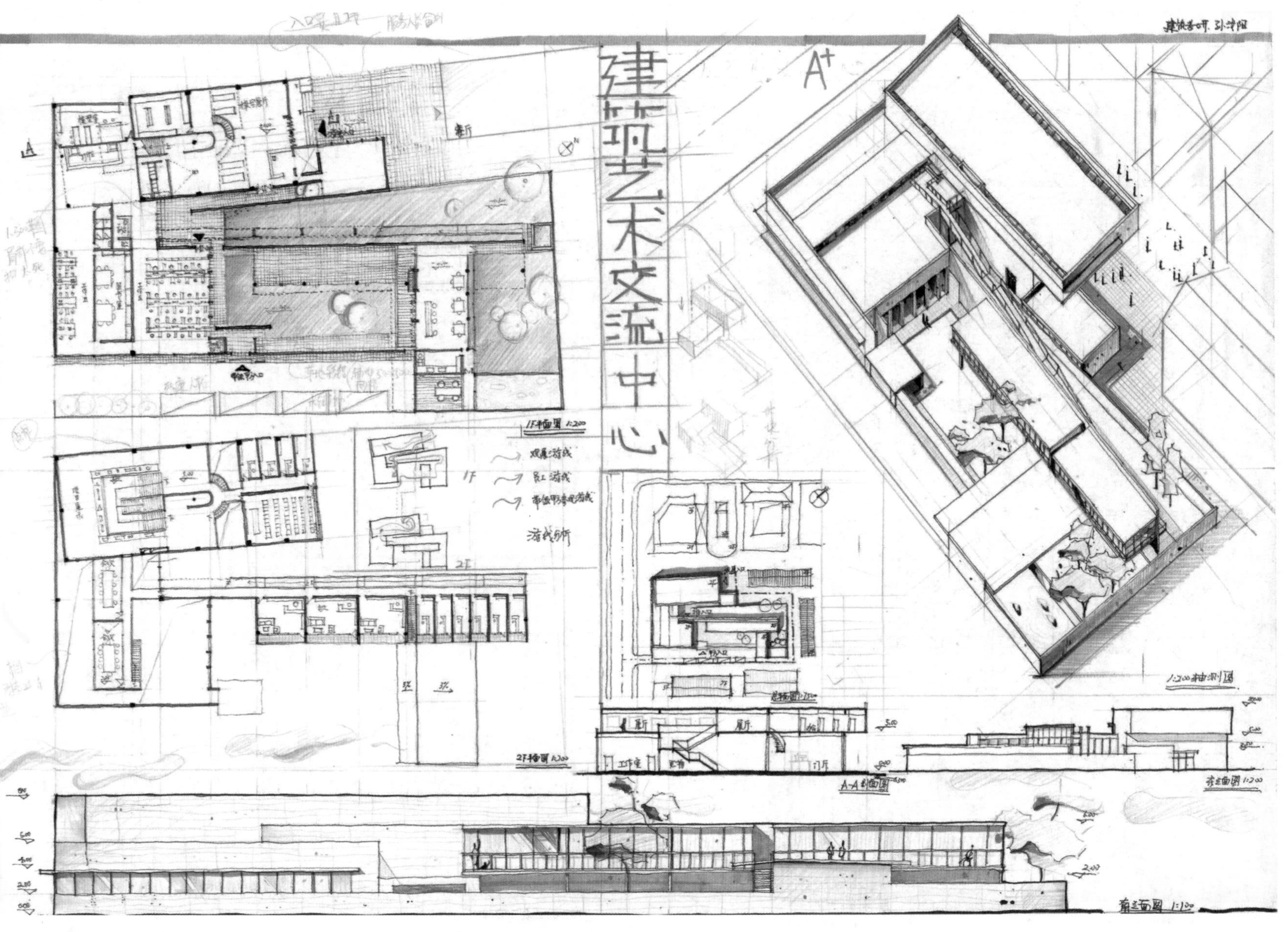

●该作品形体组织关系明确，流线组织清晰、合理，内部通过庭院、廊道形成了丰富的空间层次。

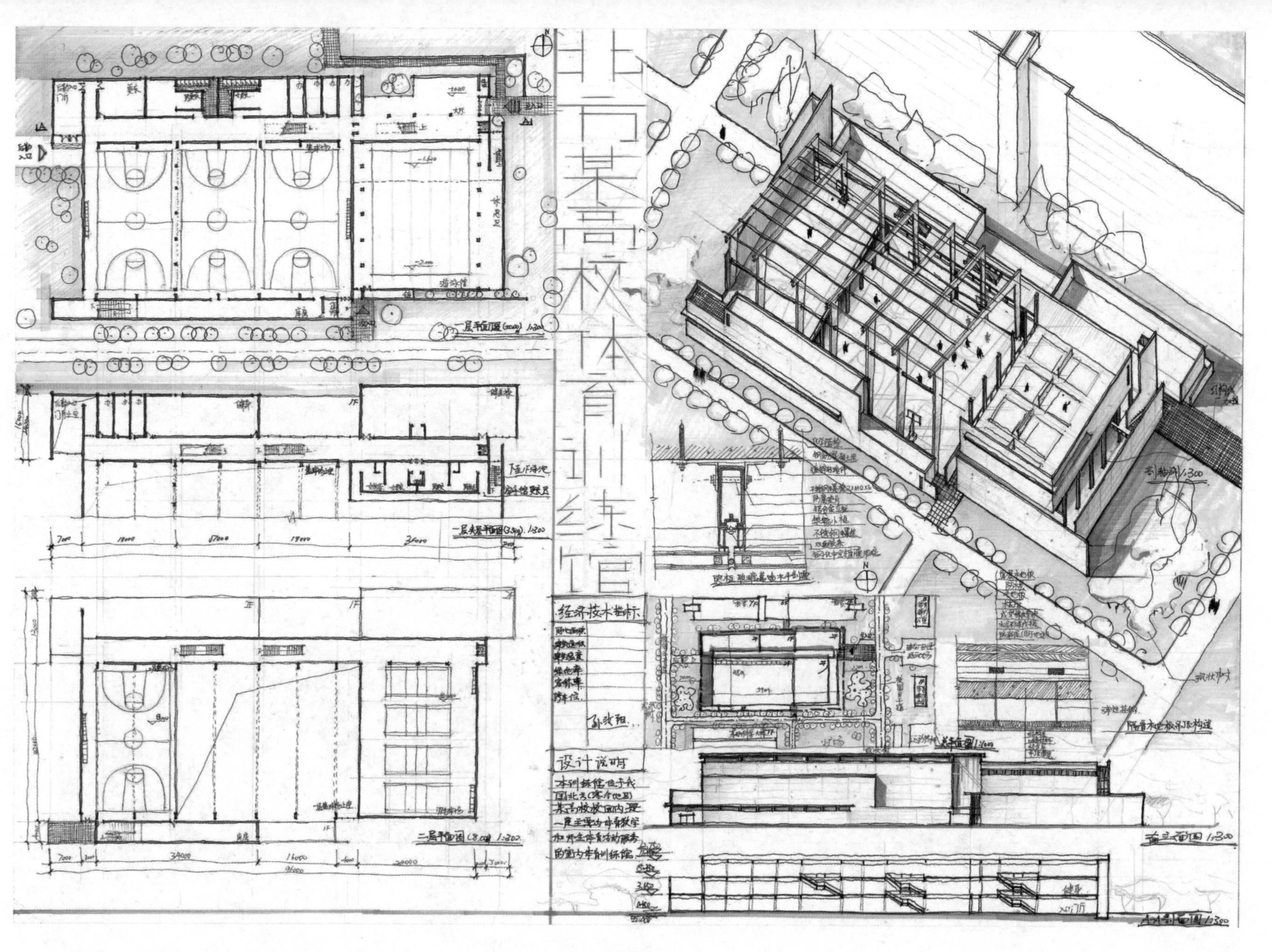

●该作品通过剖轴测图的形式，清晰地展现了建筑内部空间，功能分区清晰、合理，整体表达效果较好。

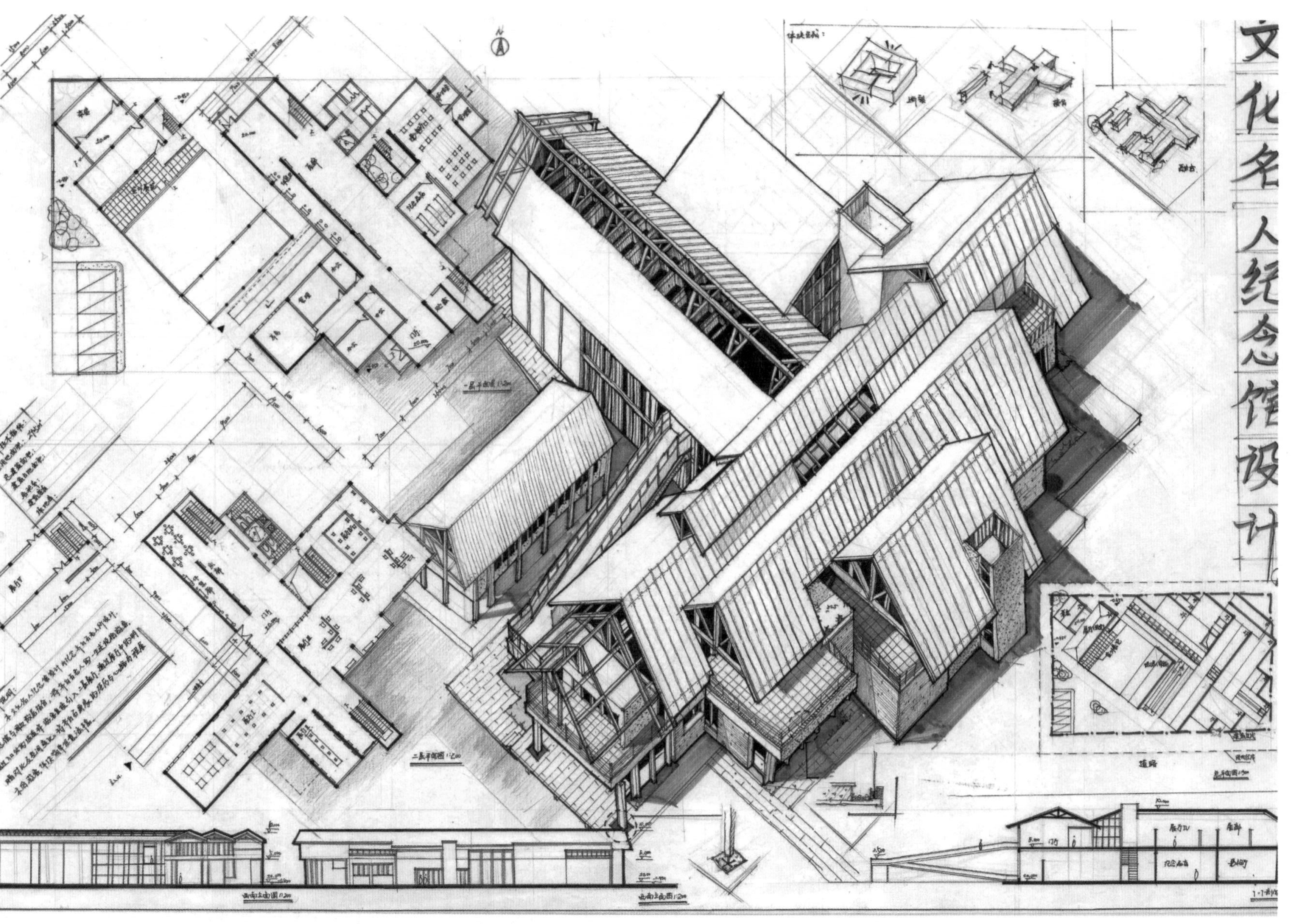

●该作品效果图表达较好，建筑结构、构造关系明确，细节丰富，形体组织关系清晰、明确。

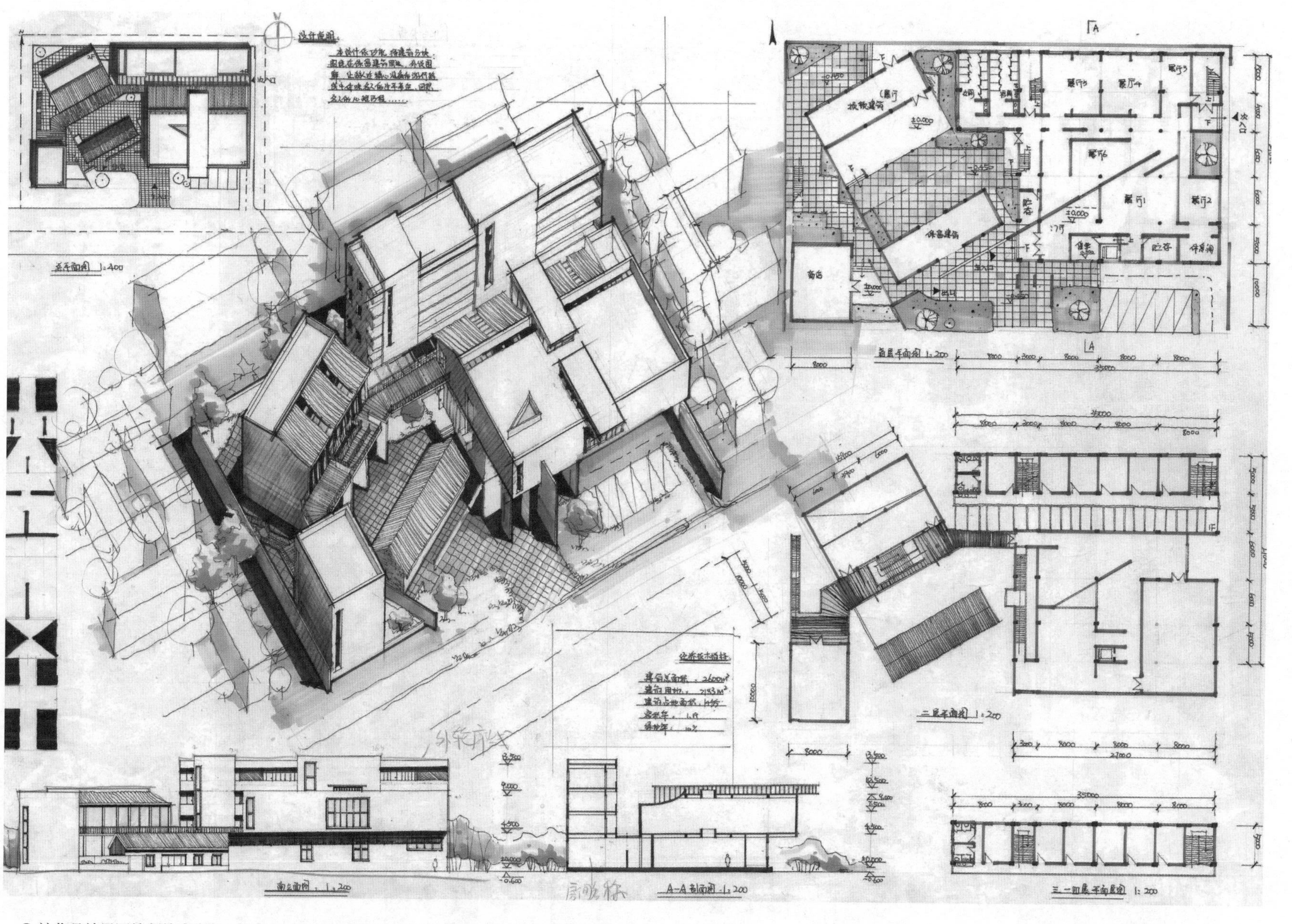

● 该作品效果图绘制较为出色，完整地表达了建筑材质、周边环境，图面效果较为生动。

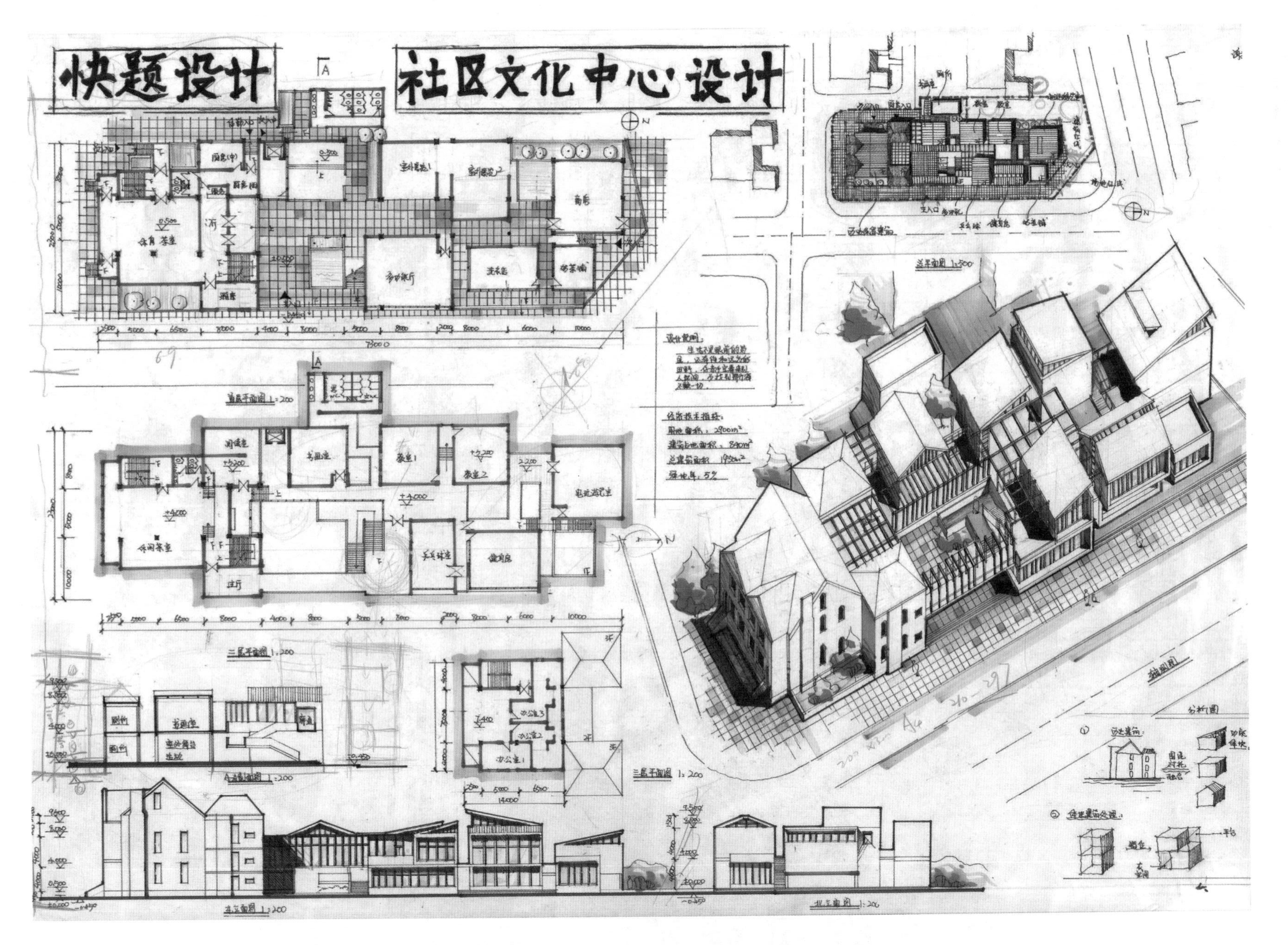

●该作品形体组织关系明确，体块材质的对比使得造型十分生动，并且很好地与内部空间相呼应。

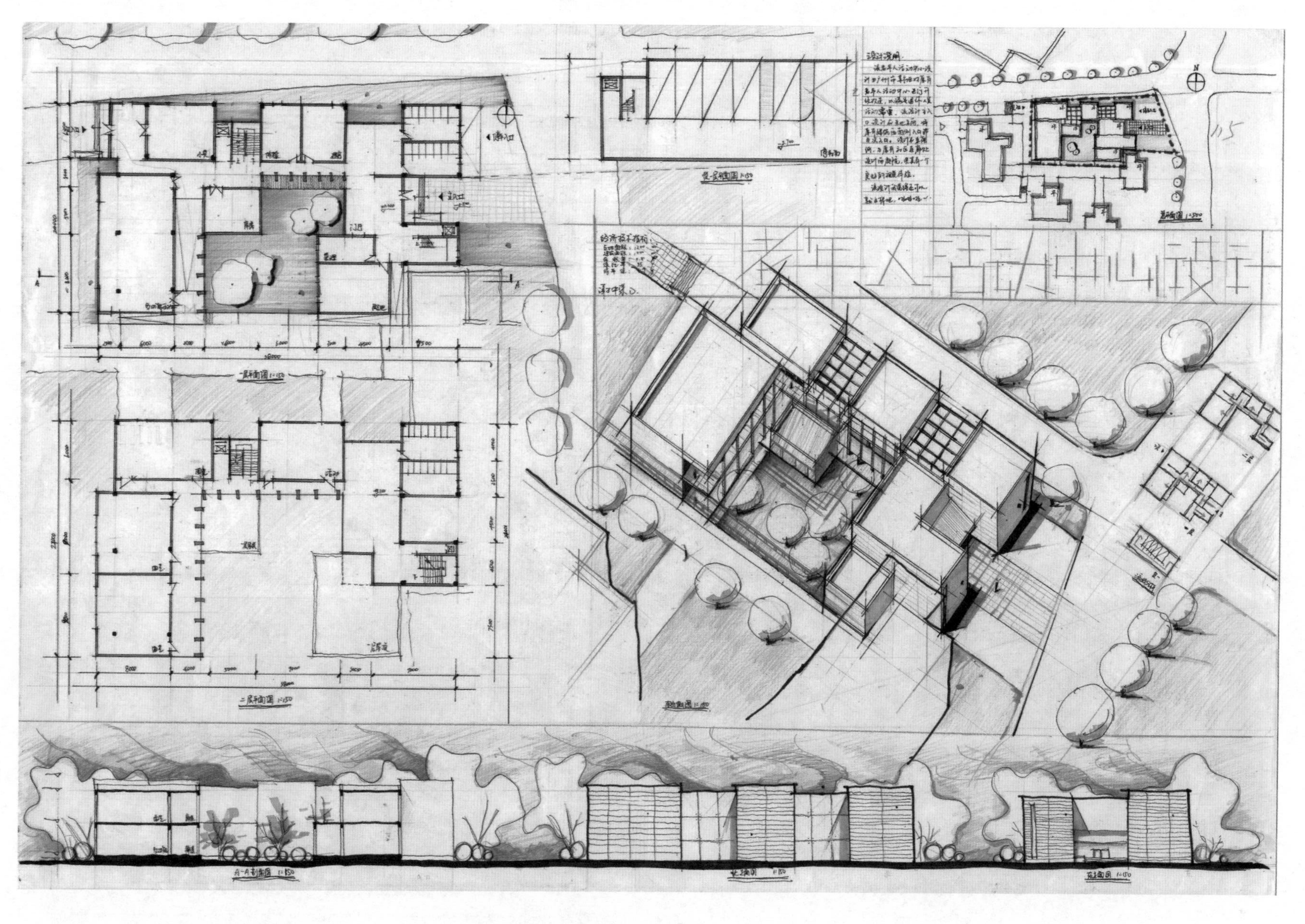

● 该作品为彩铅单色表达，环境渲染得当，取得了很好的图面效果，建筑形体组织策略清晰、明确。

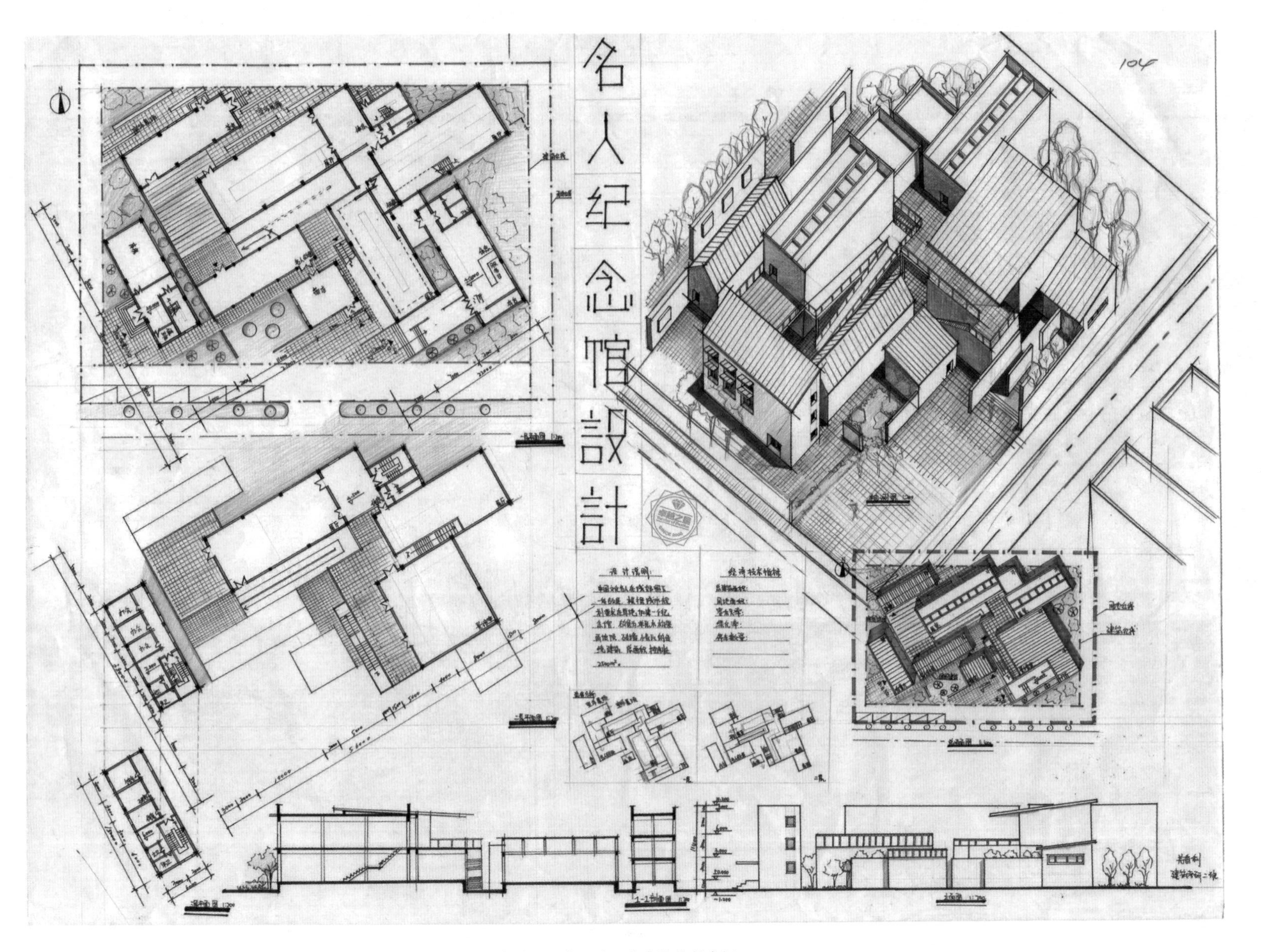

● 该作品形体布局策略清晰，内部空间层次丰富，建筑外部通过廊道、平台形成了丰富的公共空间。

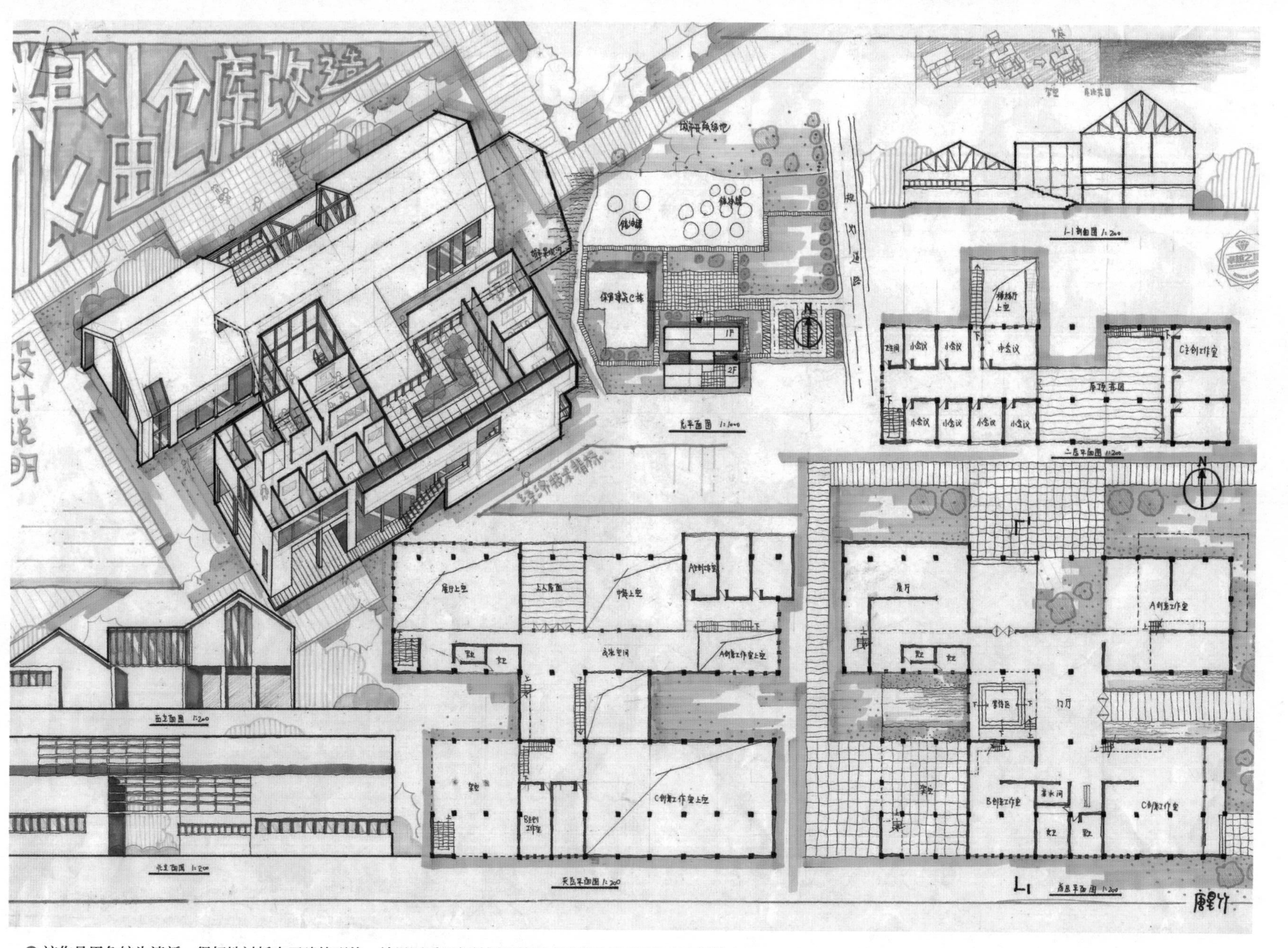

● 该作品用色较为清新，很好地衬托出了建筑形体，效果图采用剖轴测图的形式清晰地展示了室内空间状态。

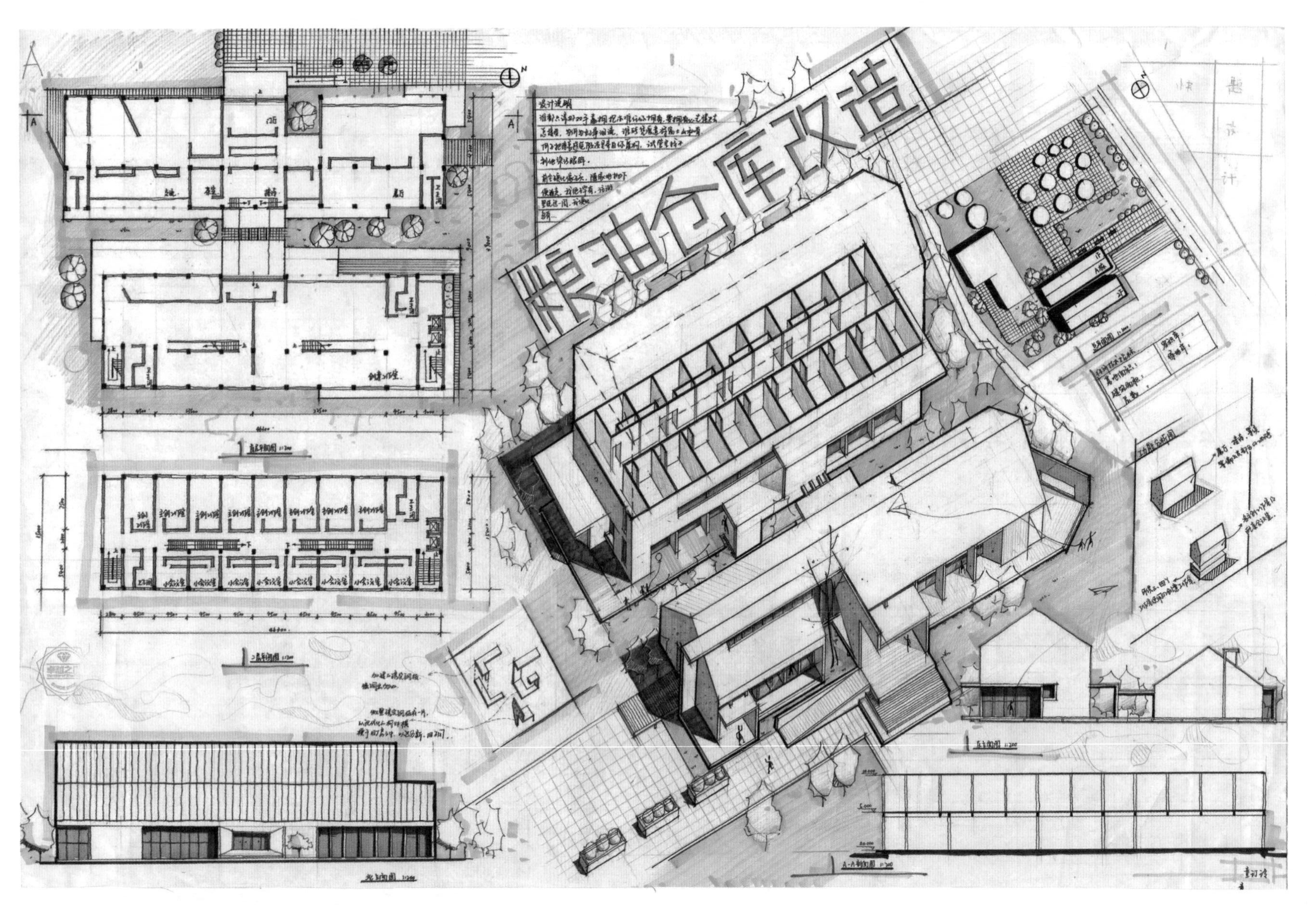

● 该作品为单色表达，同色系马克笔及彩铅的结合应用使得图面效果富有纹理及细节，取得了不错的表达效果。

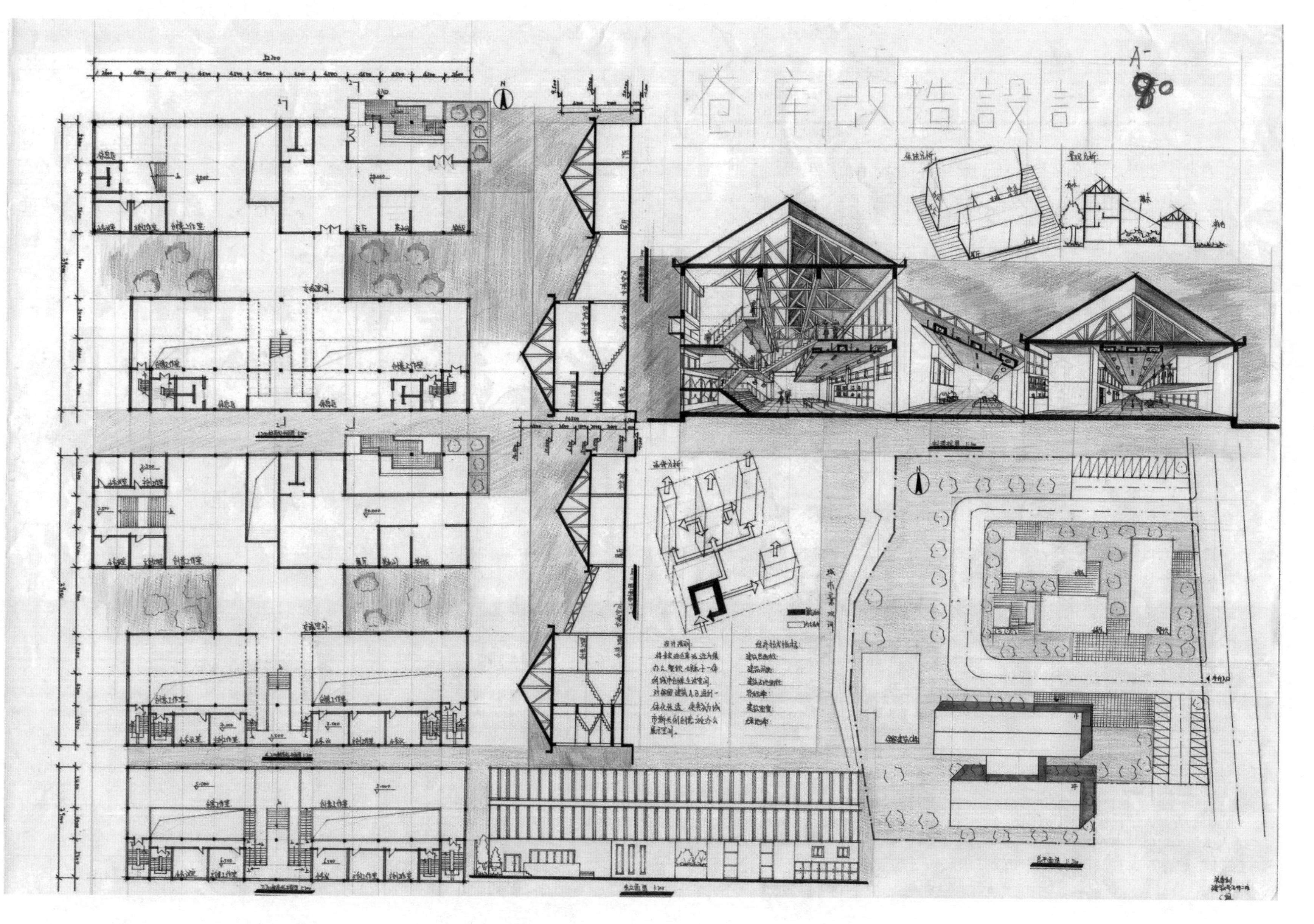

●该作品排版清晰，用色简约、明确，建筑内部剖面空间丰富，对原有老厂房空间进行了很好的利用。

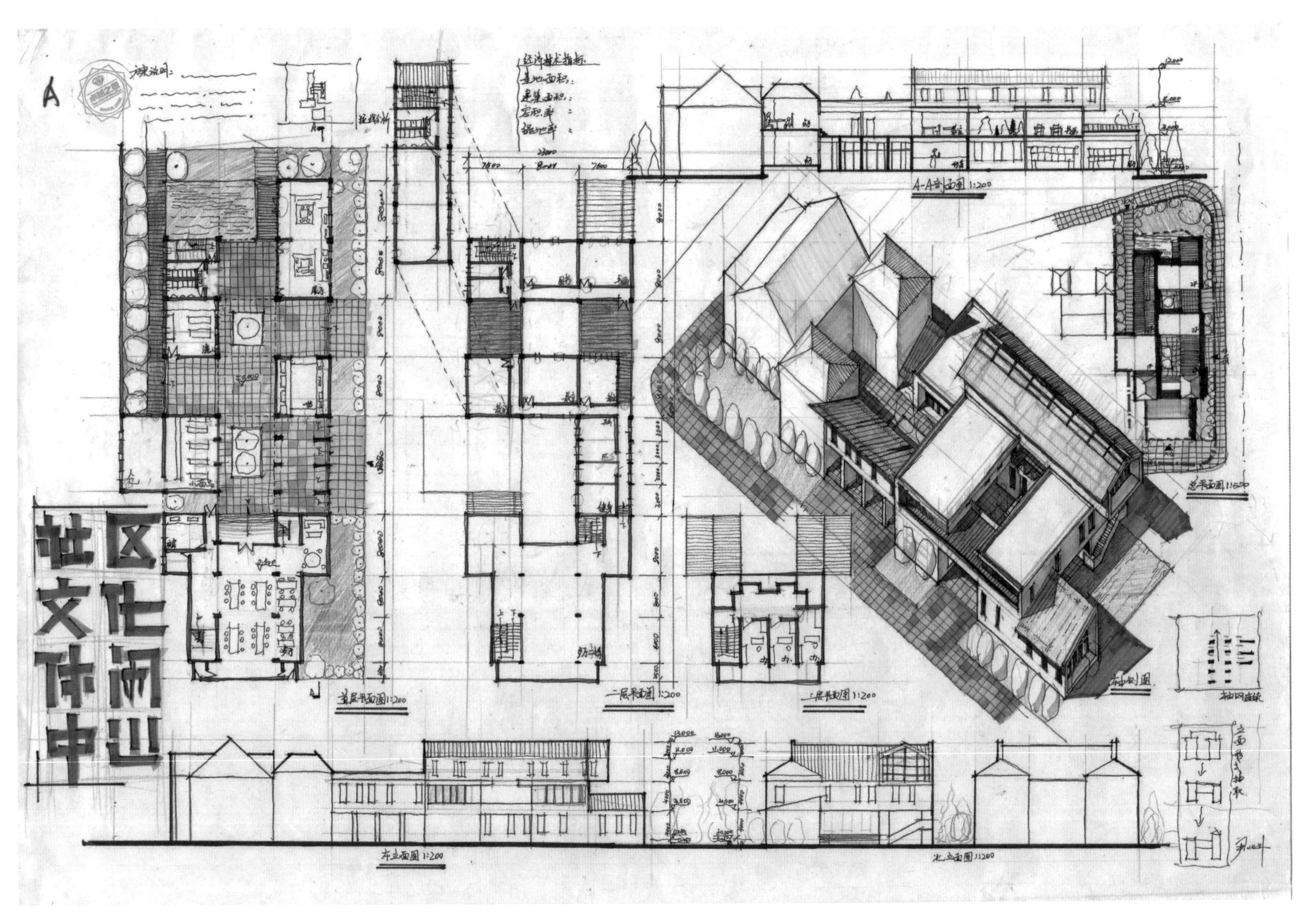

● 该作品形体组织关系明确，立面处理较为丰富，打造出了丰富的公共空间。

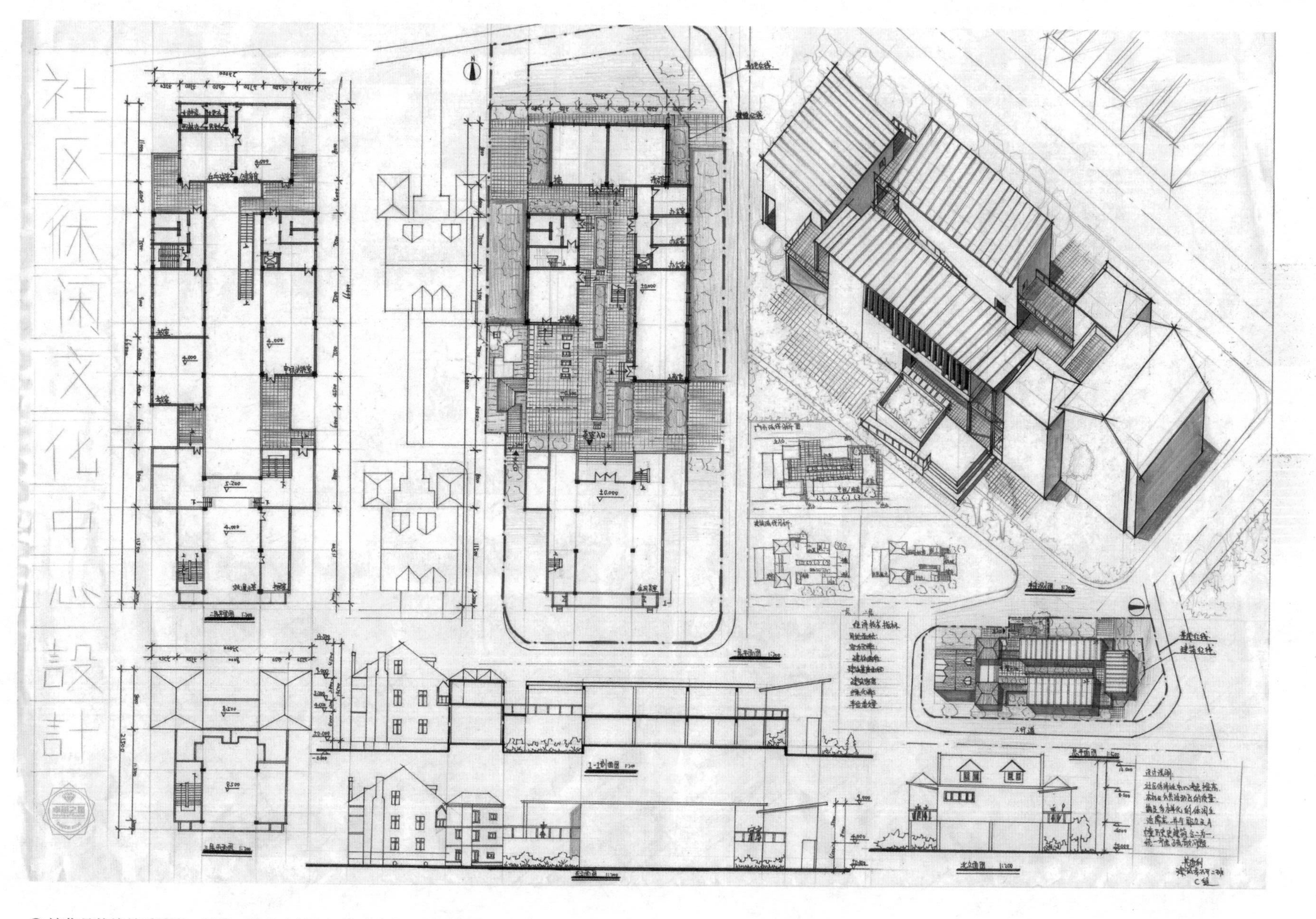

● 该作品体块关系清晰、简约，建筑内部空间体验丰富，内部的庭院很好地丰富了空间层次。

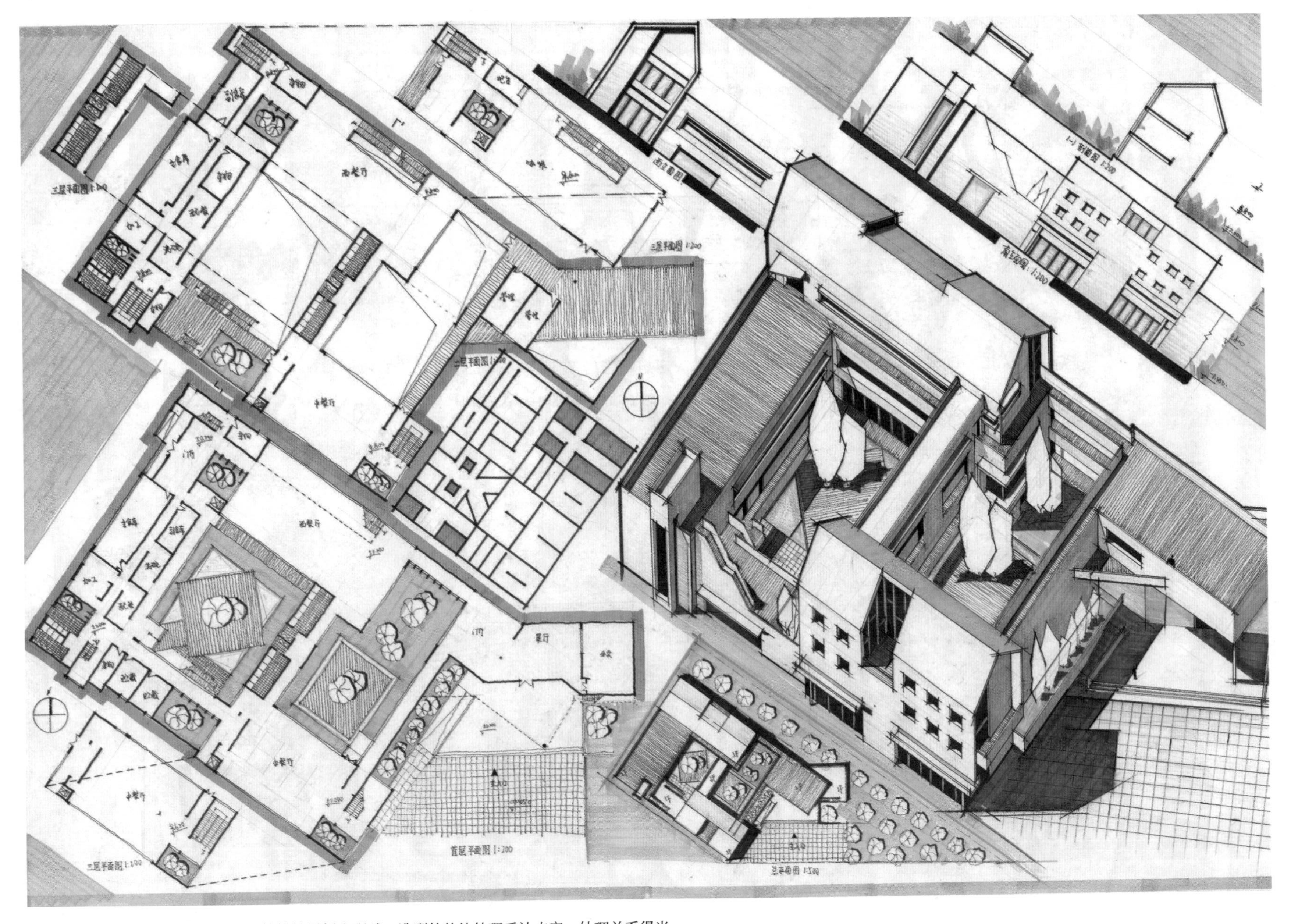

●该作品用色较为活跃、大胆，整体效果抓人眼球，造型的体块处理手法丰富，处理关系得当。

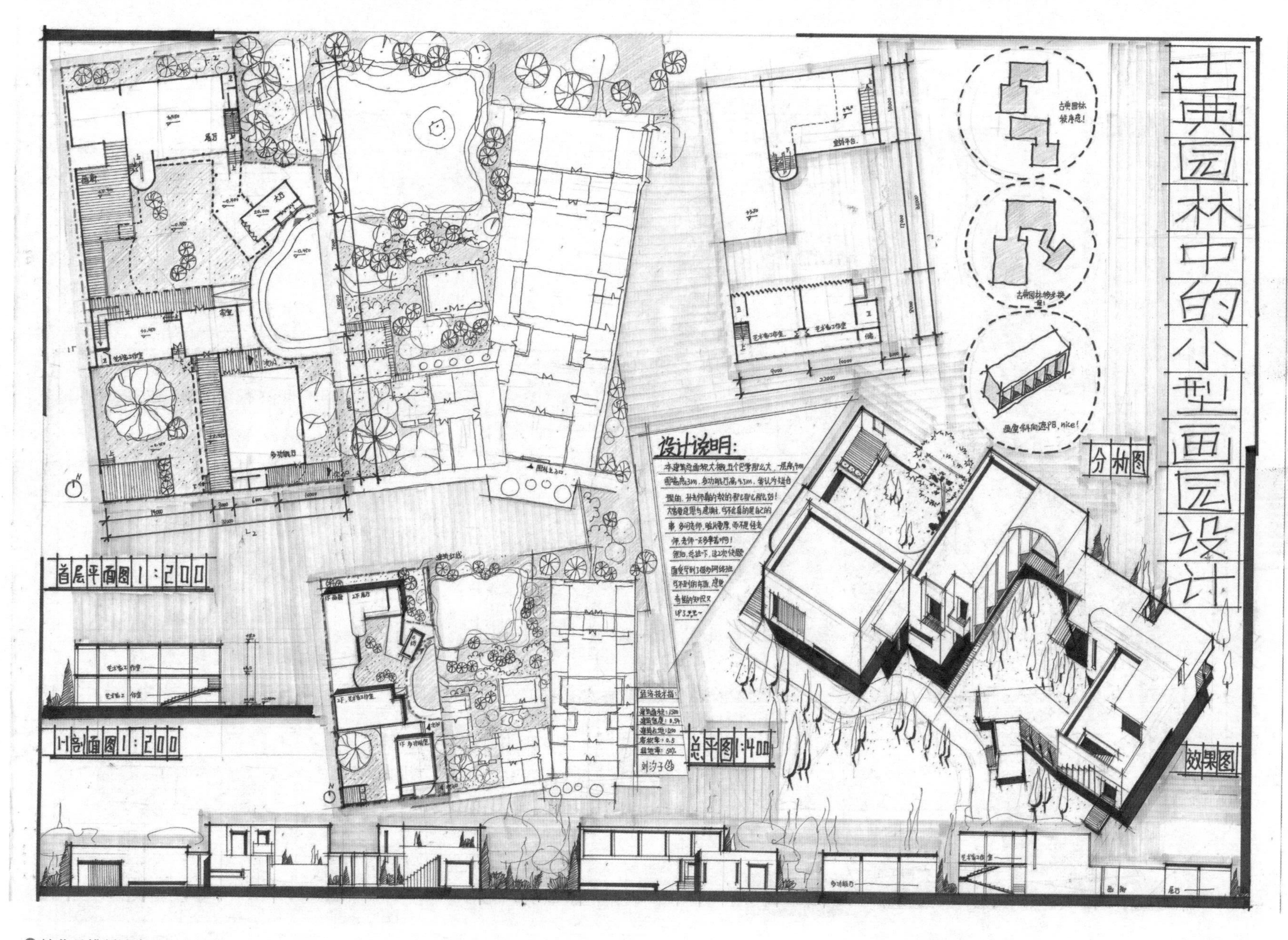

●该作品排版清晰，用色清新，平面与环境进行了充分呼应，营造了良好的室内外关系。

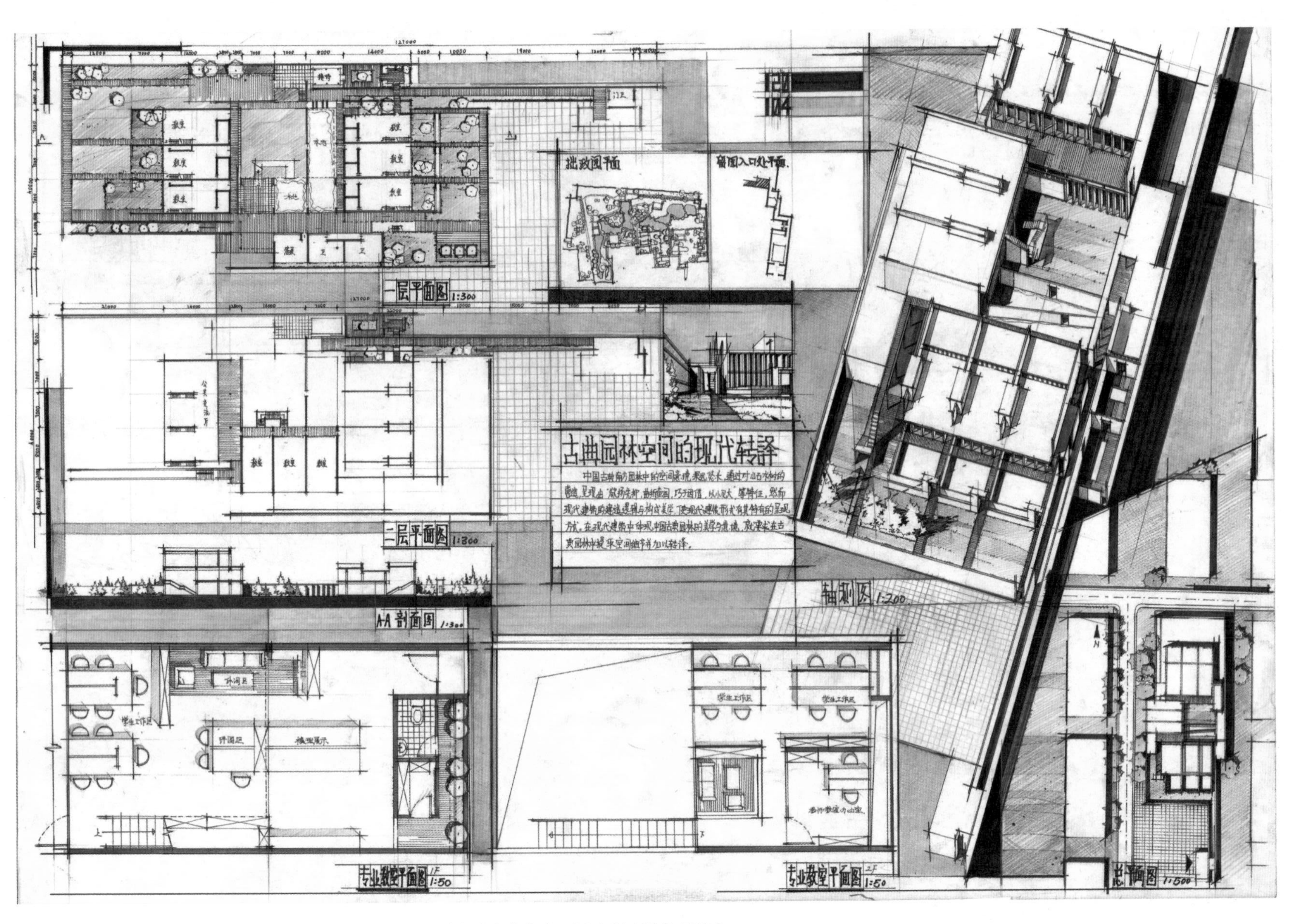

●该作品排版清晰，体块式的空间与造型组合方式使得内部空间富有节奏感，内部场地环境处理得当。

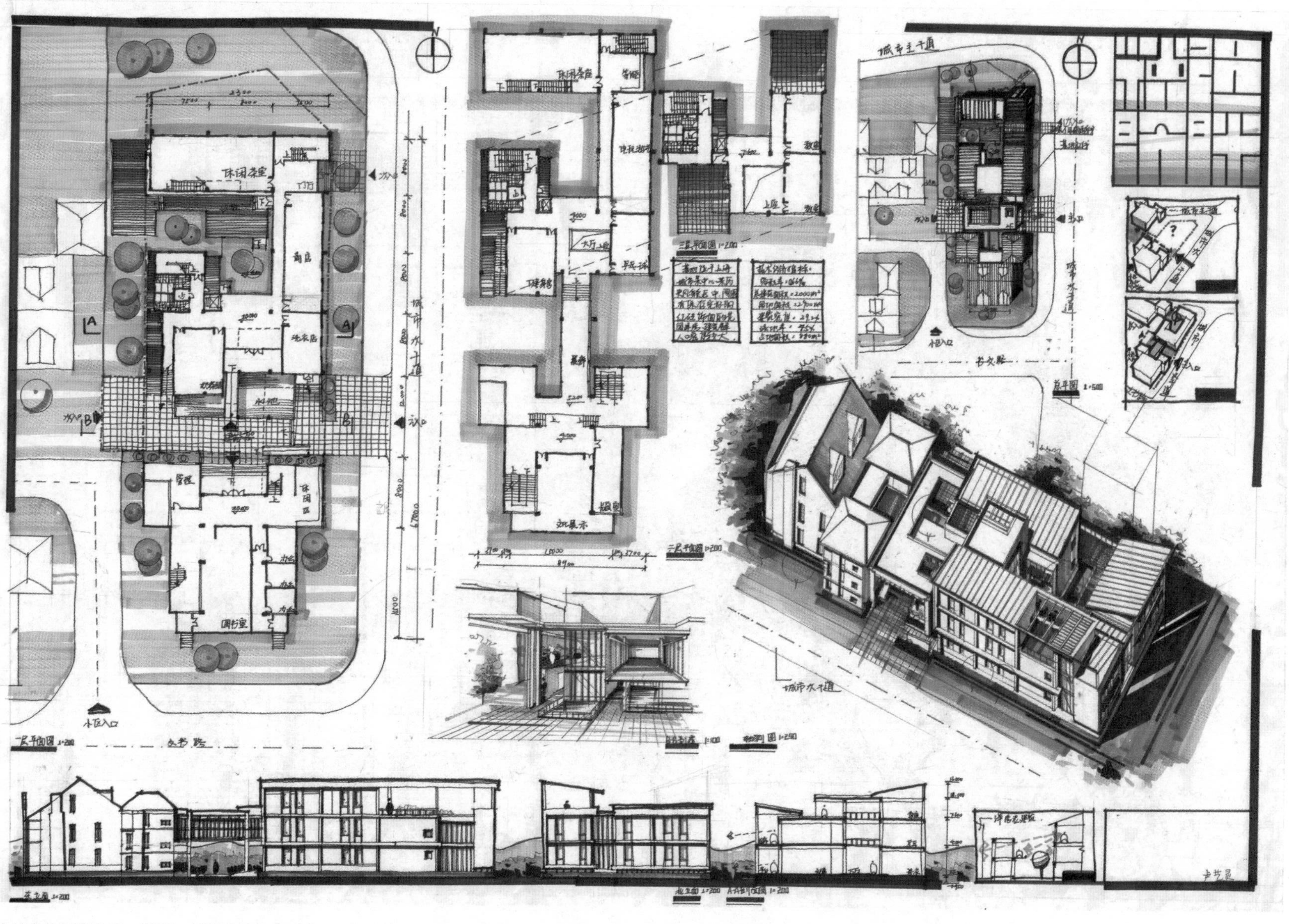

● 该作品用色合理、清晰，新增建筑体量呼应了原有建筑的肌理，但又通过不同的材质、立面、开窗方式与老建筑形成了对比。

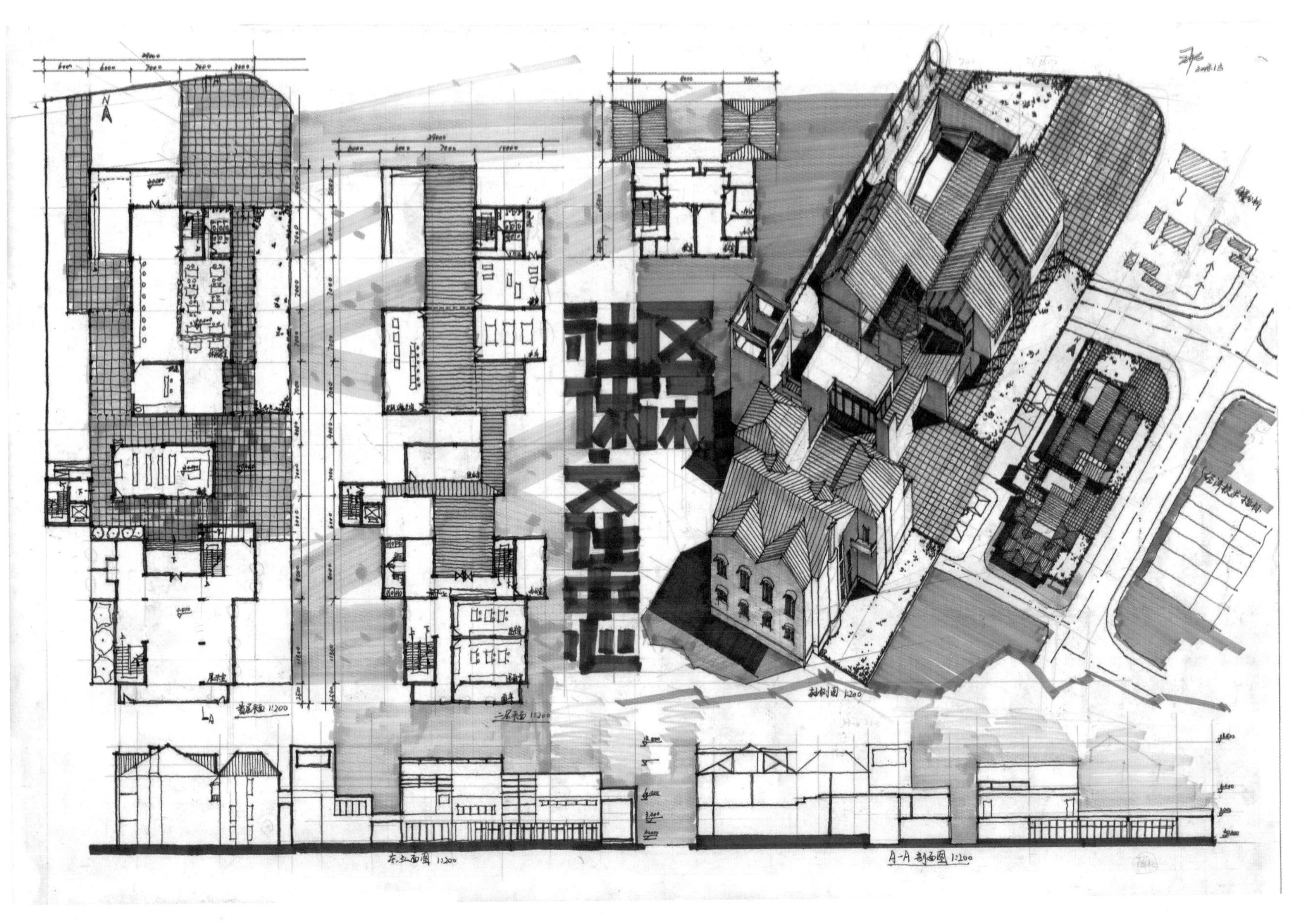

●该作品形体组织关系丰富，形成了大量的公共空间，同时造型细节较为丰富。

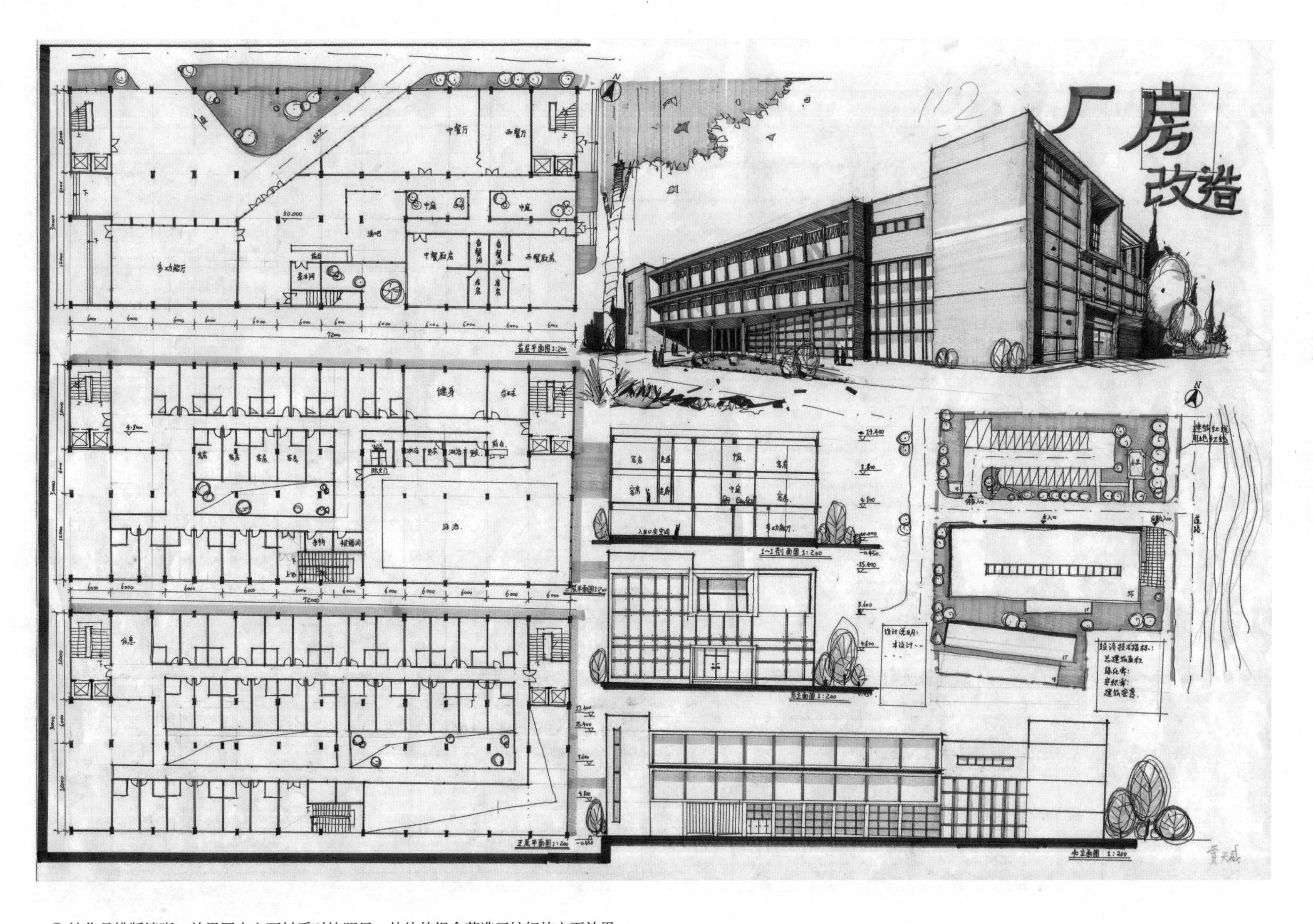

● 该作品排版清晰，效果图中立面材质对比明显，体块的组合营造了较好的立面效果。

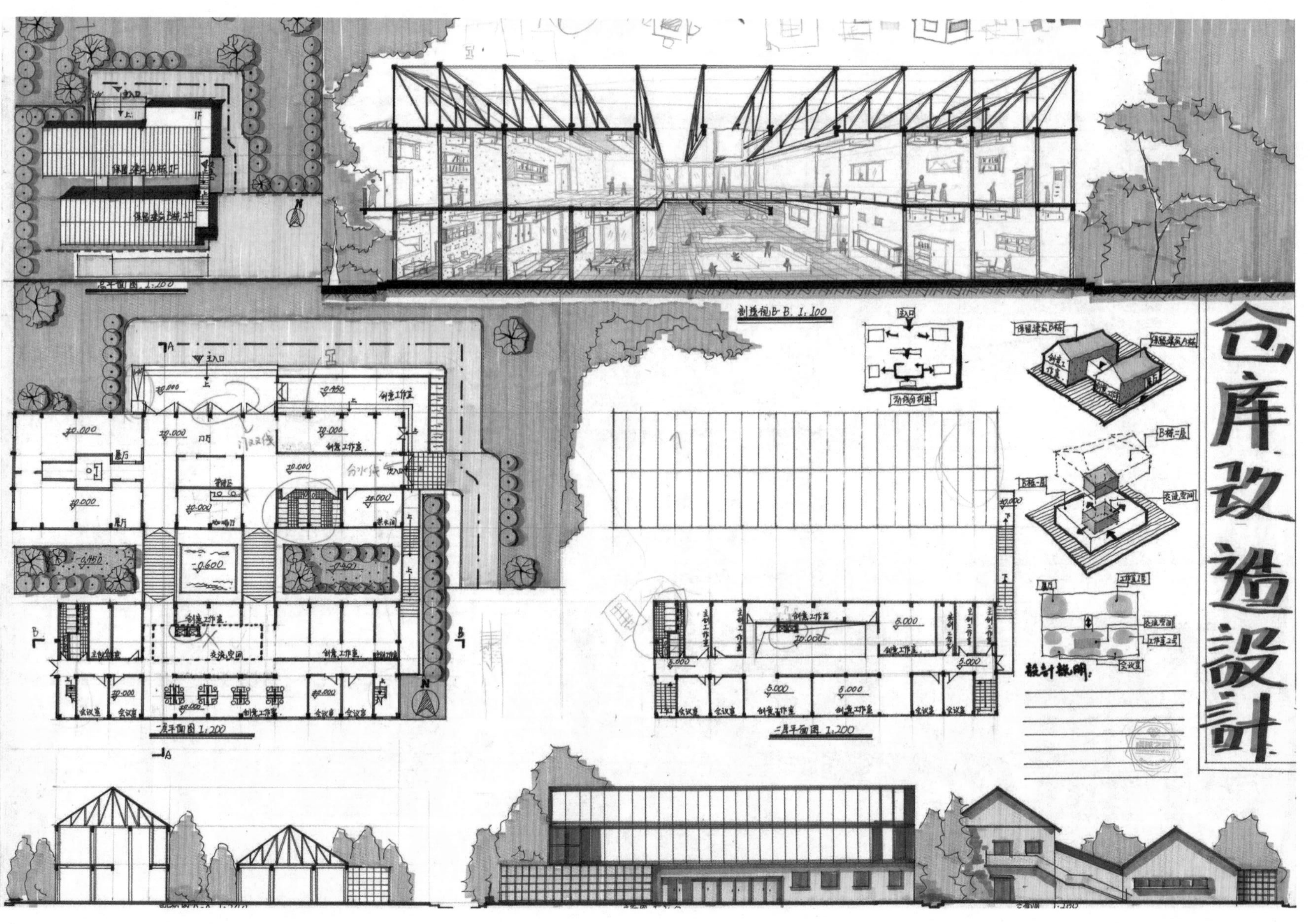

●该作品用色较为清新，排版清晰，分析图表达较为直观。

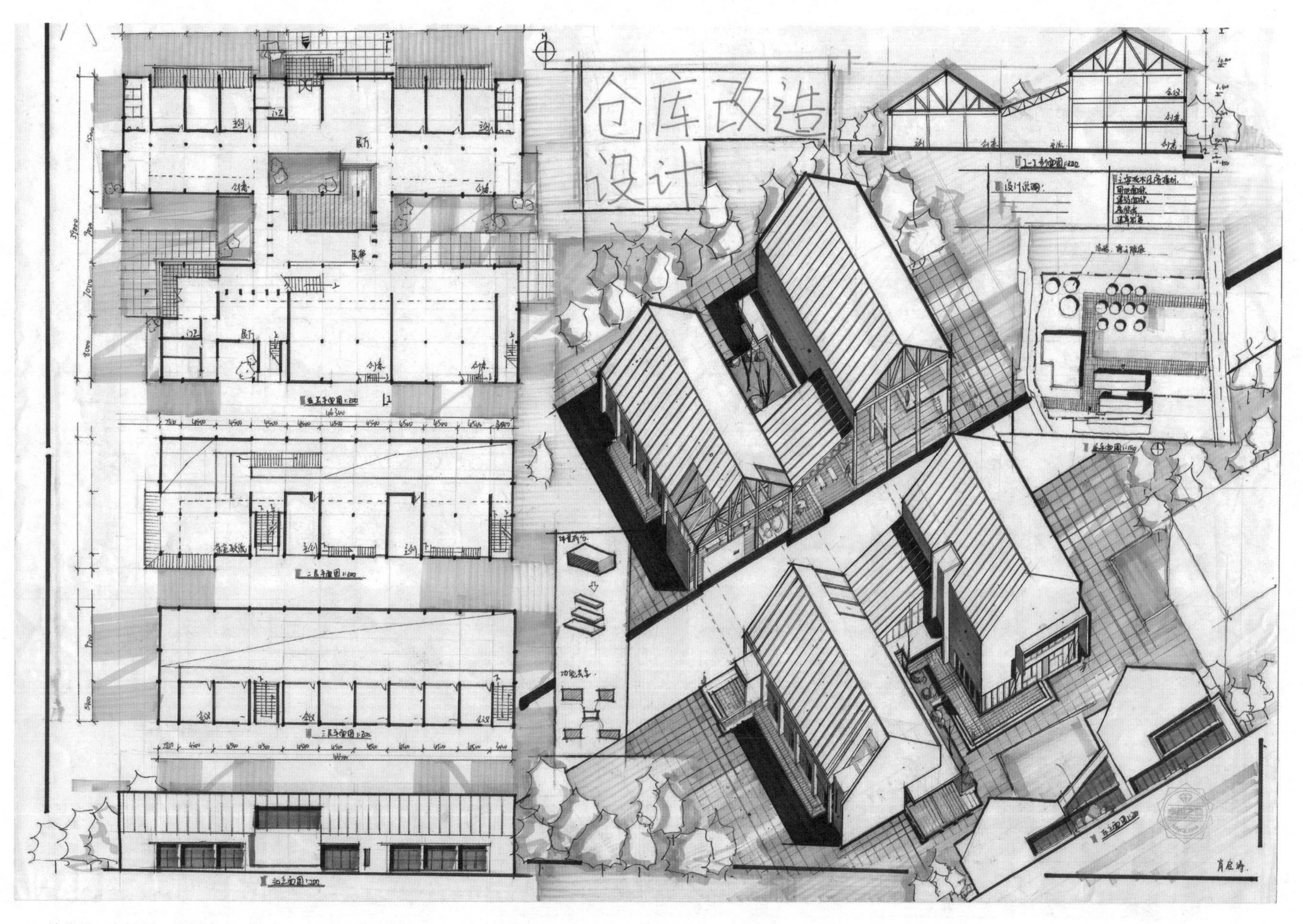

● 该作品用色清新，排版清晰，效果图采用的是剖轴测图的方式，同时兼顾了建筑形体效果与内部空间的表达。

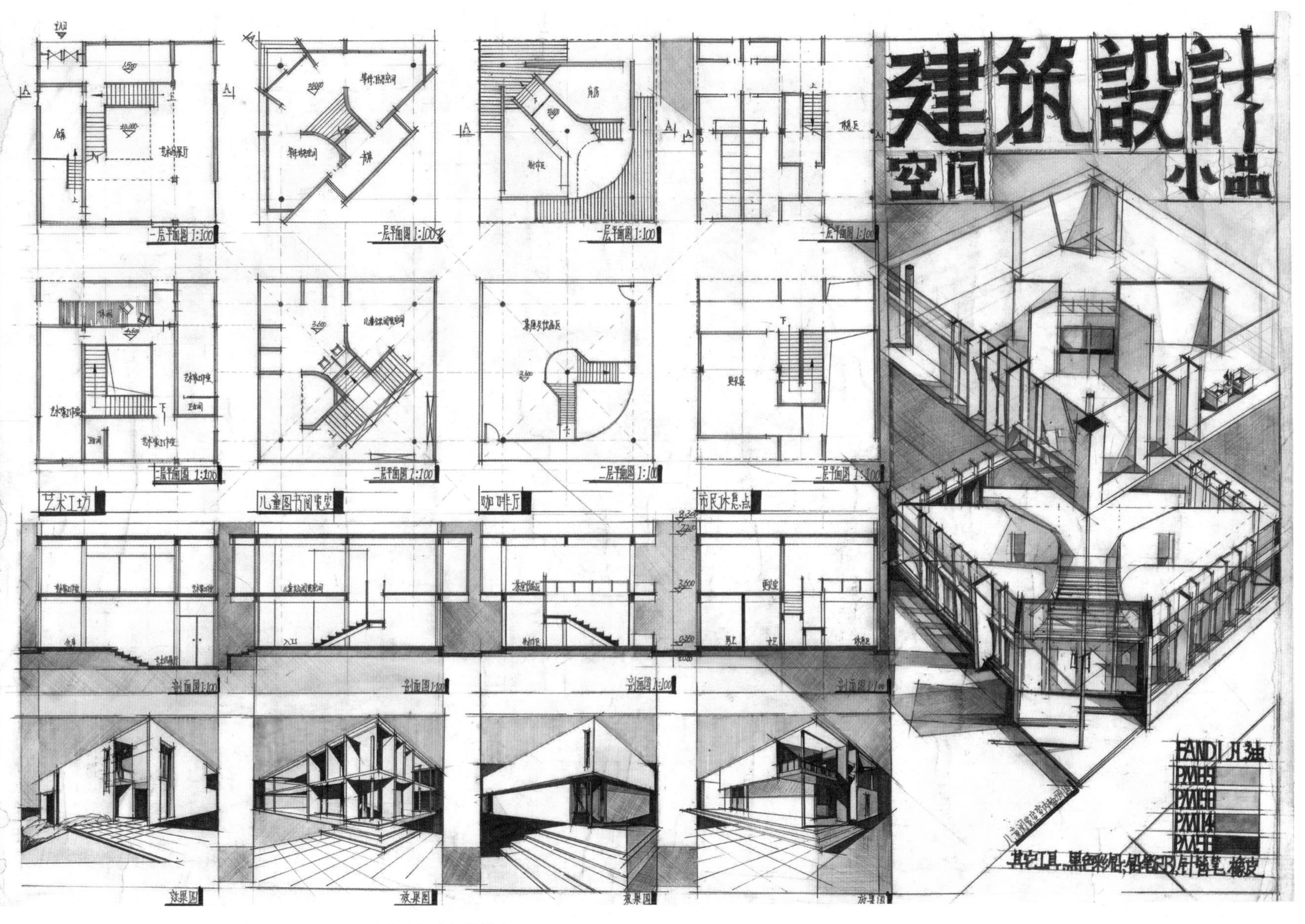

● 该作品排版清晰，剖轴测图的表达很好地反映了建筑内部空间的状态。

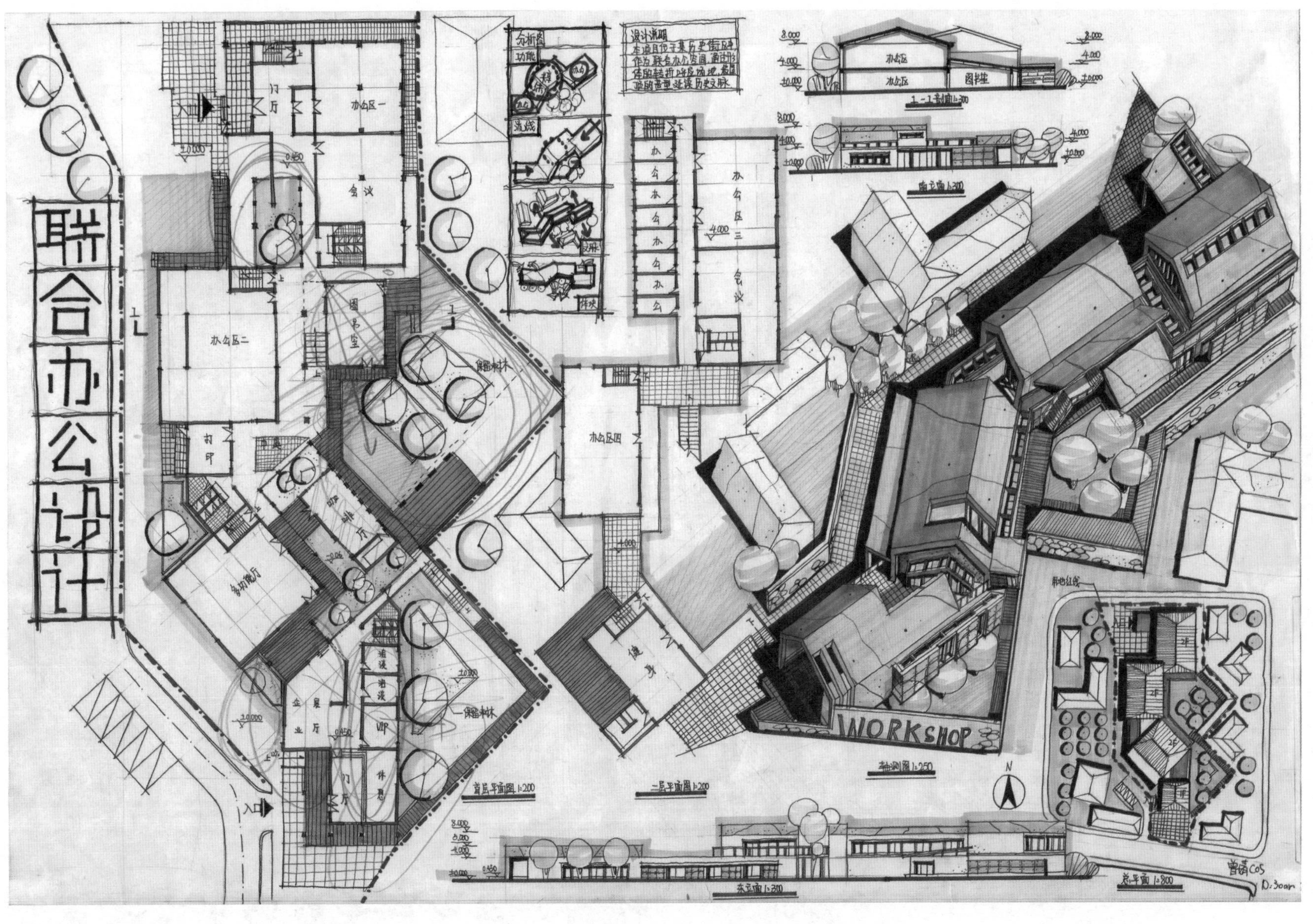

● 该作品体块组织关系清晰，建筑与外部场地形成了良好的室内外互动关系，同时用色对比较为合理，形成了良好的图面效果。

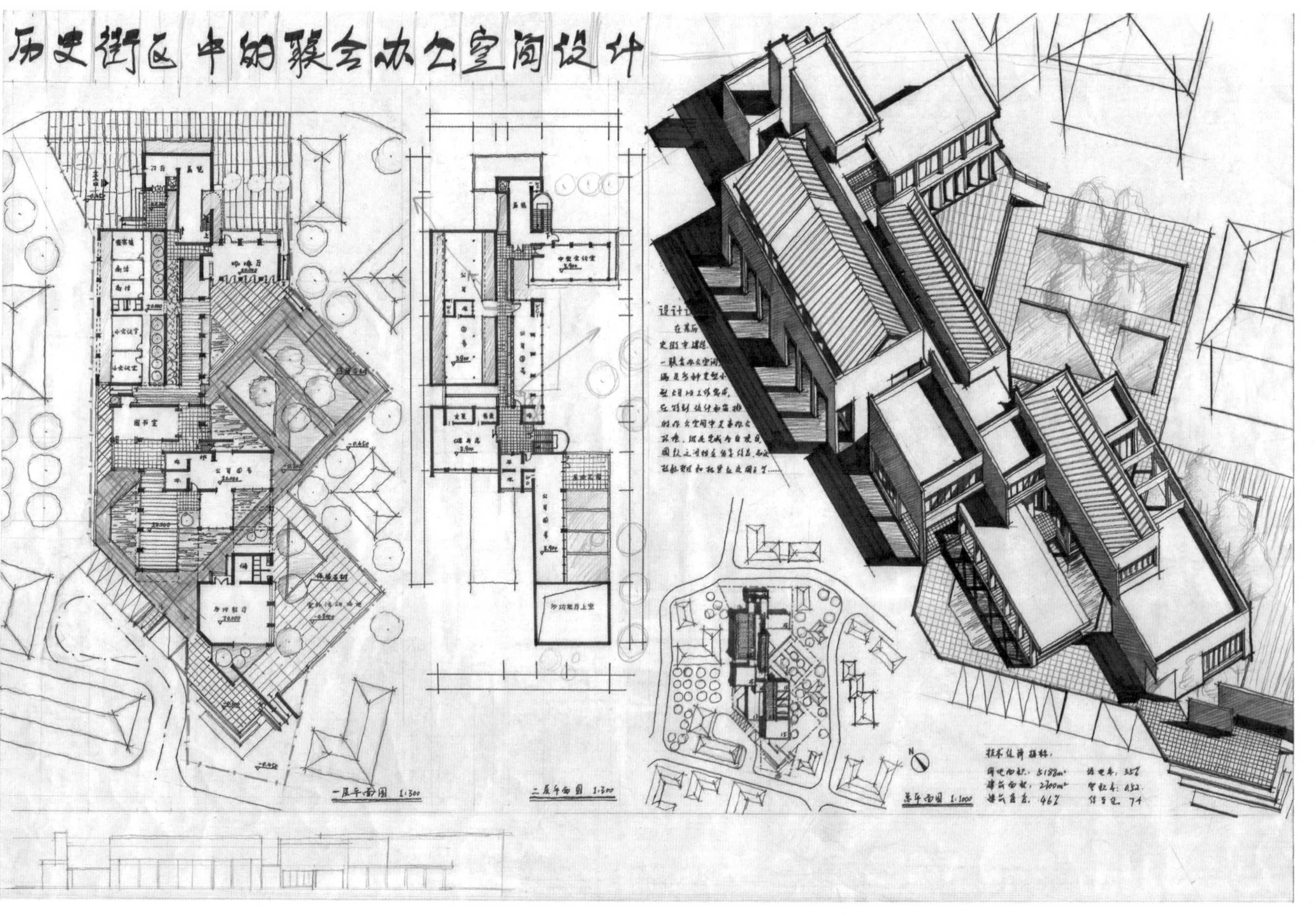

● 该作品以坡屋顶加盒子的方式组织体块，形成了造型的策略，整体效果较好，场地设计的表达也较为充分。

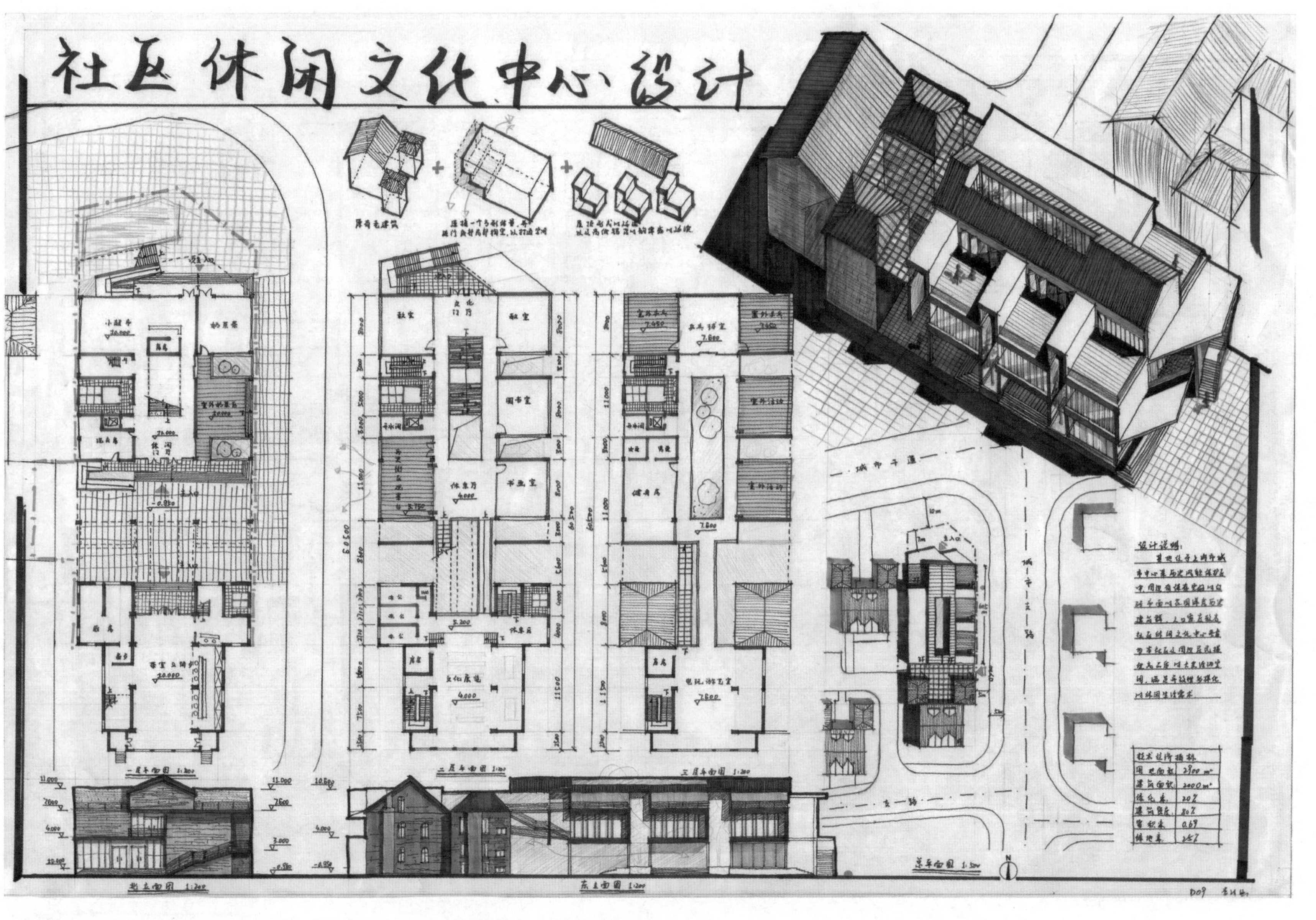

● 该作品以单元式的策略组织新建体量，体量内部形成了较大的通高空间，增加了空间层次。

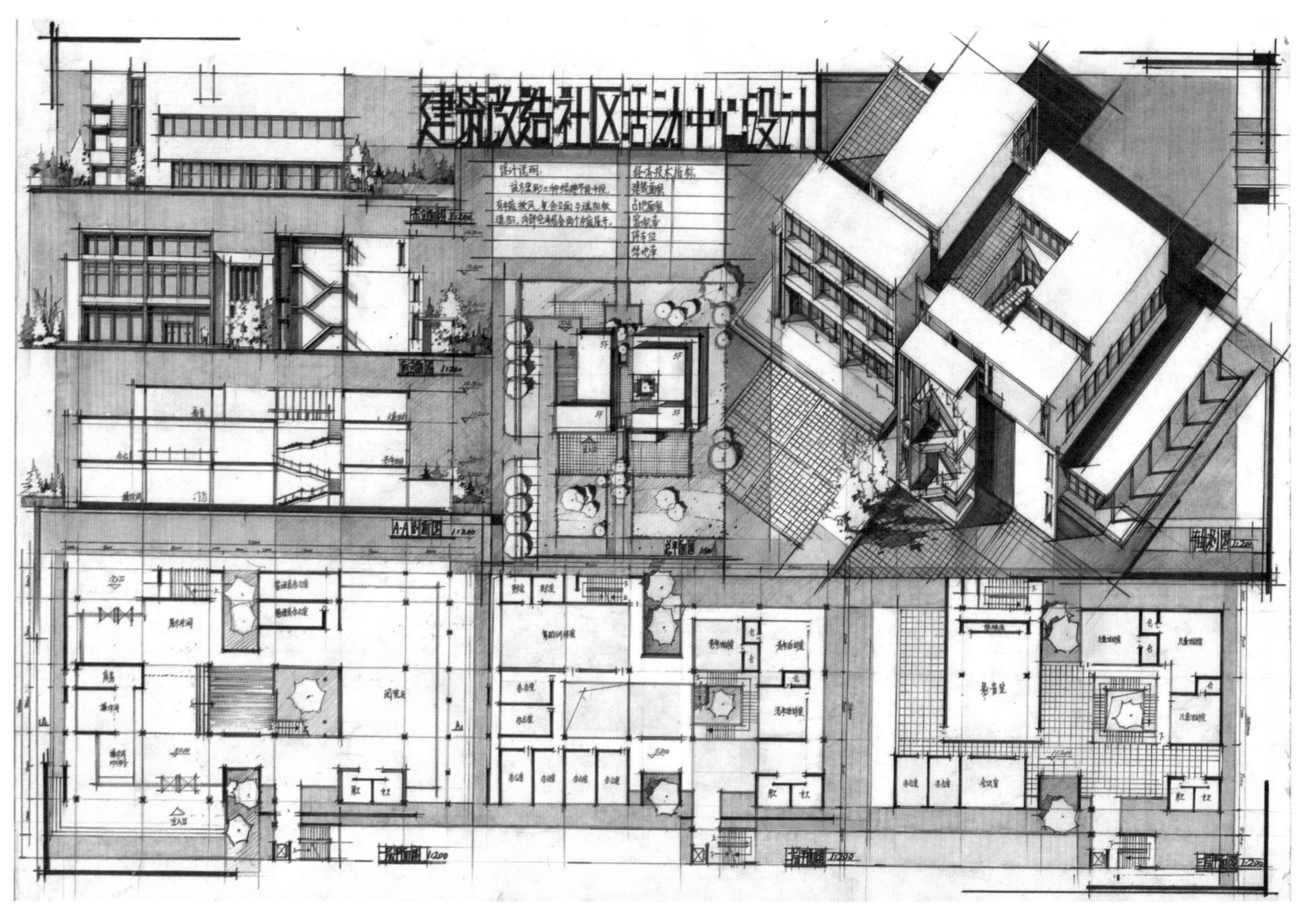

●该作品形体组织关系明确，内部空间丰富，立面处理运用了多种不同的方式。

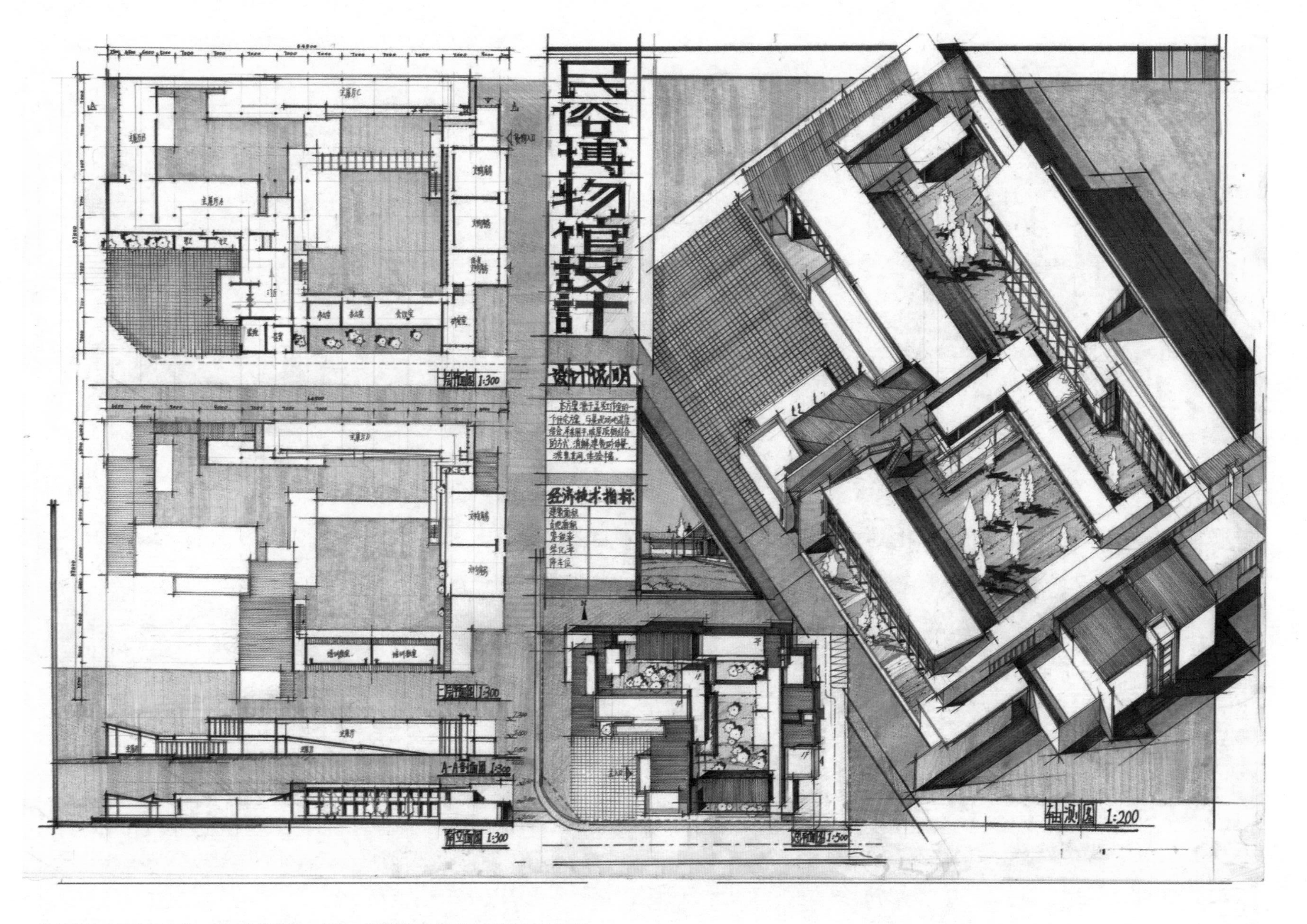

●该作品内部空间丰富，观展流线清晰、合理，造型通过不同的材质区分出了层次。

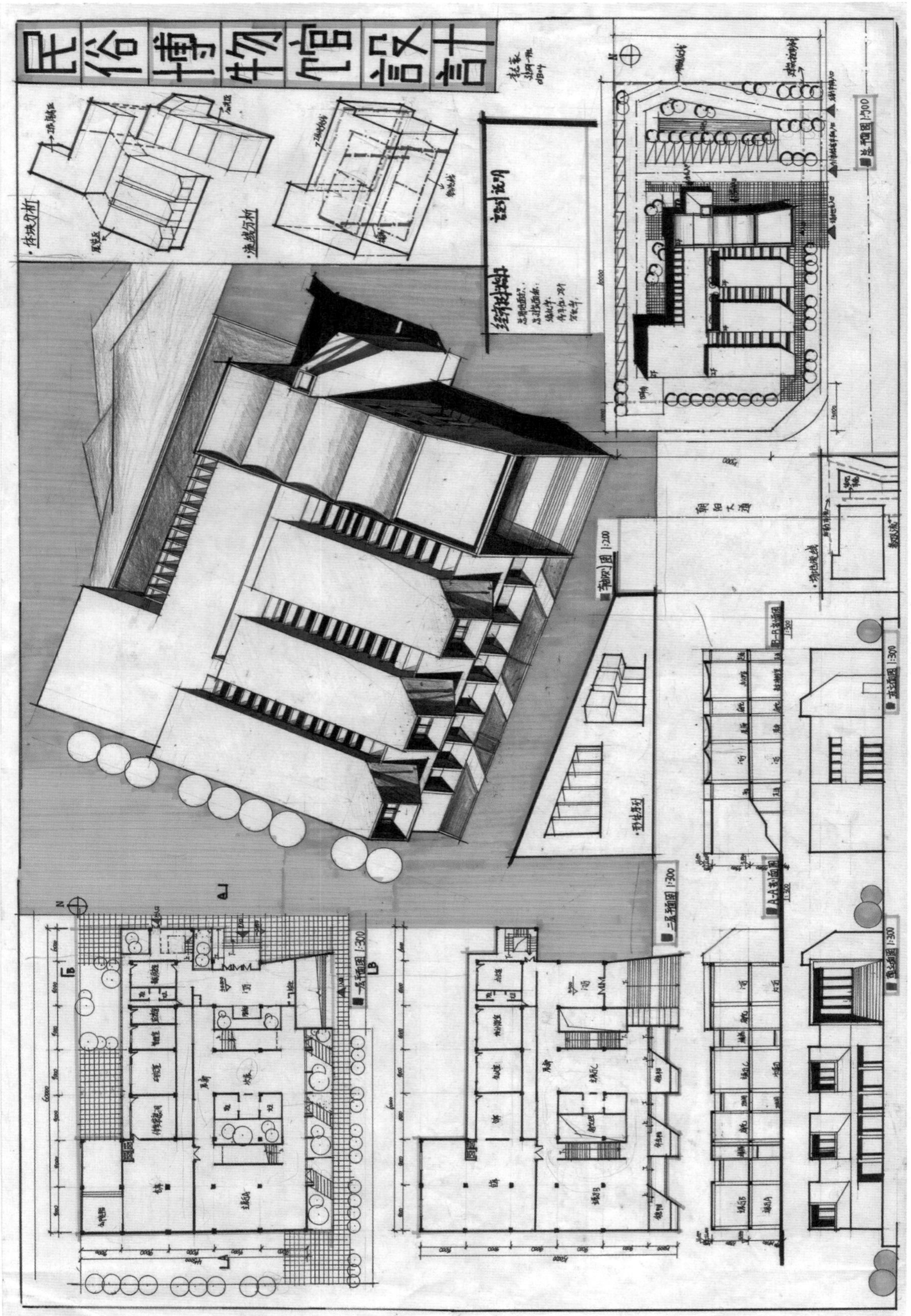

该作品形体组织关系明确，体块处理手法丰富，色彩表达效果较好。

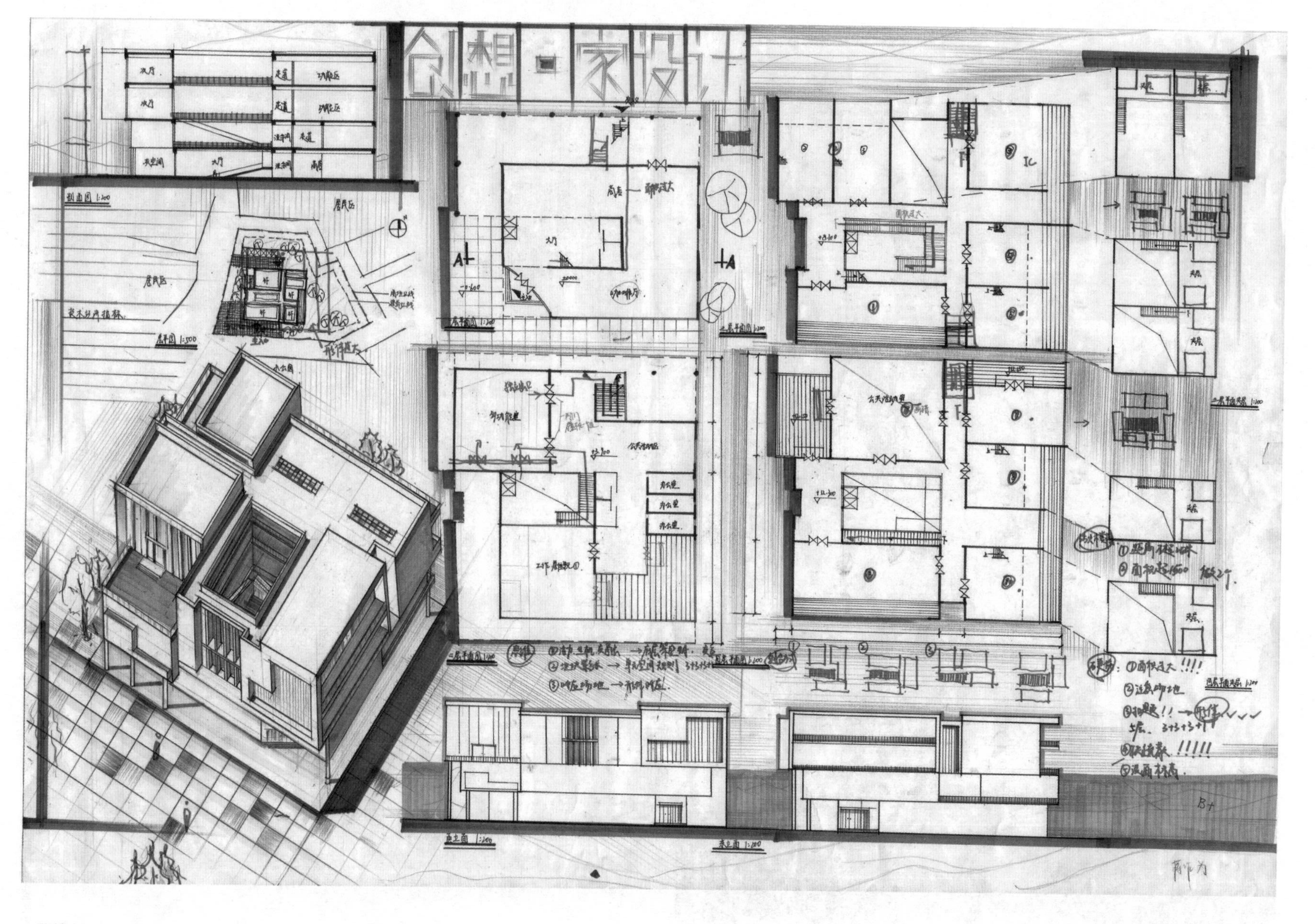

●该作品以蓝色为主色调，排版清晰，建筑造型体量完整，并且立面处理手法丰富，不显单调。

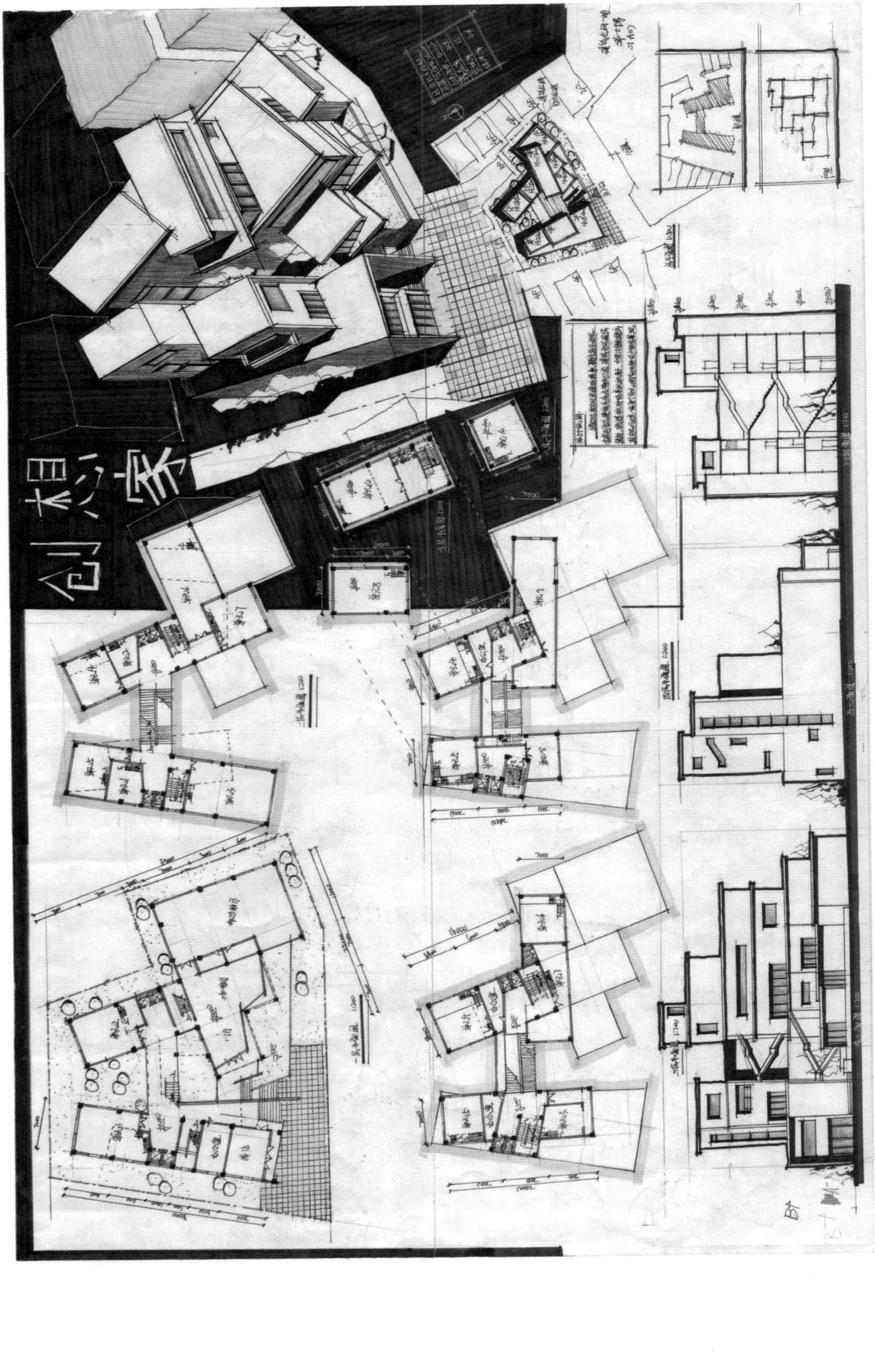

●该作品体块组织关系清晰，退台式的设计策略与场地环境相呼应，用色较为大胆，并且很好地衬托出了建筑形体。

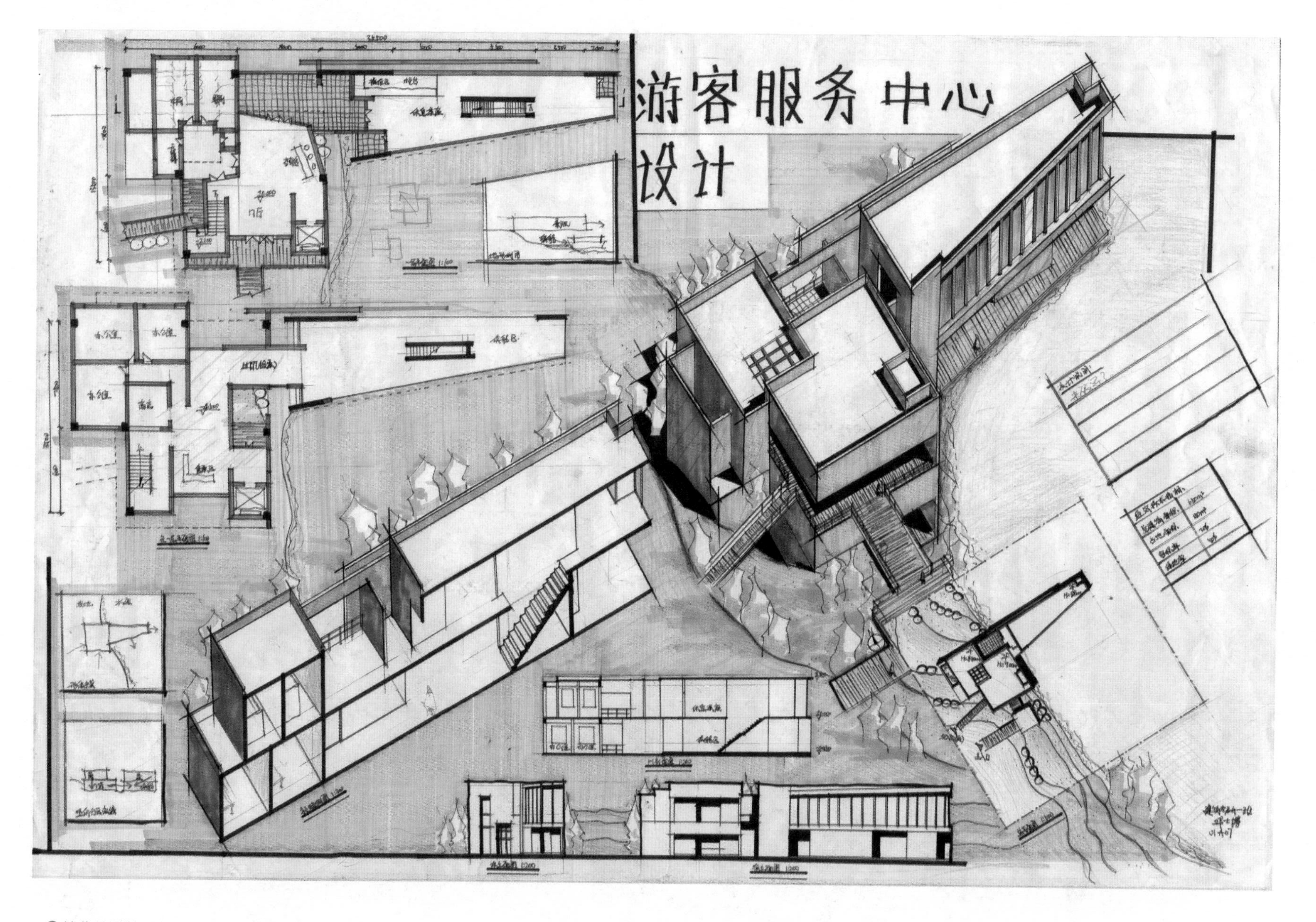

● 该作品通过两个效果图占据图面的对角线，突出了图面的主体，图面以大面积的色彩渲染取得了较好的效果。

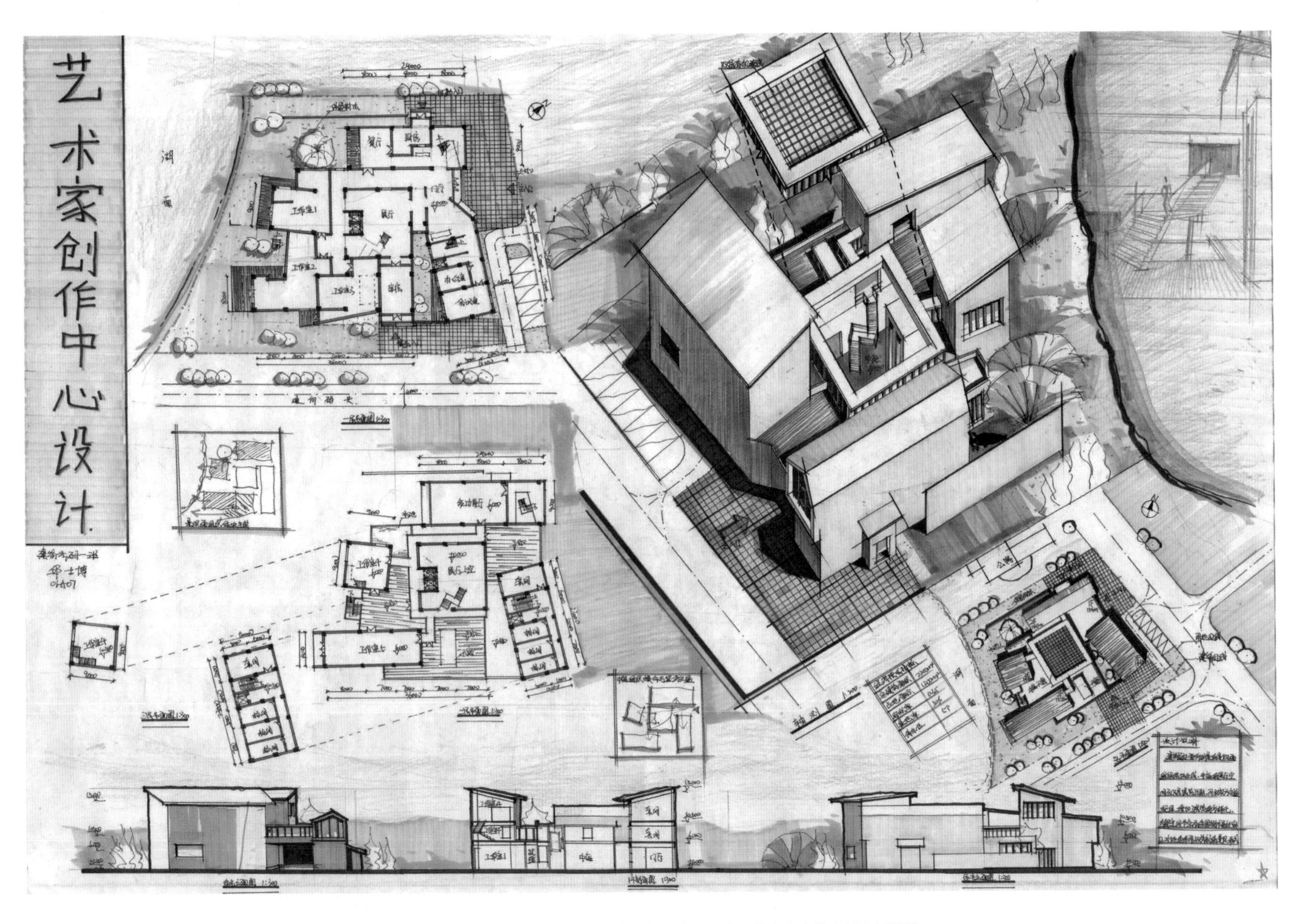

● 该作品配色较为大胆，整体表达效果抓人眼球，分散式的体块组织方式与功能很好地呼应，并且形成了较为丰富的内部空间体验。

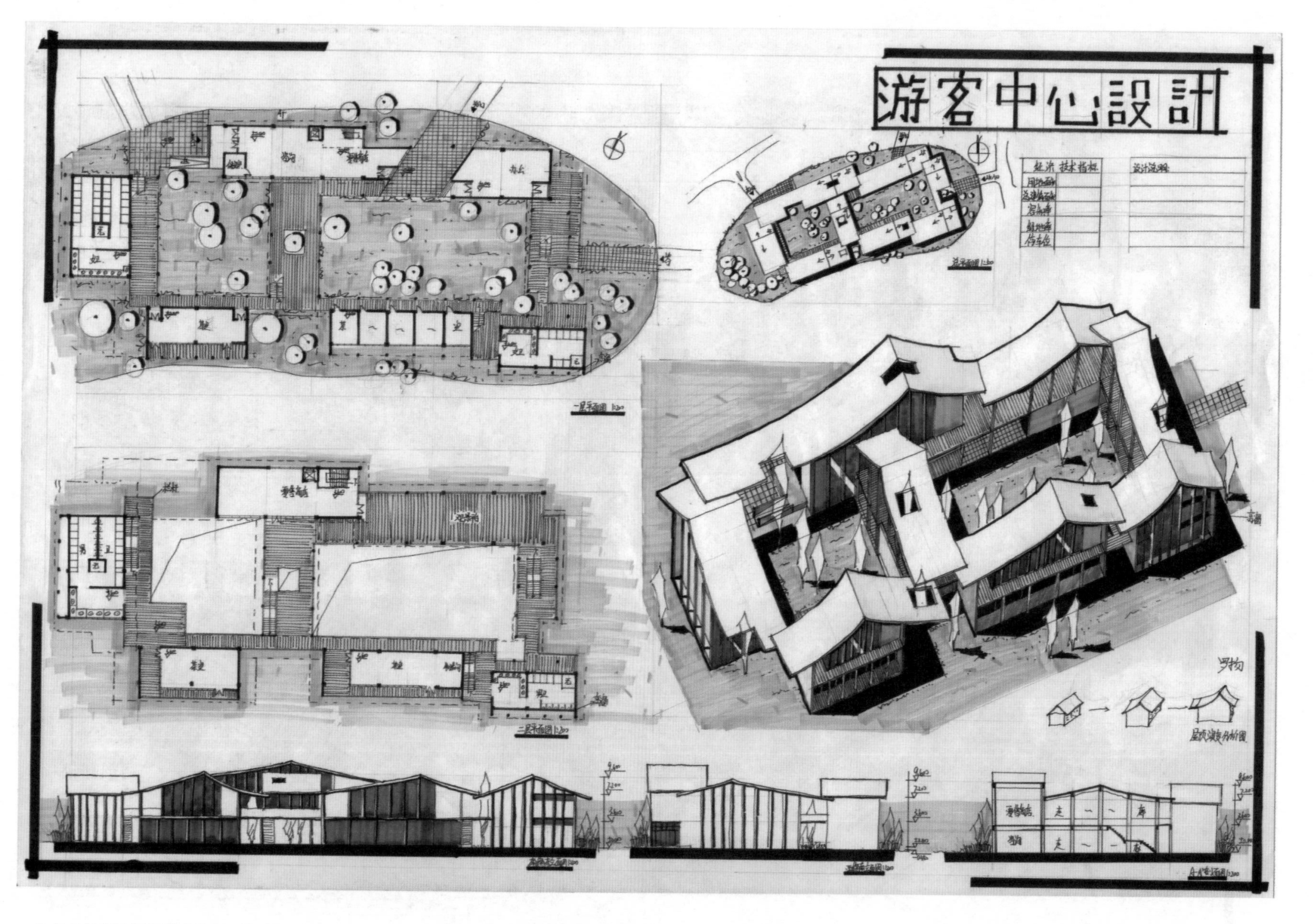

●该作品形体组织关系明确，效果图用色明确，体块的屋顶处理符合建筑性格及场地环境。

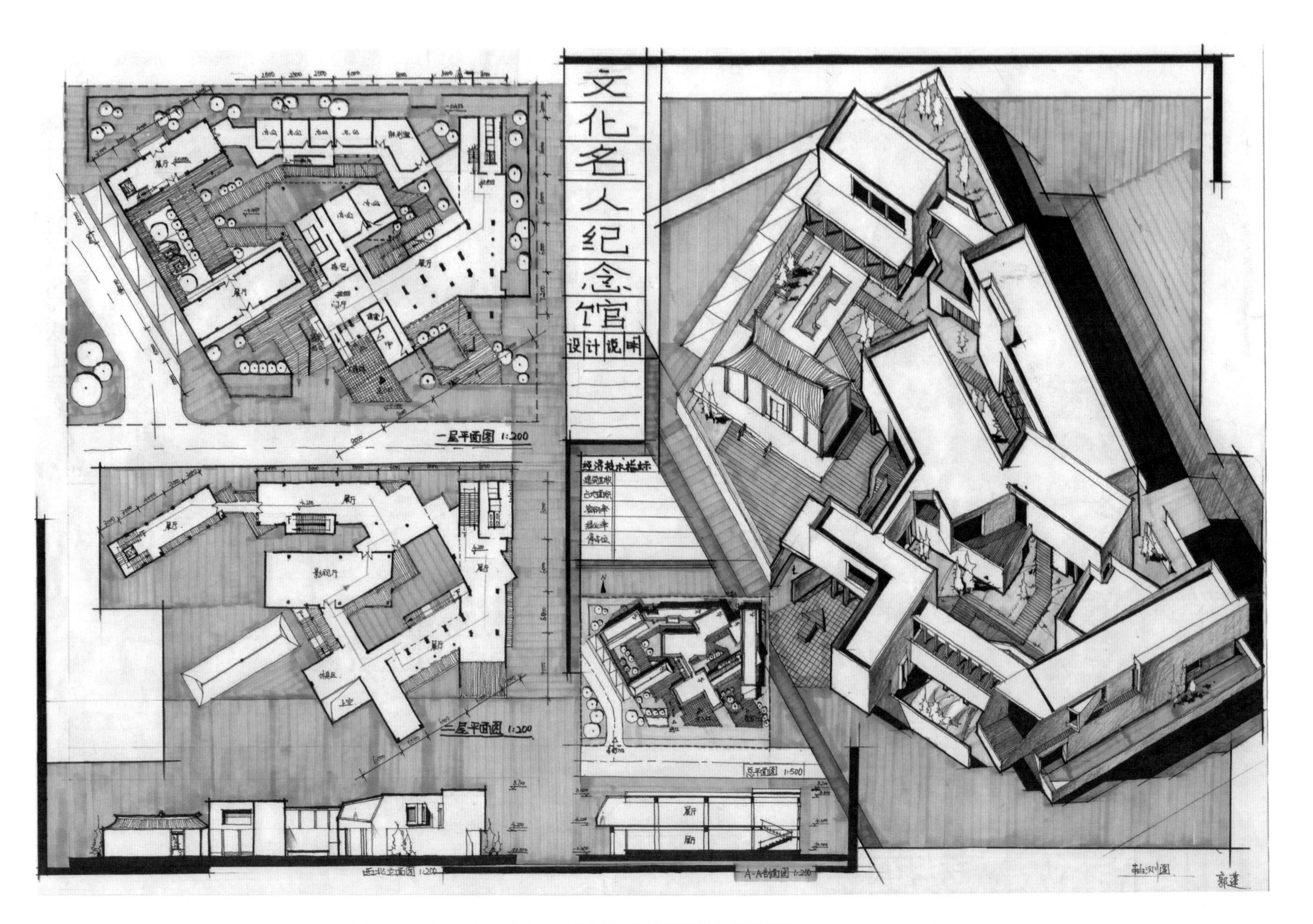

● 该作品形体组织关系丰富，处理手法较为成熟，与场地环境结合得较好，冷暖色的对比运用使得图面效果清晰。

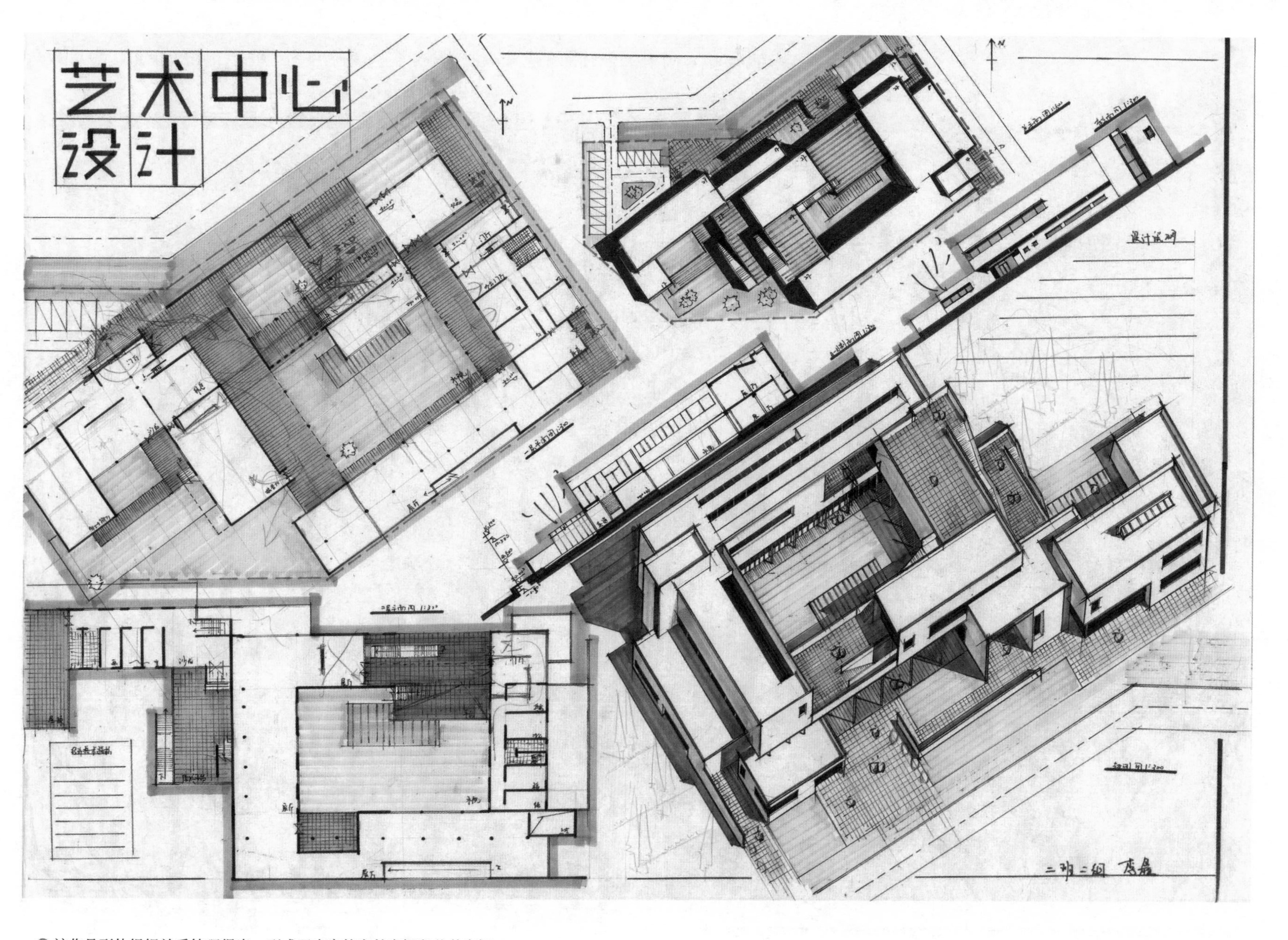

● 该作品形体组织关系处理得当，形成了丰富的室外空间和公共空间。

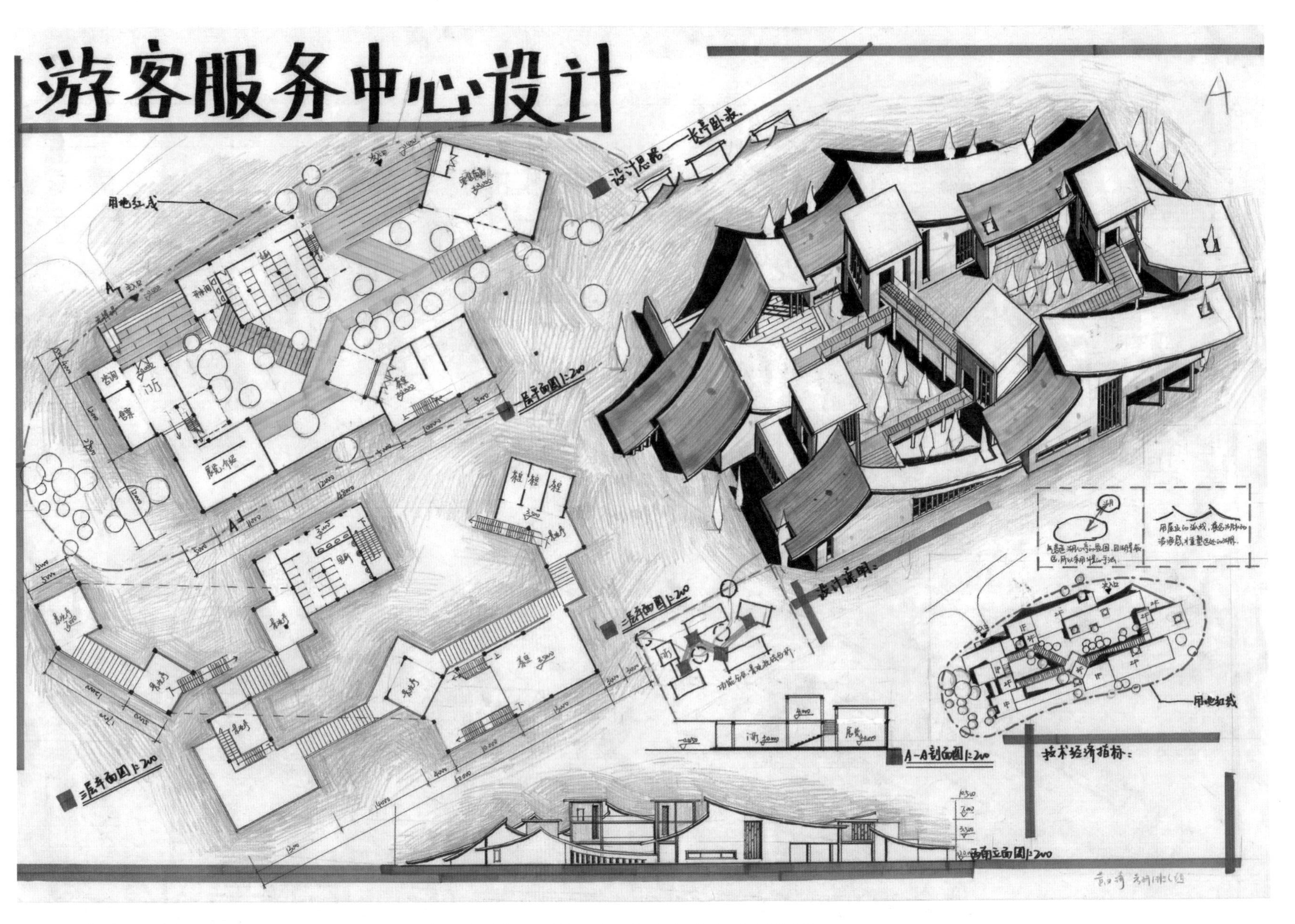

● 该作品造型策略直观，若干曲面双坡屋顶的体块围合出建筑内部院落，同时辅以平屋顶的体块，增加了造型的层次。

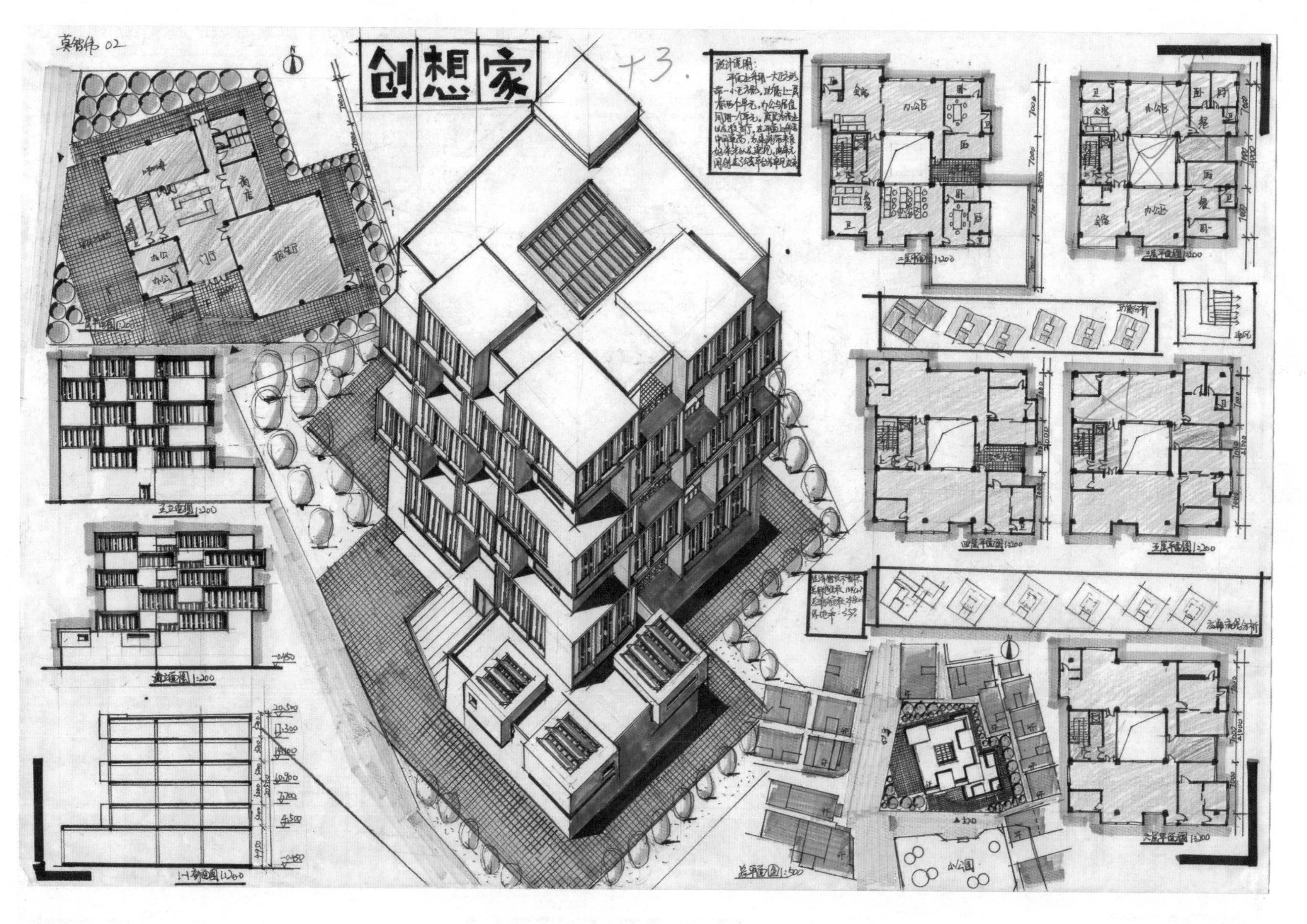

● 该作品立面处理手法较为成熟，通过单元的组合取得了较为丰富的造型效果。

● 该作品以体块单元的组合回应设计需求，体块之间的错位形成了丰富的活动空间和立面效果。

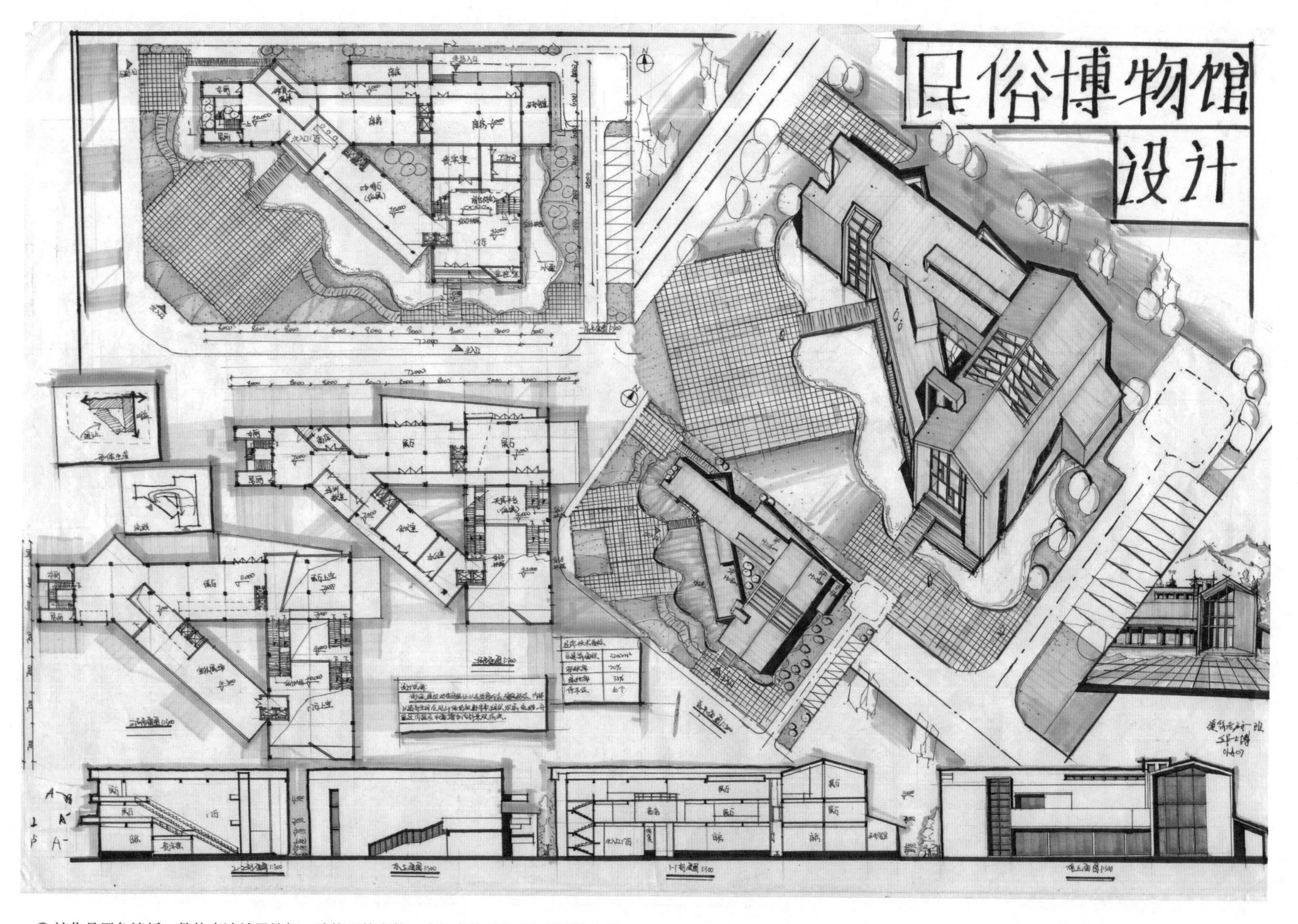

● 该作品用色清新，整体表达效果较好，建筑形体完整，内部空间及流线组织较为丰富。

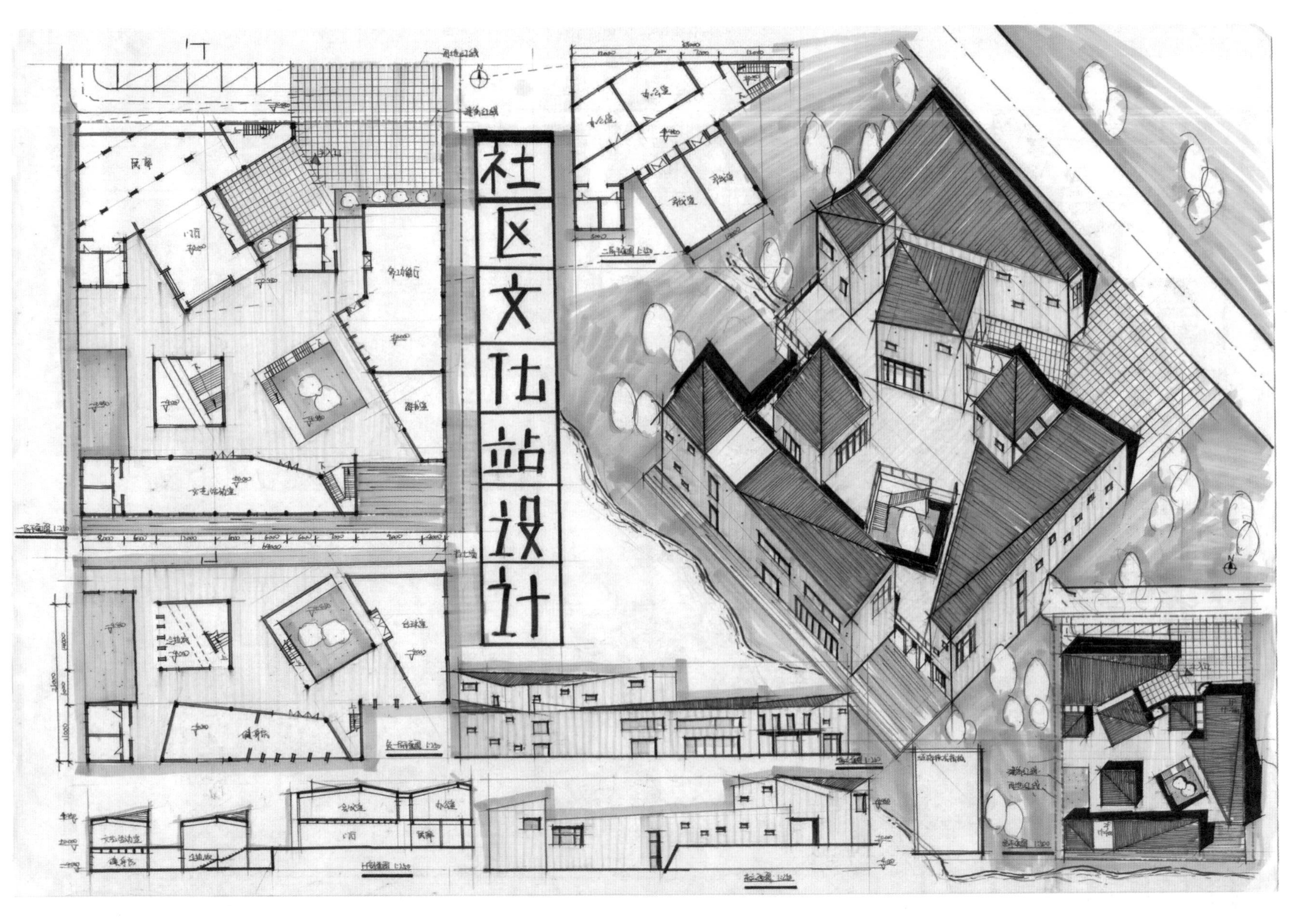

● 该作品以不同的体量围合出建筑内部的庭院，通过庭院串联建筑上下层，内部空间层次丰富。

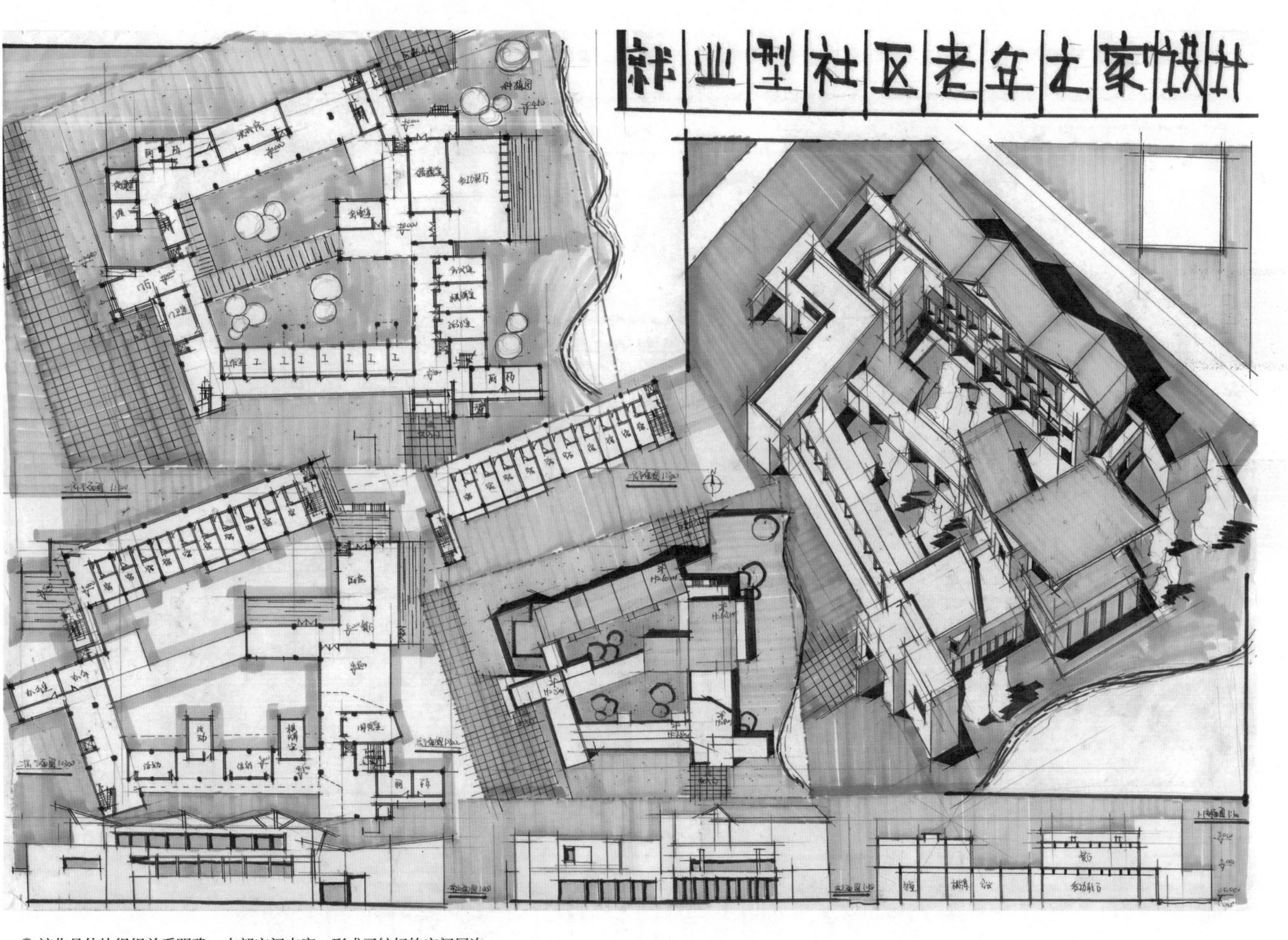

● 该作品体块组织关系明确，内部空间丰富，形成了较好的空间层次。

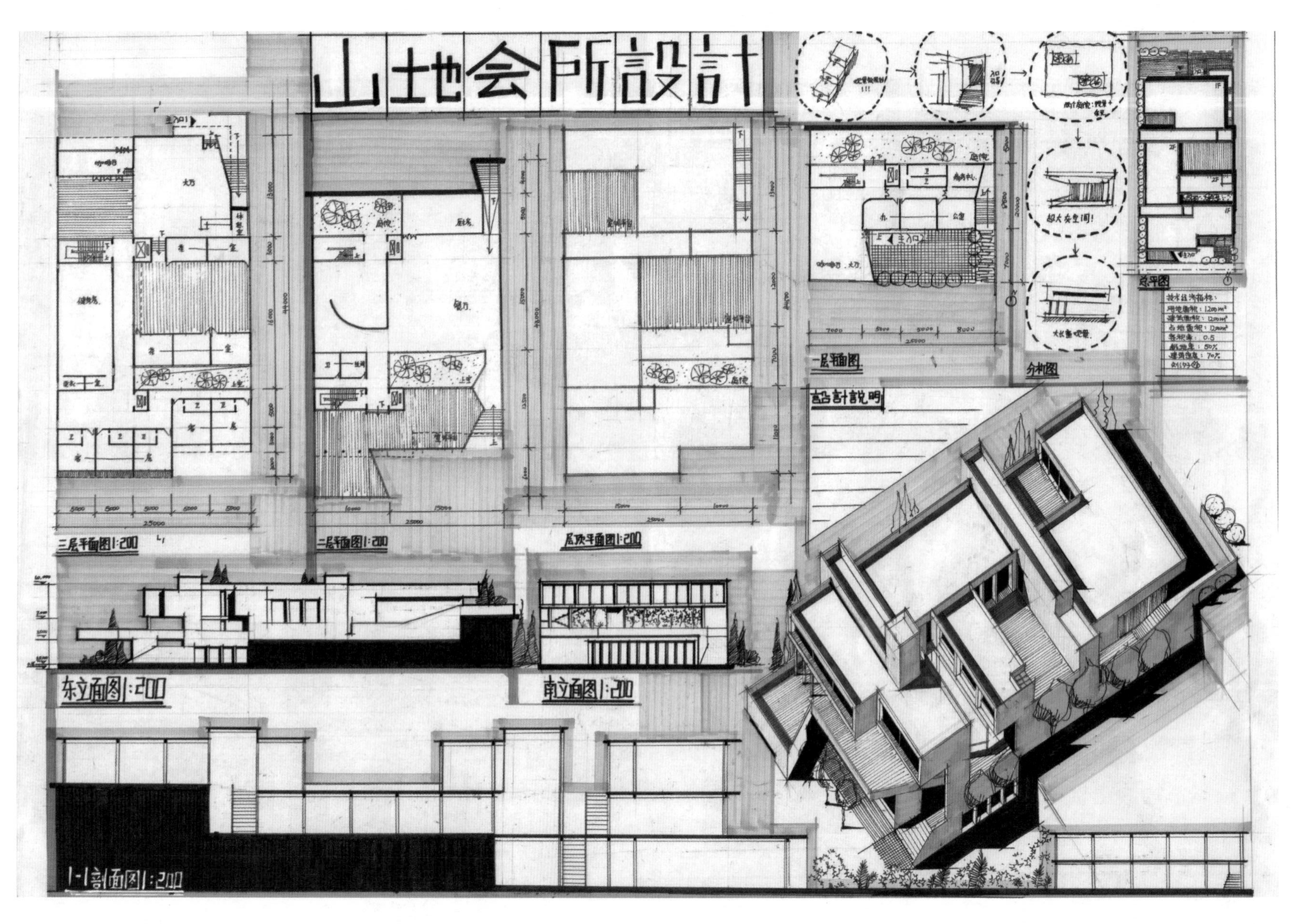

● 该作品用色大胆，且取得了良好的对比效果，形体组织清晰，通过退台式的处理手法，形成了丰富的内部场地空间。

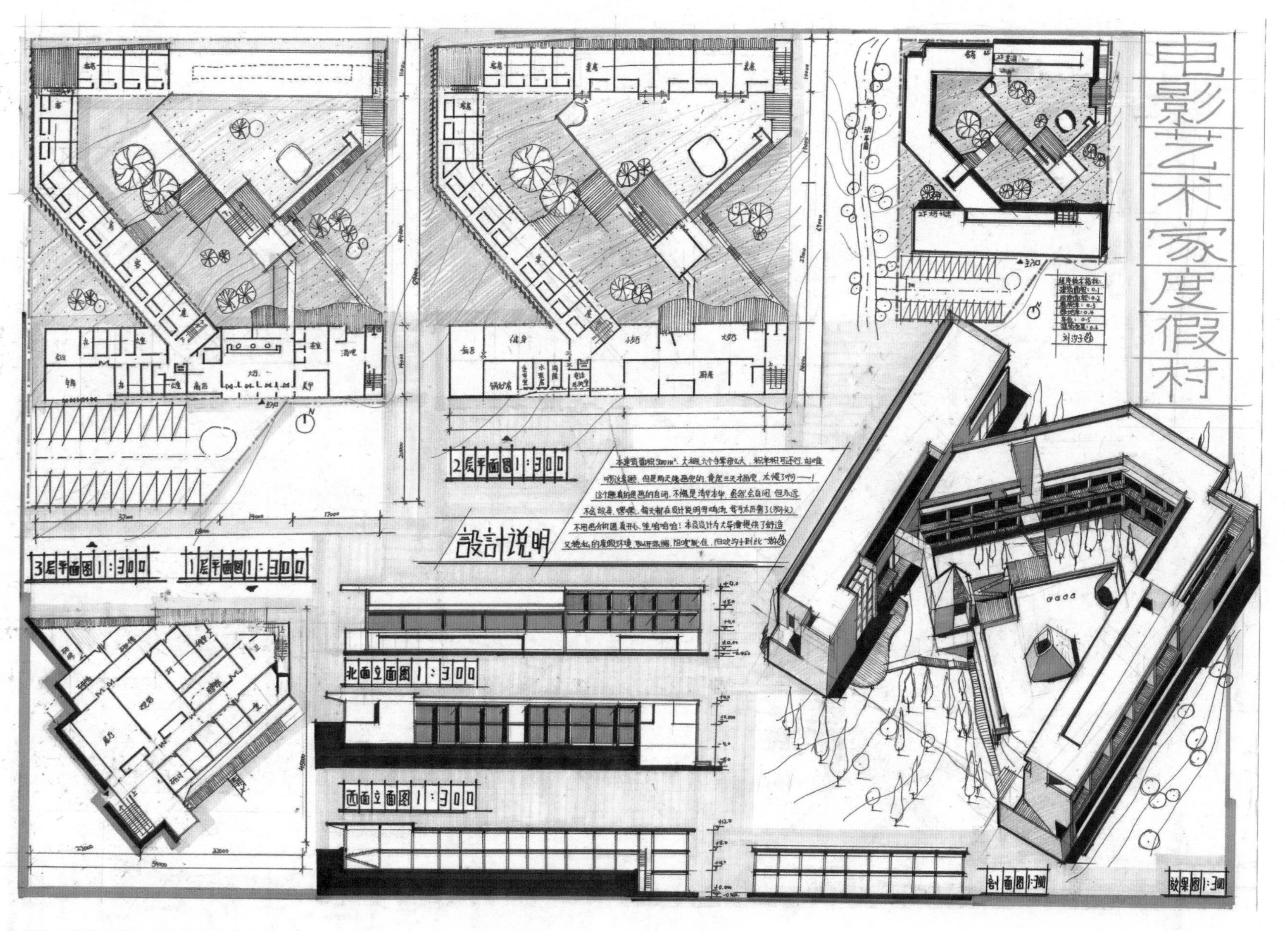

●该作品排版清晰，建筑体块组合关系明了，内部细节丰富，局部图框表达富有趣味性，加强了整体效果。

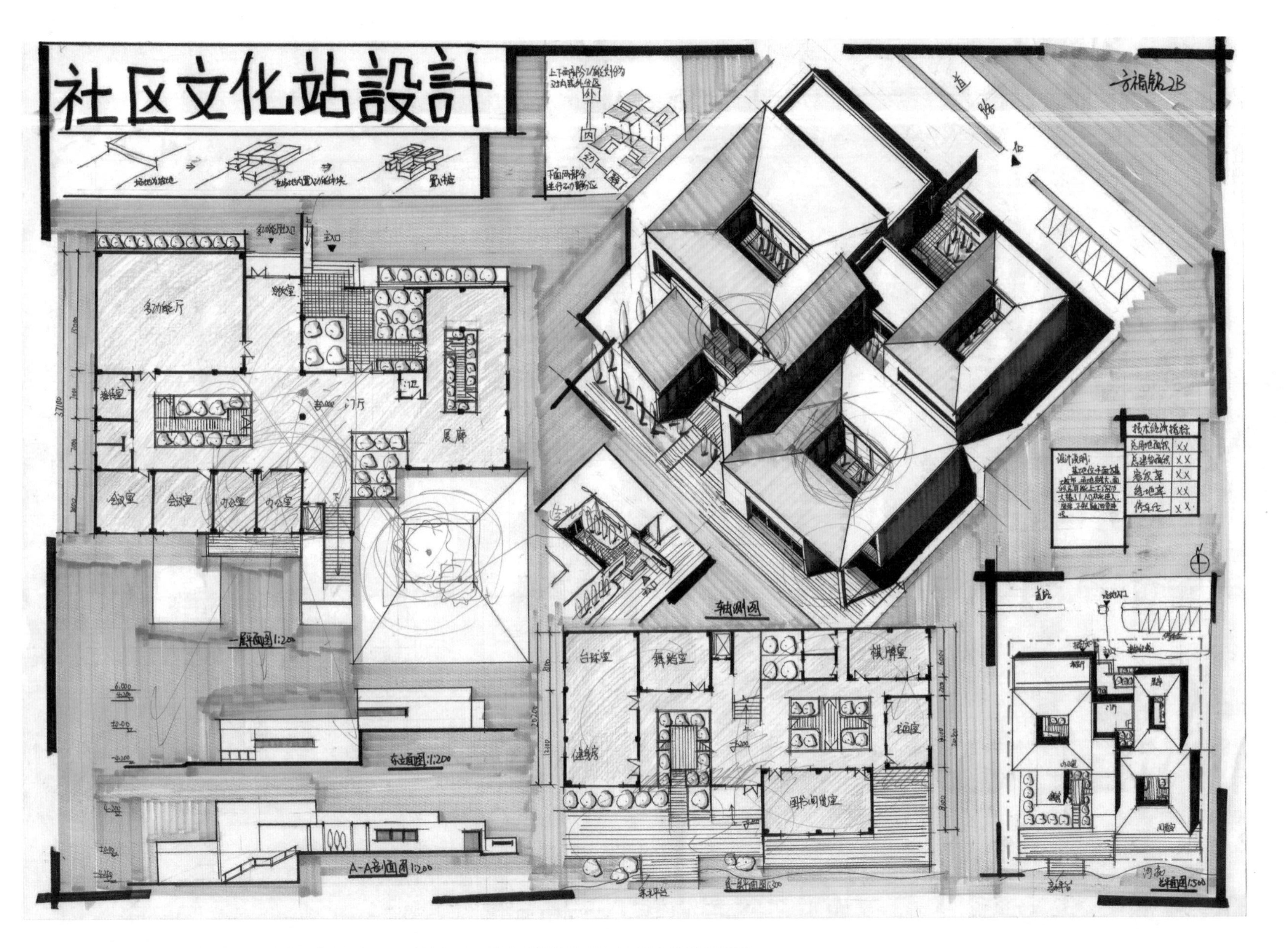

● 该作品形体组织关系明确，通过若干合院组织不同功能分区，并妥善地处理不同分区之间的流线衔接。

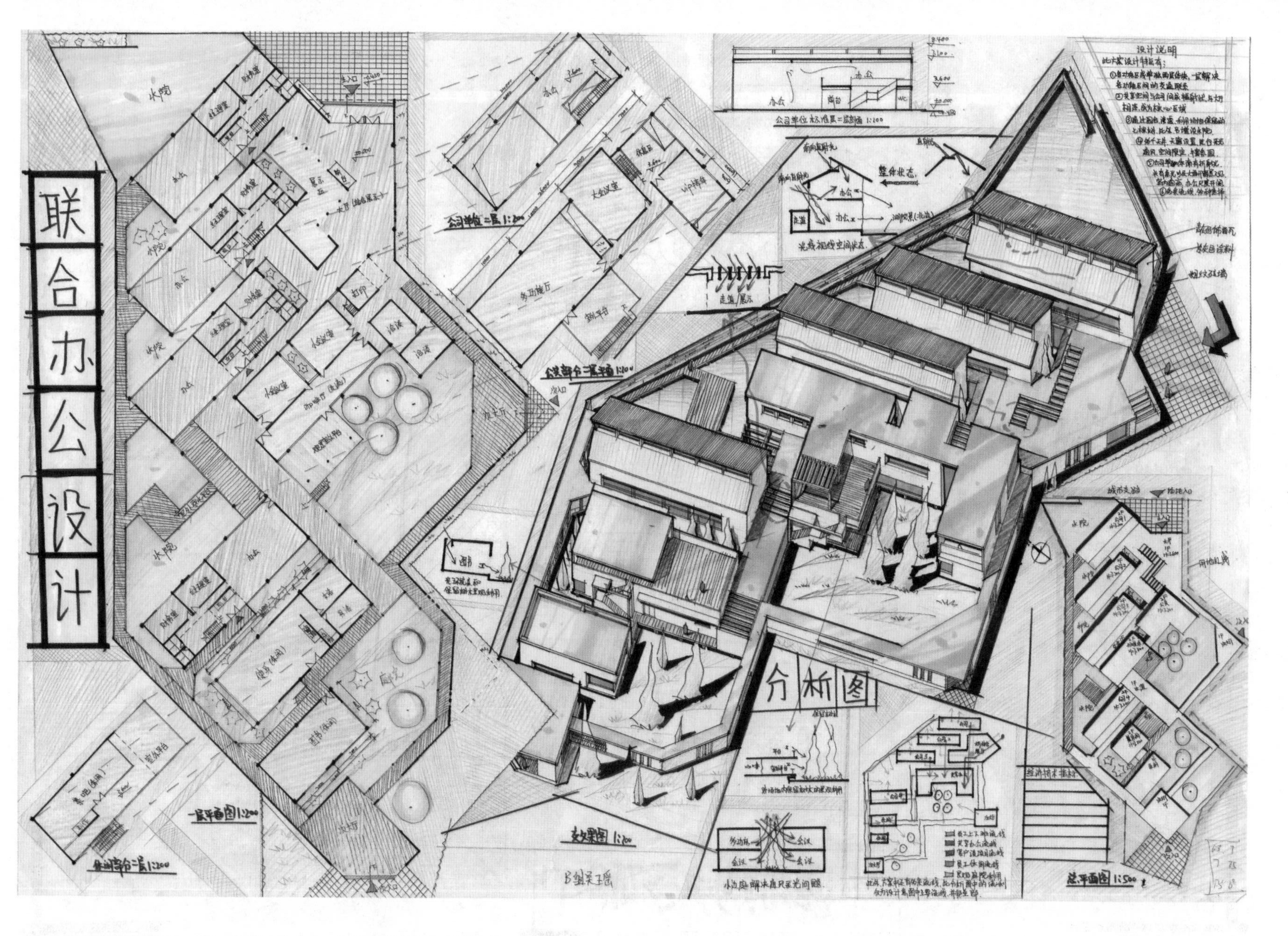

● 该作品造型体量较为丰富，细节表达充实，图面整体以蓝色彩铅渲染，图面效果干净、清晰。

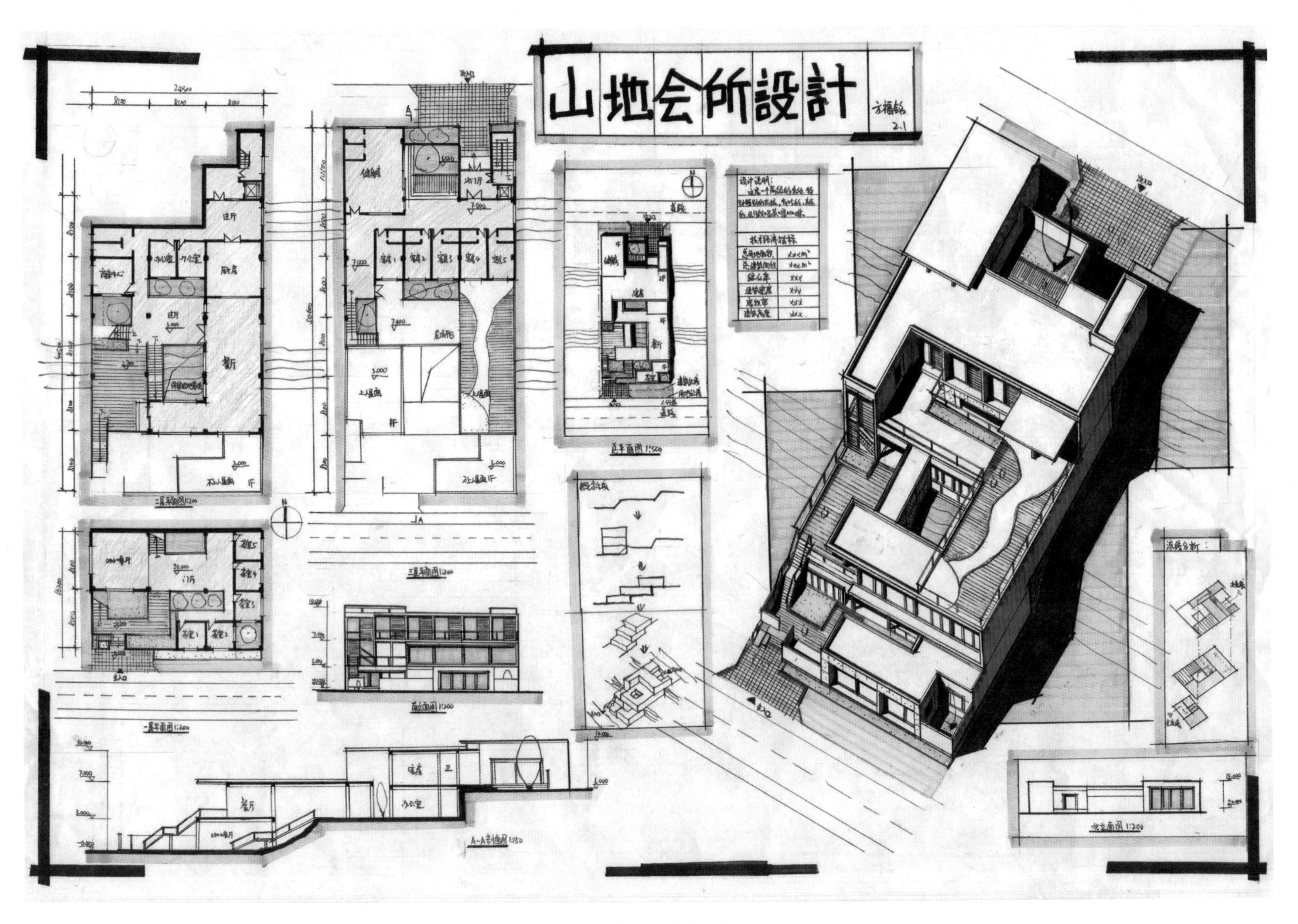

● 该作品策略清晰、得当，通过形体的逐层后退形成了多个可以利用的屋顶空间，丰富了内部空间层次。

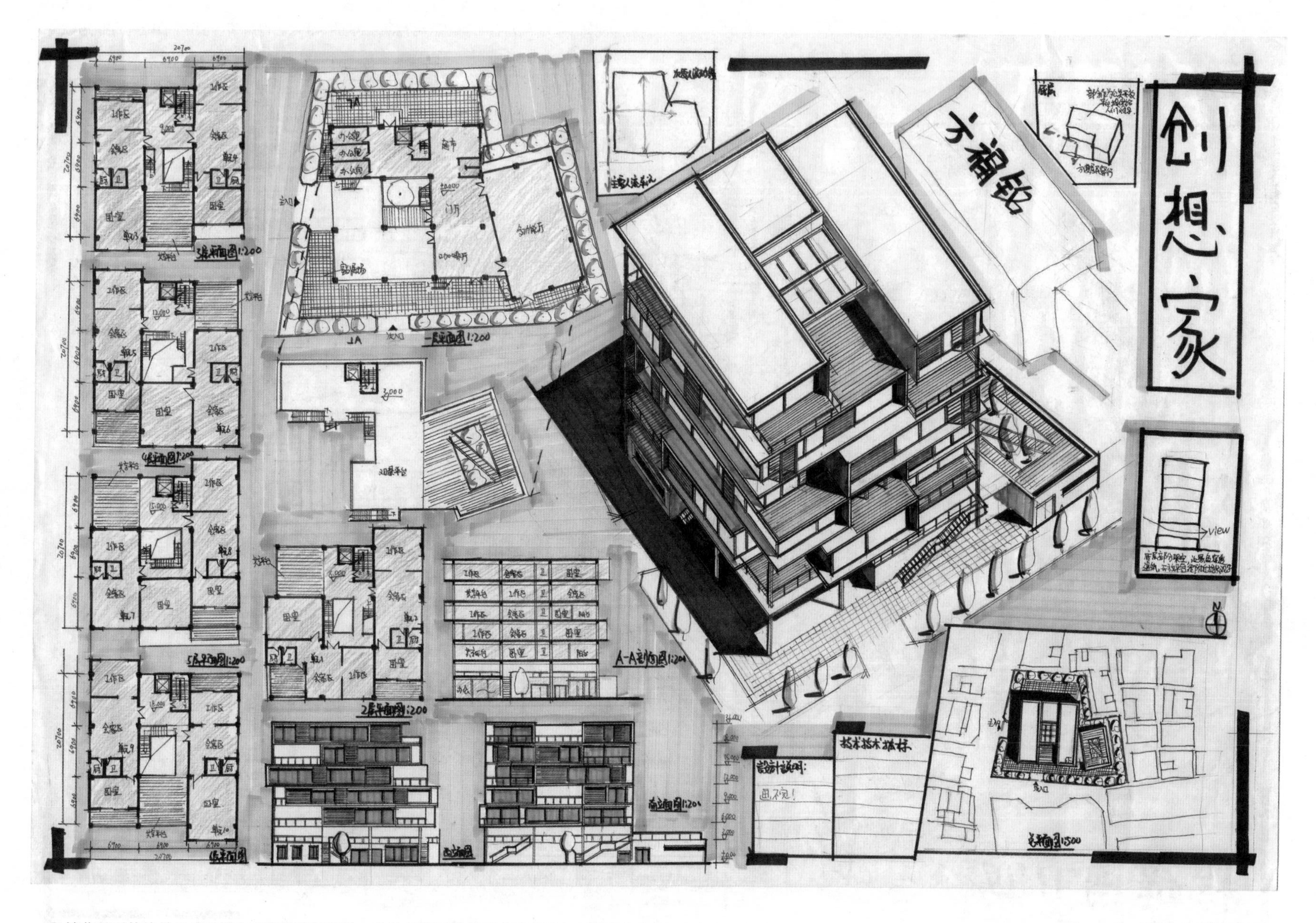

● 该作品以体块单元堆叠的方式组织建筑形体，体块间相互错位形成了不同高度的活动平台，丰富了立面效果。

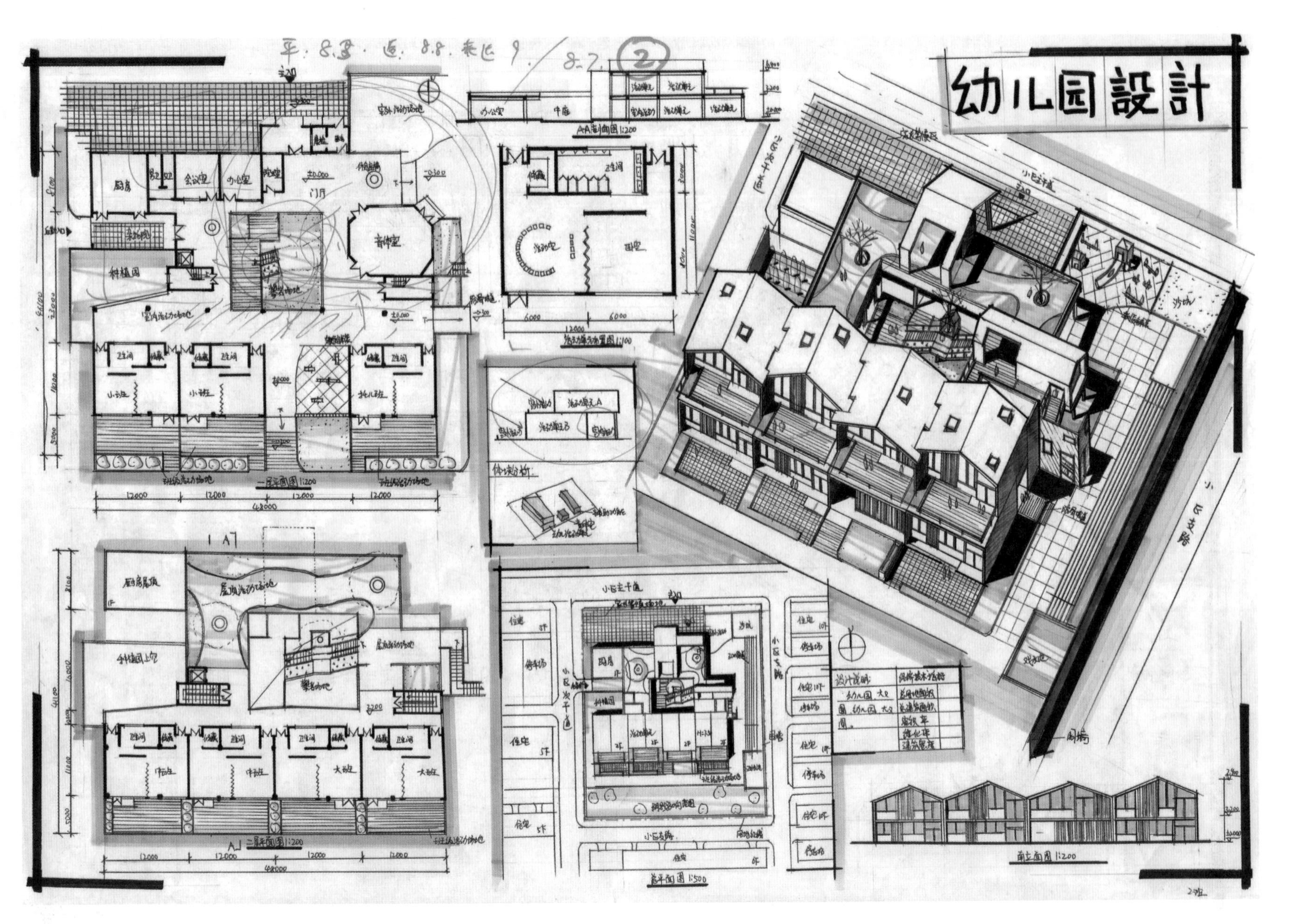

● 该作品单元式的组织手法与建筑类型相匹配，同时单元之间的处理增加了空间的趣味性。

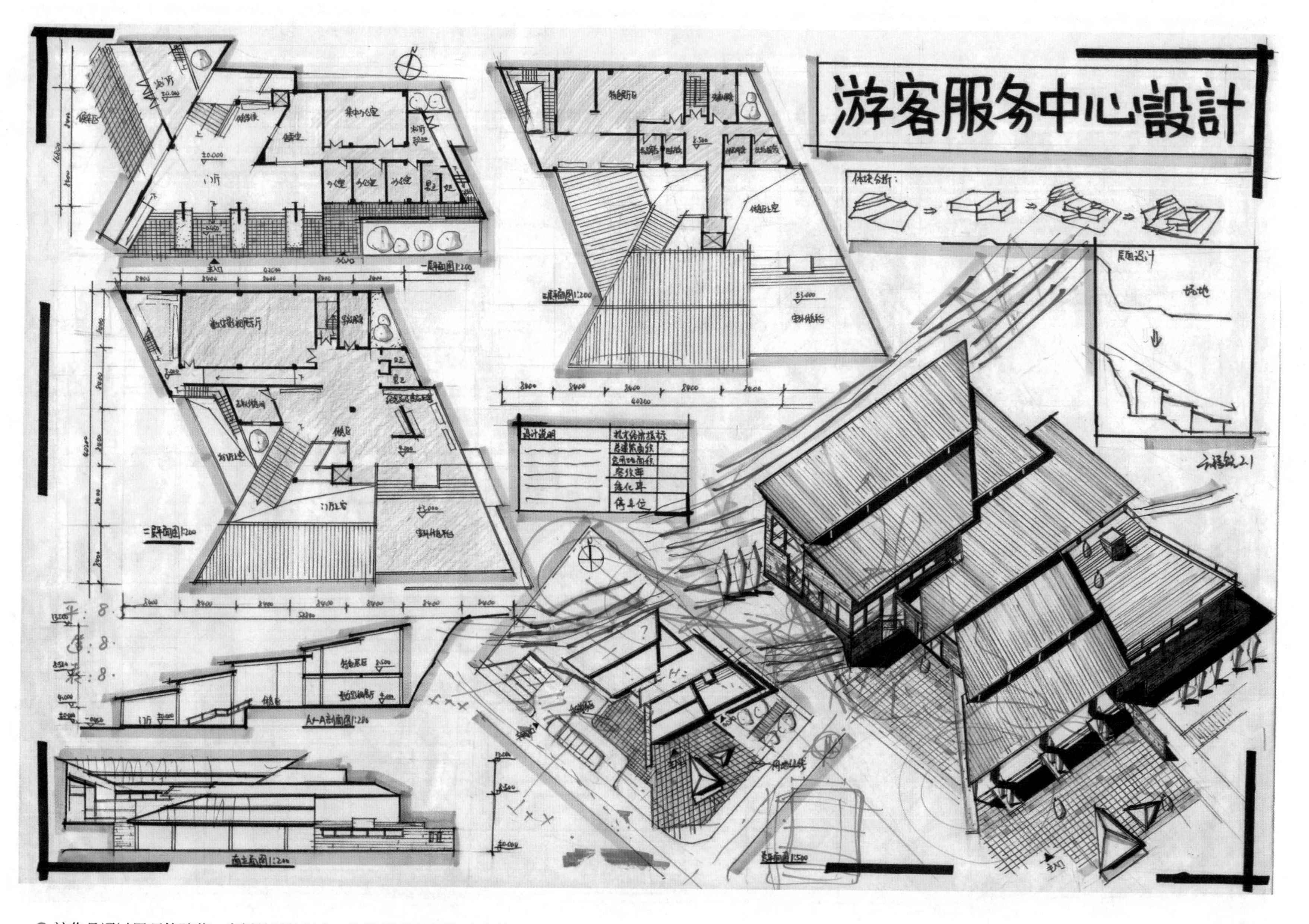

● 该作品通过屋顶的跌落、穿插关系的组合，为建筑造型增强了可看性。

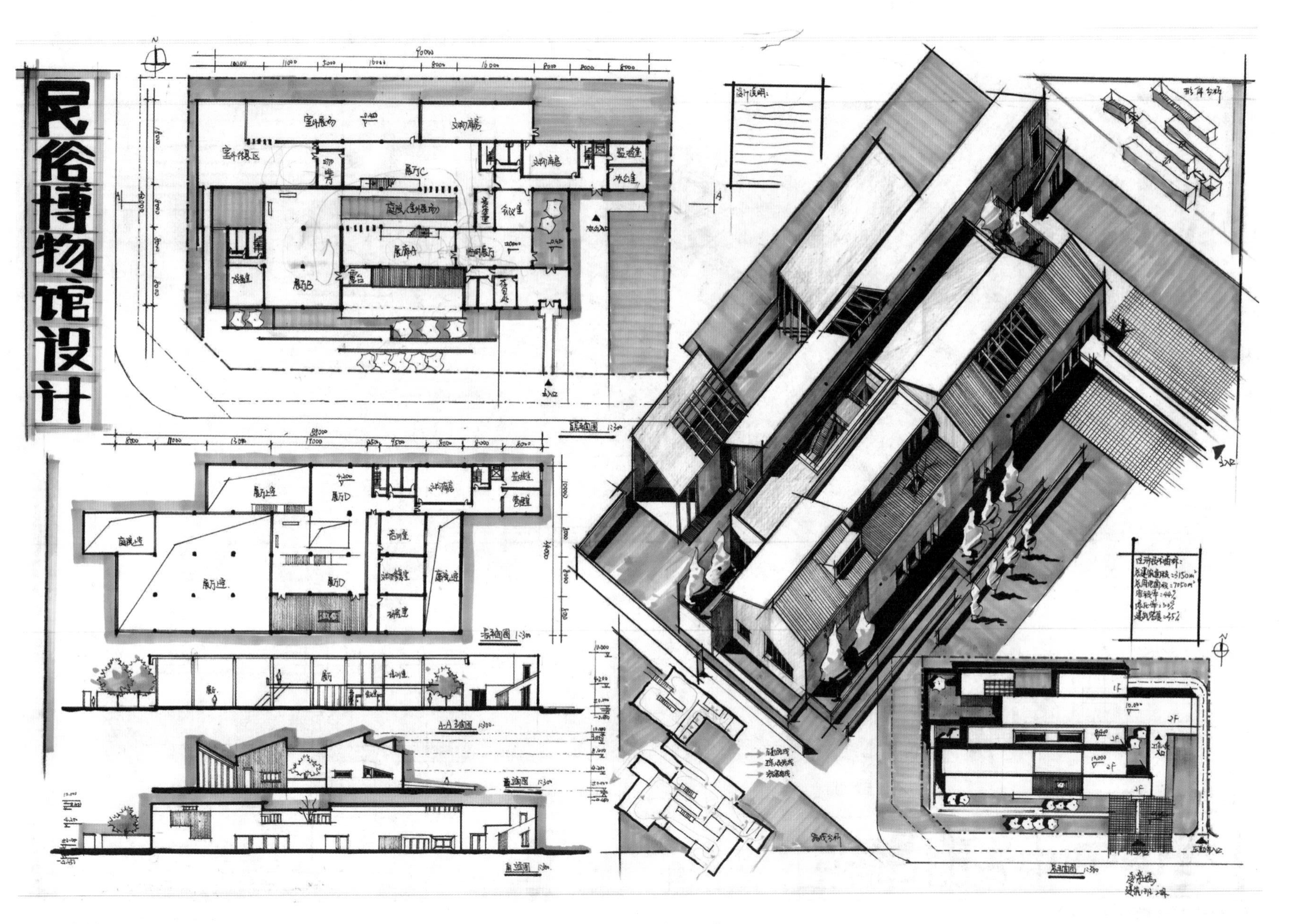

● 该作品以条形的体量组织建筑形体，并通过单个体块内的屋顶天窗、平台的组合化解了体量的单调感。

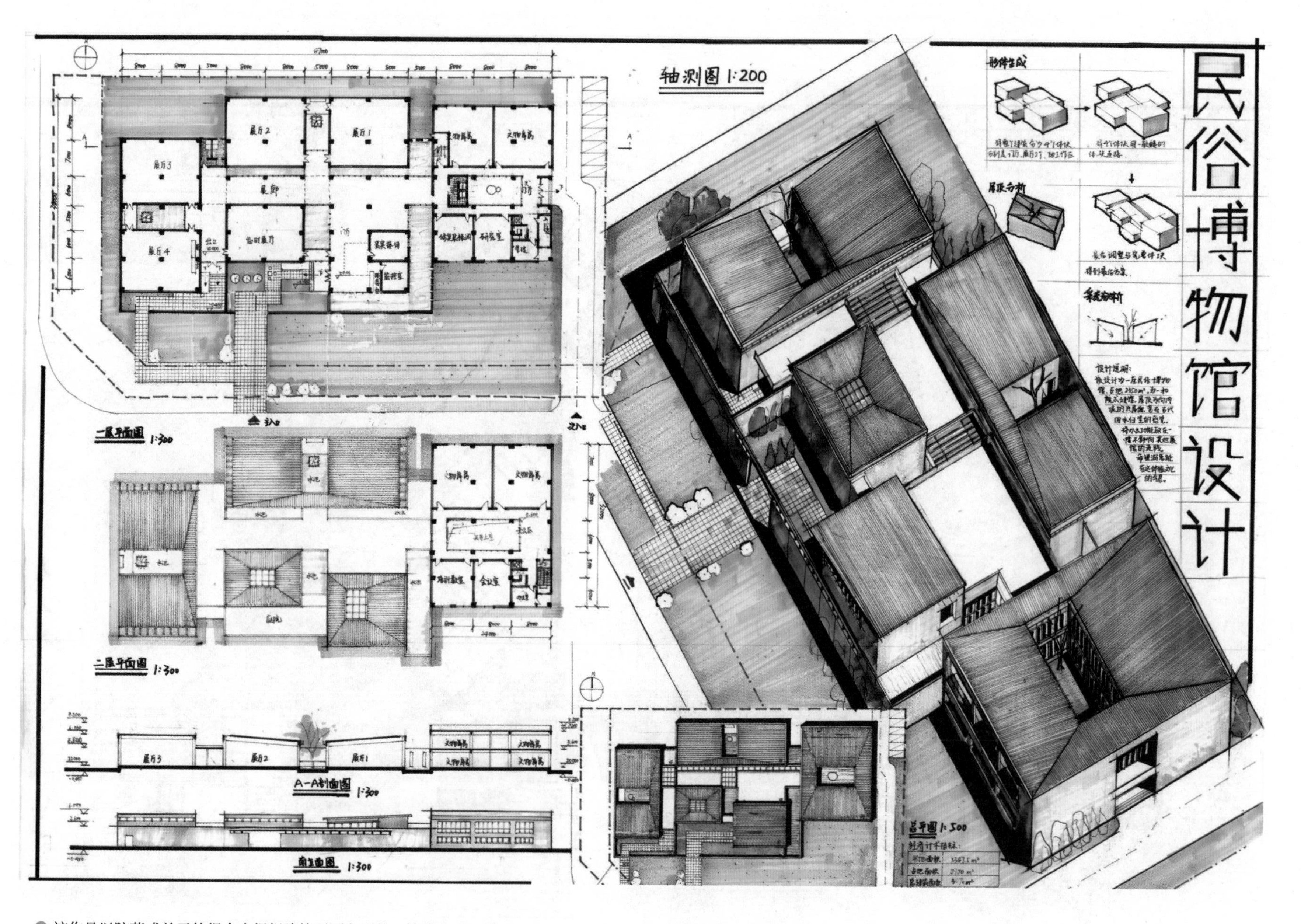

●该作品以院落式单元的组合来组织建筑平面和形体，策略清晰、得当。

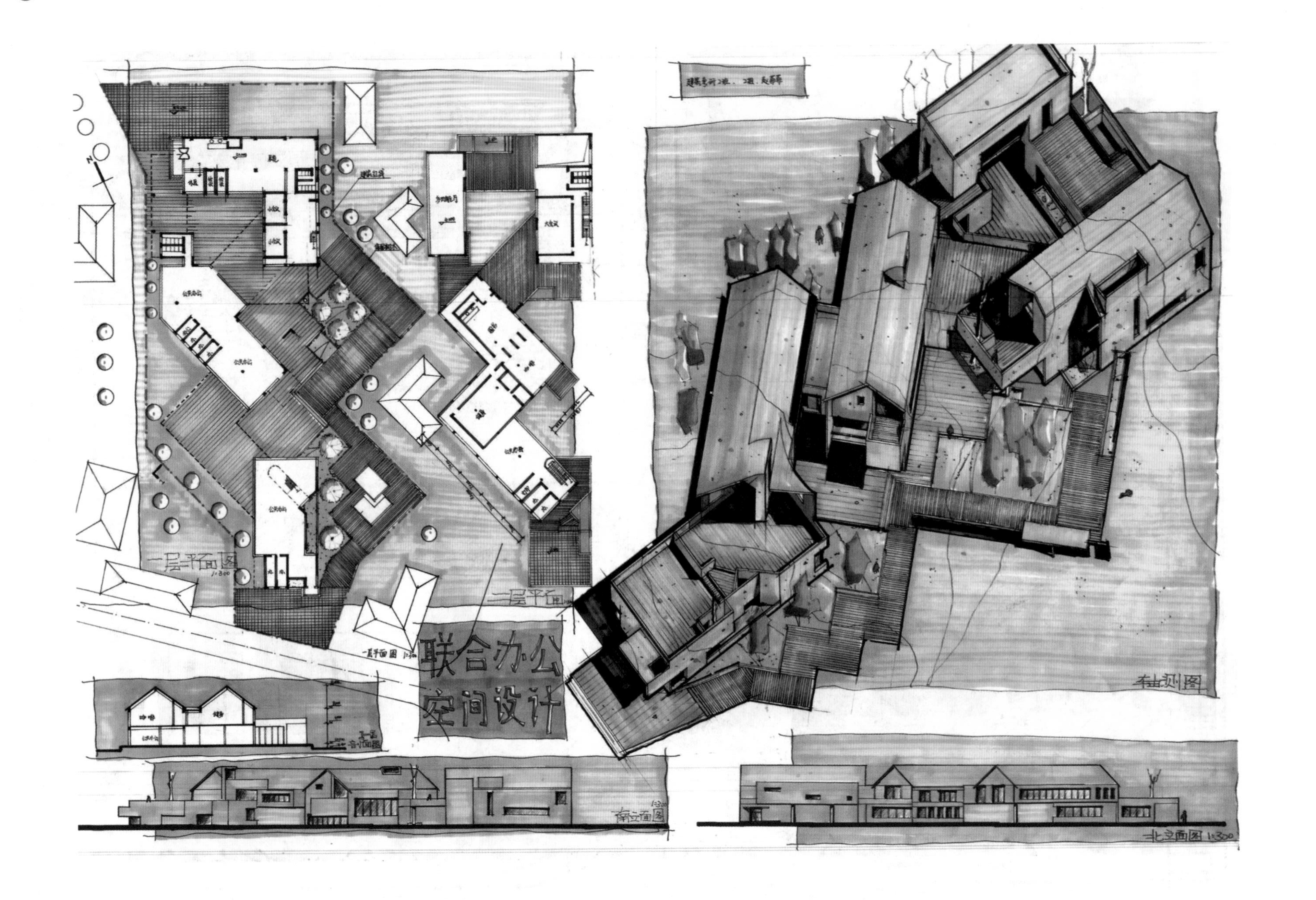

联合办公
空间设计
一层平面图 1:300
轴测图
南立面图 1:300
北立面图 1:300

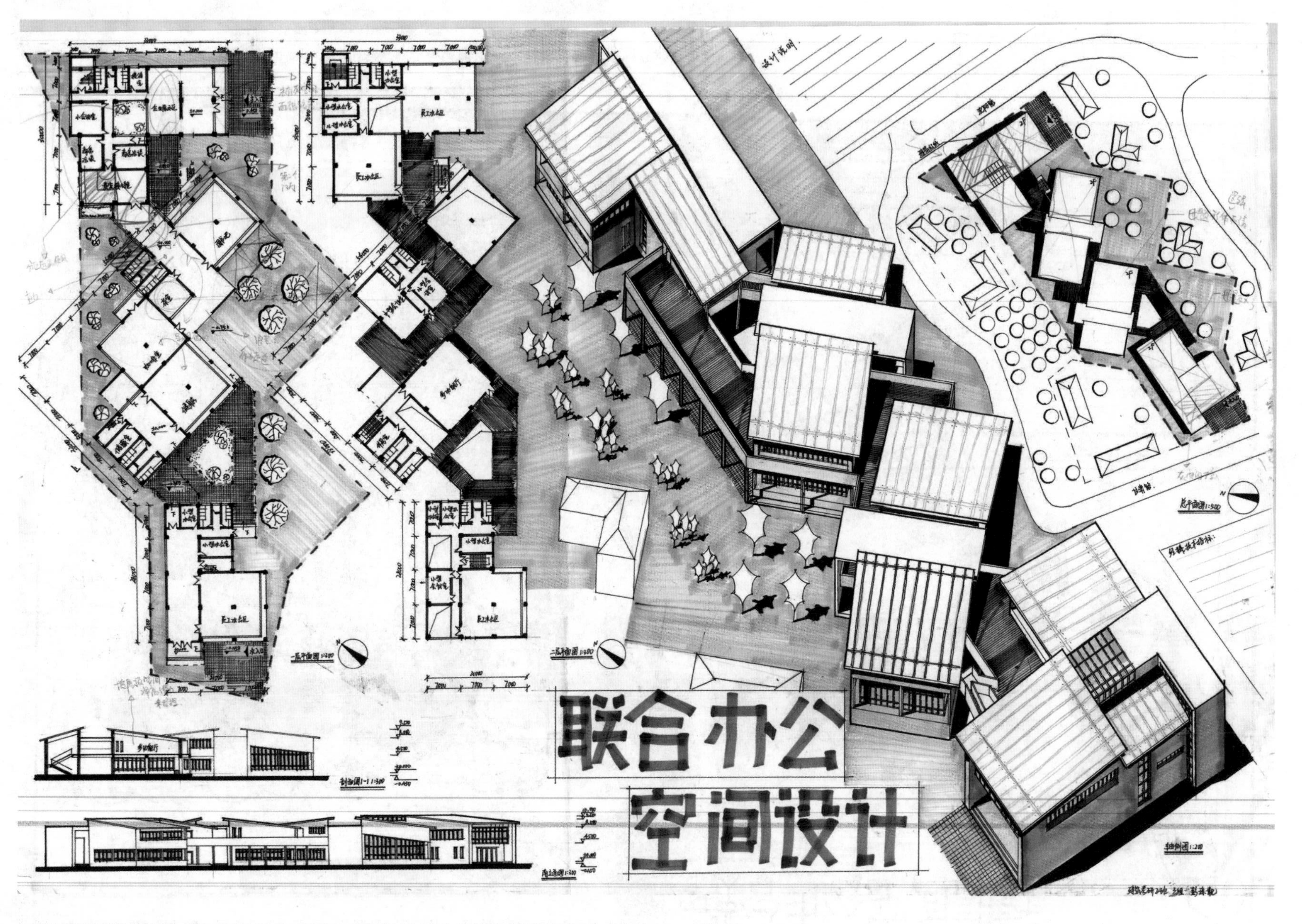

● 该组作品整体配色采用了同一色系，但着色重点的选择突出了建筑形体的表达，形体组织与场地地形进行了很好的呼应，内部空间丰富。

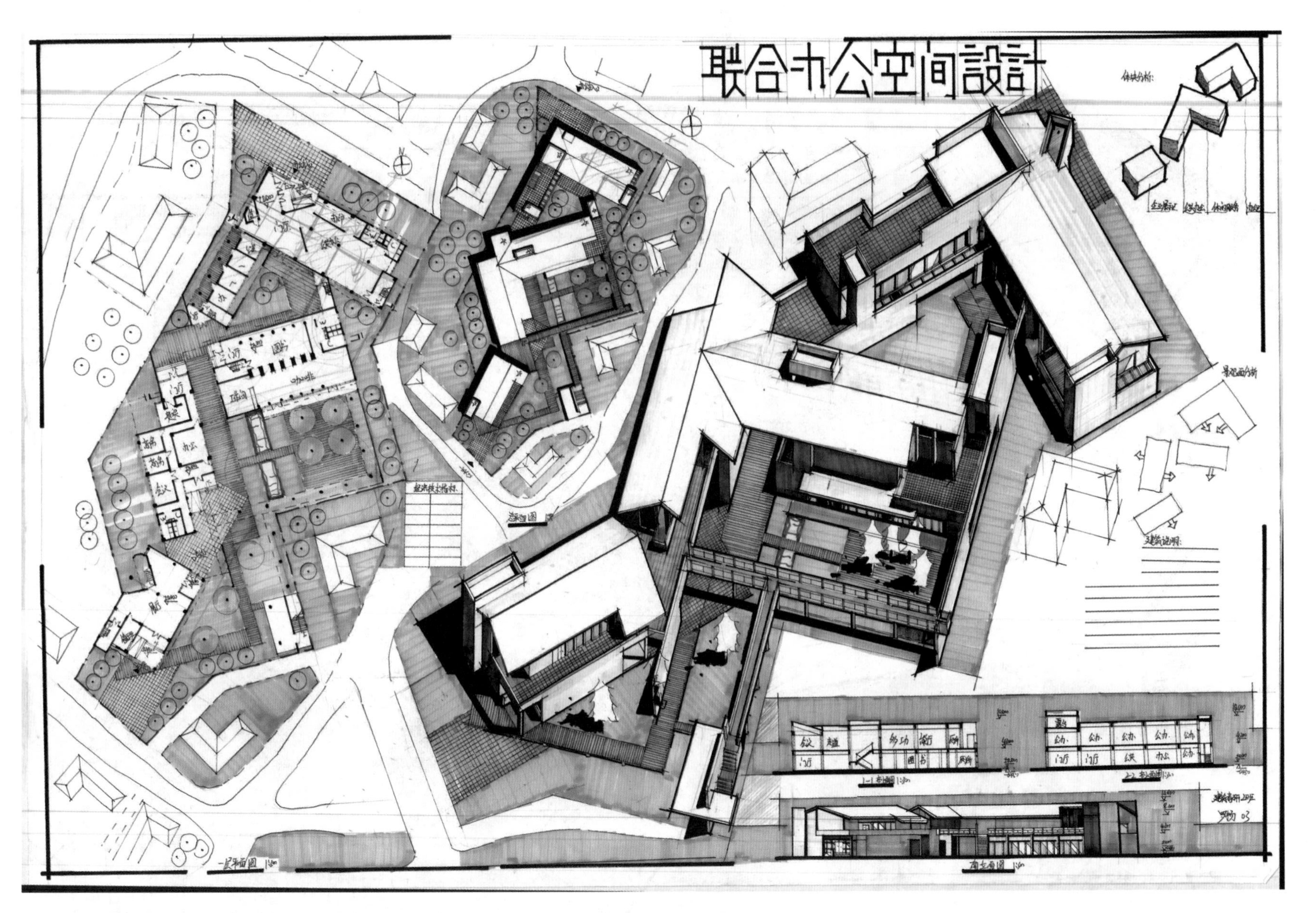

●该作品用色对比清晰，突出了效果图的重点，建筑形体与场地关系结合得较好，场地设计细节较为丰富。

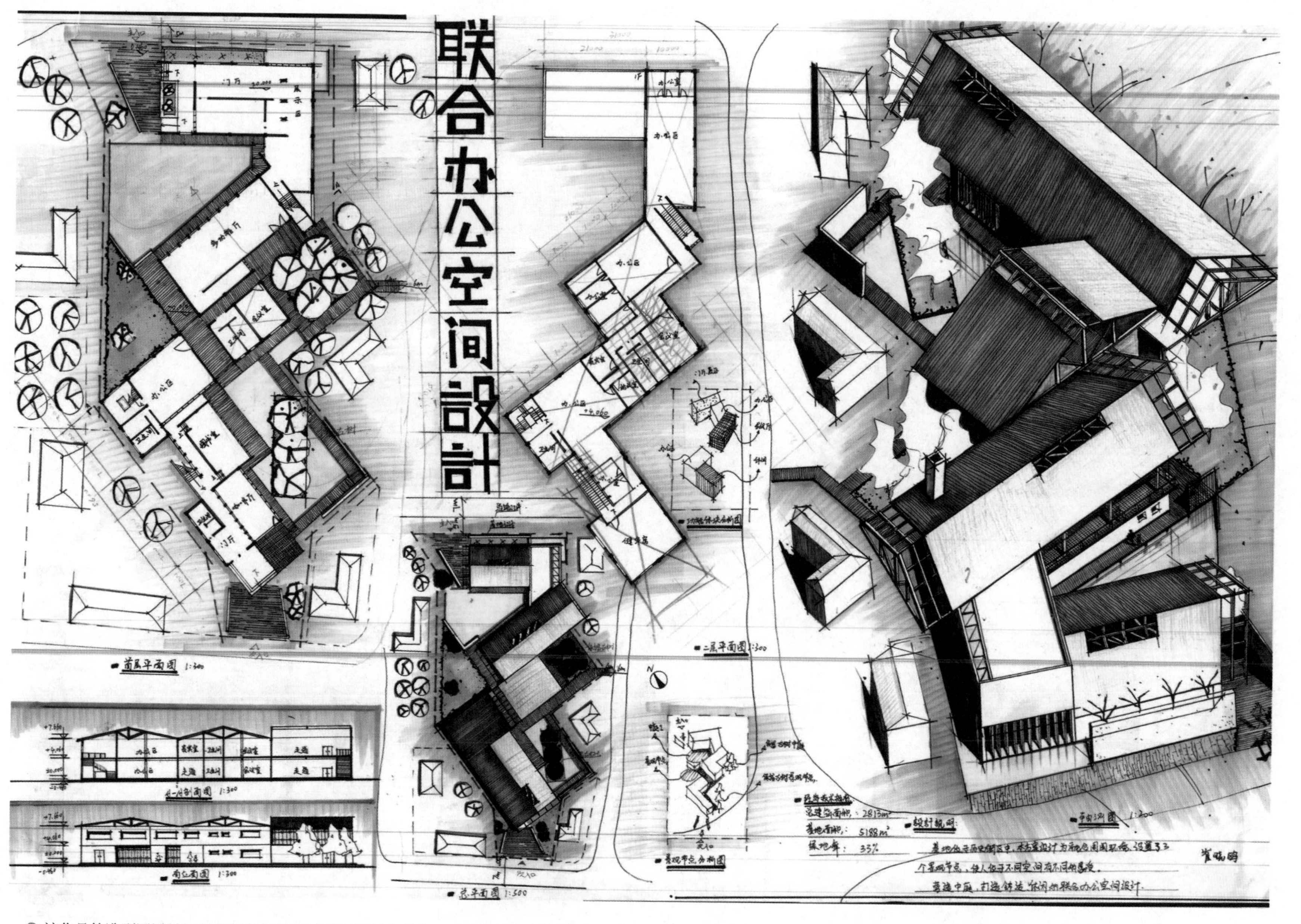

● 该作品的造型通过坡屋顶构架外露的形式增加了很多看点，图底的冷色与建筑的暖色之间形成了很好的对比，突出了图面的重点。

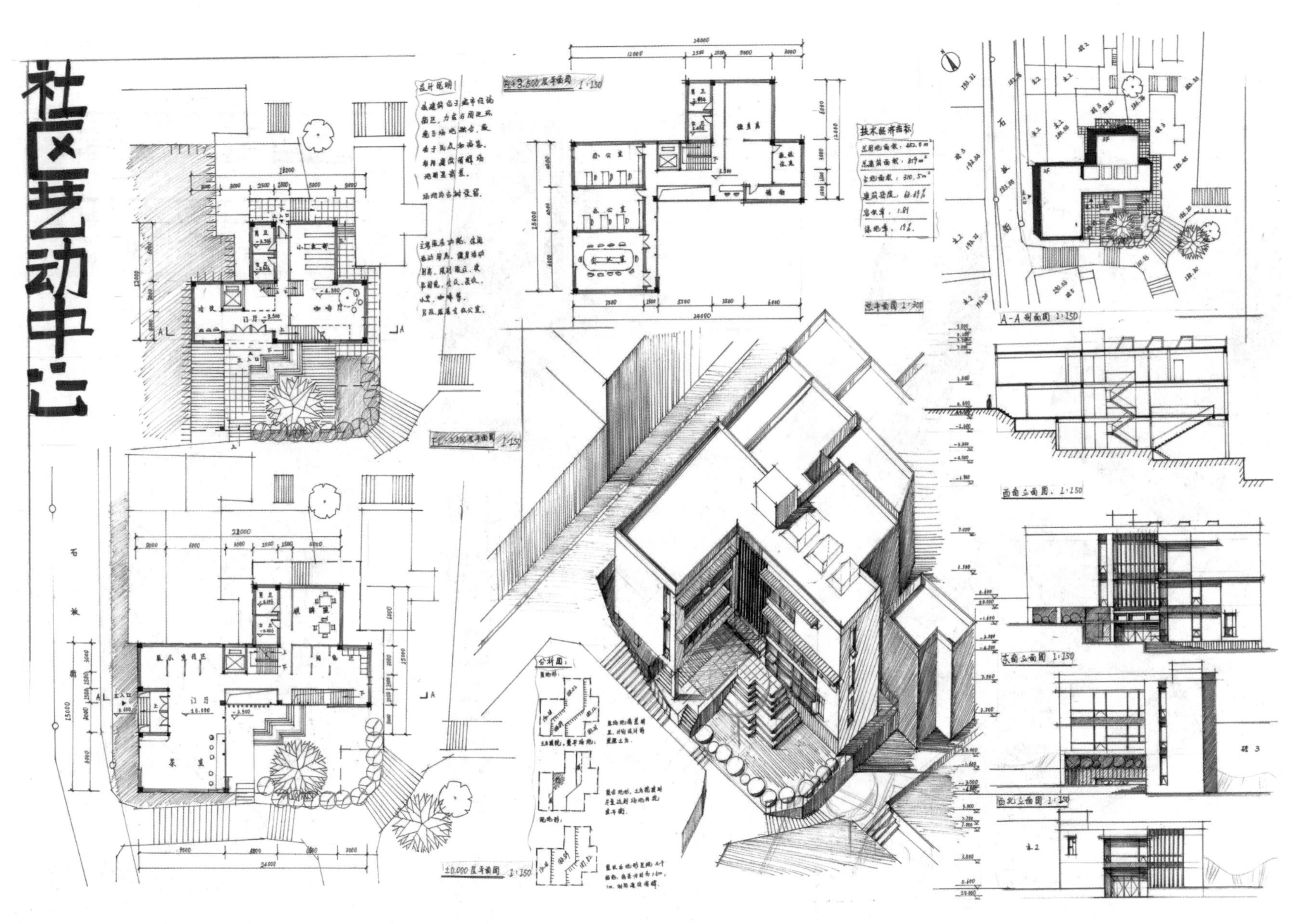

该作品用色单一，但亮色的运用活跃了画面，建筑造型立面处理手法较为丰富，通过场地设计处理了场地内部的高差。

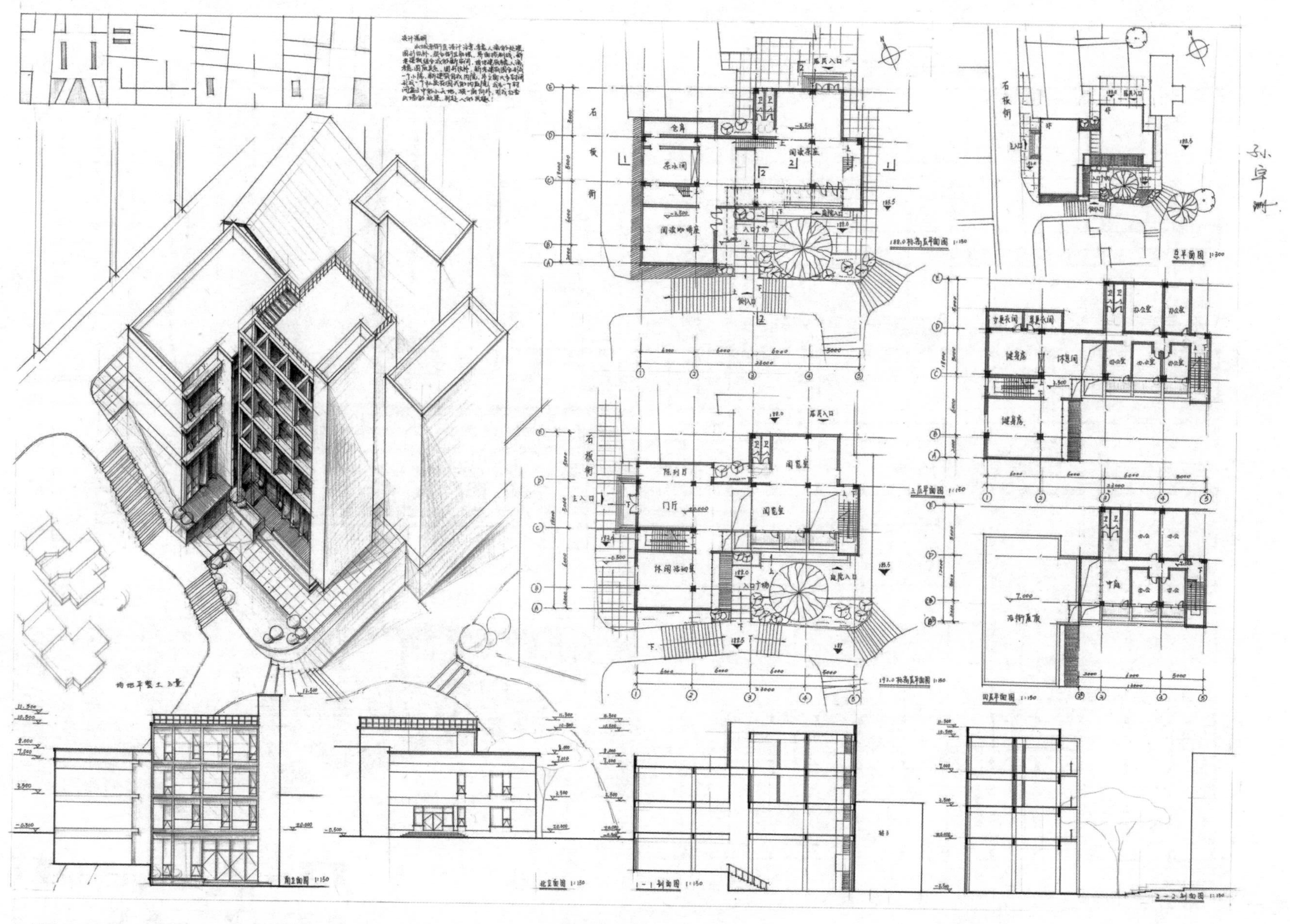

● 该作品通过局部的彩色突出了建筑形体的明暗面对比，建筑主立面统一但又不显单调，营造了很好的主立面效果。

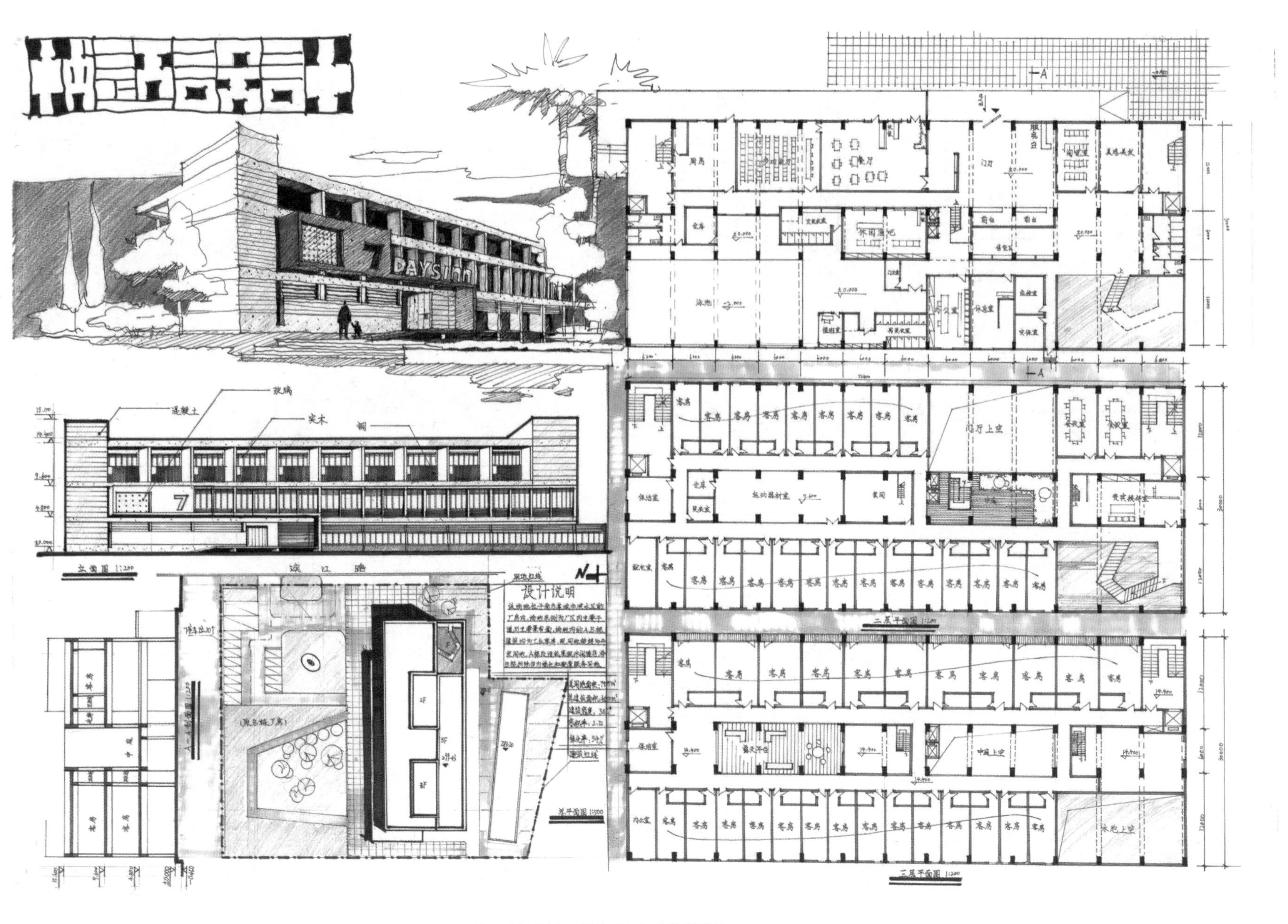

● 该作品通过局部的亮色点缀使得表达效果生动、明确，建筑立面处理手法成熟，形成了良好的造型效果。

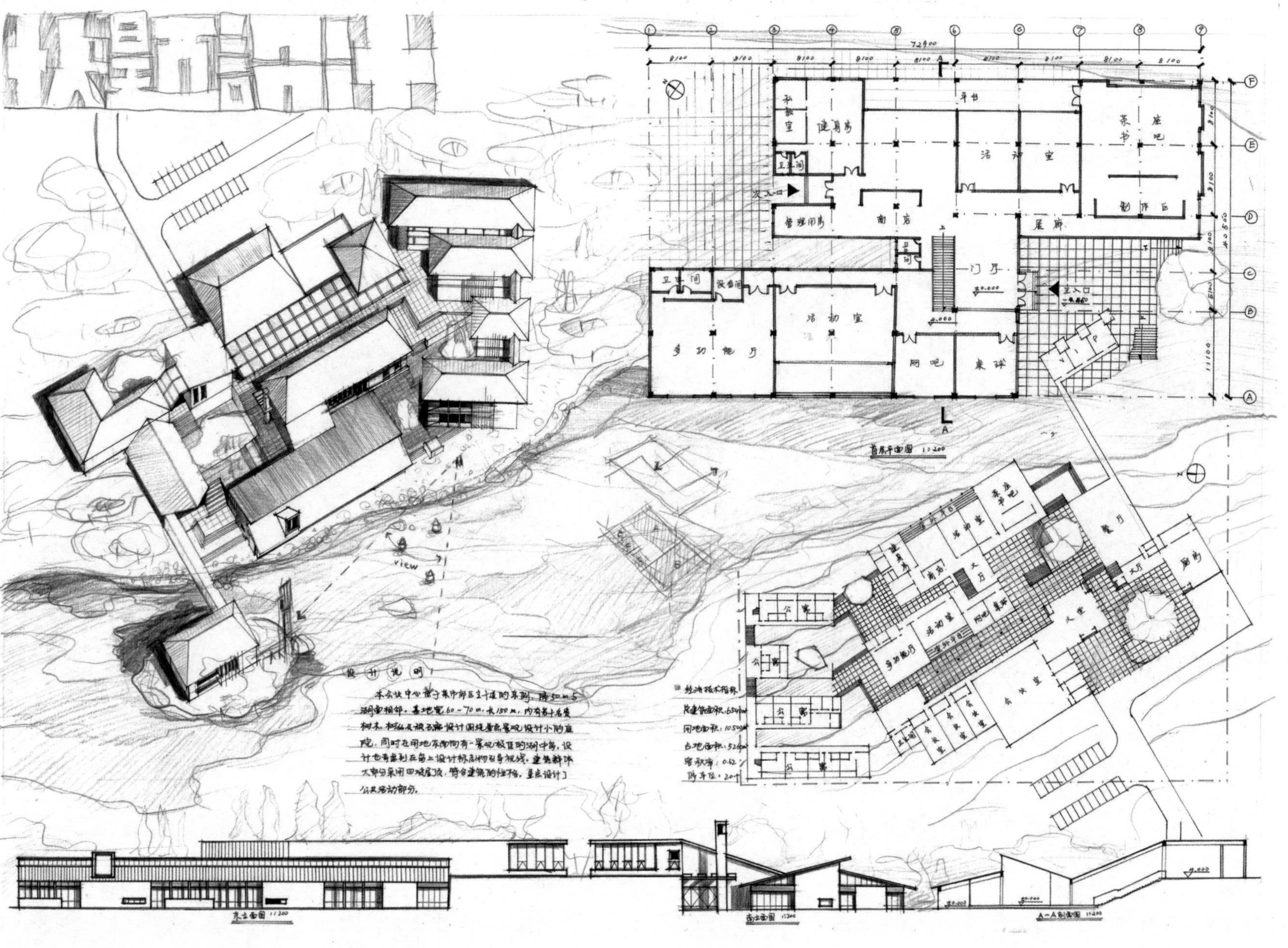

● 该作品单项图纸内容虽未能占据整个图版，但通过场地环境的细致表达丰富了图面，取得了较好的表达效果。

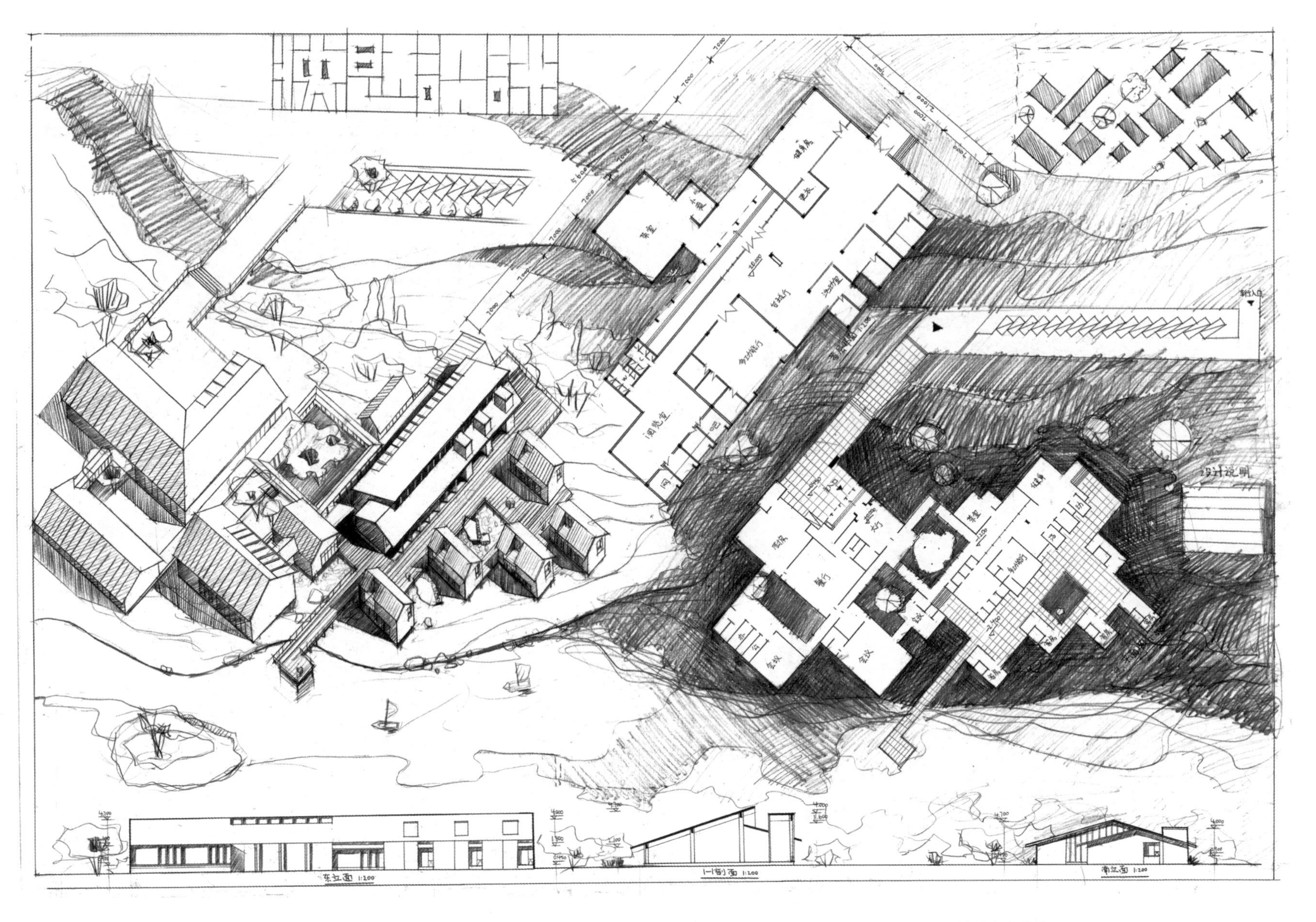

●该作品为黑色彩铅单色表达，通过平面部分环境的着重处理突出了图面重点，建筑造型大小体块错落布置，通过大平台组织在一起，体块变化丰富。

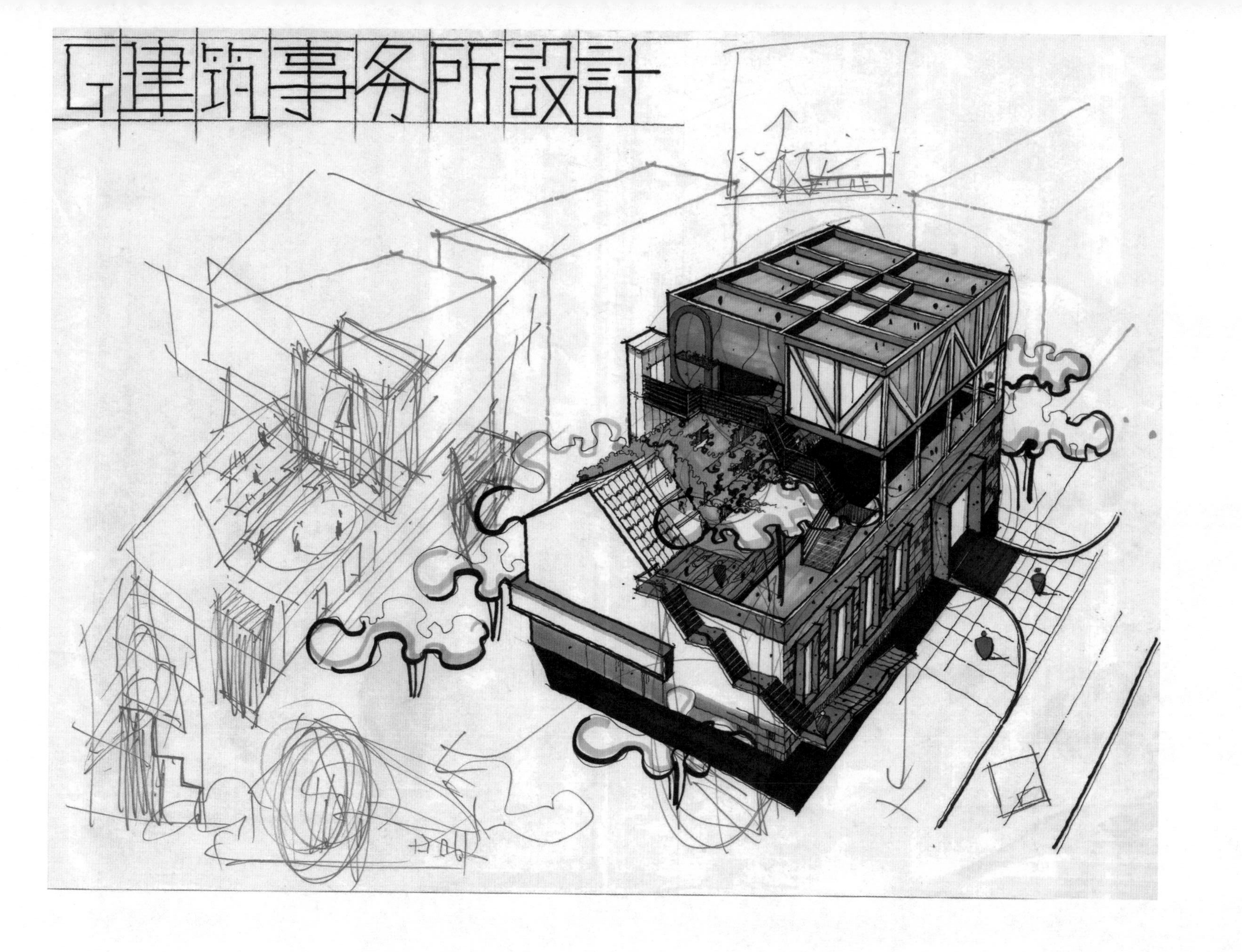

● 该作品打造了生动、清晰的公共景观空间，加建部分的立面表达符合结构选型与建筑性格，同时用色较为清晰，色彩对比效果明显。

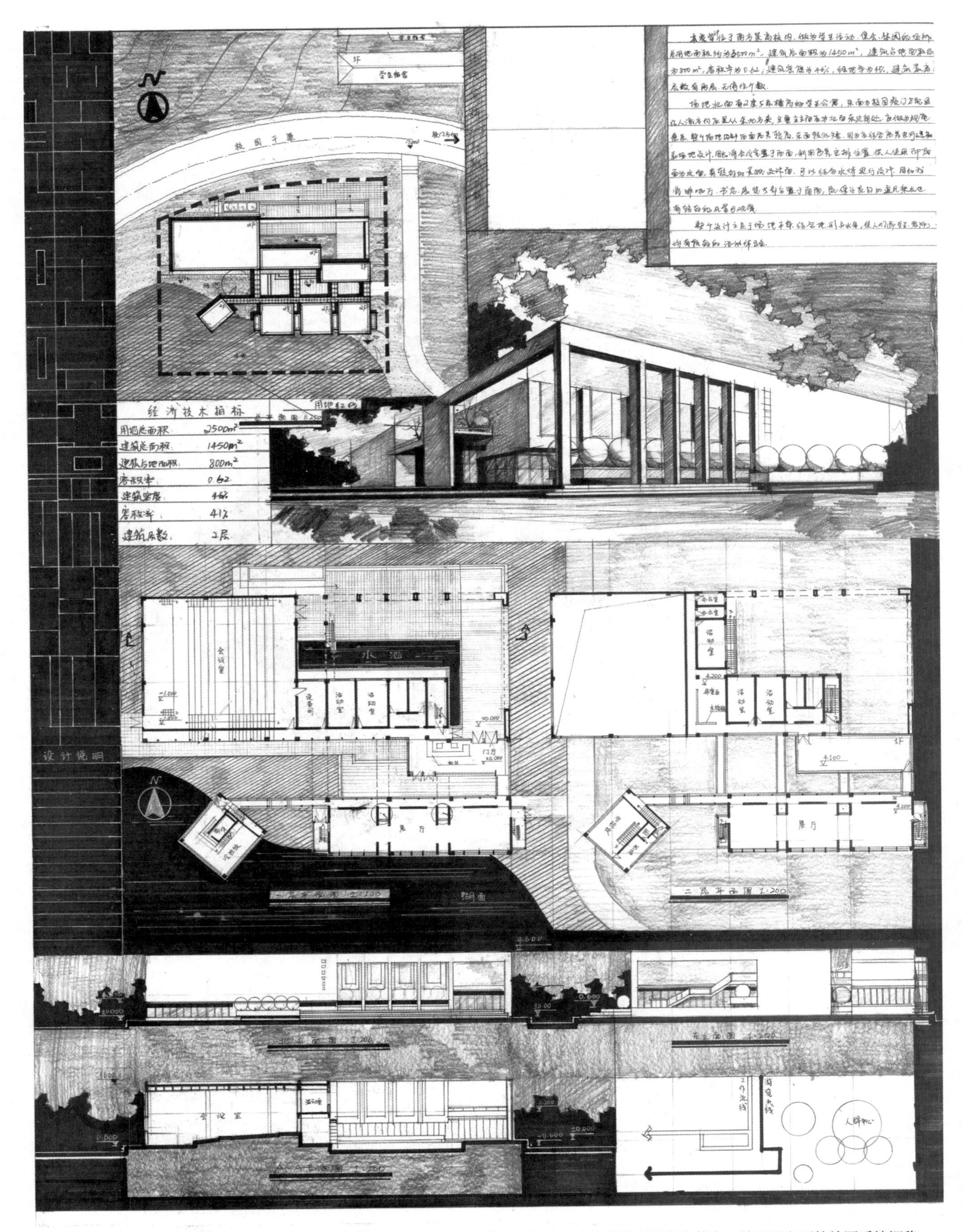

● 该作品排版逻辑清晰，通过黑灰色调的不同笔触很好地表达了不同的图面内容，建筑体块布局富有节奏，效果图立面的绘图手法沉稳。

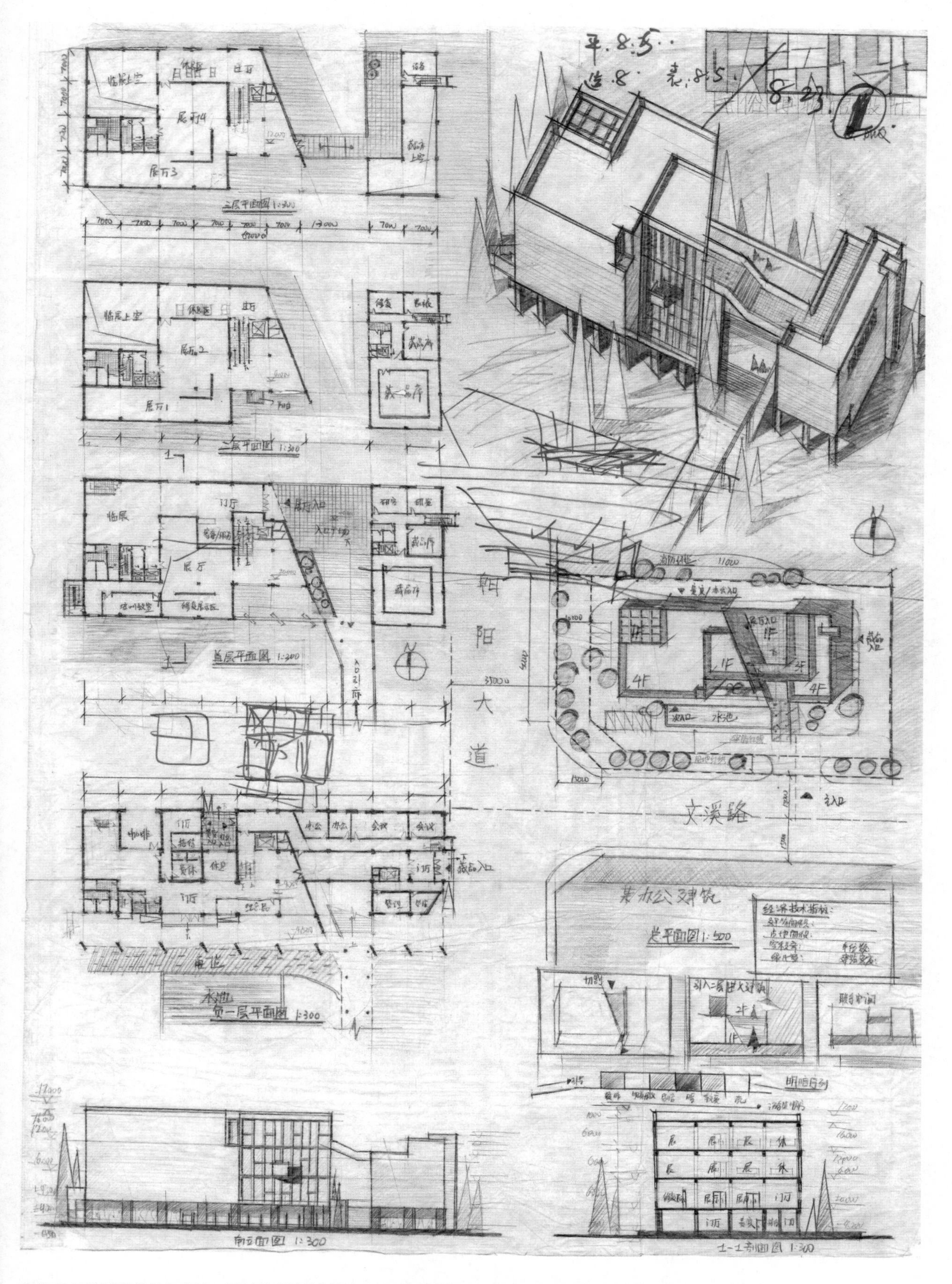

● 该作品为铅笔的单色表达，通过线型的控制保证了图面表达效果的清晰，建筑通过中间的大平台划分了主要功能分区。

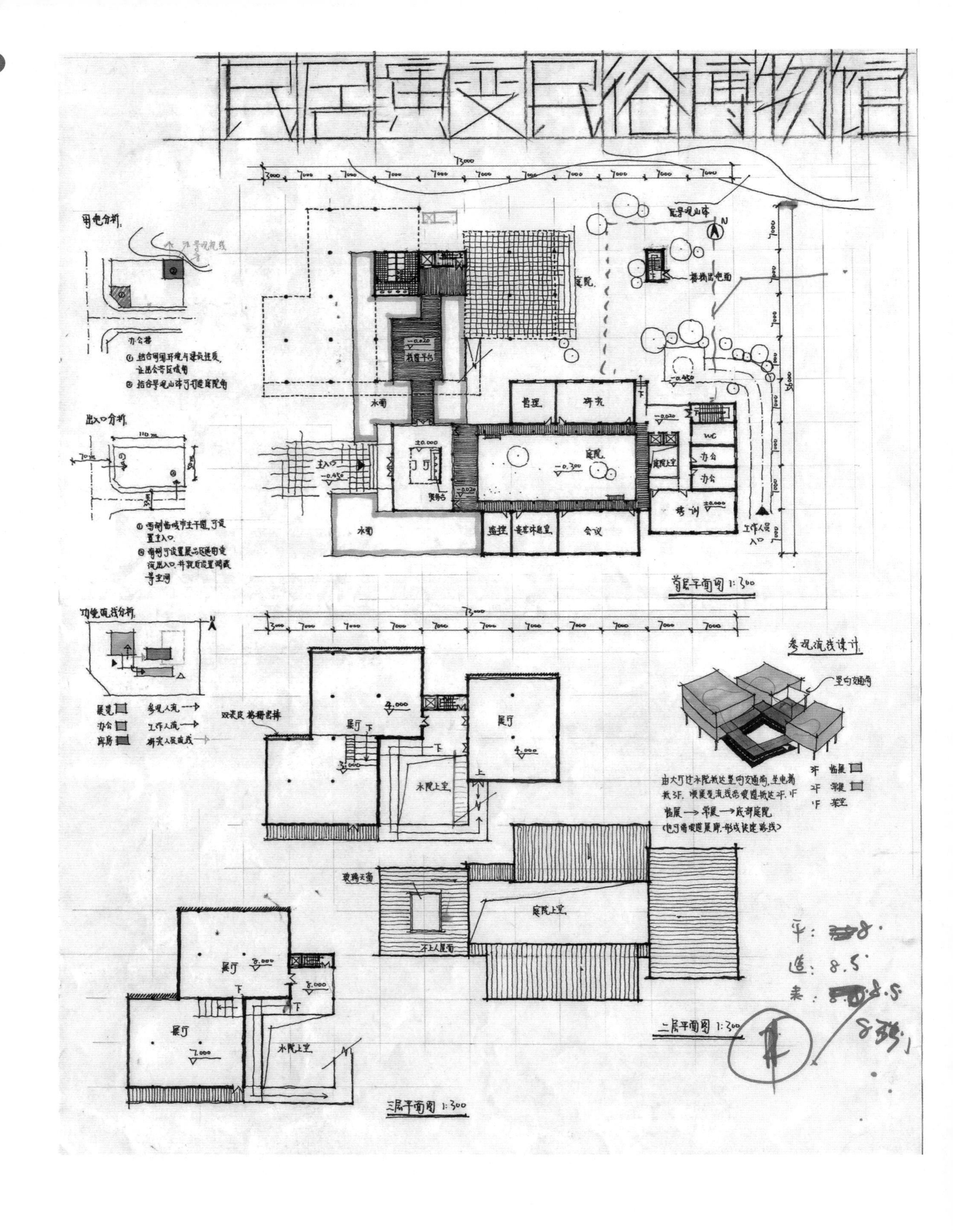

● 该作品通过离散式的大体量组织展览功能，并通过中央的庭院组织观展流线，形成了整个建筑环境的高潮。

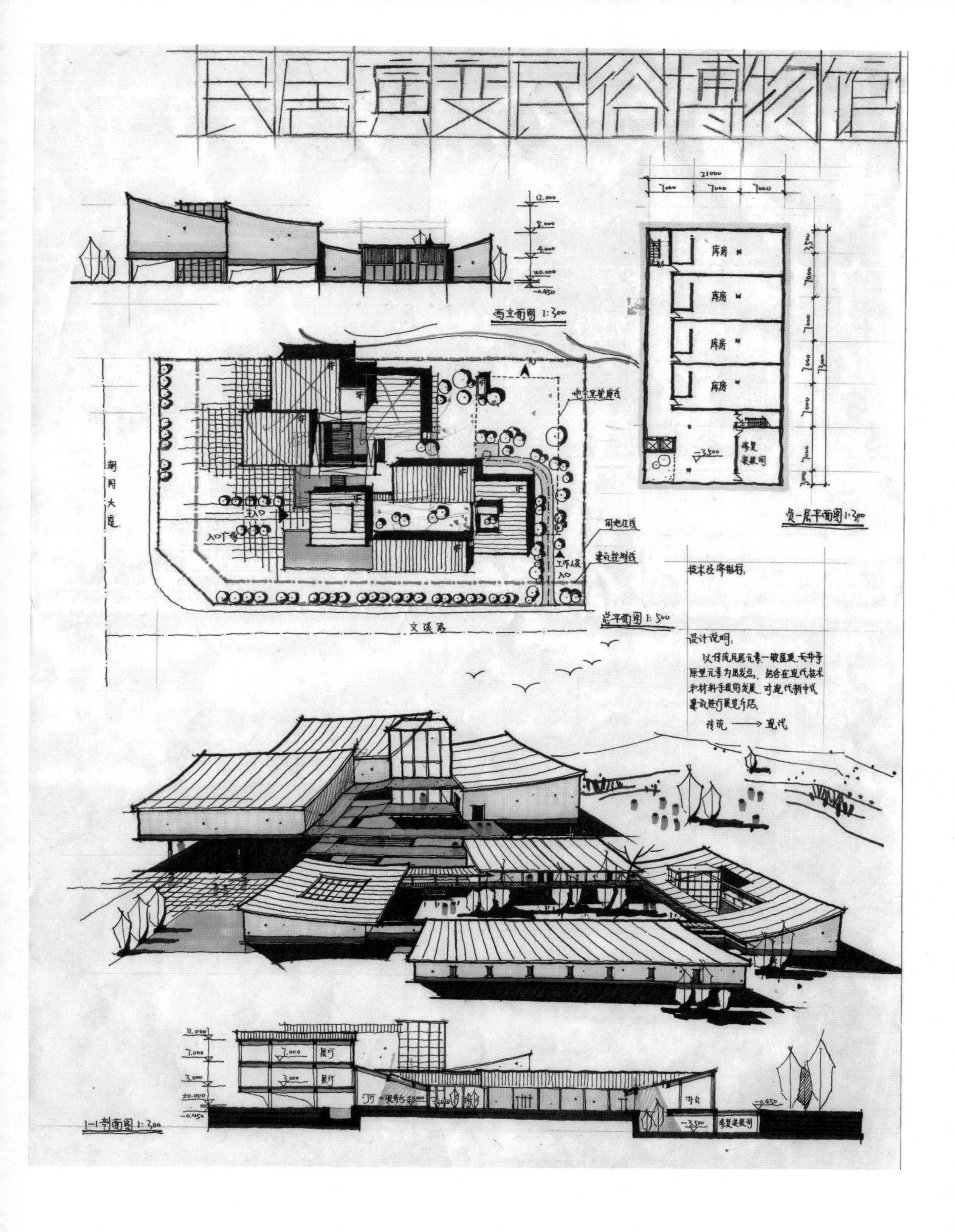
民居演变民俗博物馆
西立面图 1:300
负一层平面图 1:300
库房
多层装裱间
总平面图 1:500
文溪路
湖門大道
主入口
入口广场
用地红线
建筑控制线
工作人员入口
技术经济指标：
设计说明：
以传统民居元素—坡屋顶、天井等原型元素为出发点，结合在现代技术和材料手段的发展，对现代新中式建筑进行展览介绍。
传统 ——> 现代
展厅
门厅+服务台
多层装裱间
1-1剖面图 1:300

7

考研经验分享

7.1 持之以恒的计划是成功的关键——西安建筑科技大学 2021 年建筑快题高分获得者小孙学长

各位同学，大家好，首先想鼓励一下大家踏上这条路的决心。近年来，考研人数逐年飙升，录取分数也在逐年提高，每一位依然选择考研这条路的同学都是勇敢的挑战者。现在，好像大家都在被时代裹挟，被浪潮推着向前，但其实静下心来，想清楚自己为什么要考研，找到自己的信念所在十分重要，而不能一味地随波逐流。虽然这条路曲折艰辛，但是关于考研的记忆，更多的不是痛苦与煎熬，而是每天早上在校园里背单词时的阵阵桂花香，是清晨走在路上叽叽喳喳的鸟叫，是刚出炉的包子冒着的白腾腾的热气，是坐在草坪上背书时洒在身上的阳光，是在夜色中，在月光下一起同行的好友。回顾考研历程，我更多的是想给大家分享一些个人的感悟，提示一些可以提前规避的弯路，以及在学习方法和心态上的个人经验。

与其余所有科目一样，快题也要分阶段学习。首先，在春季备考阶段，相对来说节奏不太紧张，是积累案例抄绘的黄金时期，对后期的功能组团排布、造型积累，以及对不同场地的回应都有很大的帮助，按部就班地完成任务，有助于后期的快题学习。建议大家参与卓越手绘的一些案例课程，对能力的提升有很显著的作用。暑假期间去参加快题集训，集体的环境会催促着自己完成任务，给人一种紧迫感，并且在大的环境中，很容易发现自己的不足之处，也能直接在周围的同学身上学到一些方法和优点。刚开始，落后一点儿很正常，一定不能气馁，要虚心向别人学习，弥补自己的短板。同时，也要有自己的思考，多多探索属于自己的风格。到了秋季冲刺阶段，有了一定的积累和沉淀，这是提升的黄金阶段。我每天会安排一段时间来做方案和推敲造型，并在每周六找一套新题，绘制一套完整的快题，保持状态和手感，在评完图后要及时反思、总结，不能得过且过，要有提升和思考。

理论也是考研中至关重要的科目，在暑假前一定要把三本建筑史看一到两遍，尤其是常考的重点章节，更要认真阅读。另外我推荐《中国古代建筑历史图说》《外国建筑历史图说》《建筑空间组合论》和《外部空间设计》四本书作为课本的补充。在看书的时候最好在课本上画出重点，可以按课本章节整理一下思维导图，形成一个整体的知识框架。最近几年，各院校的题目越来越灵活，记忆知识点一定要建立在深入理解的基础上。假期跟着课程再把历史书、公建原理和一些参考书目重新梳理一遍，查漏补缺。专题拓展环节也要注意积累，多理解、勤动手、多做笔记。在秋季冲刺阶段，要尽早接触真题，摸清出题的套路、出题的重点和难点部分，把理论和实践相结合。同时，也要尽快完善自己的笔记，把真题中自己不会的知识点总结出来，梳理出答题思路，尽早掌握知识点，以免后期各科需要背诵的东西堆叠在一块造成负担。

在正式开始前，我给自己设定了一个预期分数，围绕这个总的目标进行预设和分析，每项需要什么样的分数，再将每一项细化到每个板块中推算，结合自己的优势、劣势，以及预期目标，决定如何分配时间和精力。当有了明确的目标之后，往往在执行环节中，对自己的要求也会更加清晰。每天一定要有计划，在前一天晚上列好清单，做纸质或电子的备忘录，把所要完成的任务列出来，每完成一项之后便标注出来，及时反馈，并在每天结束时进行总结，今天的任务完成度是多少。如果设立的目标全部完成，可以适当奖励一下自己，如果完成度不是很好，那么就要思考一下问题出在哪里，及时调整。

在考研最后的冲刺阶段，我会以两个星期为一个周期来列计划表，每个周期有不同的侧重点，同时结合实际情况不断调整，制订适合自己的学习方法，也能检验自己每个阶段的学习状态。制订合理且能持之以恒的计划，往往是成功的关键。希望大家在考研过程中始终把精力放在解决问题上面，持之以恒，最终取得考研的胜利！

7.2 跨专业也可以有自信——湖南大学 2021 年建筑快题高分获得者小杨学长

研究生考试就像做料理，最终呈现的味道取决于五花八门的原料和烹饪的过程。就像我至今回想自己的成绩，都好像加多了“运气”的味道，我常常回想这半年多的烹饪过程中，到底向锅里加了什么。

首先，大家要树立正确的心态，面对考研，第一条也是最重要的一条，就是自信，相信自己可以考上，相信自己的能力不比别人差，相信自己付出努力会得到结果。比如，我本身是跨专业的考生，与建筑学专业的学生在学习上有五年的差距，但我并不认为自己学习能力处于绝对的劣势。如果我一直给自己灌输我短短的备考时间无法战胜别人五年的学习成果的话，恐怕早就泄气了。在整个考研过程中，从下定决心、选择目标、备考，直到考试，甚至到考试结束，对自己的反省和审视是不可缺少的，及时而精确的自我反省可以帮助自己克服懈怠，提高效率。但与此同时，过度的自我反省会打破舒适的学习平衡，可能表现为与别人对比，进而给自己带来焦虑，反思自己的学习结果，结果让自己对自身的能力产生怀疑等，这都会导致自己的信心遭受一定的打击。在整个考研过程中，我们会不断地经历各种心理波动，会经历高峰、低谷、兴奋、落寞，甚至有时候会有放弃的念头。用一个网络词语，就是所谓的“破防期”，这种“破防期”越临近考试可能会越明显。如何在这段时间让自己坚持住不放弃？只说坚定自信也许是空话，我更倾向于通过适当的娱乐，发泄出来，看一场比赛或者好好运动一下，都会带来情绪的改观。另外，和朋友轻松地交流，也是排解自己焦虑的良好手段。

在具体的复习过程中，专业课的复习过程是漫长而枯燥的，包括背诵、抄写、画图等许多内容。针对不同的部分有不同的复习方式。对跨专业的考生来说，专业课的复习更是十分有难度。由于缺少了几年的建筑学学习，在很多素养性和积累性的题目上，也许不能与本专业的考生相抗衡。在更加努力之余，还要在复习时有一定的取舍。在快题考试中，案例学习对我的影响很大，建筑案例积累主要服务于快题考试，通过抄绘转译现有的优秀作品，我们的快题设计会变得更加精彩。在积累案例时，需要考虑哪些需要抄绘整个方案，哪个平面更精彩，哪个立面开窗更精彩，最终需要积累的是平、立、剖简图，还是流线组织图，又或者只是一个入口、一部楼梯。对跨专业的考生来说，在案例积累明显弱于本专业考生的前提下，可以借此更加精确地积累一些需要的素材和节点，更为重要的是将自己积累的内容在平时的快题练习里转译并加以运用，将某些精彩的节点或立面内化。

在生活方面也要学会主动调整，寻找一种不会浪费太多时间，又可以真正疏解压力的活动，比如，一款即玩即停的小游戏，又比如，游泳、足球、篮球等运动项目。就我本人而言，我非常喜欢看足球比赛。所以，在某一天学习结束后，我可以选择花两个小时去看一场比赛。这样其实不算浪费时间，这样的娱乐可以帮我疏解学习的压力，也会让我第二天的学习更加有劲头。

考研是一个漫长而艰苦的过程，我们在努力学习积累的同时，还有许多值得关注的因素。如何把握自己的优势，克服劣势，是我们从选择志愿开始直到复试都需要考虑的问题。希望大家可以把握住自己的节奏，汲取他人的智慧，做到不被他人干扰，一步一步走到自己想要去的目的地。

7.3 考研是一场属于自己的战争——湖南大学 2021 年建筑快题高分获得者小徐学姐

在看到自己的总分排名时，最让人开心的就是我所有的努力都没有白费。在将近一年的学习中，我所有的不自信，每时每刻的自我否定都在这一刻被打破了，努力终究是会有回报的。我本科毕业于湖南的一所二本院校，建筑学一直没有过评估，所以尽管同学们都是非常优秀的人，但学校与其他更好的学校相比，师资力量和能给予的平台与机会都差很多。如果没有论文发表，没有在大型的竞赛中获奖，毕业后拿到的可能只是一个工学学位的毕业证书。我在高中的假期有幸参观过湖南大学的校园，优美的校园环境和浓厚的学习氛围都让我心生向往。得知高考失利后，那种心情到现在都能让自己紧张起来，自卑但又向往，羡慕但又难过，是一种类似柠檬酸的感觉。于是在 2021 年初，我便下定决心准备考研，这样或许还能有机会弥补这些差距。在考研期间，可能再优秀的同学也会在自信与自我否定之间来回纠结，怕自己不行。但是，我相信只要自己问心无愧，就一定会在这条路上坚定地、一步一步地、踏踏实实地走下去。总的来说，考研是一场属于自己的战争，你需要战胜的也只有你自己，一定要相信那些看似不起波澜、日复一日的努力，总会在突然的某一天让人看到坚持的意义。前路未必光明坦荡，但一定充满无限可能。

在具体的复习策略方面，我觉得在理论性知识方面，最重要的是总结和归纳，比如，外国建筑史按不同时期的风格分类，中国建筑史按不同建筑类型分类。在前期，要仔细阅读书中的内容，建立自己的知识框架，后期再慢慢地往里面填细节。在此期间，书上的图也要都画一画，湖南大学近些年喜欢考一些比较冷门的图。构造课程直接结合课后习题，一章一章地背大题，先抓大题，之后再抓小题。这里同样建议大家看真题，自己整理答案，了解书上的重点。规范也是快题常用到的，民用设计标准也需要认真背诵。

另外，选择学校是一件非常重要的事情，选择大于努力。在考研初期，大家可能都听别人说过，不要把战线拉得太长，那样会坚持不下去，但是我觉得，在基础不是特别好的情况下，还是要提早准备。很多人坚持到一半而不想再坚持下去，并不是因为他们懒惰，而是因为发现自己跟不上其他人的进度，产生自卑心理，才会选择放弃。所以，建议大家提早准备，快人一步才有继续下去的动力。同时，要学会更换复习思路，很多同学在复习的时候会给自己定一个非常严格的目标，背多少单词、看多少书、做多少题，但太死板的复习节奏会让你产生厌倦心理，不能持之以恒。对于复习内容有了一定的把握后，可以把它们整理成框架知识体系，再分别展开复习。比如说，专业课要注重由浅入深，由点及面。

考研是一件容易让人感到焦虑的事，大部分考研人都有不同程度的焦虑情绪，但是贵在坚持，坚持到最后就是胜利。

附　录

附录 1　快题设计工具整理表

名称	性质	示意图
铅笔	在手绘中，铅笔多用于打底稿和勾勒草图。使用铅笔或者自动铅笔的时候要选择 2B 或者更粗的铅芯	
橡皮	建议使用质地柔软、清洁能力强、橡皮屑不松散的橡皮	
针管笔	针管笔是手绘中最常用的勾线笔。一次性针管笔画出的线条流畅、顺滑。一般选用 0.1—0.3 mm 的笔头即可。选择针管笔的时候，出墨的顺滑度非常重要，并且要具备防水性	
钢笔	钢笔的使用体验远远差于一次性针管笔，因为快速画线的时候，钢笔容易断墨，而且画的时候对笔尖的角度也有要求，灵活度不如针管笔。但是在画建筑草图等需要很硬朗的线条时，钢笔具有独特的效果	
马克笔	马克笔是练习手绘的重点。马克笔色彩明快、携带方便、使用简单，诸多优点使其成为手绘上色最重要的工具。马克笔品牌众多，选择的时候要从颜色、墨量、环保性及后期续航几个方面考虑	
彩色铅笔	彩色铅笔通常作为马克笔的过渡工具使用，可以弥补马克笔颜色的不足。彩色铅笔还可以作为主要的表现工具，对效果图进行上色，从而达到不同的表现效果。彩色铅笔分为水溶性和非水溶性两种。水溶性彩色铅笔笔触颗粒比较大，但是色彩更好。非水溶性笔尖较硬，使用更方便，但是色彩略弱于水溶性彩色铅笔。针对空间设计使用的彩色铅笔并不需要太多颜色	
高光笔	在绘制效果图的最后一步，可以用高光笔在画面高光的地方点缀，能够使画面的表现力更强。高光笔可以选择覆盖力强，并且能够速干的类型	
点柱笔	建议使用笔头较为方正，墨色较重的马克笔，画平面的柱子一笔即成，省去了涂黑的时间	

附录 2　快题设计图面元素自查表

图名	易遗漏项		
总平面图	周边环境、建筑及名称	场地外道路及名称	图名、比例
	建筑红线	用地红线	指北针
	入口标注	建筑定位尺寸标注	经济技术指标
	场地内绿化	场地内道路及中心线	停车位
	道路转弯半径	道路宽度	建筑轮廓线（加粗）
	女儿墙、坡屋顶脊线	首层看线	建筑层数
	建筑功能	楼层标注	建筑阴影
平面图	室内外高差	入口无障碍坡道	雨棚轮廓线（虚线）
	剖切符号	周边环境及标注	主次入口
	图名、比例	两道尺寸线	标高
	高差上下方向	指北针	上空符号
	临空处扶手（双细线）	上方边缘轮廓线（虚线）	卫生间分水线
立面图	图名	比例	阴影
	外轮廓线	投影线	材质
	配景	标高尺寸	—
剖面图	图名	比例	标高
	投影线	房间名称	室内外高差
造型	阴影	周边场地环境	—